3ds Max 2010 效果图制作

完全学习手册

效果图制作宝典：全书**27**章内容，模型、材质、灯光与渲染全实战演练　　　　袁紊玉　李茹茵　李晓鹏　编著

49 集教学录像，通过书盘结合快速掌握室内效果图制作技巧，共**5**个小时

100 多个技巧提示，全面归纳3ds Max 2010效果图制作典型命令的使用方法

12 个大型完整教学案例，全程配合3ds Max 2010效果图制作与应用技能的提升

本书光盘包括

500个

高精度单体模型

 另**超值赠送**

多媒体演示光盘1DVD

高精度单体模型500个（床、柜、门窗、沙发组合、艺术灯具）

人民邮电出版社

北　京

图书在版编目（CIP）数据

3ds Max 2010效果图制作完全学习手册 / 袁紊玉,
李茹菡，李晓鹏编著. -- 北京 ：人民邮电出版社,
2010.11
　（完全学习手册）
　ISBN 978-7-115-23452-0

Ⅰ．①3… Ⅱ．①袁… ②李… ③李… Ⅲ．①三维－
动画－图形软件，3DS MAX 2010 Ⅳ．①TP391.41

中国版本图书馆CIP数据核字(2010)第134595号

内 容 提 要

本书是“完全学习手册”系列图书中的一本。本书遵循人们的学习规律和方法，精心设计章节内容的讲解顺序，循序渐进地介绍了3ds Max 2010和VRay的效果图制作基础知识、使用方法和范例制作技巧。全书共分27章，分别介绍了绘制室内效果图的理论基础、3ds Max软件基础、模型创建、材质调节、灯光与摄影机的使用、效果图的渲染、VRay渲染基础、客厅效果图范例、卧室效果图范例、书房效果图范例、餐厨一体化式的厨房效果图范例、卫生间效果图范例、茶室效果图范例、经理办公室效果图范例、大堂效果图范例、游泳池效果范例、KTV包间效果图范例、会议室效果图范例、阳光大厅效果图范例等内容。附带的1张DVD视频教学光盘包含了书中所有案例的源文件、素材文件和视频文件。

本书结构清晰、内容丰富、图文并茂，具有很强的实用性和指导性，不仅适合作为效果图制作初、中级读者的学习用书，而且也可以作为大、中专院校相关专业及效果图制作培训班的教材。

完全学习手册

3ds Max 2010 效果图制作完全学习手册

◆ 编　著　袁紊玉　李茹菡　李晓鹏
　责任编辑　郭发明

◆ 人民邮电出版社出版发行　北京市崇文区夕照寺街 14 号
　邮编　100061　电子函件　315@ptpress.com.cn
　网址　http://www.ptpress.com.cn
北京精彩雅恒印刷有限公司印刷

◆ 开本：880×1230　1/16
　印张：31　　　　　　　　彩插：8
　字数：1 129 千字　　　　2010 年 11 月第 1 版
　印数：1- 5 000 册　　　　2010 年 11 月北京第 1 次印刷

ISBN 978-7-115-23452-0

定价：99.00 元（附 1 张 DVD）
读者服务热线：(010)67132692　印装质量热线：(010)67129223
反盗版热线：(010)67171154
广告经营许可证：京崇工商广字第 0021 号

前　言

　　3ds Max 因其强大的三维设计功能而受到建筑装潢设计行业的青睐，它已经成为当前效果图制作的主流软件。新版本的 3ds Max 具有更好的操作性和兼容性，配合渲染插件 VRay，设计师可以方便快捷地制作出高质量的室内效果图。

　　本书介绍了使用 3ds Max 制作室内效果图的全过程，是一本室内效果图制作的完全自学手册。本书的前半部分注重介绍软件基础知识，包括 3ds Max 和 VRay 的基本使用和效果图制作的基本理论；后半部分则通过经典的实例介绍了不同室内效果图制作的具体思路和方法，其中贯穿了作者在实际工作中得出的实战技巧和经验。

全书共分 27 章，具体特点如下。

　　1. **完全自学手册**。书中详细讲解了 3ds Max 2010 基础知识、VRay 渲染器的若干核心技术，包括 VRay 的材质设置、材质类型、灯光设置、渲染设置等知识，是一本完全适合自学的工具手册。

　　2. **激发兴趣，提高技能**。书中从简单的草图设计到复杂的场景制作，从简单的灯光设置到复杂的渲染器设置，都从读者感兴趣的角度进行了设计，使读者在不断的动手练习中提高实战技能。

　　3. **专业、丰富的实用案例**。全书包含 12 个完整的综合案例，通过这些案例，读者可以自由畅游在现代简洁风格客厅、欧式风格卧房、现代中式风格书房、餐厨一体化式厨房、卫生间、中式茶室、宽敞的经理办公室和大堂、游泳池、KTV 包间、会议室及阳光大厅的美妙效果图世界里。

　　4. **超大容量的 DVD 光盘**。书中附带 1 张 DVD 光盘，包含了书中所有案例的源文件、素材文件和视频文件。

　　本书由袁紊玉、李茹菡、李晓鹏编著，参于本书编写工作的还有苟亚妮、徐正坤、周轶、谢良鹏等。

　　由于编写水平有限，书中难免有疏漏之处，敬请广大读者批评指正。您的意见、建议或问题可以发送邮件至 ywenyu@126.com，我们会尽快给予回复，也可以与本书策划编辑郭发明联系交流（guofaming@ptpress.com.cn）。

编者

2010 年 9 月

光盘使用说明（1DVD）

效果图制作宝典：

全书27章内容，模型、材质、灯光与渲染全实战演练，12个大型案例，5个小时视频教学，另超值赠送高精度单体模型500个。

1.案例文件。 包括270多张maps（贴图）、70多个案例模型、近40张最终案例渲染效果图和后期调用图片。使用这些素材可以方便地制作出书中案例介绍的效果图。

2.视频教学。 书中所有案例均录制了视频教学，按照章节顺序排列在对应的文件夹中，读者可以根据自己的学习情况打开相应的视频教学进行查阅与学习。

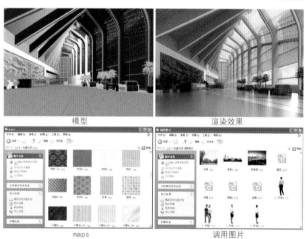

模型　　　　　　渲染效果

maps　　　　　　调用图片

每章的素材文件都保存在对应的文件夹中，根据书中的文本内容可以轻松找到对应的光盘文件。

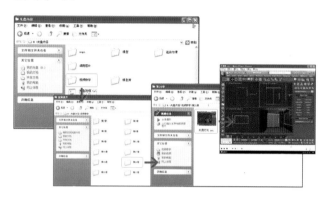

本书视频教学文件采用了 TSCC视频编码方式，在播放视频之前需要正确安装解码文件。

3.附赠模型库。 有5类共计500多个模型文件，几乎包含了制作室内效果图所有常用的模型类别。

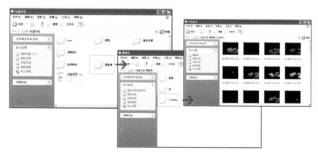

建议：为了更流畅地播放教学视频和调用素材文件，请将光盘中的所有文件复制到计算机硬盘内。

第16章

客 厅

第17章
卧室

书房

第18章

第19章

厨房

1
2
3
4
5
6

卫生间

第 20 章

第21章
茶室

①②③④⑤⑥

办公室

第 22 章

1
2
3
4
5
6

第23章

大堂

游泳池

第24章

骄傲的玫瑰正一片一片枯萎

第25章
KTV 包间

会议室
第 26 章

第27章
阳光大厅

目 录

基础篇

第 1 章
绘制室内效果图的理论基础

本章内容
- 室内设计和室内效果图
- 室内效果图的发展
- 室内效果图的制作标准
- 常用室内效果图制作软件
- 室内效果图的制作流程
- VRay在室内效果图制作中的应用

效果图的作用越来越多地受到建筑、装饰、装潢设计公司的重视，制作效果图也逐渐成为一项专业的工作，其制作过程繁琐细致，制作流程更具严密性。总体来说，效果图的制作要经历建模、设置材质、设置摄影机与灯光、渲染输出，以及最后用Photoshop进行后期处理的过程。

1.1 室内设计和室内效果图

在生活中，人们经常活动于室内空间中，设计的室内环境一定会直接影响到生活质量、生产活动的效率，也必然关系到人们最基本的安全、健康，以及具有一定文化内涵环境的心理需要等。

1.1.1 室内设计

设计是把一种计划、规划、设想通过视觉的形式传达出来的活动过程。室内设计是根据建筑物的使用性质、所处环境和相应标准，运用现代物质技术手段和建筑美学原理，创造出功能合理、舒适美观、满足人们物质和精神生活需要的室内空间环境的一门实用艺术。室内设计是以人为中心的设计，是空间环境的重点设计领域。总之，室内设计的中心议题是如何对室内空间进行艺术、综合、统一地设计，提升室内整体空间环境的形象，满足人们的生理及心理需求，更好地为人类的生活、生产和活动服务，并创造出新的、现代的生活理念，如图 1-1 所示。

图1-1 室内设计

现代室内设计既有很高的艺术性的要求，又有很高的技术含量，并且与一些新兴学科，如人体工程学、环境心理学、环境物理学等关系极为密切。现代室内设计已经在环境设计中发展成为独立的新兴学科。图1-2 所示为室内设计作品。

图1-2　室内设计

1.1.2　室内效果图

效果图是设计方案中的一部分，在进行设计的时候，总是不知不觉地把重点放到效果图中。室内效果图是效果图制作的一个重要组成部分，随着室内设计、装潢业的发展，人们对室内效果图的重视程度也越来越高。通过室内效果图，可以准确、真实地以艺术性的形式表现室内空间的布局、风格等。室内效果图具有以下几个特点。

（1）准确性

表现的效果必须符合室内装饰设计的造型要求。准确性是效果图的生命线，绝不能脱离实际的尺寸而随心所欲地改变形体和空间的限定，也不能完全背离客观的设计内容而主观片面地追求画面的某种"艺术趣味"或者错误地理解设计意图。准确性始终是第一位的，如图1-3所示。

图1-3　室内效果图

（2）真实性

造型表现要素要符合基本规律，空间气氛营造真实，形体光影、色彩的处理遵从透视学和色彩学的基本规律与规范。灯光色彩、绿化及人物点缀等方面也都必须符合设计师所设计的效果和气氛，如图1-4所示。

图1-4　室内效果图

（3）说明性

能明确表示室内材料的质感、色彩、植物特点、家具风格、灯具位置与造型、饰物位置等，如图1-5所示。

图1-5　室内效果图

（4）艺术性

一幅室内效果图的艺术魅力必须建立在真实性和科学性的基础之上，也必须建立在造型艺术的严格基本功训练基础上。绘画方面的素描、色彩训练，构图知识，质感、光感调子的表现，空间气氛的营造，点、线、面构成规律的运用，视觉图形的感受等方法与技巧必然增强效果图的艺术感染力。在真实的前提下合理地适度夸张、概括与取舍也是必要的。罗列所有的细节只能给人以繁杂的感觉，不分主次而面面俱到只能让人感到平淡。选择最佳的表现角度、最佳的光线配置、最佳的环境气氛，本身就是一种创造，也是设计自身的进一步深化，如图1-6所示。

一幅效果图艺术性的强弱，取决于设计者的艺术素养与气质。不同手法、技巧与风格的效果图，充分展示设计者的个性，每个设计者都以自己的灵性、感受去解读所有的设计图纸，然后用自己的艺术语言去阐释、表现设计的效果，这就为一般性、程式化并有所制约的设计施工图赋予了感人的艺术魅力。

图1-6　室内效果图

1.2　室内效果图的发展

室内设计效果图起源于徒手绘制的设计方案。彩色铅笔、马克笔、水彩水粉、钢笔等绘制的效果图均存在，同期出现了Photoshop的前身Photostyler，使后期图片处理成为可能。从此室内设计效果图逐渐走向电脑化，由于技巧套路的不断成熟，绘制效果图的任务逐渐从设计师转移到绘图员，大多数绘图员仅仅变成了匠人而已。

手绘效果图技法以建筑装饰设计工程为依据，通过手绘效果图技法手段直观而形象地表达装饰设计师的构思意图和设计最终效果。手绘效果图技法是一门集绘画艺术与工程技术为一体的综合性学科，如图1-7所示。

图1-7　手绘效果图

在古老的建筑学发展史上，文艺复兴时期的建筑师是全才，他们把设计与表现融为一体，米开朗基罗既是建筑师，又是工程师，同时还是画家、雕塑家，

在建筑教育的始祖布扎的理论中，建筑师要接受大量的渲染训练。随着现代建筑业的发展，社会需要精致性设计，从某种意义上来说，它需要的是精细的分工、各自发挥所长的就业模式，西方工业化国家早已经这样做了。近十年来，计算机及软件的成熟孕育了一批计算机绘图技术人员，国外早已出现，国内近些年也开始出现许多专业效果图及模型事务所，同时形成一个专业表现工作者队伍，他们是建筑师表现之手的外延，从某种意义上来说，他们的工作是对建筑师创造性工作的再创造。装饰效果表现图的创作的专业性极强，并非一朝一夕能驾驭，现在国内外建筑画坛人才济济，已构成一个专业化领域，进而形成了一种新兴的行业，并有了培养这方面人才的专业学校。电脑制作效果图如图1-8所示。

图1-8　3D效果图表现

效果图已经成为中国设计行业中的"通行证"或者说是行业内的"货币",可以很方便地进行各种各样的流通,从而形成了一种观念:"要让我看你的设计,那就等于是看效果图,没有效果图,就说明没有设计"。

1.3 室内效果图的制作标准

在制作室内效果图前,我们首先要有建筑平面及立面的设计图纸,并以此对空间的划分、室内的色彩、家具的设计及摆放、室内绿化以及灯光照明等几方面有所了解,在大脑里要形成一个结构布局的整体印象。制作室内效果图的主要目的是直观形象地表现整个室内装潢设计的形态。一幅成功的效果图应该能清楚、形象地表现以下6个方面的内容。

(1)空间结构:空间结构是效果图表达的最重要内容。然而,抽象的空间是看不见、摸不着的。在场景中通过各种形体,构件的放置位置以及它们相互间的关系,组合成某种规则有序的空间结构,这种结构正是效果图要着重表现的"空间"内容。在许多设计中,不同的空间结构往往穿插渗透,有分有合。在有的设计中,空间在整体上划分出不同的层次,主次融洽,大小有对比;在另外一些设计中,各种空间的排列严整而有序,犹如音乐中的旋律。所有这些都要求效果图制作人员对设计的本身有十分透彻的理解,把握好构件形体与空间结构之间的关系,这样才有可能选取场景中的适当视点、视角和透视焦距,充分表达这种设计空间的特性。在制作过程中,要仔细调整摄影机的各项参数来实现上述目的,如图1-9所示。

图1-9 室内空间结构

另外,尺度也是空间结构的重要特征。室内居室的空间结构要使人感到亲切怡人、细腻和谐,有的空间结构表现为封闭宁静,有的空间结构表现为开敞流动。效果图中的空间尺度也要通过常见的实体构件来表现,如楼梯、扶手、门窗结构等,或者通过作为配景的人物来表达这种空间尺度,如图1-10所示。

图1-10 室内效果图

(2)光影效果:光影效果是效果图中最重要的表现要素。如果没有光,世界将是一片黑暗,我们就无法看清任何外部环境的形态,人们的生活、工作、休息等都离不开光。室内空间的光源分为自然采光和人工采光两大类。自然采光是通过门窗、顶棚或其他建筑构件,将自然光引入室内,直射或散射到空间中需要的部分。采光形式不同,室内空间的光照效果也不相同。有时需要光线直接照入,所产生的光效明媚、光亮,有所谓"窗明几净"的感觉,有时却需要进行水平或垂直遮阳处理,使射入的光线被分割和导向,有时则需要更为复杂的柔化处理,如展览空间,只有亮而不见光。玻璃光棚是室内设计中常用的一种采光方式,结构有网架、桁架、拱等多种形式,身临其境介于室内与室外之间,别有一番情调。在建筑装饰效果图中,自然采光的表现可借鉴室外光影的处理,适当降低光线入射的角度,减弱光线强度。室内透视中还常常需要将窗外的景色映入室内,这时要处理好室内外的明暗对比和虚实关系。明亮是以黑暗为衬托的,光线是通过阴影来表现自身的,如何将它们协调在一个统一的画面中,是一幅表现图是否生动的关键,如图1-11所示。

图1-11　室内光影效果

人工采光是利用人造光源进行照明的采光方式。按使用功能可分为基础照明、重点照明、装饰照明三类，基础照明是指空间内全面而广泛的照明，效果图中可以通过无方向，无阴影跟踪的点光源来实现，也可以设置高度较低的环境光使画面有一个普遍的亮度。重点照明是对主要场所和对象进行重点投光，室内空间的艺术效果主要依赖于重点照明的设置，进行装饰照明可以使用多种灯具来实现。需要特别指出的是，在效果图场景中，这些所谓的"灯具"并不能发光，也表现不出照亮的效果。场景中明亮的效果是通过设置的3D灯光照射而产生的。在效果图制作中，应该将3D的灯光与实物模型协调地放置在一起，使其密切配合。另外，灯具的形式丰富多采，照明的方式又可分为直接照明、间接照明和漫射照明三类，每一类还可再详细分类。为了更形象地表现光照的效果，往往需要利用Photoshop进行后期处理，包括手绘、贴图、光晕等特殊效果的处理，如图1-12所示。

图1-12　室内效果图

（3）材料质感：室内设计中使用的材料在功能上大致可分为三大类，即结构构造、连接材料和表面装饰材料。效果图所要表达的仅仅是表面材料的视觉效果。常用的装饰材料有木材、石材、陶瓷、织物、石膏、涂料及纤维板材。每一种材质在色彩、肌理和光泽上有着各自独有的特征。不同的材料组合可以创造出风格迥异的室内空间。金属挂板给人以整洁、冷峻的科技美感；大理石、花岗岩墙面给人身临其境的特殊感受；木质装修精致细腻，造型能力强；织物如地毯、挂毯、墙布、窗帘等使人感到温暖亲切，产生宾至如归的感觉；各类玻璃装饰或透或隐，神秘而精美，如图1-13所示。

图1-13　材质效果

用3D系统来表现各类材料的色彩与质感有着十分显著的优势，如果效果图制作者同时还拥有比较完备的三维造型及贴图资料库，就可以广泛选择各种素材，给制作效果图带来极大方便。但是如何灵活运用好这些素材却不是件很容易的事，计算机可以按照真实的尺寸来处理材料，但有时产生的感觉却不真实。最终画面的感觉真实是设计表达的根本目的，因此在许多情况下，往往要因地制宜地进行某些夸张、变形或其他处理，其唯一目的是让效果图场景看上去像一个真实的房间结构，如图1-14所示。

（4）气氛的表现：任何空间设计都有一定功能要求和设计基调，居室设计属于生活空间，要使人感到温暖亲切，卧室空间及儿童房间更要展现出种种特殊情调。这就要求设计者在理解设计意图的基础上有所发挥。渲染气氛的手段是多样的，首先需要确定表现的色彩，色彩被称为最廉价的奢侈品，在形、色、质的构成中，色彩是最能迅速形成视觉冲击的因素。不同的色彩带来不同的生理、心理反应，可以产生兴奋、沉静、活泼、忧郁、冷暖、轻重、华丽、朴素、坚硬、柔软等感觉，如图1-15所示。

图1-14　室内效果图

图1-15　室内效果图

在效果图制作中，色彩的表现主要是依靠场景中的灯光与材质的设置来完成的。在设计和表现中，要根据不同的对象，用不同色调的统一或对比的适当平衡取得舒适感；其次，要充分利用空间的构件及设施，如楼梯、踏步、隔断、屏风、家具陈设等。在效果图的表现中，应在尽量发挥其本身物质功能的前提下因势利导，运用适当的艺术和技术手法去美化，如图1-16所示。

（5）绿化和小品：绿化和小品在现代设计中越来越多地被引入室内空间，花卉、树木、雕塑、小品、挂画等装饰物件在室内空间中不仅起到渲染气氛、减少噪音、净化空气的作用，也往往是艺术装饰的重点和视线的焦点，使人消除疲劳，耳目一新。雕塑、小品家具、陈设、挂画等装饰物件虽然体积不大，但往往都处在视觉上的重要位置，能够活灵活现地表现

出空间气氛。对设计的理解和对最终效果的预期始终贯穿在效果图制作的各个环节中。另外，需要指出是的，效果图中绿化、小品及雕塑等配景大部分是在后期Photoshop的处理中完成的，这就需要在把握整体构图的基础上，审慎地选择和不厌其烦地尝试及修改，如图1-17所示。

图1-16　室内效果图

图1-17　室内效果图

（6）空间和人的关系：建筑是为人服务的，必须使人感到舒适方便。此外，人物配景也是室内效果图空间不可缺少的一道风景，是最能反映空间尺寸关系的重要因素。作为配景人物，有时需要形象而生动，有时则可抽象而概括。透视准确、光影正确是人物处理的最基本的要求，在作图中要特别注意。效果图中的人物配景如果运用得当，可以很好地烘托气氛，增加效果图的真实感。

1.4 常用室内效果图制作软件

随着 3ds Max 软件版本的不断升级，其功能也越来越强大，目前已经成为大多数室内设计师制作效果图的首选工具软件。AutoCAD 和 Photoshop 也是制作室内效果图的常用软件。

1.4.1 AutoCAD

由美国 Autodesk 公司推出的 AutoCAD 设计软件，因功能强大、界面简洁、易于操作而深受广大用户青睐。它广泛应用于机械设计、土木建筑、装饰装潢、城市规划、园林设计、电子电路、服装鞋帽、航天航空、轻工化工等各个领域。凡是需要使用图面来表达用户的设计思想、创作意图的，就要用到 CAD。

在室内效果图制作中，首先通过 CAD 绘制出户型结构及面积，对室内功能区域进行划分和说明，使设计者对整体户型的构成关系更加明确，如图 1-18 所示。在 3ds Max 中进行场景创建的时候，可以将 CAD 图导入其中，根据平面图准确地绘制出墙体构造。

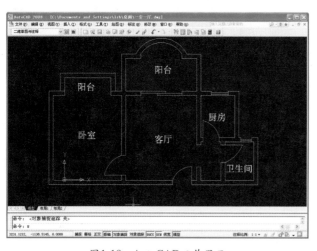

图1-18 AutoCAD工作界面

1.4.2 3ds Max

3ds Max 是制作室内外效果图时常用的计算机三维应用软件，从 Discreet 公司开发这款软件至今，已经经历了多次版本的升级，3ds Max 2010 是它的最新版本。3ds Max 2010 界面如图 1-19 所示。

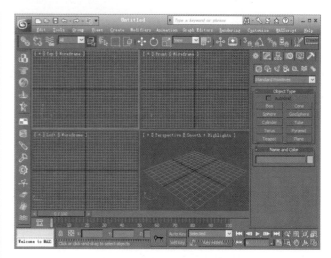

图1-19 3ds Max 2010工作界面

在 3ds Max 中主要完成室内空间及模型的创建、材质的制作、摄影机和灯光的设置以及最终渲染输出，完成一幅初步的室内效果图。

1.4.3 Photoshop

Photoshop 这一专业的图形图像处理软件功能强大、操作简单，一直占据着平面设计领域的主导地位。Photoshop 新版本的升级，更是将图形图像处理与设计推向了一个全新的艺术境界，添加了一些特有的图像处理效果，使电脑美术爱好者能将自己的创意在电脑上得到充分表现。在室内效果图的后期处理中，Photoshop 起到了至关重要的作用。Photoshop 界面如图 1-20 所示。

图1-20 Photoshop CS4工作界面

1.5 室内效果图的制作流程

使用 3ds Max 制作室内效果图时，不仅要将整个室内的效果呈现出来，更要考虑效果图呈现在人们眼中的视觉效果，当然，在此基础上还需要有较高的工作效率。室内效果图制作的流程主要分为两部分，首先是在 3ds Max 中创建场景并渲染输出，其次是通过 Photoshop 进行后期处理。

1.5.1 3ds Max创建输出效果图

在 3ds Max 中制作效果图分为建模、材质、摄影机、灯光、渲染输出五步。

（1）建模：也就是制作每一个建筑构件的模型，是效果图的基础部分，将为后期工作打下一个良好的基础，如图 1-21 所示。在作图过程中要想提高作图的速度，应在创建模型时尽可能地减少模型的面，因为面越多，电脑的运算速度就越慢，不管电脑的配置好与坏，养成这种好习惯很重要。在视图中较远的模型，可在不影响其表面效果的情况下，适当减少它的面，对于摄影机视角看不到的面，可以忽略这些模型的制作。

图1-21　创建模型

（2）材质：调制模型材质，在场景中出现的每个模型制作完成后，应该根据场景表现效果、风格、材料等因素调制其材质并赋予它们，如图 1-22 所示。在制作像玻璃、金属等有折射或反射的材质时，在渲染的过程中会大大降低渲染速度。当它们在视图中的位置不是很明显时，可以忽略对它们的细致设置，这样能提高渲染的速度。

图1-22　材质效果

（3）摄影机：视角的确定，关系到整幅效果图的表现。摄影机高度的设置最终是要使场景看起来既开阔，视觉感又比较真实。如果场景比较小，室内的高度又较低，可以将摄影机的高度设置在 1200mm ～ 1300mm，模拟人坐着时的视觉效果；如果场景比较开阔，比如大堂空间，可以将摄影机的高度设置为 1800mm 左右，模拟人站着时的视觉效果，如图 1-23 所示。为了使效果图有较强的感染力，也可以从不同的视角表现效果图，呈现出较强的层次感和立体透视感。

图1-23　摄影机效果

（4）灯光：灯光宜精不宜多。过多的灯光会使工作变得杂乱无章、难以处理，显示与渲染速度也会受到严重影响，因此只有必要的灯光才保留。要注意灯光投影、阴影贴图及材质贴图的用处，能用贴图替代灯光的地方最好用贴图去做。如图1-24所示。

图1-24　灯光效果

布光时应该遵循由主题到局部、由简到繁的过程。对于灯光效果的形成，应该先调整角度定下主格调，再调节灯光的衰减等特性来增强现实感，最后再调整灯光的颜色做细致修改。不同场合下的布光用灯也是不一样的，例如，在制作室内效果图时，为了表现出一种金碧辉煌的效果，往往会将一些主灯光的颜色设置为淡淡的橘黄色，以获得材质不易达到的效果。

（5）渲染输出：场景中的模型、材质、灯光全部完成之后，通过3ds Max中的渲染器进行渲染输出，生成图片格式的效果图。

1.5.2　Photoshop后期处理

在3ds Max中只是初步完成效果图的基本处理，通过Photoshop可以进一步调整效果图的明暗色调，并添加一些室内装饰品，使效果图的表现更加真实，更富美感。如图1-25所示。

图1-25　后期处理效果

1.6　VRay在室内效果图制作中的应用

VRay是目前业界最受欢迎的渲染引擎。基于VRay内核开发的有VRay for 3ds max、Maya、Sketchup、Rhino等诸多版本，为不同领域的优秀3D建模软件提供了高质量的图片和动画渲染功能。除此之外，VRay也可以提供单独的渲染程序，方便使用者渲染各种图片。VRay渲染器版本界面如图1-26所示。

VRay渲染器提供了一种特殊的材质——VRayMtl。在场景中使用该材质能够获得更加准确的物理照明效果、更快的渲染速度，并且反射和折射参数调节更方便。使用VRayMtl，可以应用不同的纹理贴图，控制其反射和折射，增加凹凸贴图和置换贴图，强制直接全局照明计算，选择用于材质的BRDF。在室内效果图材质的制作中，VRayMtl材质起到非常重要的作用，在灯光的照射下，其材质的表现更加真实、自然，VRayMtl材质效果如图1-27所示。

图1-26　VRay版本界面

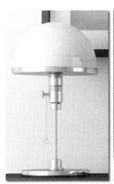

图1-27 VRay材质效果

1.7 本章小结

　　本章主要介绍室内效果图的理论基础，说明室内设计与室内效果图的关系。效果图在室内设计过程中起到重要作用，通过效果图的表现可提前对室内效果预览，并进行修改、调整，从而使室内设计效果更完善。

　　效果图的制作主要通过 AutoCAD、Photoshop 和 3ds Max 完成，因此，要想制作出完美的效果图，需要对这些软件进行深入了解和学习，这是制作效果图的基础。

本章内容

- 3ds Max 2010新增功能
- 3ds Max 2010的工作界面
- 自定义视图布局
- 设置右键菜单
- 使用3ds Max制作小实例

日前，全球最大的二维、三维数字设计软件公司欧特克公司推出了旗下著名的三维建模、动画和渲染软件——Autodesk 3ds Max的2010新版本。新版本的Autodesk 3ds Max显示出强大的软件操作性和卓越的产品线整合性，可以帮助艺术家和视觉特效师们更加轻松地管理复杂的场景。特别是该版本强大的创新型创作工具，可支持渲染效果视窗显示功能以及上百种新的Graphite建模工具。

2.1 3ds Max 2010新增功能

Autodesk 最近几年的并购、收购行为让它瞬间拥有了几乎全部的动画多媒体软件工具，而且其他机械、建筑领域也在进行着同样的工作，在这些收购的背后，意味着"整合"。3ds Max 2010 的界面有了全新变化，目的是和其他软件的组合运用，所以，我们将会看到 AutoCAD 2010、Inventor 2010、Revit 2010、3ds Max 2010 统一的界面，称之为 AIRMAX。

而今，Autodesk 3ds Max 2010 终于浮出水面。在 2010 版本中增加了新的建模工具，可以自由地设计和制作复杂的多边形模型。且新的即时预览功能支持 AO、HDRI、soft shadows、硬件反锯齿等效果。此版本给予了设计者新的创作思维与工具，并提升了与后制软件的结合度，让设计者可以更直观地进行创作，将创意无限发挥。下面就介绍几项 Autodesk 3ds Max 2010 的新功能。

（1）Graphite 建模工具

Autodesk 3ds Max 2010 将 著 名 的 Autodesk 3ds Max 多边形建模工具提升到了全新的水平。凭借 100 多个新的高级多边形建模和自由形状设计工具，Graphite 建模工具提高了创造力和艺术自由性。此外，Graphite 工具集中显示在一个地方，用户可以十分容易地找到所需的工具。而且，用户可以在"专家模式"下自定义工具显示或隐藏命令面板和模型。

（2）xView 网格分析器

使用新的 xView 网格分析器技术，可在导出或渲染之前验证用户的 3D 模型。获得可能存在问题的地点的交互式视图，以帮助用户制定关键的决策。这个重要的新工具使模型与贴图的测试变得更快、更高效。用户可以测试或查询翻转的面、重叠的面和未焊接的顶点，也可以添加自己的特定测试和查询。xView 网格分析器菜单命令如图 2-1 所示。

图2-1 xView菜单命令

（3）ProBoolean 改进

3ds Max 2010 中 ProBoolean 工具包增加了一个新的 Quadify 修改器，使建模人员能够清理模型中的三角形，从而更好地进行细分和平滑操作。另外还增加了一个新的 Merge Boolean 操作，能将一个物体（或多个物体）附着到另一个物体，同时保持每个物体的转换、拓扑和修改器堆栈。

（4）支持 mental mill/MetaSL

Autodesk 3ds Max 2010 是第一个集成了 mental images 的强大 mental mill 技术的动画软件包。这意味着 Autodesk 3ds Max 用户将能够开发、测试和维护着色器及复杂的着色器图形，来进行提供实时可视反馈的硬件和软件渲染，而无需编程技能。MetaSL 着色器可以使用附带的 mental mill Artist Edition 软件创建。这些着色器完全不受硬件限制，这意味着不需要为不同的目标平台重新创建。mental mill 支持 CgFX、HLSL

和 GLSL 以及 C++ for mental ray 和 Reality Server，而且 mental mill 应用程序编程接口（API）能使第三方为其他目标开发后端插件，包括专用处理器和其他软件渲染器。

（5）支持高分辨率渲染输出

Autodesk 3ds Max 自动内存管理功能的改进使制作人员能够在 32-bit 系统上渲染大型照片级分辨率图像。

（6）OBJ 格式导入改进

扩展的 OBJ 文件格式支持促进了 Autodesk Mudbox 与 Autodesk 3ds Max 2010 以及其他第三方 3D 数字雕刻软件之间的 3D 模型数据的导入和导出。用户现在能够看到他们的 OBJ 文件是否包含纹理坐标和平滑组。而且，还可以在导入时对多边形采用三角化、选择法线的导入方式以及保存法线和多边形导入预置以备将来使用。

2.2　3ds Max 2010的工作界面

3ds Max 2010 的工作界面有很大的改变。首先，默认界面变为黑色调，这有利于保护长时间工作者的眼睛，在工具按钮布置方面也做了很多便于操作的改变。3ds Max 老用户可能对这些改变有些不适应，但是熟悉了后会发现这些改变大多是有利于提高工作效率的。

双击桌面上的 button 按钮，或者单击"开始 > 所有程序 > Autodesk>Autodesk 3ds Max 2010 32-bit>Autodesk 3ds Max 2010 32-bit"，启动 3ds Max 2010，启动界面如图 2-2 所示。

图2-2　3ds Max 2010启动界面

3ds Max 虽是一个复杂的三维动画制作渲染软件，3ds Max 的工作界面却简洁明了，主要是由标题栏、菜单栏、视图区、工具栏、命令面板、状态栏、

动画控制区和视图控制区 8 个部分组成的，如图 2-3 所示。

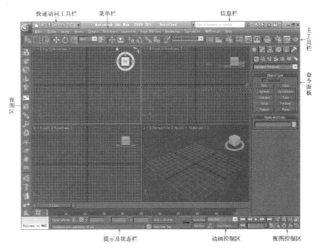

图2-3　默认工作界面

■ 标题栏

操作界面中最顶部的一行是系统的标题栏。位于标题栏最左边的是应用按钮，单击标题栏可打开一个图标的菜单，双击标题栏可关闭当前的应用程序。紧随其右侧的是"快速访问工具栏"，主要包括了常用文件管理的工具。标题栏中间部分是文件名和软件名，信息栏位于标题栏的右侧，在标题栏最右边是 Windows 的 3 个基本控制按钮：最小化、最大化、关闭。

■ 菜单栏

3ds Max 的菜单栏同标准的 Windows 操作平台相似，分为 12 个项目，位于屏幕顶端，菜单中的命令项目如果带有···（省略号），表示会弹出相应的对话框，带有小箭头表示还有次一级的菜单，如图 2-4 所示。有快捷按键的命令右侧会有快捷键，大多数命令在工具栏、命令面板或者右键单击弹出的快捷菜单中都能方便地找到，不必进入菜单进行选择。

图2-4　次级菜单展示

■ 工具栏

在 3ds Max 中，工具栏是摆放常用命令的地方，工具栏包括主工具栏和浮动工具栏两部分。

在菜单栏下，就是 3ds Max 的主工具栏，主工具栏是由一组带有形象标示的命令按钮组成的，可以直接从按钮的形象标示上来区分其功能，主工具栏的命令按钮在排列上使用了嵌套的方法。有些按钮的右下角带有一个三角形标志，这表示可以显示相关按钮，单击并按住鼠标左键不放就可弹出相关的按钮。

浮动工具栏在默认的情况下是隐藏的，在主工具栏空白处单击鼠标右键，在弹出的菜单中选择相应的命令可以打开浮动工具栏，如图 2-5 所示。

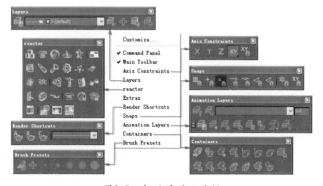

图2-5　打开浮动工具栏

■ 视图区

在 3ds Max 的整个工作界面中，视图区占据了大部分的界面空间，视图区是 3ds Max 的主要工作区域，在系统默认状态下，视图区共划分成 4 个面积相等的视图，分别为顶视图、前视图、左视图、透视图。在视图区中单击可以激活某个视图，表示该视图为当前工作视图，此时该视图四周的边框为黄色显示。

视图的划分及视图显示方式，并不是一成不变的，用户可根据观察对象的需要随时改变视图的大小或者视图的显示方式，在视图左上角视图名称处单击鼠标右键，在弹出的菜单中选择视图选项，即可选择需要的视图显示方式。

■ 视图控制区

工作界的右下角为视图控制区，视图控制区包含 8 组命令按钮，这些按钮的主要功能就是调控视图的显示效果，使用户更好地对所编辑的场景对象进行观察。因此熟练地使用视图控制工具可以提高制作效果图的工作效率。

■ 命令面板

3ds Max 的工作界面的右侧为命令面板，在命令面板内包含大量的对象建立和编辑命令，命令面板是 3ds Max 中使用频率较高的一个工作区域，绝大多数场景对象的创建，都要在这里编辑完成。因而，熟练地掌握命令面板的使用技巧是学习 3ds Max 的核心内容，也是学习 3ds Max 的关键所在。

3ds Max 的命令面板共包含 6 个部分，从左至右依次是创建对象、修改对象、层次控制、运动控制、对象显示控制和实用工具，每一个部分下面又包含着不同的分支内容。

■ 提示栏和动画控制区

在 3ds Max 的工作界面中，信息提示栏主要提示一些命令使用、当前状态的信息，如：选中一个工具后，在提示栏中会出现它的使用方法等信息。动画控制区的工具主要用于记录、播放动画。

2.3 自定义视图布局

默认工作界面中，4个视图是同样大小的，用户可以根据自己的个人爱好和工作习惯设置自己的视图布局，默认视图布局如图2-6所示。

项卡下提供了14种视图布局，用户可以根据需要随意选择任意一个视图布局，如图2-7所示。

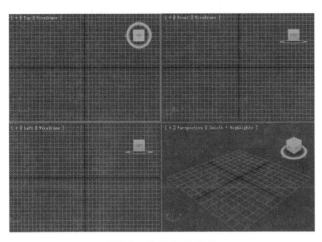

图2-6 默认视图布局

在视图区中单击任意视图左上角的"一般视图选项"，在弹出的快捷菜单中选择Configure命令，此时会弹出Viewport Configuration对话框，在Layout选

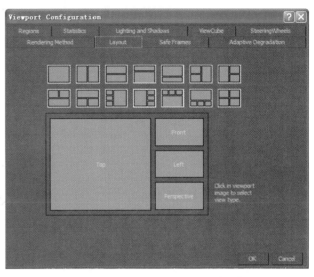

图2-7 Viewport Configuration对话框

用户还可以将光标放在两个视图的分界处，当光标变为双向箭头时拖动鼠标，调整视图的大小。

2.4 设置右键菜单

在视图中单击鼠标右键弹出的快捷菜单就是右键菜单，如图2-8所示。右键菜单可以帮助用户快速找到需要的命令，从而提高工作效率。

选择菜单栏中的"Customize>Customize User Interface"命令，在弹出的Customize User Interface对话框中的Quads选项卡下，可以设置很多命令，将其拖到右侧的列表框中，就会添加到右键菜单中，如图2-9所示。

如果想删除右键菜单中的某个命令，则右击Customize User Interface对话框右侧列表框中这个命令，在弹出的菜单中选择Delete Menu Item命令，便可将其删除，如图2-10所示。

图2-8 右键菜单

图2-9　Customize User Interface对话框

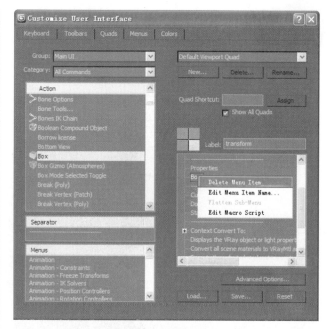

图2-10　删除命令

2.5　使用3ds Max制作小实例

通过前面的介绍，读者了解了 3ds Max 2010 的工作界面及其他基本知识。本小节将通过制作一个简单的茶几模型，使用户更直接地了解 3ds Max 制作模型的过程，模型效果如图 2-11 所示。

图2-11　茶几模型效果

(Step01) 双击桌面上的 ⑤ 按钮，启动 3ds Max 2010，并将单位设置为毫米，如图 2-12 所示。

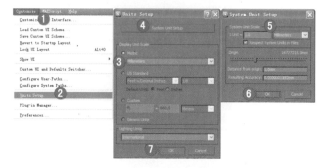

图2-12　单位设置

(Step02) 单 击 ◈（ 创 建 ）/ ◎（ 几 何 体 ）/ Standard Primitives ▼（标准基本体）/ Box 按钮，在顶视图中创建一个长方体，命名为"桌面"，如图 2-13 所示。

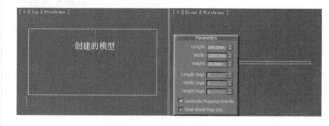

图2-13　创建的模型

(Step03) 再创建一个长方体，命名为"桌底"，调整它在视图中的位置，如图 2-14 所示。

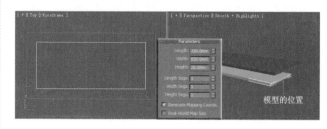

图2-14　模型的位置

Step04 单击 ⚙（创建）/ ◯（几何体）/ Standard Primitives（标准基本体）/ Cylinder 按钮，在顶视图中创建一个圆柱体，命名为"桌腿"，并复制3个，调整它们在视图中的位置，如图2-15所示。

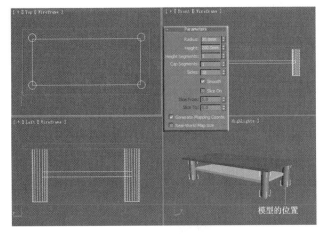

图2-15 模型的位置

Step05 此时，模型已经创建完成，下一步开始在材质编辑器中调制茶几的材质，并赋予相应的模型，如图2-16所示。

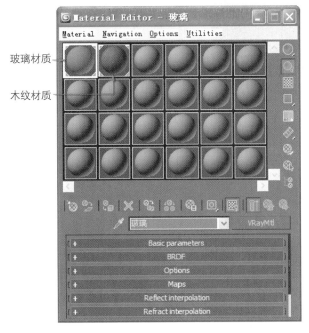

图2-16 调制材质

Step06 将材质赋予相应模型后的效果如图2-17所示。

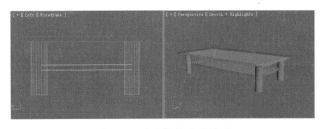

图2-17 赋予材质后的效果

Step07 单击创建命令面板中的 📷（摄影机）/ Target 按钮，在顶视图中创建一架摄影机，调整它在视图中的位置，将透视视图转换为摄影机视图，如图2-18所示。

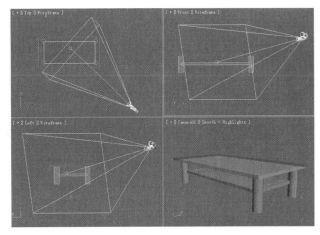

图2-18 摄影机的位置

Step08 摄影机设置完成后，为场景打灯光，并设置好合适的参数，如图2-19所示。

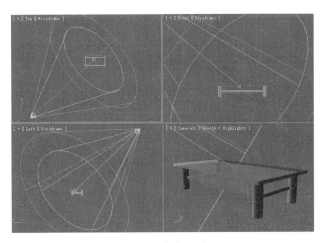

图2-19 灯光设置

Step09 最后，将完成后的场景渲染输出，如图2-20所示。

图2-20　渲染效果

至此，使用 3ds Max 制作简单模型就完成了，在后面的章节中，针对具体的实例，我们会对建模作更详细的讲解。

2.6　本章小结

　　3ds Max 的再次升级增加了更多的新功能，本章对 3ds Max 的升级版本 3ds Max 2010 的部分常用新功能及工作界面进行介绍，并通过简单的小实例介绍使用 3ds Max 制作模型的流程。

模型篇

- 创建三维模型
- 修改三维几何体
- 绘制二维图形
- 将二维图形转换为三维模型
- 创建室内家具模型

第 3 章
创建三维模型

本章内容

- 创建3ds Max标准基本体
- 创建扩展基本体
- 创建复合对象
- 对象的变换操作
- 制作简单的室内构件模型

创建模型是建筑效果图制作的基础，3ds Max提供了多种建模工具，包括直接创建几何体的工具和将图形转换为几何体的工具，本章首先介绍如何在3ds Max中创建简单的三维模型。3ds Max提供了标准基本体、扩展基本体以及部分建筑构件几何体的创建命令，这些三维模型都是日常生活中常见的几何体形态，是一切复杂几何形体的基础。在简单几何形体的基础上进行改造和组合，会创造出更加复杂的几何物体。

3.1 创建3ds Max标准基本体

标准基本体是几种日常生活中最为常见的几何体，但是这几种几何体在效果图的制作中使用频率非常高，掌握这些几何体的创建方法是学习 3ds Max 的第一步。在 3ds Max 2010 工作界面右侧的命令面板中单击 按钮，在几何体类型下拉列表中选择 Standard Primitives ，打开 Standard Primitives（标准基本体）创建命令面板，如图 3-1 所示。

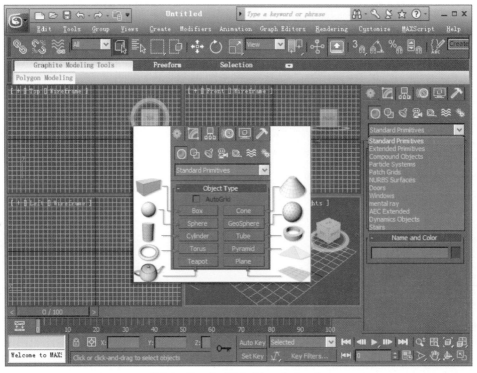

图3-1　Standard Primitives命令面板

3ds Max 2010 提供了 10 种标准基本体的创建命令，有长方体、圆柱体等，使用这些创建命令可以创建出常见的简单几何体，如墙体、地板、梁柱等。本章首先介绍这些几何体的创建方法和基本属性。

3.1.1 长方体的创建

长方体广泛用于各种场景的制作，例如墙体、地面、天花等模型都可以使用长方体来模拟，可以说长方体是最简单、最常用的基本体。长方体创建的模型效果如图 3-2 所示。

图3-2 长方体模型

在创建命令面板中单击 Box 按钮后，将光标放置到顶视图中，按下鼠标左键并在对角线方向上拖动鼠标，创建出长方体的底面，然后释放鼠标左键上下移动，创建出长方体的高度，最后单击鼠标左键完成创建。在创建过程中，创建命令面板显示长方体的创建参数，如图 3-3 所示，这些参数用于规范长方体的属性。

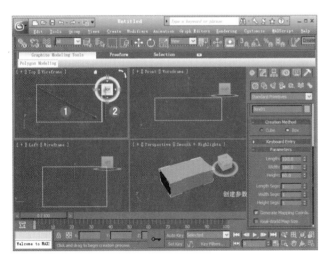

图3-3 参数面板

● Cube（立方体）：使长度、宽度和高度都相等。创建立方体是第一步操作，从立方体的中心开始，在视口中拖拽以同时设置三个维度。可以更改"参数"卷展栏中立方体的单个维度。

● Box（长方体）：从一个角到斜对角创建标准长方体基本体，创建的标准体可设置不同的长度、宽度和高度。

● Length（长度）、Width（宽度）、Height（高度）：设置长方体对象的长度、宽度和高度。在拖动长方体的侧面时，这些字段也作为读数。默认值为 0、0、0。

● Length Segs（长度分段）、Width Segs（宽度分段）、Height Segs（高度分段）：设置沿着对象每个轴的分段数量，在创建前后设置均可。默认情况下，长方体的每个侧面是单个分段，当重置这些值时，新值将成为绘画期间的默认值。默认设置为 1、1、1。

● Generate Mapping Coords（生成贴图坐标）：生成将贴图材质应用于长方体的坐标，默认设置为启用状态。

● Real-World Map Size（真实世界贴图大小）：控制应用于该对象的纹理贴图材质所使用的缩放方法。缩放值由位于应用材质的"坐标"卷展栏中的"使用真实世界比例"设置控制，默认设置为禁用状态。

3.1.2 球体和几何球体的创建

可以生成完整的球体、半球体或球体的其他部分，还可以围绕球体的垂直轴对其进行"切片"。与标准球体相比，几何球体能够生成更规则的曲面。在指定相同面数的情况下，它们也可以使用比标准球体更平滑的剖面进行渲染。球体和几何球体创建的模型效果如图 3-4 所示。

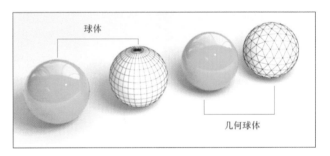

图3-4 球体模型效果

球体和几何体有类似的创建方法：激活创建命令按钮后，在视图中按下鼠标左键并拖动鼠标便可创建出球体或几何球体。在创建命令面板中单击 Sphere 按钮后，面板中将显示它的创建参数，如图 3-5 所示，这些参数用于规范球体的属性。

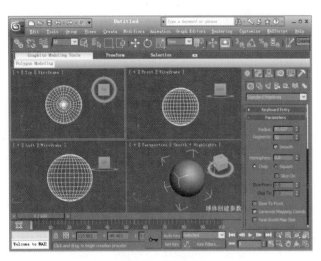

图3-5　参数面板

● Radius（半径）：指定球体的半径。

● Hemisphere（半球）：过分增大该值将"切断"球体，如果从底部开始，将创建部分球体。值的范围为0.0 ~ 1.0。默认值是0.0，可以生成完整的球体。设置为0.5可以生成半球，设置为1.0会使球体消失。"切除"和"挤压"可切换半球的创建选项。

在创建命令面板中单击 GeoSphere 按钮后，面板中将显示它的创建参数，如图3-6所示，这些参数用于规范几何球体的属性。

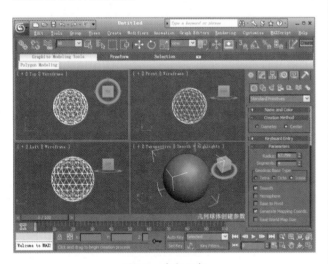

图3-6　参数面板

● Geodesic Base Type（基点面类型）组：可选择几何球体、基本几何体或规则多面体。

● Tetra（四面体）：基于4面的四面体。三角形面可以在形状和大小上有所不同。球体可以划分为四个相等的分段。

● Octa（八面体）：基于8面的八面体。三角形面可以在形状和大小上有所不同。球体可以划分为八个相等的分段。

● Icosa（二十面体）：基于20面的二十面体。面都是大小相同的等边三角形。根据与20个面相乘和相除的结果，球体可以划分为任意数量的相等分段。

3.1.3　圆柱体、管状体和圆环的创建

圆柱体用于生成圆柱，多用于创建柱子、圆形桌面等。管状体则可生成圆形和棱柱管道，它类似于中空的圆柱体。圆环则可以生成环状体和拱形体。圆柱体、管状体和圆环的模型效果如图3-7所示。

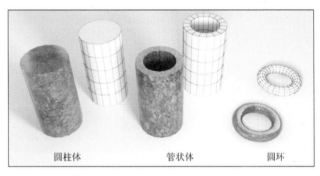

圆柱体　　　　　管状体　　　　圆环

图3-7　模型效果

创建圆柱体首先需要确定底面大小，然后确定高度，这与长方体的创建方法相同。创建管状体需要先确定一个截面圆的半径，然后确定第二个圆的半径，最后确定高度，这两个圆半径的差就是管壁的厚度。创建圆环时首先确定圆环的半径，然后释放鼠标左键移动鼠标，确定圆环截面半径，最后单击鼠标左键结束创建过程。这三种几何体的参数比较简单，在此不作过多介绍，其参数面板如图3-8所示。

圆柱体参数面板　　　管状体参数面板　　　圆环参数面板

图3-8　圆柱体、管状体和圆环参数面板

3.1.4　圆锥体和四棱锥体的创建

使用"创建"命令面板上的 Cone 按钮，可以

产生直立或倒立的圆形圆锥体。"四棱锥"基本体拥有方形或矩形底部和三角形侧面,模型效果如图3-9所示。

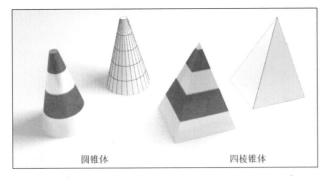

圆锥体　　　　　　　　四棱锥体

图3-9　模型效果

创建圆锥体需要首先确定底面圆的半径,然后确定椎体高度,最后确定顶面圆的半径。当其中一个圆的半径为0时,创建出的几何体为圆锥。四棱锥的创建较为简单,与长方体的创建方法类似。圆锥体和四棱锥体的参数面板如图3-10所示。

圆锥体参数面板　　　四棱锥体参数面板

图3-10　圆锥体和四棱锥体参数面板

3.1.5　茶壶和平面的创建

在标准几何体的创建命令面板中,茶壶和平面是两个较为特殊的几何体。茶壶命令可以快速创建出完整的茶壶模型,在效果图的制作中,茶壶常用于测试材质、灯光效果。平面命令可以创建出一个没有厚度的平面,如图3-11所示。

图3-11　茶壶和平面模型效果

3.2　创建扩展基本体

扩展基本体是3ds Max复杂几何体的集合。这些几何体的模型一般比较复杂,也有些模型比较单一,在效果图的制作中很少用到,因此本节重点介绍常用的几种扩展几何体。

在几何体创建命令面板中单击 Standard Primitives ,在弹出的下拉列表中选择Extended Primitives(扩展基本体),扩展基本体的创建命令面板如图3-12所示。

扩展基本体中的切角长方体和切角圆柱体,与标准基本体中的长方体和圆柱体的不同之处,就在于参数设置卷展栏中多了"圆角"参数,其作用是使切角长方体和切角圆柱体的边、角圆滑。

在创建命令面板中单击 ChamferBox 按钮后,面板中即显示它的创建参数,如图3-13所示,这些参数用于规范切角长方体的属性。

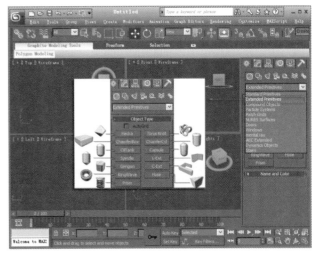

图3-12　扩展几何体面板

● Length（长度）、Width（宽度）、Height（高度）：设置切角长方体的长、宽、高。

● Fillet（圆角）：设置切角长方体的边角，使之圆滑。值越高切角长方体边上的圆角将越精细。

在创建命令面板中单击 ChamferCyl 按钮后，面板中即显示它的创建参数，如图 3-14 所示，这些参数用于规范切角圆柱体的属性。

图3-13　切角长方体参数面板　　图3-14　切角圆柱体参数面板

● Radius（半径）：设置切角圆柱体的半径。

● Height（高度）：设置切角圆柱体的高度。

● Fillet（圆角）：斜切倒角圆柱体的顶部和底部封口边。数量越多，沿着封口边的圆角越精细。

● Height Segs（高度分段）：设置沿着相应轴的分段数量。

● Fillet Segs（圆角分段）：设置圆柱体圆角边时的分段数。添加圆角分段曲线边缘，从而生成圆角圆柱体。

● Sides（边数）：设置切角圆柱体周围的边数。数值越大，切角圆柱体表面越光滑。

● Cap Segs（端面分段）：设置沿着切角圆柱体顶部和底部的中心，同心分段的数量。

3.3　创建复合对象

复合对象是指将两个或两个以上的对象组合，使之成为一个对象。复合对象的创建是比较复杂的操作，在几何体创建命令面板中单击 Standard Primitives 下三角按钮，在弹出的下拉列表中选择 Compound Objects，复合对象的创建命令面板如图 3-15 所示，常用到的是布尔运算和超级布尔命令。

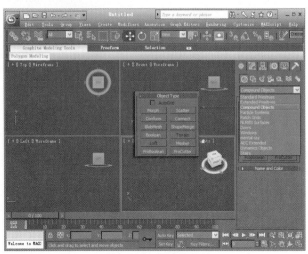

图3-15　复合对象面板

3.3.1　Boolean（布尔）

布尔运算通过对两个对象执行布尔操作将它们组合起来。布尔运算是一种数学运算，包括加集、减集、并集等运算。

首先在视图中选择一个对象，然后在复合对象创建命令面板中单击 Boolean 按钮，面板中即显示它的创建参数，如图 3-16 所示。

● Pick Operand B （拾取操作对象 B）：在视图中拾取造型进行布尔运算。在布尔运算中，系统将参与运算的两个几何体作了划分，先选中的几何体为"操作对象 A"，后选中的几何体为"操作对象 B"。

● Reference（参考）、Copy（复制）、Move（移动）、Instance（实例）：设置"操作对象 B"的处理方式，这与对象的复制方式是一样的。

● Operands（操作对象）：在这个列表中，列出了参与运算的"操作对象 A"和"操作对象 B"。

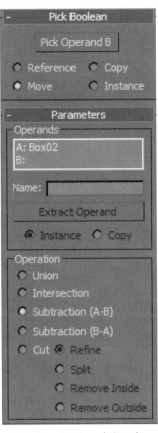

图3-16 Boolean参数面板

- Name（名称）：编辑此字段更改操作对象的名称。

- 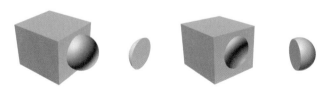 （提取操作对象）：创建一个运算对象的副本。

- Union（并集）：布尔对象包含两个原始对象的体积。将移除几何体的相交部分或重叠部分。

- Intersection（交集）：布尔对象只包含两个原始对象共用的体积（也就是重叠的位置）。

- Subtraction（差集）：布尔对象包含从中减去相交体积的原始对象的体积。布尔运算操作效果如图3-17 所示。

图3-17 布尔运算的操作效果

- 【Cut】（切割）：可以使用"操作对象 B"切割"操作对象 A"，但不给"操作对象 B"的网格添加任何东西。此操作类似于"切片"修改器，不同的是后者使用平面 gizmo，而"切割"操作使用"操作对象 B"的形状作为切割平面。

3.3.2 ProBoolean（超级布尔）

ProBoolean（超级布尔）复合对象与布尔复合对象非常相似。ProBoolean 复合对象在执行布尔运算之前，采用了 3ds Max 网格并增加了额外的功能。首先它组合了拓扑，然后确定共面三角形并移除附带的边。之后不是在这些三角形上而是在多边形上执行布尔运算。完成布尔运算之后，对结果执行重复三角算法，然后在共面的边隐藏的情况下将结果发送回 3ds Max 中。这样额外工作的结果有双重意义：布尔对象的可靠性非常高，因为有更少的小边和三角形，因此结果输出更清晰。

首先在视图中选择一个对象，然后在复合对象创建命令面板中单击 ProBoolean 按钮，面板中即显示它的创建参数，如图 3-18 所示。

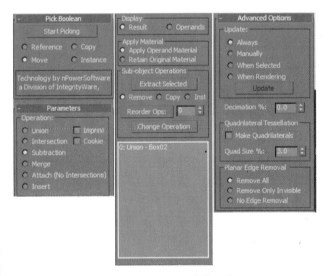

图3-18 ProBoolean参数面板

ProBoolean（超级布尔）复合对象的使用方法与布尔复合对象的使用方法非常相近，它们的参数也非常相似，在此不作赘述。

3.4 对象的变换操作

在 3ds Max 中，时常要改变对象的位置、角度与尺寸，这三种变化称为变换，因此，对象的移动、旋转和缩放统称为对象的变换操作。变换操作是利用变换工具来完成的，变换工具位于主工具栏中，如图 3-19 所示。变换操作是最基本的操作，"轴向"则是影响变换操作最主要的一个元素。

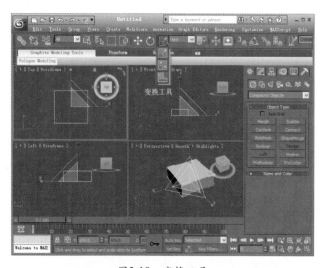

图3-19 变换工具

3.4.1 移动操作

工具具有三种功能，即选择物体的功能、移动物体的功能以及配合键盘上 Shift 键复制对象的功能。

工具可用于选择视图中的任意物体，在单击鼠标左键选择了物体后，便可在视图中直接对物体进行移动，调整其位置。除了可直接移动物体外，在按钮上单击鼠标右键，弹出 Move Transform Type-In 对话框，如图 3-20 所示，通过输入数值可以精确地改变物体的位置。

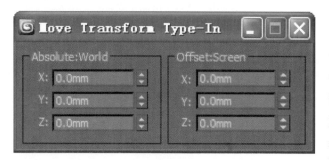

图3-20 Move Transform Type-In对话框

在移动一个物体时按住键盘上 Shift 键，可进行移动阵列复制，其对话框如图 3-21 所示。

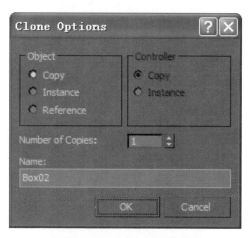

图3-21 Clone Options对话框

3.4.2 旋转操作

（旋转）工具也具有三种功能，即选择物体的功能、沿着一个轴向旋转物体的功能，以及配合键盘上 Shift 键复制对象的功能。

该工具用于对视图中的所有物体进行旋转操作，旋转时受坐标系及坐标轴控制。红色圆代表 x 轴、绿色圆代表 y 轴、蓝色圆代表 z 轴、黄色圆代表被锁定的轴，如图 3-22 所示。

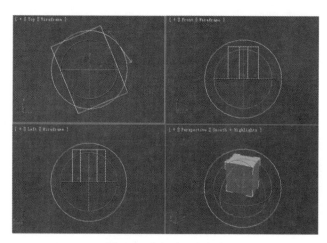

图3-22 旋转的轴向控制

当选择一个物体后，右键单击（旋转）按钮，弹出 Rotate Transform Type-In 对话框，如图 3-23 所示，通过输入数值的方法可改变物体的位置。

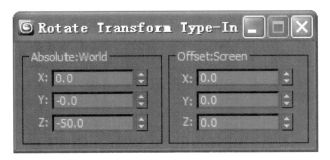

图3-23　Rotate Transform Type-In对话框

在旋转一个物体时按住键盘 Shift 键，可进行旋转阵列复制，其相应的对话框与移动复制一样。

3.4.3　缩放操作

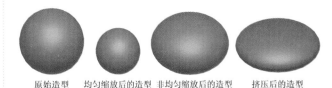（缩放）工具包括三个具体的工具，（选择并均匀缩放）、（选择并非均匀缩放）、（选择并挤压）。在工具栏上单击按钮不放就可以调出其他两个工具，不同缩放工具缩放模型后效果如图 3-24 所示。

原始造型　均匀缩放后的造型　非均匀缩放后的造型　挤压后的造型

图3-24　缩放变换后的模型

3.5　制作简单的室内构件模型

利用几何体工具并配合变换工具的使用，可以创建出简单的室内构件，下面就通过基本的创建命令制作橱柜模型，效果如图 3-25 所示。在模型的制作过程中，除了使用前面介绍的几何体创建命令外，还会用到一些修改命令，这些命令将在后面的章节中详细介绍。

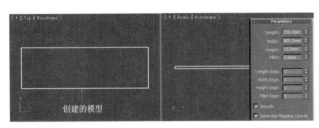

图3-25　橱柜模型效果

(Step01) 双击桌面上的 按钮，启动 3ds Max 2010，并将单位设置为毫米。

(Step02) 击 （创建）/ （几何体）/ Extended Primitives （扩展几何体）/ ChamferBox 按钮，在顶视图中创建一个切角长方体，命名为"柜面"，如图 3-26 所示。

图3-26　创建切角长方体

(Step03) 单击 （创建）/ （几何体）/ Box 按钮，在顶视图中创建一个长方体，命名为"柜板"，调整模型的位置，如图 3-27 所示。

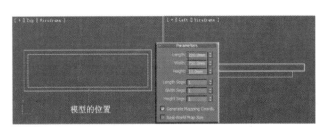

图3-27　模型的参数及位置

(Step04) 在顶视图中再创建一个长方体，命名为"柜腿"，在视图中调整模型的位置，如图 3-28 所示。

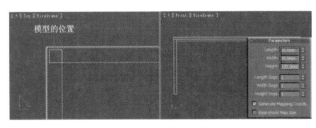

图3-28　模型的参数及位置

(Step05) 在顶视图中选中"柜腿"，按住键盘中 Shift 键，沿 x 轴复制移动模型，此时弹出 Clone Options 对话框，设置参数如图 3-29 所示。

(Step06) 在视图中调整复制后柜腿的位置，如图 3-30 所示。

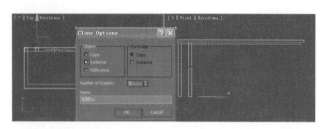

图3-29　复制模型

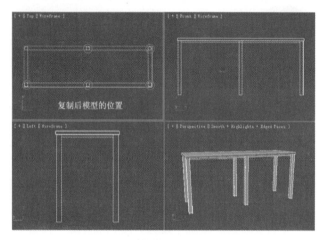

图3-30　复制后模型的位置

Step07 在前视图中创建一个长方体，命名为"柜门"，调整它在视图中的位置，如图3-31所示。

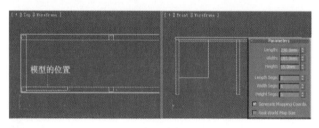

图3-31　模型的参数及位置

Step08 按照前面的方法，将"柜门"复制3个，调整复制后模型的位置，如图3-32所示。

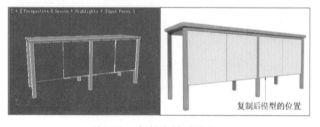

图3-32　复制后模型的位置

Step09 单击 ⚙（创建）/ ◯（几何体）/ ▢Box 按钮，在前视图中创建一个长方体，命名为"柜后板"，调整模型的位置，如图3-33所示。

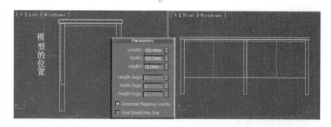

图3-33　模型的参数及位置

Step10 在左视图中创建一个长方体，命名为"柜侧板"，并将其复制一个，调整模型的位置，如图3-34所示。

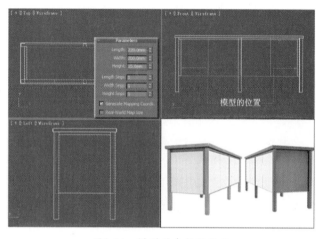

图3-34　模型的参数及位置

Step11 在前视图中选中"柜板"，按住 Shift 键，将其沿 y 轴向下移动复制一个，调整复制后模型的位置，如图3-35所示。

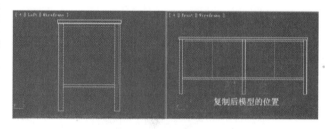

图3-35　复制后模型的位置

Step12 单击 ⚙（创建）/ ◯（几何体）/ Extended Primitives（扩展基本体）/ ChamferCyl 按钮，在前视图中创建一个切角圆柱体，命名为"把手底座"，调整模型的位置，如图3-36所示。

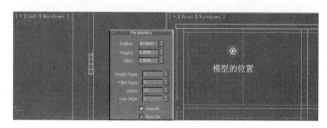

图3-36　模型的参数及位置

(Step13) 单击 ⬢（创建）/ ◯（几何体）/ Cylinder 按钮，在前视图中创建一个圆柱体，命名为"把手连接块"，调整模型的位置，如图 3-37 所示。

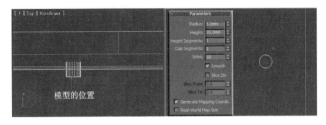

图3-37 模型的参数及位置

(Step14) 单击 ⬢（创建）/ ◯（几何体）/ Extended Primitives （扩展基本体）/ ChamferCyl 按钮，在左视图中创建一个切角圆柱体，命名为"把手"，设置其参数如图 3-38 所示。

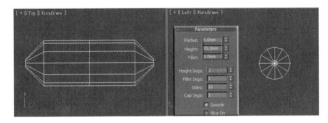

图3-38 参数设置

(Step15) 选中"把手"，在 Modifier List 下拉列表中选择 Edit Poly 修改器，如图 3-39 所示。

图3-39 添加修改器

(Step16) 在修改器堆栈中激活 Vertex 子对象，在顶视图中框选如图 3-40 所示的顶点，被选中的顶点呈红色显示。

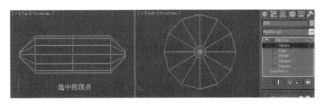

图3-40 选中的顶点

(Step17) 激活工具栏中的▣按钮，在左视图中锁定 XY 轴，按住鼠标左键，压缩调整顶点的位置，如图 3-41 所示。

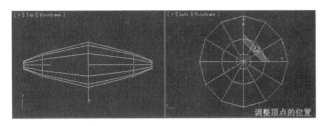

图3-41 缩放调整顶点的位置

(Step18) 关闭 Vertex 子对象，在视图中调整"把手"的位置，如图 3-42 所示。

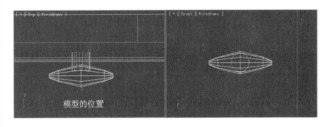

图3-42 模型的位置

(Step19) 在前视图中同时选中"把手底座"、"把手连接块"和"把手"，将其复制 3 组，调整复制后模型的位置，如图 3-43 所示。

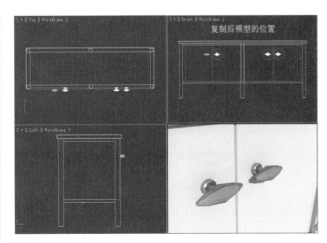

图3-43 复制后模型的位置

Step20 至此，橱柜的模型已经创建完成，单击菜单栏中的 ⊞ 按钮，保存文件。

3.6 本章小结

本章主要介绍了如何创建常用的标准基本体、扩展基本体、复合对象以及它们的对象属性。这些创建命令是 3ds Max 建模的基础，通过这些创建命令，可以延伸创建出更多复杂的几何模型。

本章还详细介绍了变换工具的使用方法，并使用这些工具、命令，创建了一个橱柜模型，使读者对 3ds Max 中模型的创建有进一步的了解。

第 4 章
修改三维几何体

本章内容

- 弯曲
- 锥化
- 扭曲
- 晶格
- 置换
- 编辑多边形
- 使用修改命令制作室内简单构件模型

通过几何体创建命令创建的三维模型，往往不能完全符合要求，这就需要对其进行修改。除了利用对象的各个参数进行修改以规范其造型外，3ds Max还提供了一系列的修改命令，可以使三维模型的形状、质量等得到改善，使模型更加符合我们的要求，这些修改命令称之为修改器，如图4-1所示。

虽然3ds Max提供了众多的修改命令，但对于制作室内效果图来说，经常用到的只有其中的几个，本章就介绍几个较为典型的修改器命令。

图4-1 修改器列表

4.1 弯曲

Bend（弯曲）修改器允许将当前选中对象围绕单独轴弯曲360度，在对象几何体中产生均匀弯曲。可以在任意三个轴上控制弯曲的角度和方向。也可以对几何体的一段限制弯曲。弯曲修改器堆栈及参数面板如图4-2所示。

图4-2 修改器堆栈及参数面板

- Gizmo（线框）：可以在此子对象层级上与其他对象一样对 Gizmo 进行变换并设置动画，也可以改变弯曲修改器的效果。转换 Gizmo 将以相等的距离转换它的中心，根据中心转动和缩放 Gizmo。

- Center（中心）：可以在子对象层级上平移中心并对其设置动画，改变弯曲 Gizmo 的图形，并由此改变弯曲对象的图形。

- Angle（角度）：从顶点平面设置要弯曲的角度。

- Direction（方向）：设置弯曲相对于水平面的方向。

- Bend Axis（弯曲轴）：指定要弯曲的轴向。

- Limits（限制）：可以将弯曲变化控制在一定区域。

- Upper Limit（上限）：以世界单位设置上部边界，此边界位于弯曲中心点上方，超出此边界弯曲不再影响几何体。

● Lower Limit（下限）：以世界单位设置下部边界，此边界位于弯曲中心点下方，超出此边界弯曲不再影响几何体。

弯曲模型效果如图 4-3 所示。

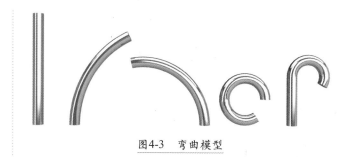

图4-3　弯曲模型

4.2　锥化

Taper（锥化）修改器通过缩放对象几何体的两端，产生锥化轮廓，一段放大而另一端缩小。可以在两组轴上控制锥化的量和曲线，也可以对几何体的一段限制锥化。锥化修改器的参数面板如图 4-4 所示。

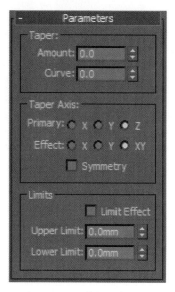

图4-4　参数面板

● Amount（数量）：用于控制锥化程度，也就是上下地面的缩放程度。

● Curve（曲线）：控制锥化后椎体曲线的程度。

● Primary（主轴）：锥化的中心轴或中心线，可选择 X、Y 或 Z，默认为 Z。

● Effect（效果）：用于设置主轴上的锥化方向的轴或轴对。可用选项取决于主轴的选取。影响轴可以是剩下两个轴的任意一个，也可以是它们的合集。如果主轴是 X，影响轴可以是 Y、Z 或 YZ，默认设置为 XY。

● Symmetry（对称）：围绕主轴产生对称锥化。锥化始终围绕影响轴对称，默认设置为禁用状态。

锥化模型效果如图 4-5 所示。

图4-5　锥化模型

4.3　扭曲

Twist（扭曲）修改器在对象几何体中产生一个旋转效果。可以控制任意三个轴上扭曲的角度，并设置偏移来压缩扭曲相对于轴点的效果，也可以对几何体的一段限制扭曲。扭曲修改器参数面板如图 4-6 所示。

图4-6　参数面板

● Angle（角度）：确定围绕垂直轴扭曲的量。

● Bias（偏移）：使扭曲旋转在对象的任意末端聚团。此参数为负时，对象扭曲会与 Gizmo 中心相邻。此值为正时，对象扭曲远离于 Gizmo 中心。如果参数为 0，将均匀扭曲。

● Twist Axis（扭曲轴）：指定执行扭曲所沿着的轴。

扭曲模型效果如图 4-7 所示。

图4-7 扭曲模型

4.4 晶格

Lattice（晶格）修改器将图形的线段或边转化为圆柱形结构，并在顶点上产生可选的关节多面体。使用它可基于网格拓扑创建可渲染的几何体结构，或作为获得线框渲染效果的另一种方法。晶格修改器参数面板如图 4-8 所示。

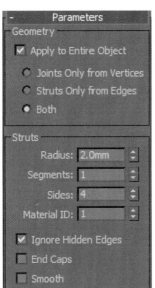

图4-8 参数面板

● Apply to Entire Object（应用于整个对象）：将"晶格"应用到对象的所有边或线段上。禁用时，仅将"晶格"应用到选中的子对象。默认设置为启用。

● Joints Only from Vertices（仅来自顶点的节点）：仅显示由原始网格顶点产生的关节（多面体）。

● Struts Only from Edges（仅来自边的支柱）：仅显示由原始网格线段产生的支柱（多面体）。

● Both（二者）：显示支柱和关节。

● Radius（半径）：指定结构半径。

● Segments（分段）：指定沿结构的分段数目。当需要使用后续修改器将结构变形或扭曲时，增加此值。

● Sides（边数）：指定结构周界的边数目。

● Material ID（材质 ID）：指定用于结构的材质 ID。使结构和关节具有不同的材质 ID，这样可以很容易地为它们指定不同的材质。

● Ignore Hidden Edges（忽略隐藏边）：仅生成可视边的结构。禁用时，将生成所有边的结构，包括不可见边。默认设置为启用。

● End Caps（末端封口）：将末端封口应用于结构。

● Smooth（平滑）：将平滑应用于结构。

● Geodesic Base Type（基点面类型）：指定用于关节的多面体类型。

晶格模型效果如图 4-9 所示。

图4-9 晶格模型

4.5 置换

Displace（置换）修改器以力场的形式推动和重塑对象的几何外形。可以直接从修改器 Gizmo 应用它的变量力，或者从位图图像应用。置换修改器参数面板如图 4-10 所示。

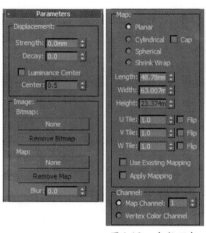

图 4-10　参数面板

● **Strength**（强度）：设置为 0.0 时，没有任何效果。大于 0.0 的值会使对象几何体或粒子按偏离 Gizmo 所在位置的方向发生位移。小于 0.0 的值会使几何体朝 Gizmo 置换。默认设置是 0.0。

● **Decay**（衰退）：根据距离变化置换强度。

● **Luminance Center**（亮度中心）：决定"置换"使用什么层级的灰度作为 0 置换值。

● **Bitmap**（位图）：用于指定位图或贴图。设置完成后，这些按钮显示位图或者贴图的名称。

● **Map**（贴图）：移除指定的位图或贴图。

● **Blur**（模糊）：增加该值可以模糊或柔化位图置换的效果。

● **Planar**（平面）：从单独的平面对贴图进行投影。

● **Cylindrical**（柱形）：像将其环绕在圆柱体上那样对贴图进行投影。启用"封口"可以从圆柱体的末端投射贴图副本。

● **Spherical**（球形）：从球体出发对贴图进行投影，球体的顶部和底部，即位图边缘在球体两极的交汇处均为极点。

● **Shrink Wrap**（收缩包裹）：从球体投射贴图，

但是它会截去贴图的各个角，然后在一个单独的极点将它们全部结合在一起，在底部创建一个极点。

● **Length**（长度）、**Width**（宽度）、**Height**（高度）：指定"置换" Gizmo 的边界框尺寸。高度对平面贴图没有任何影响。

● **U/V/W Tile**（U/V/W 向平铺）：设置位图沿指定尺寸重复的次数。默认值 1.0 对位图执行只一次贴图操作，数值 2.0 对位图执行两次贴图操作，依此类推。

● **Use Existing Mapping**（使用现有贴图）：让"置换"使用堆栈中已有的贴图设置。如果没有对对象贴图，该功能就没有效果。

● **Apply Mapping**（应用贴图）：将"置换 UV"贴图应用到绑定对象。该功能用于将材质贴图应用到使用与修改器一样的贴图坐标的对象上。

● **Map Channel**（贴图通道）：选择该功能可以指定用于贴图的 UVW 通道，使用它右侧的微调器设置通道数目。

● **Vertex Color Channel**（顶点颜色通道）：选择该功能可以对贴图使用顶点颜色通道。

● **x y z**：沿三个轴翻转贴图 Gizmo。

● （适配）：缩放 Gizmo 以适配对象的边界框。

● **Center**（中心）：相对于对象的中心调整 Gizmo 的中心。

● **Bitmap Fit**（中心适配）：打开"选择位图"对话框。缩放 Gizmo 以适配选定位图的纵横比。

● **Normal Align**（法线对齐）：启用"拾取"模式可以选择曲面。Gizmo 对齐于那个曲面的法线。

● **View Align**（视图对齐）：使 Gizmo 指向视图的方向。

● **Region Fit**（区域适配）：启用"拾取"模式可以拖动两个点，缩放 Gizmo 以适配指定区域。

● **Reset**（重置）：将 Gizmo 返回到默认值。

● **Acquire**（获取）：启用"拾取"模式可以选择另一个对象并获得它的"置换" Gizmo 设置。

4.6　编辑多边形

Edit Poly(编辑多边形)修改器为选定的对象(顶点、边、边界、多边形和元素)提供显示编辑工具。编辑多边形修改器包括基础"可编辑多边形"对象的大多数功能,但不包含"顶点颜色"信息、"细分曲面"卷展栏、"权重和折缝"设置和"细分置换"卷展栏。使用编辑多边形,可设置子对象变换的动画。另外,由于它是一个修改器,所以可保留对象创建参数并在以后作出更改。编辑多边形堆栈如图 4-11 所示。

图4-11　编辑多边形堆栈

4.6.1　Vertex(顶点)

顶点是位于相应位置的点,它们构成多边形对象的其他子对象的结构。当移动或编辑顶点时,它们形成的几何体也会受影响。顶点也可以独立存在,这些孤立顶点可以用来构建其他几何体,但在渲染时,它们是不可见的。在编辑多边形的顶点子对象中,主要利用 Edit Vertices 和 Edit Geometry 卷展栏中的命令,如图 4-12 所示。

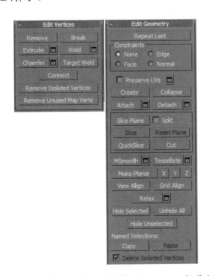

图4-12　Edit Vertices 与 Edit Geometry 卷展栏

- **Remove** (移除):删除选中的顶点,并将使用它们的多边形接合起来。键盘快捷键是 Backspace。

- **Break** (断开):在与选定顶点相连的每个多边形上都创建一个新顶点。多边形的角原来是连在原始顶点上的,这项操作可使它们互相断开。如果顶点是孤立的或者只有一个多边形使用,则顶点将不受影响。

- **Extrude** (挤出):挤出顶点时,它会沿法线方向移动,并且创建新的多边形,形成挤出的面,将顶点与对象相连。挤出对象的面的数目,与原来使用挤出顶点的多边形数目一样。

- **Weld** (焊接):对"焊接"对话框中指定的公差范围之内连续的、选中的顶点进行合并,所有边都会与产生的单个顶点连接。

如果几何体区域有几个接近的顶点,那么它最适合用焊接来进行自动简化。

- **Chamfer** (切角):单击此按钮,然后在活动对象中拖动顶点。要使用数字将顶点切角,则单击"切角设置"按钮,然后调整"切角量"值。

如果切角多个选定顶点,那么它们都会被同样地切角。如果拖动了一个未选中的顶点,那么任何选定的顶点都会先被取消选定。

- **Target Weld** (目标焊接):可以选择一个顶点,并将它焊接到目标顶点。当光标处在顶点之上时,它会变成"+"形状。单击并移动鼠标会出现一条虚线,虚线的一端是顶点,另一端是箭头光标。将光标放在附近的顶点之上,当再次出现"+"时,单击鼠标。第一个顶点移到了第二个的位置上,它们两个即焊接在一起。

- **Connect** (连接):在选中的顶点之间创建新的边。

- **Remove Isolated Vertices** (移除孤立顶点):将不属于任何多边形的所有顶点删除。

- **Remove Unused Map Verts** (移除未使用的贴图顶点):某些建模操作会留下未使用的贴图顶点,它们会显示在"展开 UVW"编辑器中,但是不能用于贴图。可以利用这一按钮,自动删除这些贴图顶点。

- **Repeat Last** (重复上一个):重复最近使用的命令。

● Constraints（约束）：使用现有的几何体约束子对象的变换。

● Create（创建）：创建新的几何体。此按钮的使用方式取决于活动的级别。

● Collapse（塌陷）：通过将其顶点与选择中心的顶点焊接，使连续选定子对象的组产生塌陷。

● Attach（附加）：用于将场景中的其他对象附加到选定的可编辑多边形中。可以附加任何类型的对象，包括样条线、片面对象和 NURBS 曲面。附加非网格对象时，可以将其先转化成可编辑多边形格式，再选择要附加到当前选定多边形对象中的对象。

● Detach（分离）：将选定的子对象和附加到子对象的多边形作为单独的对象或元素进行分离。

● Slice Plane（切片平面）：为切片平面创建 Gizmo，可以定位和旋转它，来指定切片位置。另外，还可以启用"切片"和"重置平面"按钮。

如果捕捉处于禁用状态，那么在转换切片平面时，可以看见切片预览。要执行切片操作，则单击"切片"按钮。

● QuickSlice（快速切片）：可以将对象快速切片，而不操纵 Gizmo。选择对象并单击"快速切片"按钮，然后在切片的起点处单击一次，然后在其终点处单击一次。激活命令时，可以继续对选定内容执行切片操作。

● Cut（切割）：用于创建一个多边形到另一个多边形的边，或在多边形内创建边。单击起点，并移动光标，然后再单击，再移动和单击，以创建新的连接边。右键单击一次，退出当前切割操作，然后可以开始新的切割，或者再次右键单击退出"切割"模式。

● MSmooth（网格平滑）：使用当前设置平滑对象。此命令使用细分功能，它与"网格平滑"修改器中的"NURMS 细分"类似，但是与"NURMS 细分"不同的是，它立即将平滑应用到控制网格的选定区域上。

● Tessellate（细化）：根据细化设置细分对象中的所有多边形。

● Make Planar（平面化）：强制所有选定的子对象成为共面。该平面的法线是选择的平均曲面法线。

● View Align（视图对齐）：使对象中的所有顶点与活动视图所在的平面对齐。如果子对象模式处于活动状态，则该功能只能影响选定的顶点或那些属于选定子对象的顶点。如果活动视图是前视图，则使用"视图对齐"与对齐构建网格（主网格处于活动状态时）一样。与透视视图（包括"摄影机"和"灯光"视图）对齐时，将会对顶点进行重定向，使其与某个平面对齐。其中，该平面与摄影机的查看平面平行。该平面与距离顶点的平均位置最近的查看方向垂直。

● Grid Align（栅格对齐）：使选定对象中的所有顶点与活动视图所在的平面对齐。如果子对象模式处于活动状态，则该功能只适用于选定的子对象。该功能可以使选定的顶点与当前的构建平面对齐。启用主栅格的情况下，当前平面由活动视图指定。使用栅格对象时，当前平面是活动的栅格对象。

● Relax（松弛）：在"松弛"对话框中进行设置，可以将"松弛"功能应用于当前的选定内容。"松弛"可以规格化网格空间，方法是朝着邻近对象的平均位置移动每个顶点。其工作方式与"松弛"修改器相同。

● Hide Selected（隐藏选定对象）：隐藏任意所选子对象。

● Unhide All（全部取消隐藏）：还原任何隐藏子对象，使之可见。

● Hide Unselected（隐藏未选定对象）：隐藏未选定的任意子对象。

● Copy（复制）：打开一个对话框，指定要放置在复制缓冲区中的命名选择集。

顶点命令应用效果如图 4-13 所示。

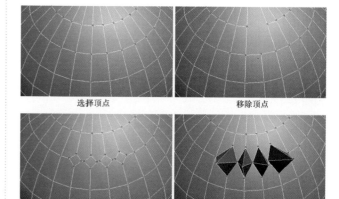

图4-13　顶点命令的应用

4.6.2　Edge（边）

边是连接两个顶点的直线，它可以作为多边形的边。边不能由两个以上多边形共享。在编辑多边形的边子对象时，主要应用 Edit Edges 和 Edit Geometry 卷展栏中的命令，如图 4-14 所示。

图4-14 Edit Edges与Edit Geometry卷展栏

- Insert Vertex （插入顶点）：用于手动细分可视的边。

- Remove （移除）：删除选定边并组合使用这些边的多边形。

- Split （分割）：沿着选定边分割网格。

- Extrude （挤出）：如果在执行手动挤出后单击该按钮，当前选定对象和预览对象上执行的挤出效果相同。此时，会打开该对话框，其中"挤出高度"值为最后一次挤出时的高度值。

- Weld （焊接）：只能焊接仅附着一个多边形的边，也就是边界上的边。另外，不能执行会生成非法几何体的焊接操作，例如两个以上多边形共享的边的焊接操作。

- Chamfer （切角）：如果对多个选定的边进行切角处理，则这些边的切角效果相同。如果拖动未选的边，软件将先取消任何已选择的边的选定状态。

- Target Weld （目标焊接）：选择边并将其焊接到目标边。将光标放在边上时，光标会变为"+"形状。单击并移动鼠标会出现一条虚线，虚线的一端是顶点，另一端是箭头光标。将光标放在其他边上，如果光标再次显示为"+"形状，则单击鼠标。此时，第一条边将会移到第二条边的位置，从而将这两条边焊接在一起。

- Bridge （桥）：使用多边形的"桥"连接对象的边。桥只连接边界边，也就是只在一侧有多边形的边。创建边循环或剖面时，该工具特别有用。

- Connect （连接）：在每对选定边之间创建新边。此功能对创建或细化边循环特别有用。

- Create Shape （创建图形）：选择一条或多条边后，单击此按钮，打开"创建图形设置"对话框，通过设置可创建一个或多个样条线形状。

- Edit Tri. （编辑三边剖分）：通过绘制对角线将多边形细分为三角形。

- Turn （旋转）：通过单击对角线修改多边形，将其细分为三角形。激活"旋转"模式时，对角线可以在线框和边面视图中显示为虚线。在"旋转"模式下，单击对角线可更改其位置。要退出"旋转"模式，则在视图中右键单击或再次单击 Turn 按钮。

Edit Geometry 卷展栏命令与顶点对应卷展栏一样，在这里就不再做解释了，边命令应用效果如图4-15所示。

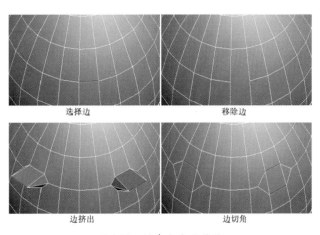

图4-15 边命令应用效果

4.6.3 Border（边界）

边界是网格的线性部分，通常可以描述为孔洞的边缘。它通常是多边形仅位于一面时的边序列。例如，长方体没有边界，但茶壶对象有若干边界，壶盖、壶身和壶嘴上有边界，还有两个在壶把上。如果创建圆柱体，然后删除末端多边形，相邻的一行边会形成边界。边界的编辑卷展栏如图4-16所示。

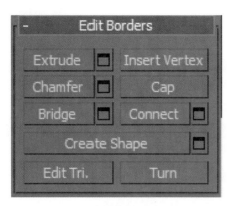

图4-16 Edit Borders卷展栏

● **Extrude**（挤出）：如果在执行手动挤出后单击该按钮，当前选定对象和预览对象上执行的挤出效果相同。此时，将会打开对话框，其中"挤出高度"值为最后一次挤出时的高度值。

● **Insert Vertex**（插入顶点）：启用"插入顶点"后，单击边界边即可在该位置处添加顶点，可以连续细分边界边。

要停止插入顶点，则在视图中右键单击，或者重新单击"插入顶点"按钮。

● **Chamfer**（切角）：如果对多个选定的边界进行切角处理，则这些边界的切角效果是相同的。如果拖动未选择边界，则会先取消选择所有选定边界。

● **Cap**（封口）：使用单个多边形封住整个边界环。

● **Bridge**（桥）：使用多边形的"桥"连接对象的两个边界。

● **Connect**（连接）：在选定边界边之间创建新边，这些边可以通过其中点相连。

● **Create Shape**（创建图形）：选择一个或多个边界后，单击此按钮，打开"创建图形设置"对话框，通过设置可创建一个或多个样条线图形。

4.6.4 Polygon（多边形）、Element（元素）

多边形是通过曲面连接的三条或多条边的封闭序列。在"编辑多边形"（多边形）子对象层级下，可选择单个或多个多边形，然后使用标准方法变换它们，这与"元素"子对象层级相似。Edit Polygons和Edit Elements卷展栏如图4-17所示。

● **Outline**（轮廓）：用于增加或减小每组连续选定的多边形的外边。执行挤出或倒角操作后，通常可以使用"轮廓"调整挤出面的大小。它不会缩放多边

形，只会更改外边的大小。

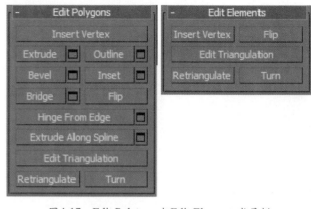

图4-17 Edit Polygons与Edit Elements卷展栏

● **Bevel**（倒角）：直接在视图中操纵，执行手动倒角操作。单击此按钮，然后垂直拖动任何多边形，以将其挤出。释放鼠标，然后垂直移动光标，以设置挤出轮廓。

● **Inset**（插入）：执行没有高度的倒角操作，即在选定多边形的平面内执行该操作。单击此按钮，然后垂直拖动任何多边形，以将其插入。

● **Hinge From Edge**（从边旋转）：通过在视图中直接操纵，执行手动旋转操作。选择多边形，并单击该按钮，然后沿着垂直方向拖动任何边，以旋转选定多边形。如果光标在某条边上，将会变为十字形状。

● **Extrude Along Spline**（沿样条线挤出）：沿样条线挤出当前的选定内容。

● **Edit Triangulation**（编辑三角剖分）：用户可以通过绘制内边将多边形细分为三角形。

● **Retriangulate**（重复三角算法）：在当前选定的一个或多个多边形上执行最佳三角剖分。

● **Turn**（旋转）：通过单击对角线将多边形细分为三角形。激活"旋转"模式时，对角线可以在线框和边面视图中显示为虚线。在"旋转"模式下，单击对角线可更改其位置。要退出"旋转"模式，则在视图中右键单击或再次单击"旋转"按钮。

多边形命令效果如图 4-18 所示。

多边形倒角　　　多边形轮廓　　　多边形翻转
图4-18 多边形命令效果

4.7 使用修改命令制作室内简单构件模型

在制作室内效果图的时候，制作一个模型往往需要配合使用多种创建、修改命令。下面利用前面介绍的修改命令制作室内花架模型，效果如图4-19所示。

图4-19　花架模型

Step01 双击桌面上的 按钮，启动 3ds Max 2010，并将单位设置为毫米。

Step02 单击 （创建）/ （几何体）/ Standard Primitives （标准基本体）/ Box 按钮，在顶视图中创建一个长方体，命名为"花架座"，如图4-20所示。

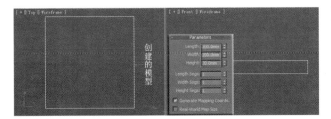

图4-20　参数设置

Step03 选中"花架座"，单击 按钮打开修改命令面板，在 Modifier List 下拉列表中选择 Edit Poly 命令，如图4-21所示。

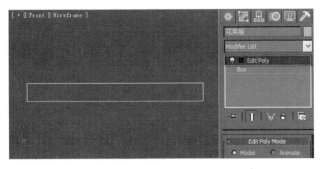

图4-21　添加Edit Poly（编辑多边形）命令

Step04 在修改器堆栈中激活 Polygon 子对象，在顶视图中选中顶面的多边形，如图4-22所示。

图4-22　选中多边形

Step05 在 Edit Polygons 卷展栏下单击 Bevel 后的 按钮，在弹出的 Bevel Polygons 对话框中设置参数，单击 Apply 按钮，如图4-23所示。

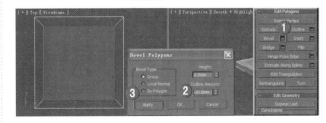

图4-23　参数设置

Step06 在对话框中继续设置参数，如图4-24所示，单击 OK 按钮，关闭对话框。

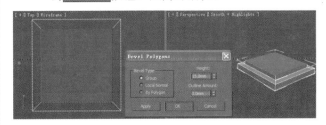

图4-24　参数设置

Step07 在顶视图中创建一个长方体，命名为"花架"，调整模型的位置，如图4-25所示。

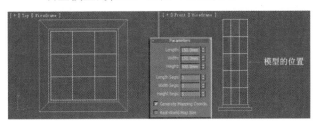

图4-25　模型的参数及位置

Step08 选中"花架"，在 Modifier List 下拉列表中选择 Lattice 命令，并设置其参数，如图4-26所示。

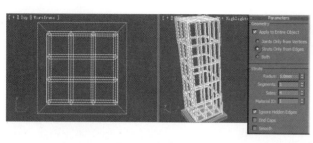

图4-26 参数设置

Step09 在 `Modifier List` 下拉列表中添加 **Edit Poly** 命令，在修改器堆栈中激活 **Edge** 子对象，在顶视图和前视图中调整边的位置，如图 4-27 所示。

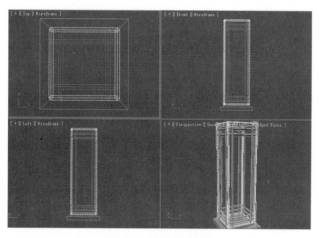

图4-27 调整边的位置

Step10 关闭 **Edge** 子对象。单击 ✥（创建）/ ◎（几何体）/ `Standard Primitives`（标准基本体）/ `Box` 按钮，在顶视图中创建一个长方体，命名为"架面"，调整模型的位置，如图 4-28 所示。

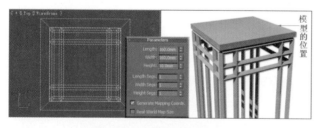

图4-28 模型的参数及位置

Step11 单击 ✥（创建）/ ◎（几何体）/ `Standard Primitives`（标准基本体）/ `Cylinder` 按钮，在顶视图中创建一个圆柱体，命名为"花盆"，调整模型的位置并设置其参数，如图 4-29 所示。

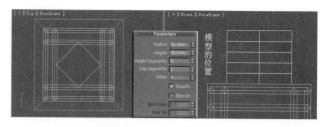

图4-29 模型的参数及位置

Step12 选中"花盆"，在 `Modifier List` 下拉列表中选择 **Taper** 命令，设置其参数，如图 4-30 所示。

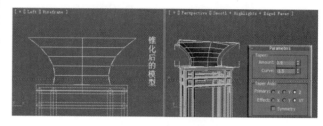

图4-30 锥化后的模型

Step13 再次添加 **Edit Poly** 命令，激活 **Polygon** 子对象，在顶视图中选中顶面的多边形，如图 4-31 所示。

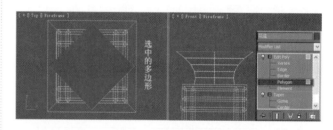

图4-31 选中的多边形

Step14 在 **Edit Polygons** 卷展栏下单击 `Bevel` 后的 ■ 按钮，设置其参数，如图 4-32 所示。

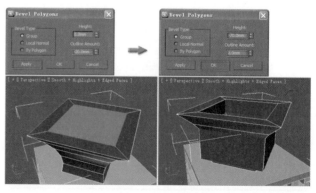

图4-32 参数设置

Step15 确定多边形仍处于选中状态，激活工具栏中 ⬚ 按钮，在顶视图中锁定 XY 轴，收缩调整多边形，如图 4-33 所示。

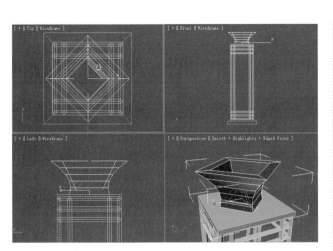

图4-33 收缩调整多边形

Step16 关闭 Polygon 子对象。至此，花架的模型全部制作完成。单击菜单栏中的 🔲 按钮，保存文件。

4.8 本章小结

本章重点介绍了一些常用的三维修改器。3ds Max 提供了标准几何体和扩展几何体等数十种三维模型，通过复合这些简单几何体可以创造出更多、更复杂的模型。然而我们要创建和模拟的事物千奇百态，单凭这些远远满足不了要求，为此，系统提供了一些修改器，在这些简单形体的基础上作进一步修改与变形。

第 5 章
绘制二维图形

本章内容

- 使用CAD图纸
- 绘制图形
- 可编辑样条线的使用
- 调整顶点
- 调整线段
- 调整样条线
- 制作室内铁艺茶几模型

在3ds Max中，二维图形包括线、矩形、圆形等。因为二维图形可以通过修改或创建命令转换为复杂的几何体，因此，在一般情况下，二维图形可以认为是构成其他形体的基础。本章讲述如何创建和调整二维图形。

5.1　使用CAD图纸

AutoCAD 是美国 AutoDesk 公司研究开发的通用计算机辅助绘图和设计软件，它具有灵活、快捷、高效和人性化等特点，功能强大，在运行速度、图形处理、网络功能等方面达到了较高的水平。AutoCAD 启动界面如图 5-1 所示。在室内效果图制作中，AutoCAD 主要应用于模型的创建，在这个过程中 AutoCAD 的作用表现在两个方面，绘制平面图和直接创建三维几何体。

图5-1　AutoCAD启动界面

在室内效果图制作中，AutoCAD 主要应用于绘制户型平面图，然后将平面图导入 3ds Max 中，参照平面图可以快速准确地创建出三维模型。下面简单介绍

一下将 CAD 平面图导入 3ds Max 中的方法。

Step01 双击 按钮，在 Auto CAD 中打开"模型 > 第 5 章 > 平面图 .dwg"图纸文件，明确空间的结构，并删除不必要的标注信息，精简图纸，以便后面导入 3ds Max 中使用，如图 5-2 所示。

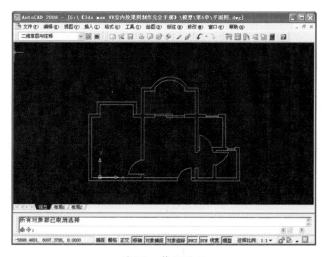

图5-2　简化图纸

Step02 打开 3ds Max 2010，单击左上角 按钮，在弹出的菜单中选择 Import 命令，在弹出的对话框中选择随书光盘中"模型 > 第 5 章 > 平面

图 .dwg"文件，然后单击 打开(O) 按钮，将其导入 3ds Max 中，如图 5-3 所示。

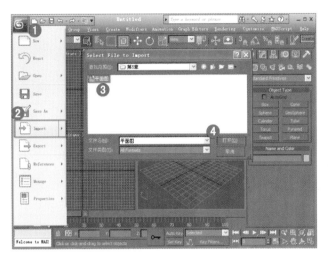

图5-3　导入平面图

Step03 导入平面图后的效果如图 5-4 所示。

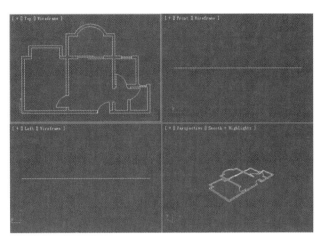

图5-4　导入平面图后的效果

将 CAD 图纸导入 3ds Max 后，就可以参照平面图准确地创建三维模型了。

5.2　绘制图形

单击创建命令面中的 按钮，进入二维图形命令面板。面板中共有 11 种样条曲线类型，如图 5-5 所示。

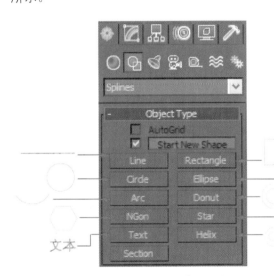

图5-5　二维图形命令面板

这 11 种样条曲线创建工具的参数略有不同，但因为都是创建样条线的工具，所以参数面板中有一部分参数的作用是一样的，主要是 Rendering 和 Interpolation 卷展栏下的参数，如图 5-6 所示。

● Enable In Renderer（在渲染中启用）：启用该选项后，使用为渲染器设置的径向或矩形参数将图形

渲染为 3D 网格。

● Enable In Viewport（在视口中启用）：启用该选项后，使用为渲染器设置的径向或矩形参数将图形作为 3D 网格显示在视口中。在以前版本软件中，"显示渲染网格"参数执行与此相同的操作。

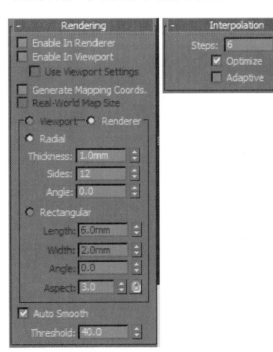

图5-6　Rendering 与 Interpolation 卷展栏

- Radial（径向）：将 3D 网格显示为圆柱形对象，可以设置厚度、边数和角度。
- Rectangular（矩形）：将样条线网格图形显示为矩形，可以设置长度、宽度、角度和纵横比。
- Steps（步数）：样条线步数可以自适应或者

手动指定。当"自适应"处于禁用状态时，使用"步数"右侧的微调器可以设置每个顶点之间划分的数目。带有急剧曲线的样条线需要许多步数才能显得平滑，而平缓曲线则需要较少的步数。该参数取值范围为 0～100。

5.3 可编辑样条线的使用

基本样条线可以转化为可编辑样条线。可编辑样条线包含各种控件，用于直接操纵自身及其子对象。例如，在"顶点"子对象层级下，可以移动顶点或调整 Bezier 控制柄。使用可编辑样条线，可以创建没有基本样条线选项规则但比其形式更加自由的图形。

5.3.1 转换可编辑样条线

Line（线）工具绘制的二维图形是可编辑样条曲线，自身具有三个级别的次级物体，修改起来非常方便，而其他工具绘制的二维图形不是可编辑样条曲线，需要通过转换的方法使其成为可编辑样条线。将图形转换为可编辑样条线有两种方法。

（1）右键菜单转换样条线

在视图中选中绘制的图形，然后单击鼠标右键，在弹出的快捷菜单中选择"Convert To>Convert to Editable Spline"命令，如图 5-7 所示。

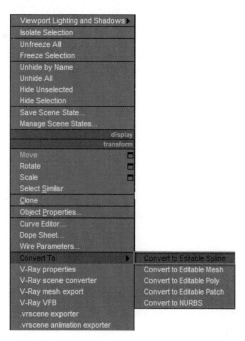

图5-7　选择Convert to Editable Spline命令

通过右键菜单转换样条线，修改器堆栈如图 5-8 所示。

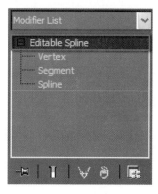

图5-8　修改器堆栈

（2）添加编辑样条线修改器

选中绘制的图形，在 Modifier List 下拉列表中选择 Edit Spline 命令，如图 5-9 所示。

图5-9　添加Edit Spline修改器

5.3.2 样条线对象修改命令

在可编辑样条线对象层级下（没有子对象层级处于活动状态时）可用的功能同样可以在所有子对象层级下使用，并且在各个层级下的作用方式完全相同，其对应卷展栏如图 5-10 所示。

图5-10 Geometry卷展栏

● **New Vertex Type**（新顶点类型）：可使用此组中的单选按钮确定在按住 Shift 键克隆线段或样条线时创建的新顶点的切线。如果之后使用"连接复制"，则连接原始线段（或样条线）与新线段（或样条线）的样条线，其上的顶点具有指定的类型。

● Create Line （创建线）：将更多样条线添加到所选样条线。这些线是独立的样条线子对象，创建方式与创建线形样条线的方式相同。要退出线的创建，则单击或右键单击，以停止创建。

● Attach （附加）：允许用户将场景中的另一个样条线附加到所选样条线。单击要附加到当前选定的样条线的对象。用户要附加到的对象也必须是样条线。

● Attach Mult. （附加多个）：单击此按钮可以打开"附加多个"对话框，它包含场景中所有其他图形的列表。选择要附加到当前可编辑样条线的形状，然后单击"确定"按钮。

● Cross Section （横截面）：在横截面形状外面创建样条线框架。单击"横截面"按钮，选择一个形状，然后选择第二个形状，将创建连接这两个形状的样条线。继续单击形状将其添加到框架。此功能与"横截面"修改器相似，但用户可以在此确定横截面的顺序。在"新顶点类型"组中选择"线性"、"Bezier"、"Bezier 角点"或"平滑"可以定义样条线框架切线。

5.4 调整顶点

将图形转换为可编辑样条线后，单击修改器堆栈中的 Vertex（顶点）子对象，在这个层级的修改命令面板中，Geometry（几何体）卷展栏下有几个常用的工具按钮，如图 5-11 所示。

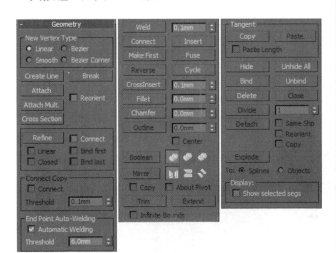

图5-11 顶点子对象Geometry（几何体）卷展栏

● Refine （优化）：在样条线上单击鼠标左键，

在不改变曲线形状的前提下增加点。

● **Automatic Welding**（自动焊接）：移动样条曲线的一个端点，当其与另一个端点的距离小于 Threshold（阈值距离）设定的数值时，两个点就自动焊接为一个点。

● Weld （焊接）：选取要焊接的点，在按钮旁边的数字栏中输入大于亮点距离的值，单击该按钮就把亮点焊接在一起了。

● Connect （连接）：连接两个端点顶点以生成一个线性线段，而不管端点顶点的切线值是多少。单击 Connect 按钮，将光标移到某个端点顶点，当光标变成十字形状时，从一个端点顶点拖到另一个端点顶点。

● Insert （插入）：插入一个或多个顶点，以创建其他线段。单击线段中的任意某处可以插入顶点并将光标附到样条线，然后可以选择性地移动鼠标并单击，以放置新顶点。单击一次可以插入一个角点顶点，而拖动则可以创建一个 Bezier（平滑）顶点。

● Make First（设为首顶点）：指定所选形状中哪个顶点是第一个顶点。选择您要更改的当前已编辑形状中每个样条线上的顶点，然后单击 Make First 按钮。

● Fuse（熔合）：将所有选定顶点移至它们的平均中心位置。

● Cycle（循环）：选择连续的重叠顶点。选择两个或更多在 3D 空间中处于同一位置的顶点中的一个，然后重复单击，直到选中了您想要的顶点。

● CrossInsert（相交）：在属于同一个样条线对象的两个样条线的相交处添加顶点。单击"相交"按钮，然后单击两个样条线之间的相交点。如果样条线之间的距离在"相交阈值"设置的距离内，单击的顶点将添加到两个样条线上。

● Fillet（圆角）：在线段汇合的地方设置圆角，添加新的控制点。用户可以交互地（通过拖动顶点）应用此效果，也可以使用"圆角"微调器来应用此效果。单击 Fillet 按钮，然后在活动对象中拖动顶点。拖动时，"圆角"微调器将相应地更新，以指示当前的圆角量。

● Chamfer（切角）：设置形状角部的切角。单击 Chamfer 按钮，然后在活动对象中拖动顶点，"切角"微调器将更新显示拖动的切角量。

● Hide（隐藏）：隐藏所选顶点和任何相连的线段。选择一个或多个顶点，然后单击 Hide 按钮即可。

● Unhide All（全部取消隐藏）：显示任何隐藏的子对象。

● Bind（绑定）：创建绑定顶点。单击 Bind 按钮，然后从当前选择的任何端点顶点处拖到当前选择中的任何线段上。拖动之前，光标会变成十字形状。在拖动过程中，会出现一条连接顶点和当前鼠标位置的虚线，当光标经过合格的线段时，会变成一个连接符号，释放鼠标，顶点会跳至该线段的中心，并绑定到该中心。

● Unbind（取消绑定）：断开绑定顶点与所附加线段的连接。选择一个或多个绑定顶点，然后单击 Unbind 按钮。

● Delete（删除）：删除所选的一个或多个顶点，以及与每个要删除的顶点相连的线段。

在这个层级下修改样条线主要包括三个方面的内容。

（1）通过改变顶点的类型、位置或增删顶点来改变样条线

选中编辑样条线上的某一点，在其上单击鼠标右键，在弹出的右键菜单中可以看到，顶点可以变换为 4 种类型，即 Bezier Corner（Bezier 角点）、Bezier（贝塞尔）、Corner（角点）、Smooth（平滑），如图 5-12 所示。

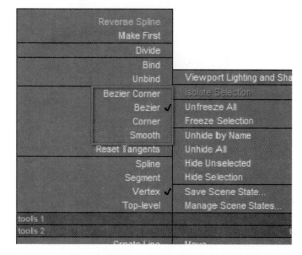

图5-12　顶点的4种类型

（2）闭合开放样条线

闭合开放样条线可以采用 Weld（焊接）方式，也可以采取 Connect（连接）方式，如图 5-13 所示。

图5-13　闭合开放样条线

（3）合并多条样条线

合并是二维图形创建过程中使用非常频繁的命令，经常与 Extrude（挤出）命令配合使用。合并样条线使用的命令是 Attach（附加），使原来的多个图形个体，成为一个整体的样条线，如图 5-14 所示。

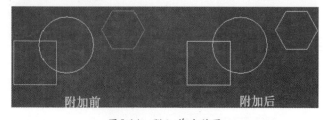

图5-14　附加前后效果

5.5 调整线段

线段是样条线曲线的一部分，在两个顶点之间。在"可编辑样条线（线段）"层级下，可以选择一条或多条线段，并使用标准方法移动、旋转、缩放或复制它。单击修改器堆栈中的 Segment（线段）子对象，进入线段编辑层级。在这个层级下，常用的工具按钮如图 5-15 所示。

图5-15 常用工具按钮

- Divide （拆分）：调节微调器，按指定的顶点数来细分所选线段。选择一个或多个线段，设置"拆分"微调器（在按钮的右侧），然后单击 Divide 按钮，如图 5-16 所示。每个所选线段将被"拆分"为指定的顶点数。顶点之间的距离取决于线段的相对曲率，曲率越高的区域得到的顶点越多。

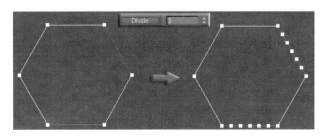

图5-16 拆分线段

- Detach （分离）：选择不同样条线中的几个线段，然后拆分（或复制）它们，以构成一个新图形。有以下 3 个可用选项。

Same Shp（同一图形）：启用后，将禁用"重定向分"选项，并且"分离"操作将使分离的线段保留为形状的一部分。如果还启用了"复制"选项，则可以结束在同一位置进行的线段分离副本。

Reorient（重定向分）：分离的线段复制源对象的局部坐标系的位置和方向。此时，将会移动和旋转新的分离对象，以便对局部坐标系进行定位，并使其与当前活动栅格的原点对齐。

Copy（复制）：复制分离线段，而不是移动它。

5.6 调整样条线

在"可编辑样条线（样条线）"层级下，用户可以选择一个样条线对象中的一个或多个样条线，并使用标准方法移动、旋转和缩放它们。单击修改器堆栈中 Spline（样条线）子对象，进入样条线编辑层级。在这个层级下，常用修改命令如图 5-17 所示。

图5-17 常用修改命令

- Outline （轮廓）：为使由二维图形生成的建筑构件产生一定的厚度，需要给曲线加一个轮廓，如图 5-18 所示。制作轮廓的方法有两种，一是单击 Outline 按钮，在视图中拖拽选中的二维图形；二是在按钮后面的数值框中输入数值，按下 Enter 键确认。

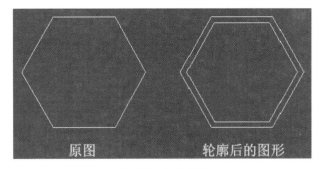

原图　　　　　　轮廓后的图形

图5-18 轮廓图形

● ▩Boolean▩（布尔）：二维布尔运算有3种类型，即▩（并集）、▩（差集）、▩（交集）。要进行二维布尔运算，必须符合以下几个要求。

（1）样条线必须是封闭的，且本身不能有相交的情况，样条线之间必须充分相交。

（2）进行布尔运算的样条曲线必须是一个对象，通常用附加命令来合并样条线。

（3）布尔运算不能应用于用"关联复制"和"参考复制"复制出的样条曲线。

二维图形布尔运算效果如图5-19所示。

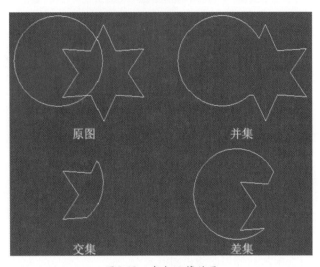

图5-19　布尔运算效果

● ▩Mirror▩（镜像）：可以对选择的对象进行垂直、水平和对角线镜像操作。包括▩（水平镜像）、▩（垂直镜像）、▩（双向镜像），镜像效果如图5-20所示。

图5-20　镜像效果

● Copy（复制）：启用后，在镜像样条线时复制（而不是移动）样条线。

● About Pivot（以轴为中心）：启用后，以样条线对象的轴点为中心镜像样条线。禁用后，以它的几何体中心为中心镜像样条线。

5.7 制作室内铁艺茶几模型

二维图形在指定可渲染后，渲染时是以圆柱的形式存在的，因此，使用二维线形勾画出轮廓后，并指定可渲染值，可以创建铁艺家具等模型。下面介绍制作铁艺茶几的过程，效果如图5-21所示。

图5-21　铁艺制作

(Step01) 双击桌面上的▩按钮，启动3ds Max 2010，并将单位设置为毫米。

(Step02) 单击▩（创建）/▩（图形）/▩Rectangle▩按钮，在顶视图中绘制一个480×860的参考矩形。

(Step03) 单击▩（创建）/▩（图形）/▩Line▩按钮，在顶视图中参考矩形绘制一条封闭的曲线，命名为"桌面"，如图5-22所示。将参考矩形删除。

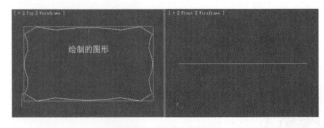

图5-22　绘制的图形

(Step04) 选中"桌面"，在▩Modifier List▩下拉列表中选择Extrude命令，设置Amount为15，挤出后的效果如图5-23所示。

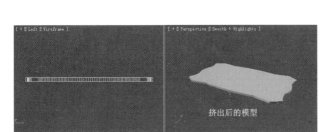

图5-23　挤出后的模型

Step05 单击 ✣（创建）/ ◫（图形）/ Rectangle 按钮，在顶视图中绘制一个400×750的矩形，命名为"铁艺A"，如图5-24所示。

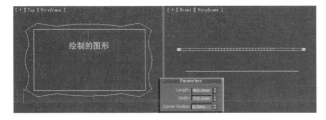

图5-24　绘制的图形

Step06 选中"铁艺A"，单击鼠标右键，在弹出的右键菜单中选择"Convert To>Convert to Editable Spline"命令，将其转换为可编辑样条线，如图5-25所示。

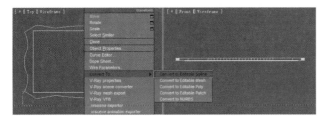

图5-25　转换可编辑样条线

Step07 在修改器堆栈中激活Spline子对象，在Geometry卷展栏下 Outline 后的数值框中输入20，按下Enter键确认，轮廓后的图形如图5-26所示。

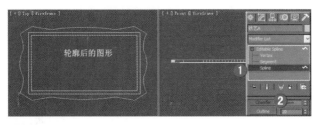

图5-26　轮廓后的图形

Step08 在Rendering卷展栏下勾选Enable In Renderer和Enable In Viewport复选框，设置Thickness

参数，在视图中调整"铁艺A"的位置，如图5-27所示。

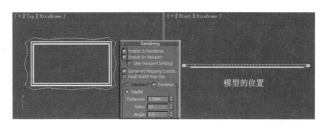

图5-27　参数设置

Step09 在前视图中绘制一个110×300的参考矩形，在矩形内绘制一条开放的曲线，命名为"铁艺B"，如图5-28所示。将参考矩形删除。

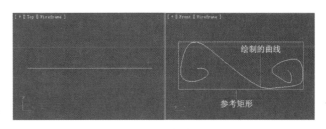

图5-28　绘制的曲线

Step10 选中"铁艺B"，在修改器堆栈中激活Vertex子对象，在前视图中调整各顶点，如图5-29所示。

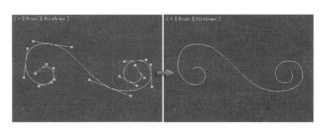

图5-29　调整顶点

Step11 激活Spline子对象，在Geometry卷展栏下 Outline 后的数值框中输入5，按下Enter键确认，轮廓后的图形如图5-30所示。

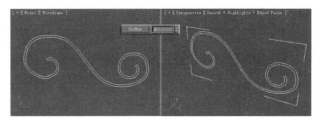

图5-30　轮廓后的图形

Step12 在 Rendering 卷展栏下勾选 Enable In Renderer 和 Enable In Viewport 复选框，设置 Thickness 参数，在视图中调整 "铁艺 B" 的位置，如图 5-31 所示。

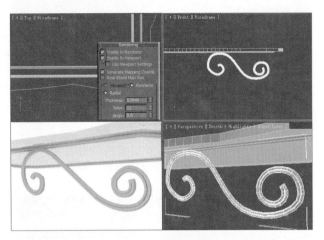

图5-31　模型的位置

Step13 单击 ⚙（创建）/ ◯（图形）/ `Donut` 按钮，在前视图中绘制一个圆环，命名为 "圆铁艺"，设置其参数，并调整模型的位置，如图 5-32 所示。

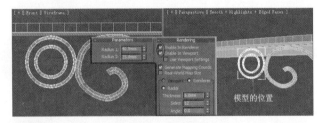

图5-32　参数设置

Step14 通过绘制线并为其轮廓的方法，绘制图形，命名为 "铁艺 C"，如图 5-33 所示。

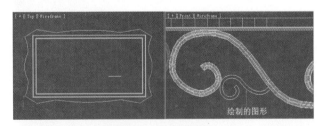

图5-33　绘制的图形

Step15 在 Rendering 卷展栏下设置渲染参数，在视图中调整模型的位置，如图 5-34 所示。

图5-34　参数设置

Step16 在前视图中同时选中 "铁艺 B" 和 "铁艺 C"，单击工具栏中 按钮，在弹出的 Mirror 对话框中设置合适的选项，在视图中调整镜像复制后模型的位置，如图 5-35 所示。

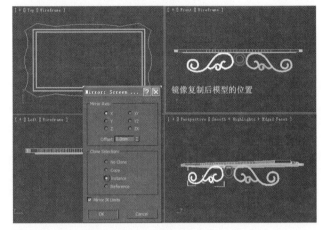

图5-35　镜像复制后模型的位置

Step17 激活并右键单击工具栏中 按钮，打开 Grid and Snap Settings 对话框，设置参数，如图 5-36 所示。

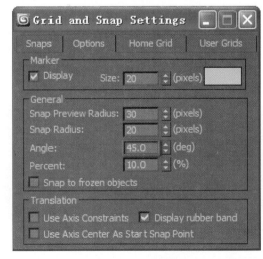

图5-36　参数设置

Step18 激活工具栏中 ○ 按钮，在顶视图中选中"圆铁艺"，按住键盘中 Shift 键，旋转模型，此时弹出 Clone Options 对话框，如图5-37所示。

图5-37　旋转调整模型

Step19 在视图中调整复制后模型的位置，如图5-38所示。

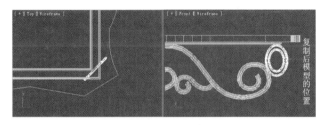

图5-38　复制后模型的位置

Step20 在前视图中绘制一条轮廓为5的曲线，命名为"桌腿"，如图5-39所示。

图5-39　绘制的曲线

Step21 选中"桌腿"，在修改器列表中选择 Extrude 命令，设置 Amount 为 10，挤出后的模型如图5-40所示。

图5-40　挤出后的模型

提示　Extrude 是一个三维修改器命令，可以通过 Extrude 命令将图形转换为三维造型，下一章将具体介绍该命令的应用方法。

Step22 在顶视图中旋转调整模型的位置，如图5-41所示。

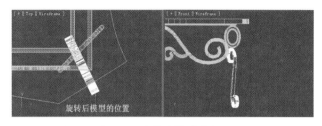

图5-41　旋转后模型的位置

Step23 在顶视图中选中"桌腿"，将其旋转复制一个，调整复制后模型的位置，如图5-42所示。

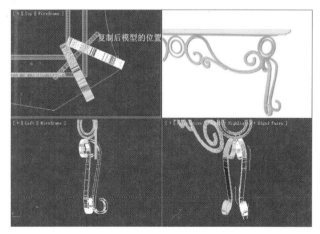

图5-42　旋转复制后模型的位置

Step24 在顶视图中选中"圆铁艺01"和两个桌腿，单击工具栏中 ◁▷ 按钮，在视图中调整镜像复制后模型的位置，如图5-43所示。

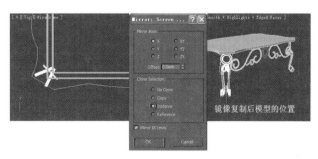

图5-43　镜像复制后模型的位置

(Step25) 在视图中选中所有的"铁艺B"、"铁艺C"、圆铁艺和桌腿，激活顶视图，单击工具栏中 按钮，沿Y轴镜像复制一组，调整复制后模型的位置，如图5-44所示。

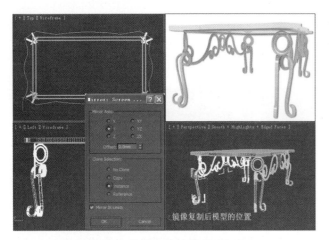

图5-44 镜像复制后模型的位置

(Step26) 单击 （创建）/ （图形）/ Line 按钮，按照前面介绍的方法，在左视图中绘制一个轮廓为5的图形，命名为"铁艺D"，如图5-45所示。

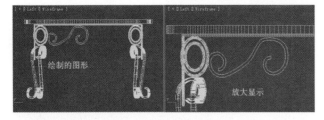

图5-45 绘制的图形

(Step27) 在Rendering卷展栏下设置参数，在视图中调整"铁艺D"的位置，如图5-46所示。

(Step28) 在左视图中选中"铁艺D"，激活工具栏中 按钮，将其沿X轴镜像复制一个，调整复制后模型的位置，如图5-47所示。

图5-46 参数设置及模型的位置

图5-47 复制后模型的位置

(Step29) 在顶视图中选中创建的两个铁艺D，沿X轴向右移动复制一组，调整复制后模型的位置，如图5-48所示。

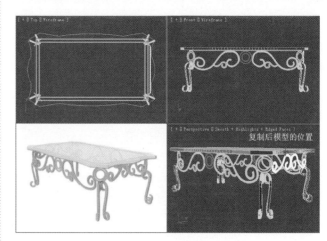

图5-48 复制后模型的位置

(Step30) 至此，铁艺茶几的模型已经制作完成，单击菜单栏中的 按钮，保存文件。

5.8 本章小结

本章主要介绍二维图形的绘制及调整。3ds Max提供了11种图形基本创建命令，除了这些基本图形外，要想做出其他图形效果，就需要对基本图形进行编辑调整，本章介绍了将图形转换为样条线后，通过顶点、线段、样条线三个方面对图形进行调整。在效果图的制作中，二维图形可以通过渲染命令直接使用。

第 6 章
将二维图形转换为三维模型

本章内容
- 挤出
- 倒角
- 车削
- 倒角剖面
- 放样
- 制作室内墙体

二维图形是构成其他形体的基础，可以通过几何形体编辑修改器，使其成为三维几何体。二维图形常用的编辑修改器有挤出、倒角、车削等，本章重点介绍几个常用的将二维图形转换为三维模型的修改器命令。

6.1 挤出

Extrude（挤出）命令可以挤出任何类型的二维图形，包括不封闭的样条线，当对不封闭的样条线应用挤出命令时，将会产生纸张或扭曲的绸带效果。Extrude（挤出）参数面板如图 6-1 所示。

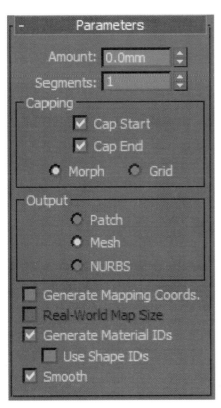

图6-1 参数面板

- Amount（数量）：设置挤出的深度。
- Segments（分段）：指定将要在挤出对象中创建线段的数目。
- Cap Start（封口始端）：在挤出对象始端生成一个平面。
- Cap End（封口末端）：在挤出对象末端生成一个平面。
- Morph（变形）：以可预测、可重复的方式排列封口面，这是创建变形目标所必需的操作。渐进封口可以产生细长的面，而不像栅格封口那样需要渲染或变形。如果要挤出多个渐进目标，主要使用渐进封口的方法。
- Grid（栅格）：在图形边界上的方形修剪栅格中安排封口面。此方法将产生一个由大小均等的面构成的表面，这些面可以被其他修改器很容易地变形。当选中"栅格"封口选项时，栅格线是隐藏边而不是可见边，这主要会影响使用"关联"选项指定的材质，以及使用晶格修改器的对象。
- Patch（面片）：产生一个可以折叠到面片对象中的对象。
- Mesh（网格）：产生一个可以折叠到网格对象中的对象。
- NURBS：产生一个可以折叠到 NURBS 对象中的对象。

● Generate Mapping Coords（生成贴图坐标）：将贴图坐标应用到挤出对象中。默认设置为禁用状态。启用此选项时，生成贴图坐标将独立贴图坐标应用到末端封口中，并在每一封口上放置一个1×1的平铺图案。

Extrude（挤出）图形效果如图6-2所示。

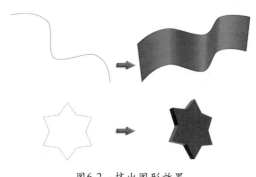

图6-2　挤出图形效果

6.2　倒角

Bevel（倒角）修改器是一个在 3ds Max 中常用的编辑修改器，使用斜切能方便快捷地制作出倒角文字和标牌效果，倒角参数面板如图6-3所示。

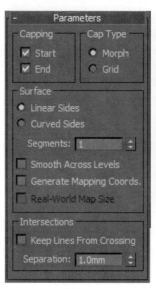
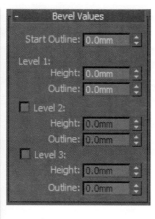

图6-3　参数面板

● Start（开始）：用对象的最低局部 Z 值（底部）对末端进行封口。禁用此项后，底部为打开状态。

● End（结束）：用对象的最高局部 Z 值（底部）对末端进行封口。禁用此项后，底部不再打开。

● Morph（变形）：为变形创建合适的封口曲面。

● Grid（栅格）：在栅格图案中创建封口曲面。该封装类型的变形和渲染要比渐进形封装效果好。

● Linear Sides（线性侧面）：激活此项后，级别之间会沿着一条直线进行分段插补。

● Curved Sides（曲线侧面）：激活此项后，级别之间会沿着一条 Bezier 曲线进行分段插补。

● Segments（分段）：在每个级别之间设置中级分段的数量。

● Keep Lines From Crossing（避免线相交）：防止轮廓彼此相交。它通过在轮廓中插入额外的顶点并用一条平直的线段覆盖锐角来实现。

● Start Outline（起始轮廓）：设置轮廓从原始图形的偏移距离。非零设置会改变原始图形的大小，正值使轮廓变大，负值使轮廓变小。

● Level 1（级别1）：包含两个参数，它们表示起始级别的改变。

● Height（高度）：设置级别1在起始级别之上的距离。

● Outline（轮廓）：设置级别1的轮廓到起始轮廓的偏移距离。级别2和级别3是可选的，并且允许改变倒角量和方向。

● Level 2（级别2）：在级别1之后添加一个级别。

● Level 3（级别3）：在前一级别之后添加一个级别。如果未启用级别2，级别3添加于级别1之后。

● Bevel（倒角）后的模型效果如图6-4所示。

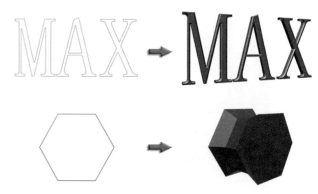

图6-4　倒角后的模型

6.3 车削

Lathe（车削）通过绕轴旋转一个图形或NURBS曲线来创建3D对象。"车削"除了修改命令面板外，还有一个修改器堆栈，如图6-5所示。

● Axis（轴）：在此子对象层级上，可以进行变换和设置绕轴旋转动画。

● Degrees（度数）：确定对象绕轴旋转多少度。可以给"度数"设置关键点，来设置车削对象圆环的动画。"车削"轴自动将尺寸调整到与要车削图形同样的高度。

● Weld Core（焊接内核）：通过焊接旋转轴中的顶点来简化网格。如果要创建一个变形目标，则禁用此选项。

● Flip Normals（翻转法线）：依据图形上顶点的方向和旋转方向，旋转对象可能会内部外翻。调整"翻转法线"复选框来修正它。

● Segments（分段）：在起始点之间，确定在曲面上创建多少插补线段。此参数也可设置动画，默认值为16。

● Cap Start（封口始端）：封口设置的"度数"小于360的车削对象的始点，并形成闭合图形。

● Cap End（封口末端）：封口设置的"度数"小于360度的车削对象的终点，并形成闭合图形。

● Morph（变形）：按照创建变形目标所需的可预见且可重复的模式排列封口面。渐进封口可以产生细长的面，而不像栅格封口那样需要渲染或变形。如果要车削出多个渐进目标，主要使用渐进封口的方法。

● Grid（栅格）：在图形边界上的方形修剪栅格中安排封口面。此方法产生尺寸均匀的曲面，可使用其他修改器将这些曲面变形。

● X（X）、Y（Y）、Z（Z）：相对对象轴点，设置轴的旋转方向。

● Min（最小）、Center（居中）、Max（最大）：将旋转轴与图形的最小、居中或最大范围对齐。

● Smooth（平滑）：给车削图形应用平滑效果。

● Lathe（车削）后的模型效果如图6-6所示。

修改器堆栈　　　　　　　参数面板

图6-5　Lathe堆栈和参数面板

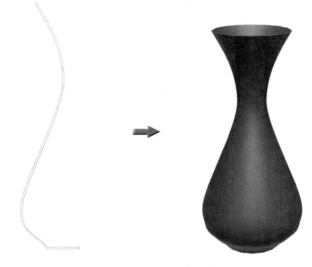

图6-6　车削后的模型

6.4 倒角剖面

Bevel Profile（倒角剖面）修改器使一个截面沿着一个路径产生这个截面的倒角效果。因此使用这个命令必须有两个二维图形，一个二维图形用作截面，另一个用作路径。Bevel Profile（倒角剖面）修改器参数面板如图 6-7 所示。

图6-7 参数面板

● Pick Profile （拾取剖面）：选中一个图形或 NURBS 曲线用作剖面路径。

● Generate Mapping Coords（生成贴图坐标）：指定 UV 坐标。

● Real-World Map Size（真实世界贴图大小）：控制应用于该对象的纹理贴图材质所使用的缩放方法。缩放值由应用材质的"坐标"卷展栏下的"使用真实世界比例"参数控制。默认设置为启用。

● Start（开始）：对挤出图形的底部进行封口。

● End（结束）：对挤出图形的顶部进行封口。

● Morph（变形）：选中一个确定性的封口方法，它为对象间的变形提供相等数量的顶点。

● Grid（栅格）：创建更适合封口变形的栅格封口。

● Keep Lines From Crossing（避免线相交）：防止倒角曲面自相交。这需要更多的处理器计算，而且在复杂几何体中会消耗大量时间。

● Separation（分离）：设定侧面为防止相交而分开的距离。

通过 Bevel Profile（倒角剖面）命令创建的模型效果如图 6-8 所示。

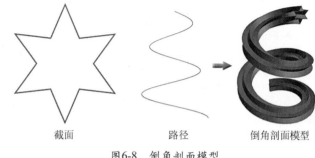

截面   路径   倒角剖面模型

图6-8 倒角剖面模型

6.5 放样

放样是一个复合物体的创建命令，可将两个或两个以上的样条曲线组合成一个三维物体，放样实际上是从二维图形到三维几何体转变的重要工具。它的功能十分强大，能够制作许多复制的几何体，同时还包含了一些内部命令，所以自成体系。放样实际上就是一个或几个截面在一个特定的路径上，按设定的方式生成三维物体。一般来说，Shape（截面）可以是多个样条曲线，但不能有自相交情况，Path（路径）必须是一个非复合线形。放样参数面板如图 6-9 所示。

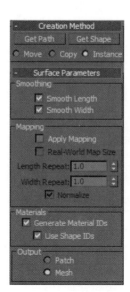

图6-9 参数面板

- `Get Path`（拾取路径）：将路径指定给选定图形或更改当前指定的路径。

- `Get Shape`（拾取图形）：将图形指定给选定路径或更改当前指定的图形。

- Move（移动）、Copy（复制）、Instance（实例）：用于指定路径或图形转换为放样对象的方式。选中"移动"时，不保留副本，或转换为副本或实例。

- Smooth Length（平滑长度）：沿着路径的长度提供平滑曲面。当路径曲线或路径上的图形更改大小时，这类平滑非常有用。默认设置为启用。

- Smooth Width（平滑宽度）：围绕横截面图形的周界提供平滑曲面。当图形更改顶点数或更改外形时，这类平滑非常有用。默认设置为启用。

- Apply Mapping（应用贴图）：启用和禁用放样贴图坐标。必须启用"应用贴图"才能设置 Mapping 选项组中其余的选项。

- Real-World Map Size（真实世界贴图大小）：控制应用于该对象的纹理贴图材质所使用的缩放方法。缩放值由应用材质的"坐标"卷展栏下的"使用真实世界比例"参数控制。默认设置为禁用状态。

- Length Repeat（长度重复）：设置沿着路径的长度重复贴图的次数。贴图的底部放置在路径的第一个顶点处。

- Width Repeat（宽度重复）：设置围绕横截面图形的周界重复贴图的次数。贴图的左边缘将与每个图形的第一个顶点对齐。

- Normalize（规格化）：决定沿着路径长度和图形宽度路径顶点间距如何影响贴图。启用该选项后，将忽略顶点，沿着路径长度并围绕图形平均应用贴图坐标和重复值。如果禁用该选项，主要路径划分和图形顶点间距将影响贴图坐标间距，按照路径划分间距或图形顶点间距成比例应用贴图坐标和重复值。

- Gener ate Material IDs（生成材质ID）：在放样期间生成材质ID。

- Use Shape IDs（使用图形ID）：提供使用样条线材质ID来定义材质ID的选择。

- Path（面片）：放样过程可生成面片对象。

- Mesh（网格）：放样过程可生成网格对象。

- Path（路径）：设置路径的级别。如果启用"捕捉"模式，该值将变为上一个捕捉的增量。该路径值依赖于所选择的测量方法，更改测量方法将导致路径值的改变。

- Snap（捕捉）：用于设置沿着路径图形之间的恒定距离。该捕捉值依赖于所选择的测量方法，更改测量方法会更改捕捉值。

- On（启用）：当启用该选项时，"捕捉"处于活动状态。默认设置为禁用状态。

- Percentage（百分比）：将路径级别表示为路径总长度的百分比。

- Distance（距离）：将路径级别表示为路径第一个顶点的绝对距离。

- Path Steps（路径步数）：将图形置于路径步数和顶点上，而不是作为沿着路径的一个百分比或距离。

- （拾取图形）：将路径上的所有图形设置为当前级别。当在路径上拾取一个图形时，将禁用"捕捉"选项，且路径设置为拾取图形的级别。"拾取图形"按钮仅在"修改"面板中可用。

- （上一个图形）：从路径级别的当前位置沿路径跳至上一个图形。单击此按钮可以禁用"捕捉"选项。

- （下一个图形）：从路径层级的当前位置沿路径跳至下一个图形上。单击此按钮可以禁用"捕捉"选项。

- Shape Steps（图形步数）：设置横截面图形的每个顶点之间的步数。该值会影响围绕放样周界的边的数目。

- Path Steps（路径步数）：设置路径的每个主分段之间的步数。该值会影响沿放样长度方向的分段的数目。

- Optimize Shapes（优化图形）：如果启用，则对于横截面图形的直分段，将忽略"图形步数"。如果路径上有多个图形，则只优化在所有图形上都匹配的直分段。默认设置为禁用状态。

- Adaptive Path Steps（自适应路径步数）：如果启用，则分析放样，并调整路径分段的数目，以生成最佳蒙皮。主分段将沿路径出现在路径顶点、图形位置和变形曲线顶点处。如果禁用，则主分段将沿路径只出现在路径顶点处。默认设置为启用。

- Contour（轮廓）：如果启用，则每个图形都将遵循路径的曲率。每个图形的正 Z 轴与形状层级中路径的切线对齐。如果禁用，则图形保持平行，且其方向与放置在层级 0 中的图形相同。默认设置为启用。

- Banking（倾斜）：如果启用，则只要路径弯曲并改变其局部 Z 轴的高度，图形便围绕路径旋转。倾斜量由 3ds Max 控制。如果该路径为 2D，则忽略倾斜。如果禁用，则图形在穿越 3D 路径时不会围绕其 Z 轴旋转。默认设置为启用。

● Constant Cross-Section（恒定横截面）：如果启用，则在路径中的角处缩放横截面，以保持路径宽度一致。如果禁用，则横截面保持其原来的局部尺寸，从而在路径角处产生收缩。

● Linear Interpolation（线性插值）：如果启用，则使用每个图形之间的直边生成放样蒙皮。如果禁用，则使用每个图形之间的平滑曲线生成放样蒙皮。默认设置为禁用状态。

● Flip Normals（翻转法线）：如果启用，则将法线翻转 180 度。可使用此选项来修正内部外翻的对象。默认设置为禁用状态。

● Quad Sides（四边形的边）：如果启用该选项，且放样对象的两部分具有相同数目的边，则将两部分缝合到一起的面将显示为四方形。具有不同边数的两部分之间的边将不受影响，仍与三角形连接。默认设置为禁用状态。

● Transfrom Degrade（变换降级）：使放样蒙皮在子对象图形或路径变换过程中消失。例如，移动路径上的顶点使放样消失。如果禁用，则在子对象变换过程中可以看到蒙皮。默认设置为禁用状态。

● Skin（蒙皮）：如果启用，则使用任意着色层在所有视图中显示放样的蒙皮，并忽略"着色视图中的蒙皮"设置。如果禁用，则只显示放样子对象。默认设置为启用。

● Skin in Shaded（明暗处理视图中的蒙皮）：如果启用，则忽略"蒙皮"设置，在着色视图中显示放样的蒙皮。如果禁用，则根据"蒙皮"设置来控制蒙皮的显示。默认设置为启用。

通过图形放样，创建的模型效果如图 6-10 所示。

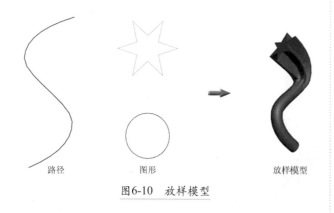

图6-10　放样模型

放样之所以是建模中最灵活的命令，还在于它自

带了 5 个变形命令，能够对放样对象的截面进行随意而自由的修改，从而改变整个放样对象。选中放样模型，进入修改面板，在面板的最下边有 Deformations 卷展栏，它提供了 5 种变形命令，如图 6-11 所示。

图6-11　Deformations卷展栏

● Scale（缩放）：可以从单个图形中放样对象，该图形在其沿着路径移动时只改变其缩放。要制作这些类型的对象时，需使用"缩放"变形。

● Twist（扭曲）：使用变形扭曲可以沿着对象的长度创建盘旋或扭曲的对象。扭曲将沿着路径指定旋转量。

● Teeter（倾斜）："倾斜"变形围绕 X 轴和 Y 轴旋转图形。当在"蒙皮参数"卷展栏下选择"轮廓"时，倾斜是 3ds Max 自动选择的工具。当手动控制轮廓效果时，则要使用"倾斜"变形。

● Bevel（倒角）：在真实世界中碰到的每一个对象几乎都需要倒角。这是因为制作一个非常尖的边很困难且耗时间，创建的大多数对象都具有已切角化、倒角或减缓的边，使用"倒角"变形可以模拟这些效果。

● Fit（拟合）：使用拟合变形可以使用两条"拟合"曲线来定义对象的顶部和侧剖面。想通过绘制放样对象的剖面来生成放样对象时，要使用"拟合"变形。

"缩放"、"扭曲"、"倾斜"、"倒角"和"拟合"的"变形"对话框具有相同的布局，如图 6-12 所示。

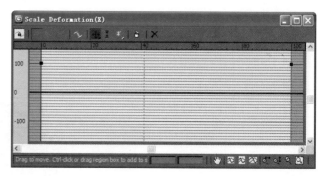

图6-12　变形对话框

- ▣（均衡）：均衡是一个动作按钮，也是一种曲线编辑模式，可以用于对轴和形状应用相同的变形。

- ▣（显示 X 轴）：仅显示红色的 X 轴变形曲线。

- ▣（显示 Y 轴）：仅显示绿色的 Y 轴变形曲线。

- ▣（显示 XY 轴）：同时显示 X 轴和 Y 轴变形曲线，各条曲线使用各自的颜色。

- ▣（交换变形曲线）：在 X 轴和 Y 轴之间复制曲线。启用"均衡"时，此按钮无效。

- ▣（移动控制点）：包括移动控制点，垂直移动和水平移动控制点。

- ▣（缩放控制点）：相对于 0 缩放一个或多个选定控制点的值。仅需要更改选中控制点的变形量而不更改值的相对比率时使用此功能。

- ▣（插入角点）：此弹出按钮包含用于插入两个控制点类型的按钮。

- ▣（删除控制点）：删除所选的控制点。也可以通过按下 Delete 键来删除所选的点。

- ▣（重置曲线）：删除所有控制点（但两端的控制点除外）并恢复曲线的默认值。

通过变形处理的模型效果如图 6-13 所示。

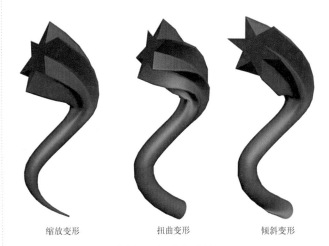

缩放变形　　　　扭曲变形　　　　倾斜变形

图6-13　模型变形效果

6.6 制作室内墙体

墙体是效果图中必用的模型，墙体的制作主要有两种方式，一种是通过绘制图形施加 Extrude 命令创建墙体，再以拼合的方式，搭建出一个室内空间；另一种是利用编辑多边形的方式创建墙体，使整个空间以一个模型表现出来。本例主要介绍通过 Extrude 修改命令创建斜顶式空间墙体的方法，模型效果如图 6-14 所示。

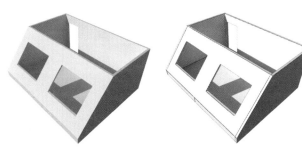

图6-14　墙体模型效果

Step01 双击桌面上的 ▣ 按钮，启动 3ds Max 2010，并将单位设置为毫米。

Step02 单击 ▣（创建）/ ▣（图形）/ Rectangle 按钮，在前视图中绘制一个 2500×4800 的矩形，命名为"侧墙"。

Step03 选中"侧墙"，将其转换为可编辑样条线，激活 Vertex 子对象，选中图形中所有的 4 个顶点，单击鼠标右键，在弹出的右键菜单栏中选择 Corner 命令，将顶点全部转换为角点，如图 6-15 所示。

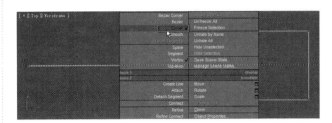

图6-15　转换角点

Step04 在修改器堆栈中激活 Vertex 子对象，在 Geometry 卷展栏下单击 Refine 按钮，在前视图中给图形优化两个顶点，如图 6-16 所示。

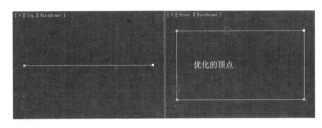

图6-16　优化的顶点

Step05 激活 Segment 子对象，在前视图中删除如图 6-17 所示的边。

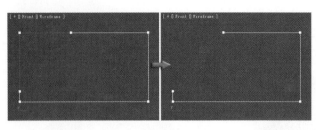

图6-17　删除所选线段

Step06 再次激活 Vertex 子对象，单击 Geometry 卷展栏下的 [Connect] 按钮，在前视图中选中一个端点，按住鼠标左键拖至另一个端点，出现连接图标时松开鼠标，将端点连接起来，如图 6-18 所示。

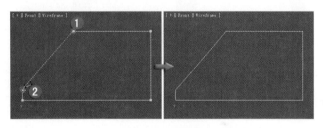

图6-18　连接端点

Step07 选中"侧墙"，在 [Modifier List] 下拉列表中选择 Extrude 命令，设置 Amount 为 100，挤出后的模型如图 6-19 所示。

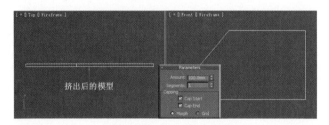

图6-19　挤出后的模型

Step08 单击 ☀（创建）/ ○（几何体）/ [Standard Primitives]（标准基本体）/ [Plane] 按钮，在顶视图中创建一个平面，命名为"地面"，调整模型的位置，如图 6-20 所示。

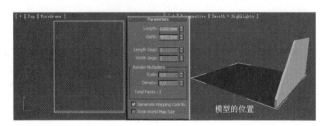

图6-20　模型的参数及位置

Step09 在左视图中选中"侧墙"，将其沿 X 轴向左移动复制一个，调整复制后模型的位置，如图 6-21 所示。

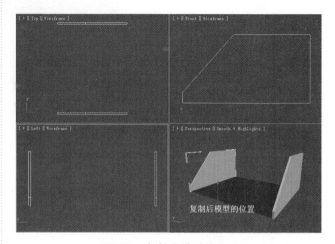

图6-21　复制后模型的位置

Step10 单击 ☀（创建）/ ⬚（图形）/ [Rectangle] 按钮，在左视图中绘制一个 2000×1000 的参考矩形，调整图形的位置，如图 6-22 所示。

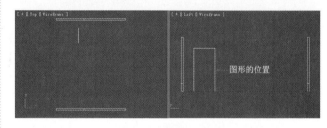

图6-22　图形的位置

Step11 在图形创建命令面板中单击 [Line] 按钮，在左视图中参照墙体轮廓绘制一条封闭的曲线，命名为"门墙"，如图 6-23 所示。将参考矩形删除。

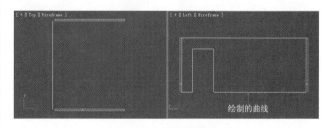

图6-23　绘制的曲线

Step12 选中绘制的曲线，添加 Extrude 修改命令，设置 Amount 为 100，调整挤出后模型的位置，如图 6-24 所示。

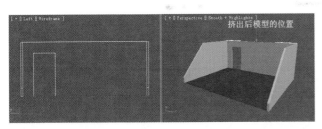

图6-24　挤出后模型的位置

Step13 单击 ⊕（创建）/ ◎（几何体）/ Standard Primitives ▼（标准基本体）/ Box 按钮，在左视图中创建一个长方体，命名为"底墙"，调整模型的位置，如图 6-25 所示。

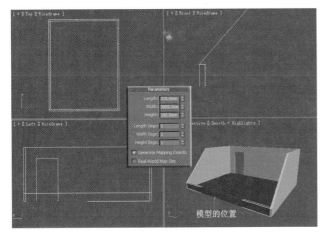

图6-25　模型的参数及位置

Step14 在顶视图中绘制一个 5900×4600 的矩形，将其转换为可编辑样条线，并将所有顶点转换为角点，如图 6-26 所示。

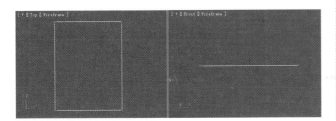

图6-26　转换角点

Step15 激活 Vertex 子对象，在前视图中调整两组顶点的位置，如图 6-27 所示。

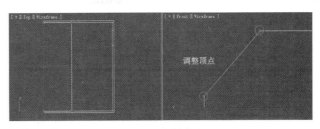

图6-27　调整顶点

Step16 在顶视图中再绘制两个 2000×1000 的矩形，调整它们在视图中的位置，如图 6-28 所示。

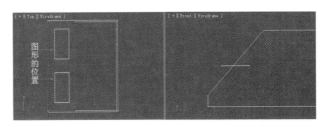

图6-28　图形的位置

Step17 将任意一矩形转换为可编辑样条线，与另一个矩形附加为一体，并将其所有顶点转换为角点，如图 6-29 所示。

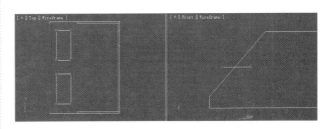

图6-29　转换角点

Step18 激活 Vertex 子对象，在前视图中调整两组顶点的位置，如图 6-30 所示。

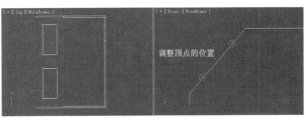

图6-30　调整顶点的位置

Step19 单击 Geometry 卷展栏下的 Attach 按钮，单击拾取前面绘制的图形，将所有图形附加为一体，命名为"窗墙"。

Step20 添加 Extrude 修改命令，设置 Amount 为 100，调整挤出后模型的位置，如图 6-31 所示。

Step21 在顶视图中创建一个长方体，命名为"屋顶"，调整模型的位置，如图 6-32 所示。

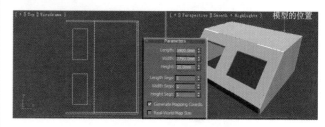

图6-32 模型的参数及位置

Step22 至此，斜顶式室内空间墙体的搭建已经完成，单击菜单栏中的 🖫 按钮，保存文件。

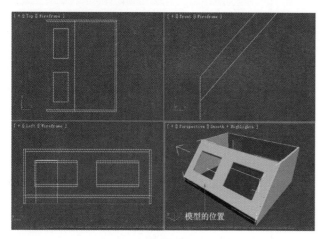

图6-31 挤出后模型的位置

6.7 本章小结

本章主要介绍二维图形向三维造型转换的修改命令，包括"挤出"、"倒角"、"车削"、"倒角剖面"和"放样"。通过这些命令，可以使二维图形转换为能够渲染表现的模型。本章末尾通过一个简单的制作墙体的实例具体介绍了利用修改器将图形转换为造型的操作方法。

第 7 章
创建室内家具模型

本章内容
- 制作小台灯
- 制作休闲椅
- 制作液晶电视
- 制作异形工艺品
- 制作老板桌
- 制作大堂服务台

创建模型是制作建筑效果图的基础，3ds Max提供了多种建模工具，包括直接创建几何体的工具和将图形转换为几何体的工具，前面的章节都作了详细的介绍。本章以实例的形式介绍这些命令在创建模型时应用方法。

7.1 制作小台灯

台灯在效果图表现中起到照明和装饰的作用，通常摆放在卧室、客厅等空间内。本例介绍一款现代风格结合欧式造型的台灯模型，主要应用了 Lathe、FFD2×2×2、Shell、Edit Poly 等修改命令，本例台灯模型效果如图 7-1 所示。

图7-1　台灯模型效果

(Step01) 双击桌面上的 ⑤ 按钮，启动 3ds Max 2010，并将单位设置为毫米。

(Step02) 单击 ✿ （创建）/ ⬚ （图形）/ Rectangle 按钮，在前视图中绘制一个 340×90 的参考矩形。

(Step03) 单击 ✿ （创建）/ ⬚ （图形）/ Line 按钮，在前视图中的参考矩形内绘制一条开放的曲线，命名为"灯身"，如图 7-2 所示。

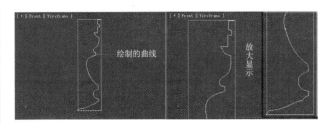

图7-2　绘制的曲线

(Step04) 将参考矩形删除。选中绘制的曲线，在 Modifier List 下拉列表中选择 Lathe 修改命令，如图 7-3 所示。

图7-3　添加修改命令

(Step05) 在 Parameters 卷展栏下单击 Max 按钮，最大化后的模型如图 7-4 所示。

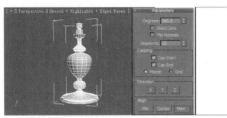

图7-4 最大化后的模型

(Step06) 单击 ⚙（创建）/ ◯（几何体）/ Sphere 按钮，在顶视图中创建一个球体，命名为"灯泡"，调整模型的位置，如图 7-5 所示。

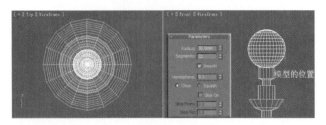

图7-5 模型的参数及位置

(Step07) 选中球体，在 Modifier List 下拉列表中选择 FFD2×2×2 修改器，在修改器堆栈中激活 Control Points 子对象，如图 7-6 所示。

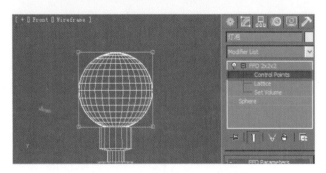

图7-6 添加FFD2×2×2修改器

(Step08) 在前视图中选中顶部的两组控制点，激活工具栏中 按钮，在顶视图中锁定 XY 轴，缩放调整控制点，如图 7-7 所示。

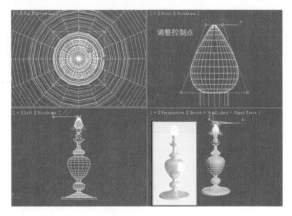

图7-7 调整控制点

(Step09) 单击 ⚙（创建）/ ◯（图形）/ Arc 按钮，在前视图中绘制两条弧线，如图 7-8 所示。

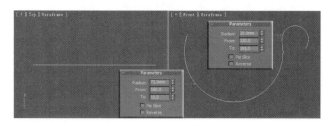

图7-8 绘制的图形

(Step10) 选中任意一条曲线，将其转换为可编辑样条线，与另一条弧线附加为一体，命名为"灯架"。

(Step11) 在修改器堆栈中激活 Vertex 子对象，在 Geometry 卷展栏下确认勾选 Automatic Welding 复选框，如图 7-9 所示。

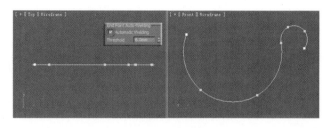

图7-9 参数设置

(Step12) 在前视图中选中两条样条线相接处的一点，将其移动调整与相接处的另一点焊接为一个顶点，如图 7-10 所示。

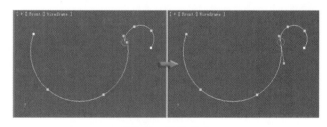

图7-10 焊接顶点

(Step13) 在 Rendering 卷展栏下勾选 Enable In Renderer 和 Enable In Viewport 复选框，在视图中调整模型的位置，如图 7-11 所示。

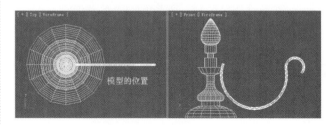

图7-11 模型的位置

Step14 单击 🔅（创建）/ ◯（几何体）/ Sphere 按钮，
在顶视图中创建一个球体，命名为"装饰球"，
设置其参数如图 7-12 所示。

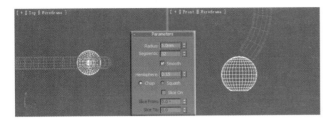

图7-12　参数设置

Step15 在前视图中选中"装饰球"，激活工具栏中 🔄
按钮，单击右键打开 Rotate Transform Type-
In 对话框，设置参数，在视图中调整旋转后模
型的位置，如图 7-13 所示。

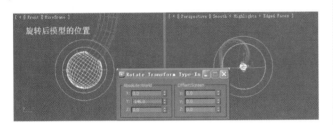

图7-13　旋转后模型的位置

Step16 激活 🔷 按钮，单击右键打开 Grid and Snap
Settings 对话框，设置参数，如图 7-14 所示。

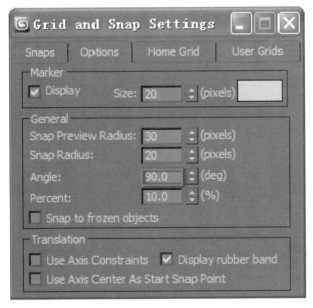

图7-14　参数设置

Step17 在顶视图中同时选中"灯架"和"装饰球"，将
其旋转复制 3 组，调整复制后模型的位置，如
图 7-15 所示。

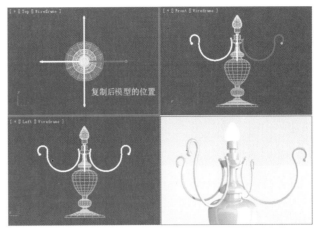

图7-15　复制后模型的位置

Step18 单击 🔅（创建）/ ◯（几何体）/ Cone 按钮，
在顶视图中创建一个圆锥体，命名为"灯罩"，
调整模型的位置，如图 7-16 所示。

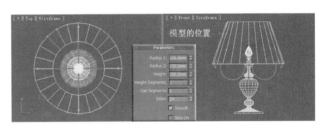

图7-16　模型的位置

Step19 选中"灯罩"，单击鼠标右键，在弹出的右键
菜单中选择"Convert To>Convert to Editable
Poly"命令，将其转换为可编辑多边形，如图
7-17 所示。

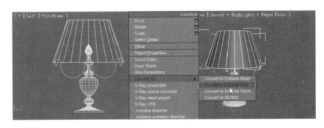

图7-17　转换可编辑多边形

Step20 在修改器堆栈中激活 Polygon 子对象，在透视视
图中选中如图 7-18 所示的多边形，将其删除。

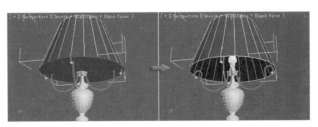

图7-18　删除多边形

Step21 激活 Edge 子对象，在前视图中框选如图 7-19 所示的边。

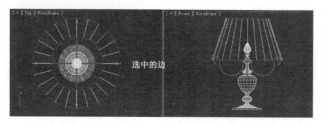

图7-19 选中的边

Step22 在 Edit Edges 卷展栏下单击 Create Shape From Selection 按钮，在弹出的 Create Shape 对话框中选择 Linear 单选按钮，单击 OK 按钮，创建图形，如图 7-20 所示。

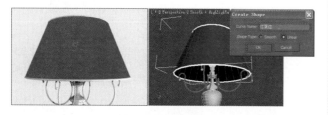

图7-20 创建图形

提示 通过 Create Shape From Selection 按钮创建出的图形直接运用了图形渲染命令，使其成为可见的模型。

Step23 选中"灯罩"，在 Modifier List 下拉列表中选择 Shell 命令，为"灯罩"添加一个厚度，如图 7-21 所示。

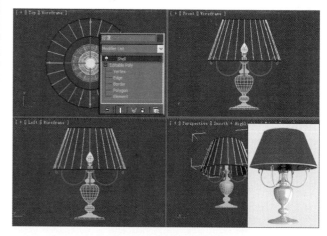

图7-21 添加Shell命令

Step24 至此，台灯的模型已经全部制作完成。单击菜单栏中的 按钮，保存文件。

7.2 制作休闲椅

休闲椅常用于室内的客厅、休闲区、卧室、阳台等空间内。根据室内装修风格的不同，休闲椅的样式分为现代、古典、中式、欧式等风格。本例主要应用了 Lathe、FFD3×3×3、Bevel Profile、Edit Poly 和 Displace 等修改器制作一款欧式休闲椅，效果如图 7-22 所示。

图7-22 休闲椅效果

Step01 双击桌面上的 按钮，启动 3ds Max 2010，并将单位设置为毫米。

Step02 单击 （创建）/ （几何体）/ Extended Primitives （扩展基本体）/ ChamferBox 按钮，在顶视图中创建一个切角长方体，命名为"底板"，设置其参数，如图 7-23 所示。

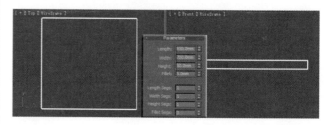

图7-23 参数设置

Step03 在顶视图中再创建一个切角长方体，命名为"座垫"，调整模型的位置，如图 7-24 所示。

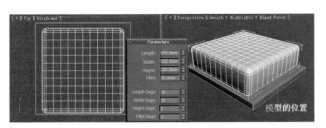

图7-24　模型的位置

Step04 选中"座垫"，在 Modifier List 下拉列表中选择 Edit Poly 修改器，在修改器堆栈中激活 Edge 子对象，在前视图中框选中间的两组边，在 Edit Edges 卷展栏下单击 Extrude 后的◻按钮，在弹出的对话框中设置参数，如图7-25 所示。

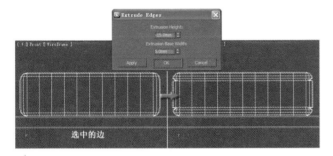

图7-25　参数设置

Step05 确定选中的边仍处于选中状态，在 Edit Edges 卷展栏下单击 Create Shape 后的◻按钮，在弹出的对话框中命名，如图 7-26 所示。

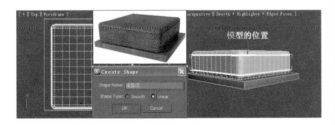

图7-26　命名

Step06 选中"座垫"，在修改器列表中选择 FFD3×3×3 修改器，在修改器堆栈中激活 Control Points 子对象，在顶视图中选中中间的一个控制点，在前视图中沿 Y 轴向上移动调整控制点，效果如图 7-27 所示。

Step07 单击 （创建）/ （图形）/ Rectangle 按钮，在前视图中绘制一个 750×690 的矩形，命名为"背边"，将其转换为可编辑样条线，删除底部的线段，如图 7-28 所示。

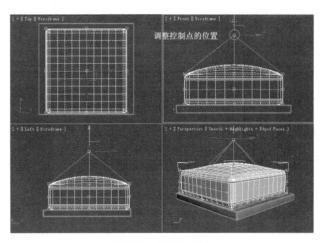

图7-27　调整控制点

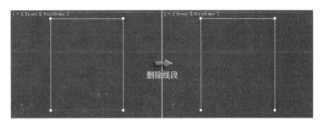

图7-28　删除线段

Step08 在 Geometry 卷展栏下单击 Refine 按钮，在前视图中为样条线添加两个顶点，如图 7-29 所示。

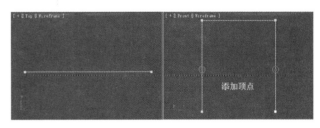

图7-29　添加顶点

Step09 将优化的两个顶点转换为 Smooth 形式，其他顶点转换为 Corner 形式，在左视图中调整顶点的位置，如图 7-30 所示。

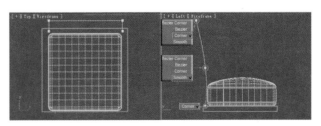

图7-30　调整顶点

Step10 在前视图中调整中间两个顶点的位置，如图7-31 所示。

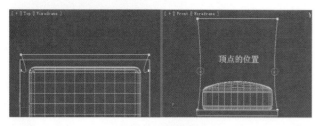

图7-31 调整顶点

Step11 在前视图中绘制一个 60×50 的参考矩形，单击 ⚙（创建）/ 🔲（图形）/ Line 按钮，在前视图中参考矩形内绘制一条封闭的曲线，命名为"截面"，如图 7-32 所示。将参考矩形删除。

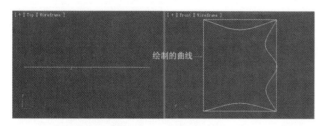

图7-32 绘制的图形

Step12 选中"背边"，在修改器列表中选择 Bevel Profile 修改器，单击 Pick Profile 按钮，在视图中单击拾取"截面"，倒角剖面后的模型如图7-33 所示。

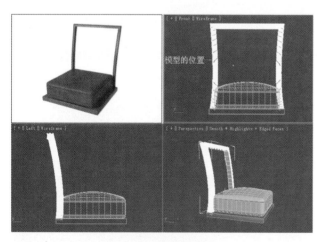

图7-33 模型的位置

Step13 将"背边"复制一个，改名为"背板"，删除 Bevel Profile 修改器。在修改器堆栈中激活 Vertex 子对象，在 Geometry 卷展栏下单击 Connect 按钮，在前视图中将两个顶点连接起来，如图 7-34 所示。

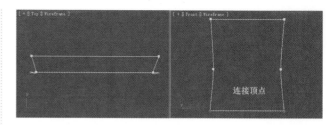

图7-34 连接顶点

Step14 参照"背边"，调整"背板"顶点的位置，如图7-35 所示。

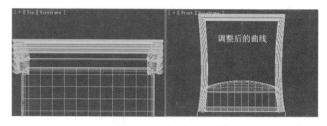

图7-35 调整后的曲线

Step15 在修改器列表中选择 Extrude 修改器，设置 Amount 为 10，调整挤出后模型的位置，如图7-36 所示。

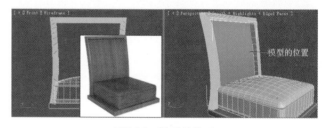

图7-36 模型的位置

Step16 单击 ⚙（创建）/ ⭕（几何体）/ Extended Primitves ▾（扩展基本体）/ ChamferBox 按钮，在前视图中创建一个切角长方体，命名为"靠背"，设置其参数，调整模型的位置，如图7-37 所示。

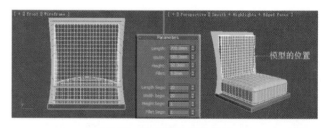

图7-37 模型的参数及位置

Step17 添加 Displace 修改器，在 Parameters 卷展栏下单击 Image 组中 Bitmap 的 None 按钮，在弹出的对话框中选择随书光盘中"贴图/黑白皮革.jpg"文件，如图 7-38 所示。

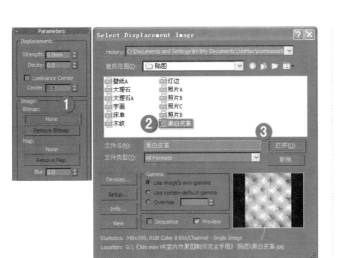

图7-38　选择位图

(Step18) 在 Parameters 卷展栏下设置 Strength 为 15，如图 7-39 所示。

图7-39　参数设置

(Step19) 添加 FFD3×3×3 修改器，激活 Control Points 子对象，在左视图中调整控制点的位置，如图 7-40 所示。

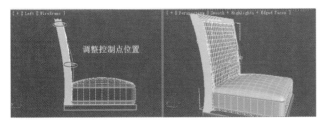

图7-40　调整控制点位置

(Step20) 在前视图中选中中间的一个控制点，在左视图中沿 X 轴向右移动调整控制点的位置，如图 7-41 所示。

(Step21) 单击 （创建）/ （图形）/ Line 按钮，在左视图中参照椅子尺寸绘制一条封闭的曲线，命名为"侧边"，如图 7-42 所示。

(Step22) 在前视图中绘制一条封闭的曲线，命名为"侧边截面"，如图 7-43 所示。

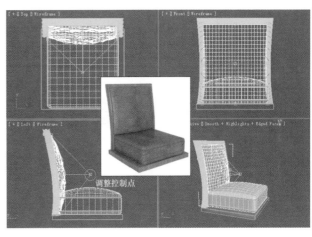

图7-41　调整控制点

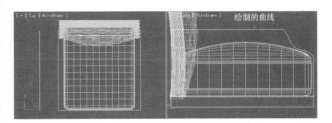

图7-42　绘制的曲线

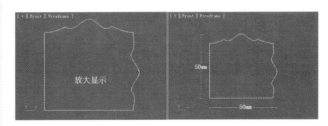

图7-43　绘制的曲线

(Step23) 在视图中选中"侧边"，在修改器列表中选择 Bevel Profile 修改器，单击 Pick Profile 按钮，在视图中单击拾取"侧边截面"，调整倒角剖面后模型的位置，如图 7-44 所示。

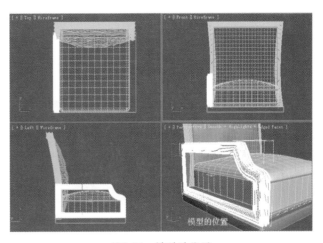

图7-44　模型的位置

(Step24) 单击 ☀（创建）/ ◯（几何体）/ Extended Primitives ▾（扩展基本体）/ ChamferBox 按钮，在左视图中创建一个切角长方体，命名为"侧板"，调整模型的位置，如图 7-45 所示。

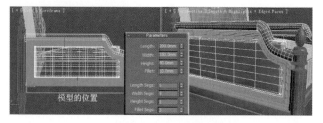

图7-45　模型的位置

(Step25) 在修改器列表中选择 Edit Poly 修改器，激活 Vertex 子对象，在左视图中参照"侧边"调整顶点的位置，如图 7-46 所示。

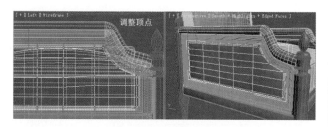

图7-46　调整顶点的位置

(Step26) 添加 FFD3×3×3 修改器，激活 Control Points 子对象，在透视视图中选中两侧中间的控制点，在顶视图中分别向外侧移动调整控制点的位置，如图 7-47 所示。

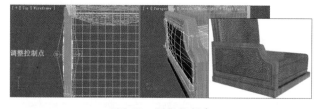

图7-47　调整控制点

(Step27) 在左视图中参照"侧边"的边缘绘制一条开放的曲线，命名为"扶手"，如图 7-48 所示。

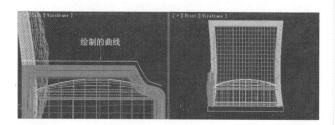

图7-48　绘制的曲线

(Step28) 在 Rendering 卷展栏下勾选 Enable In Renderer 和 Enable In Viewport 复选框，设置参数，调整渲染后模型的位置，如图 7-49 所示。

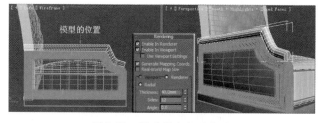

图7-49　模型的参数及位置

(Step29) 在前视图中绘制一条开放的曲线，命名为"椅腿"，如图 7-50 所示。

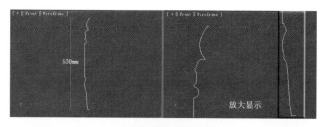

图7-50　绘制的曲线

(Step30) 添加 Lathe 修改器，在 Align 组中单击 Max 按钮，调整车削后模型的位置，如图 7-51 所示。

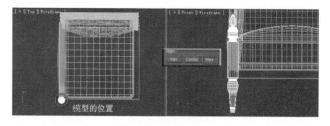

图7-51　模型的位置

(Step31) 将"椅腿"复制一个，在修改器堆栈中激活 Vertex 子对象，在左视图中调整顶点的位置，拉长样条线，调整复制后模型的位置，如图 7-52 所示。

(Step32) 在前视图中同时选中所有的椅腿、侧边、侧板和扶手，将其沿 X 轴向右移动复制一组，调整复制后模型的位置，如图 7-53 所示。

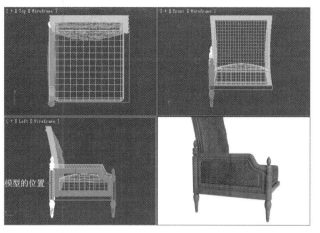

图7-52　复制后模型的位置

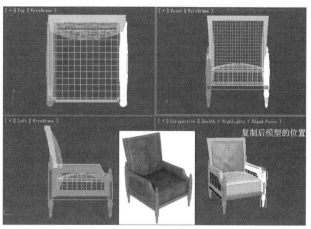

图7-53　复制后模型的位置

Step33 至此，休闲椅的模型已经全部制作完成。单击菜单栏中的 ▤ 按钮，保存文件。

7.3　制作液晶电视

在 3ds Max 中，Editable Poly 修改命令具有强大的模型制作功能，通过编辑多边形修改器可以创建出一体的模型，例如空间墙体等。本例就利用 Editable Poly 命令创建液晶电视模型，效果如图 7-54 所示。

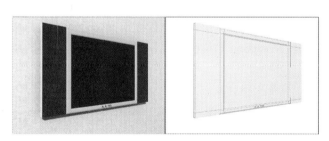

图7-54　液晶电视效果

Step01 双击桌面上的 ⑤ 按钮，启动 3ds Max 2010，并将单位设置为毫米。

Step02 单击 ✦（创建）/ ◯（几何体）/ ▊Box▊ 按钮，在前视图中创建一个长方体，命名为"液晶电视"，设置其参数，如图 7-55 所示。

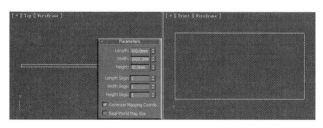

图7-55　参数设置

Step03 选中创建的长方体，单击鼠标右键，在弹出的右键菜单栏中选择 "Convert To>Convert to Editable Poly" 命令，将其转换为可编辑多边形，如图 7-56 所示。

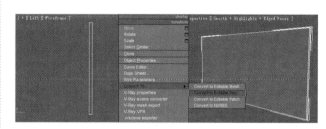

图7-56　转换可编辑多边形

Step04 在修改器堆栈中激活 Edge 子对象，在前视图中同时选中上下两条边，如图 7-57 所示。

图7-57　选中的边

Step05 在 Edit Edges 卷展栏下单击 ▊Connect▊ 后的 ▢ 按钮，在弹出的 Connect Edges 对话框中设置参数，如图 7-58 所示。

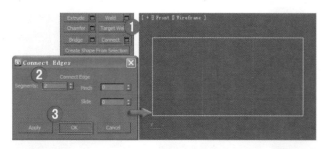

图7-58　参数设置

提示 在前面已经设置过创建边数为2，单击 Connect 按钮，就会应用上一次设置的参数。

Step06 在前视图中移动调整边的位置，如图7-59所示。

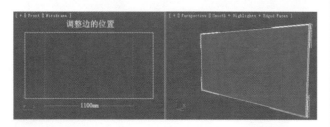

图7-59　调整边的位置

Step07 按照同样的方法再创建两条边，并调整边的位置，如图7-60所示。

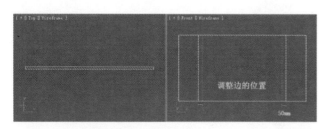

图7-60　调整边的位置

Step08 确认创建的两条边处于选中状态，单击 Connect 按钮，横向创建两条边，调整边的位置，如图7-61所示。

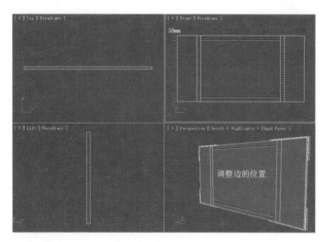

图7-61　调整边的位置

Step09 在修改器堆栈中激活 Polygon 子对象，在前视图中选中如图7-62所示的多边形。

图7-62　选中的多边形

Step10 在 Edit Polygons 卷展栏下单击 Bevel 后的 ▣ 按钮，在弹出的对话框中设置参数，如图7-63所示。

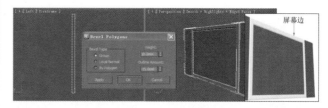

图7-63　参数设置

Step11 在透视视图中选中电视背面的多边形，在 Edit Polygons 卷展栏下单击 Bevel 后的 ▣ 按钮，在弹出的对话框中设置参数，单击 Apply 按钮，如图7-64所示。

图7-64　参数设置

Step12 继续在对话框中设置参数，然后单击 OK 按钮，如图7-65所示。

图7-65　参数设置

Step13 在透视视图中选中电视两侧的两个多边形，如图 7-66 所示。

在前视图中创建文本，设置其参数，如图 7-68 所示。

图7-66 选中的多边形

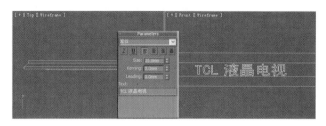

图7-68 参数设置

Step14 在 Edit Polygons 卷展栏下单击 Bevel 后的 ▣ 按钮，在弹出的对话框中设置参数，如图 7-67 所示。

Step16 添加 Extrude 修改命令，设置 Amount 为 2，调整挤出后模型的位置，如图 7-69 所示。

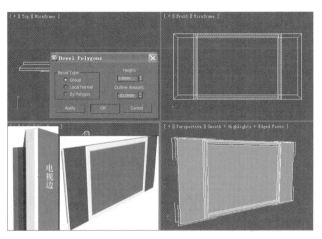

图7-67 参数设置

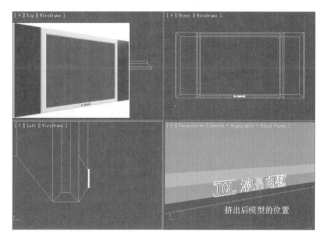

图7-69 挤出后模型的位置

Step15 单击 ✸（创建）/ ⊡（图形）/ Text 按钮，

Step17 至此，液晶电视的模型已经全部制作完成。单击菜单栏中的 🖫 按钮，保存文件。

7.4 制作异形工艺品

各种风格的工艺品在室内空间的装饰中起到了重要作用，本例通过 Lattice 修改器，创建一个现代异形工艺品，效果如图 7-70 所示。

Step02 单击 ✸（创建）/ ◎（几何体）/ Cylinder 按钮，在顶视图中创建一个长方体，命名为"异形工艺品"，设置其参数，如图 7-71 所示。

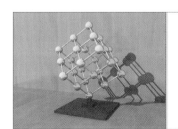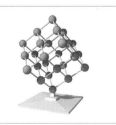

图7-70 工艺品模型效果

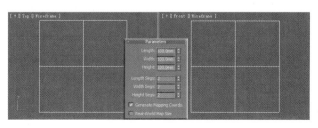

图7-71 参数设置

Step01 双击桌面上的 ⑤ 按钮，启动 3ds Max 2010，并将单位设置为毫米。

Step03 添加 Lattice 修改器，设置其参数，如图 7-72 所示。

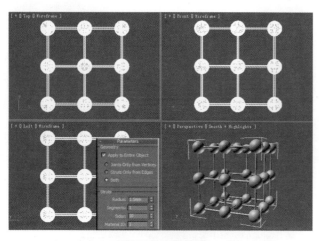

图7-72　参数设置

Step04 分别在前视图、左视图和顶视图中旋转调整模型，效果如图7-73所示。

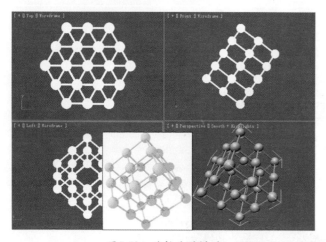

图7-73　旋转后的模型

Step05 单击 ✦（创建）/ ◯（几何体）/ Extended Primitives ▾（扩展基本体）/ ChamferBox 按钮，在顶视图中创建一个切角长方体，命名为"底座"，设置其参数，如图7-74所示。

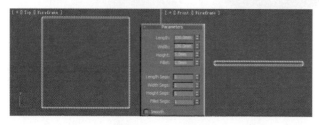

图7-74　参数设置

Step06 选中"底座"，在修改器列表中选择 Edit Poly

修改器，激活 Polygon 子对象，在顶视图中选中顶面的多边形，单击 Edit Polygons 卷展栏下 Bevel 后的 ▣ 按钮，设置参数，如图7-75所示。

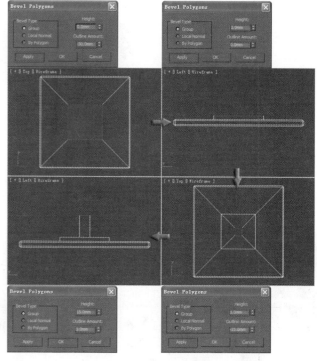

图7-75　参数设置

Step07 在视图中调整"底座"的位置，如图7-76所示。

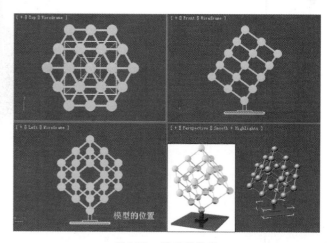

图7-76　模型的位置

Step08 至此，异形工艺品的模型已经全部制作完成。单击菜单栏中的 ▣ 按钮，保存文件。

7.5　制作老板桌

　　办公家具是工作或学习中使用最为频繁的室内家具，多为桌椅、橱柜等组合。办公家具注重的是实用性，围绕着以人为本的思路进行设计与制作。它们虽然大同小异，但也各具特色，有不同的类型和不同的造型。在办公家具的行列中，有简单化的单一造型，也有复杂化的组合造型。本例介绍办公桌模型的制作方法，模型效果如图 7-77 所示。

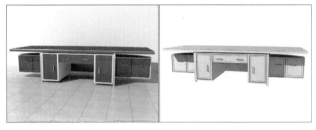

7-77　老板桌模型效果

Step01 双击桌面上的 ⑤ 按钮，启动 3ds Max 2010，并将单位设置为毫米。

Step02 单击 ❀（创建）/ ⬚（图形）/ Line 按钮，在前视图中绘制一条封闭的曲线，如图 7-78 所示。

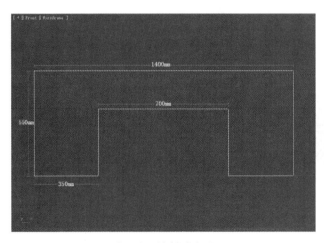

图7-78　绘制的曲线

Step03 单击 ❀（创建）/ ⬚（图形）/ Rectangle 按钮，在前视图中绘制 3 个矩形，调整图形的位置，如图 7-79 所示。

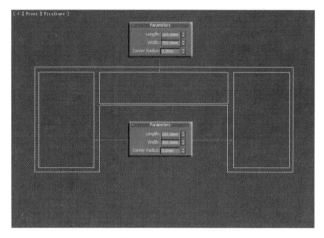

图7-79　图形的参数及位置

Step04 选中前面绘制的曲线，在 Geometry 卷展栏下单击 Attach Mult. 按钮，在弹出的对话框中选中所有的矩形，将它们附加为一体，命名为"橱边"，如图 7-80 所示。

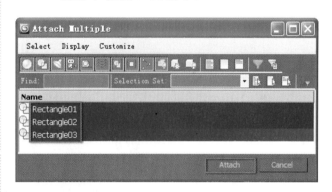

图7-80　附加图形

Step05 在 Modifier List 下拉列表中选择 Bevel 修改器，设置其参数，如图 7-81 所示。

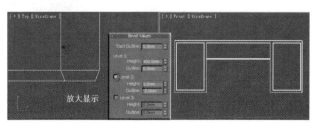

图7-81　参数设置

Step06 单击 ☼（创建）/ ◯（几何体）/ ▢Box 按钮，在前视图中创建一个长方体，命名为"橱背板"，调整模型的位置，如图 7-82 所示。

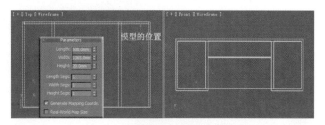

图7-82 模型的参数及位置

Step07 在前视图中绘制一个 500×300×10 的长方体，命名为"橱门"。

Step08 在修改器列表中选择 Edit Poly 修改器，激活 Polygon 子对象，在前视图中选中正面的多边形，单击 Edit Polygons 卷展栏下 Bevel 后的 ▢ 按钮，设置参数，如图 7-83 所示。

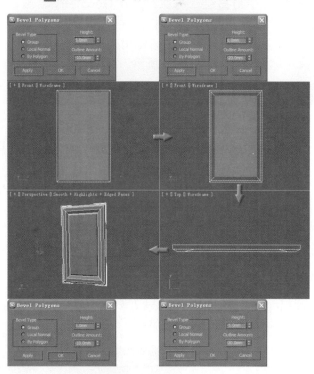

图7-83 参数设置

Step09 在视图中调整模型的位置，如图 7-84 所示。

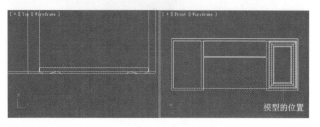

图7-84 模型的位置

Step10 将橱门复制一个，调整复制后模型的位置，如图 7-85 所示。

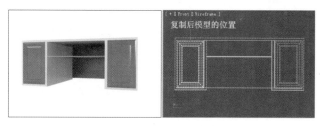

图7-85 复制后模型的位置

Step11 在前视图中创建一个 165×700×10 的长方体，命名为"抽屉"。

Step12 添加 Edit Poly 修改器，激活 Polygon 子对象，在前视图中选中正面的多边形，单击 Edit Polygons 卷展栏下 Bevel 后的 ▢ 按钮，设置参数，如图 7-86 所示。

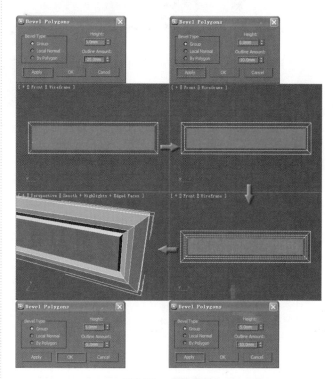

图7-86 参数设置

Step13 在视图中调整"抽屉"的位置，如图 7-87 所示。

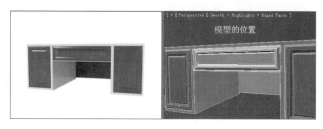

图7-87 模型的位置

Step14 单击 ⚙ (创建) / ⬤ (几何体) / `Sphere` 按钮，在前视图中创建一个球体，命名为"固定螺丝"，设置其参数，如图 7-88 所示。

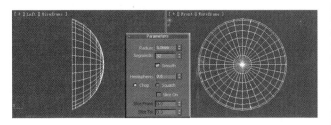

图7-88 参数设置

Step15 将创建的球体转换为可编辑多边形，在修改器堆栈中激活 Polygon 子对象，在视图中选中背面的所有多边形，如图 7-89 所示。

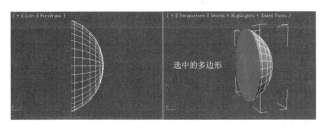

图7-89 选中的多边形

Step16 单击 Edit Polygons 卷展栏下 `Bevel` 后的 ▣ 按钮，设置参数，如图 7-90 所示。

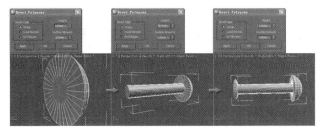

图7-90 参数设置

Step17 将"固定螺丝"复制一个，调整模型的位置，如图 7-91 所示。

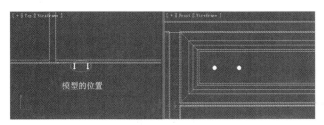

图7-91 模型的位置

Step18 单击 ⚙ (创建) / ⬤ (几何体) / `Extended Primitives ▾` (扩展基本体) / `ChamferBox`

按钮，在前视图中创建一个切角长方体，命名为"把手"，调整模型的位置，如图 7-92 所示。

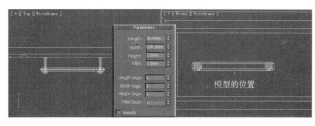

图7-92 模型的参数及位置

Step19 在视图中将所有的固定螺丝和把手复制 3 组，将其中两组旋转 90 度，分别调整复制后模型的位置，如图 7-93 所示。

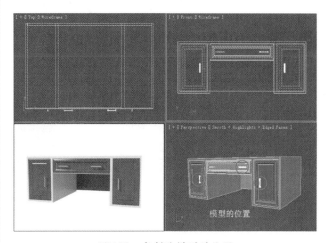

图7-93 复制后模型的位置

Step20 在顶视图中绘制一个 450×700 的参考矩形，在矩形内绘制一段弧线，如图 7-94 所示。

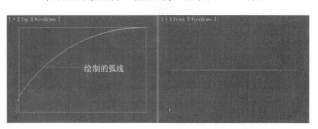

图7-94 绘制的弧线

Step21 在顶视图中参照矩形绘制一条开放的曲线，如图 7-95 所示。

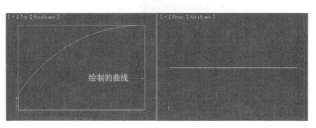

图7-95 绘制的曲线

(Step22) 将参考矩形删除。将绘制的两条曲线附加为一体，命名为"边橱"。

(Step23) 在修改器堆栈中激活 Vertex 子对象，在视图中选中两条样条线相接的两组顶点，在 Geometry 卷展栏下单击 Weld 按钮，将顶点焊接为一个，如图 7-96 所示。

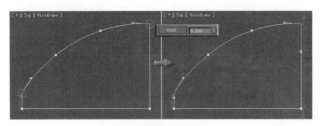

图7-96 焊接顶点

(Step24) 添加 Extrude 修改命令，设置 Amount 为 400，挤出后的模型如图 7-97 所示。

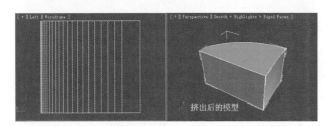

图7-97 挤出后的模型

(Step25) 将"边橱"原位置复制一个，设置 Amount 为 360，调整模型的位置，如图 7-98 所示。

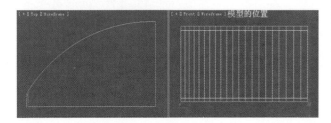

图7-98 模型的位置

(Step26) 在修改器堆栈中激活 Vertex 子对象，在顶视图中调整顶点的位置，调整顶点后的模型如图 7-99 所示。

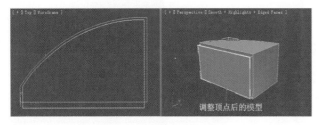

图7-99 调整顶点后的模型

(Step27) 在视图中选中"边橱"，单击 （创建）/ （几何体）/ Compound Objects （复合对象）/ ProBoolean 按钮，在 Pick Boolean 卷展栏下单击 Start Picking 按钮，在视图中单击拾取"边橱01"，布尔运算后的模型如图 7-100 所示。

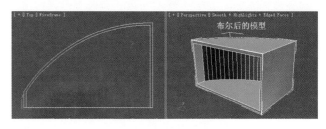

图7-100 布尔运算后的模型

(Step28) 在视图中调整"边橱"的位置，如图 7-101 所示。

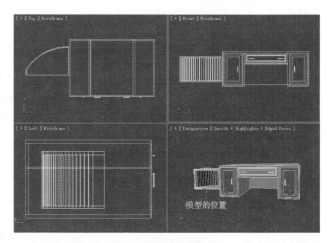

图7-101 模型的位置

(Step29) 按照前面介绍的方法在前视图中创建一个 360×336×10 的橱门，并利用 Edit Poly 修改器创建出橱门模型，效果如图 7-102 所示。

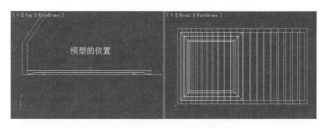

图7-102 模型的位置

(Step30) 将创建的橱门复制一个，调整复制后模型的位置，如图 7-103 所示。

(Step31) 在视图中选中一组横向的把手，将其复制两组，调整复制后模型的位置，如图 7-104 所示。

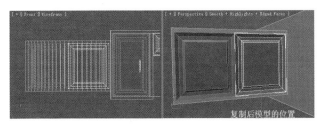

图7-103 复制后模型的位置

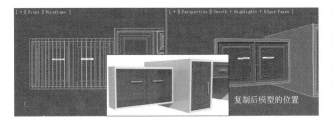

图7-104 复制后模型的位置

Step32 在顶视图中选中边橱的所有模型，单击工具栏中 按钮，将其沿 X 轴实例复制一组，调整复制后模型的位置，如图 7-105 所示。

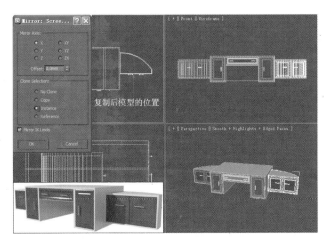

图7-105 复制后模型的位置

Step33 在顶视图中创建一个长方体，命名为"桌腿"，将其复制 3 个，调整模型的位置，如图 7-106 所示。

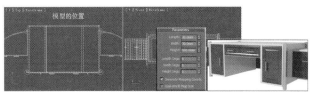

图7-106 模型的位置

Step34 在顶视图中绘制一条封闭的曲线，命名为"桌面"，如图 7-107 所示。

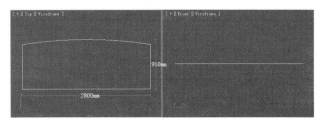

图7-107 绘制的曲线

Step35 添加 Bevel 修改命令，设置参数，调整倒角后模型的位置，如图 7-108 所示。

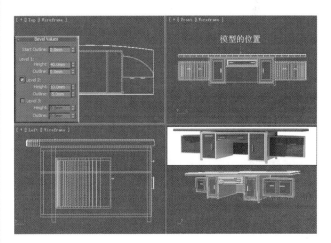

图7-108 参数设置

Step36 至此，老板桌的模型已经全部制作完成。单击菜单栏中的 按钮，保存文件。

7.6 制作大堂服务台

大堂服务台是大堂活动的主要焦点，向客人提供咨询、入住登记、离店结算、外币兑换、信息转达、贵重品保存等服务。本例介绍大堂服务台模型的制作方法，效果如图 7-109 所示。

Step01 双击桌面上的 按钮，启动 3ds Max 2010，并将单位设置为毫米。

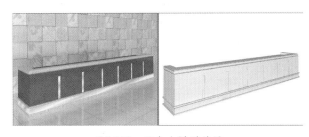

图7-109 服务台模型效果

Step02 单击 ⬚ (创建) / ⬚ (图形) / Rectangle 按钮，在顶视图中绘制一个 600×3900 的矩形，命名为"底座"。

Step03 在左视图中绘制一条封闭的曲线，命名为"剖面"，如图 7-110 所示。

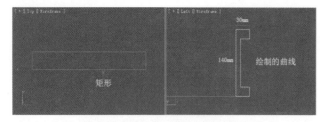

图7-110　绘制的曲线

Step04 在视图中选中矩形，添加 Bevel Profile 修改命令，在 Parameters 卷展栏下单击 Pick Profile 按钮，在视图中单击拾取"剖面"，倒角剖面后的模型如图 7-111 所示。

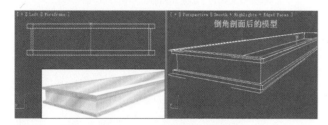

图7-111　倒角剖面后的模型

Step05 在前视图中绘制 3 个矩形，调整图形的位置，如图 7-112 所示。

Step06 选中任意一个矩形，将其转换为可编辑样条线，与其他两个矩形附加为一体，命名为"台柜"。

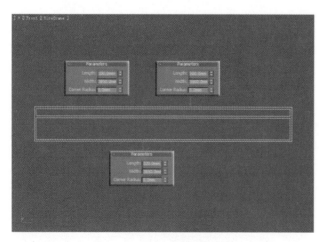

图7-112　图形的参数及位置

Step07 添加 Extrude 修改命令，设置挤出参数为 550，调整挤出后模型的位置，如图 7-113 所示。

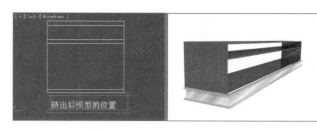

图7-113　挤出后模型的位置

Step08 在前视图中绘制两个参考矩形，将小矩形复制 5 个，调整图形的位置，如图 7-114 所示。

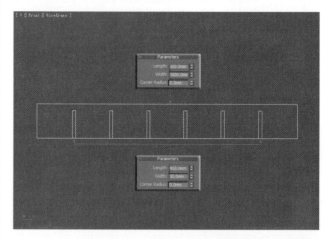

图7-114　图形的参数及位置

Step09 单击 ⬚ (创建) / ⬚ (图形) / Line 按钮，在前视图中参照矩形绘制一条封闭的曲线，命名为"前板"，如图 7-115 所示。将参考矩形删除。

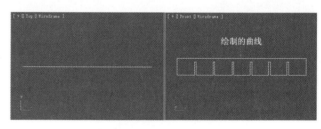

图7-115　绘制的曲线

Step10 添加 Extrude 修改命令，设置挤出数量为 30，调整挤出后模型的位置，如图 7-116 所示。

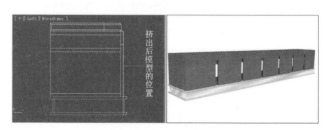

图7-116　挤出后模型的位置

Step11 在前视图中绘制 6 个 400×50 的矩形，调整图形的位置，如图 7-117 所示。

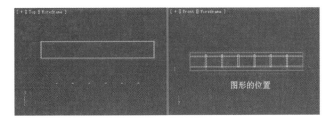

图7-117 图形的位置

Step12 将绘制的矩形附加为一体，命名为"装饰条"，为其添加 Extrude 修改器，设置挤出数量为 20，调整挤出后模型的位置，如图 7-118 所示。

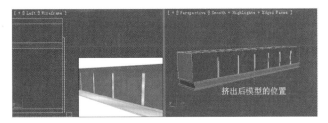

图7-118 挤出后模型的位置

Step13 在顶视图中参照"台柜"轮廓绘制一条开放的曲线，命名为"台边"，如图 7-119 所示。

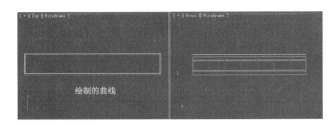

图7-119 绘制的曲线

Step14 在修改器堆栈中激活 Spline 子对象，在修改命令面板中 Geometry 卷展栏下 Outline 后的数值框中输入 120，按下键盘上的回车键，创建曲线的轮廓线，如图 7-120 所示。

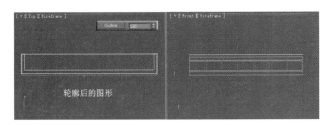

图7-120 轮廓后的图形

Step15 添加 Extrude 修改命令，设置 Amount 为 50，挤出后的模型如图 7-121 所示。

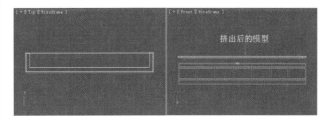

图7-121 挤出后的模型

Step16 添加 Edit Poly 修改命令，激活 Polygon 子对象，在透视视图中选中 3 面的多边形，如图 7-122 所示。

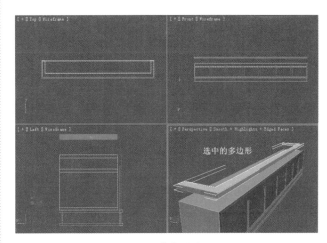

图7-122 选中的多边形

Step17 在 Edit Polygons 卷展栏下单击 Bevel 后的 按钮，在弹出的对话框中设置参数，如图 7-123 所示。

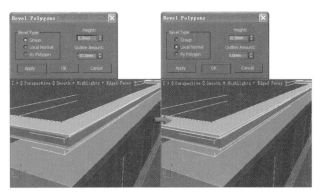

图7-123 参数设置

Step18 在视图中调整"台边"的位置，如图 7-124 所示。

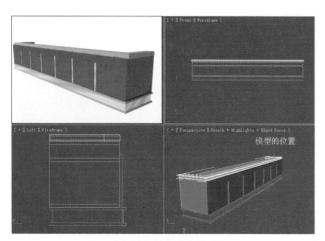

图7-124　模型的位置

Step19 至此，大堂服务台的模型已经全部制作完成。单击菜单栏中的 🖫 按钮，保存文件。

7.7　本章小结

　　本章通过实例介绍室内常见家具模型的制作方法，包括台灯、休闲椅、液晶电视、工艺品、老板桌和大堂服务台，通过制作这些模型，巩固学习前面章节中介绍的各种创建命令和编辑修改器的应用方法。

材质篇

■ **调制材质**

■ **常见室内材质的调制**

本章内容
- 材质编辑器
- 标准材质
- 复合材质

材质是3ds Max中的重要内容，可以使生硬的模型变得更加生动和富有生活气息，无论在哪一个应用领域，材质的制作都占据极其重要的地位。但是材质的制作是一个非常复杂的过程，它包括众多参数与选项的设置。

8.1 材质编辑器

材质的制作是通过材质编辑器来完成的。材质编辑器的功能是制作、编辑材质和贴图。3ds Max 中的材质编辑器功能十分强大，它可以创建出非常真实的自然材质和不同质感的人造材质，只要能熟练掌握材质编辑和贴图设置的方法，就可以轻而易举地创建出任何效果的材质。材质编辑器如图 8-1 所示。

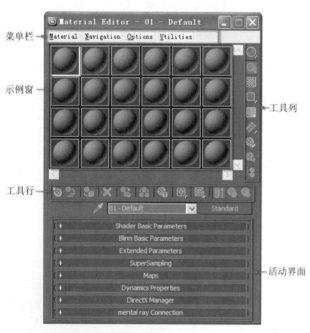

图8-1 材质编辑器

8.1.1 菜单栏

菜单栏中以菜单的形式将各种材质命令组织到一

起，但是，在使用软件的过程中，用户往往不是通过菜单栏应用命令的，因为菜单栏中的命令在工具行、工具列等部分都有对应的快捷按钮，工具栏及命令面板都是这些命令的快捷方式。菜单栏中的 Material 下拉菜单如图 8-2 所示。

图8-2 Material下拉菜单

8.1.2 示例窗

示例窗显示材质的预览效果。默认情况下，一次可显示 6 个示例球，可使用滚动栏在示例窗中滚动，如图 8-3 所示。

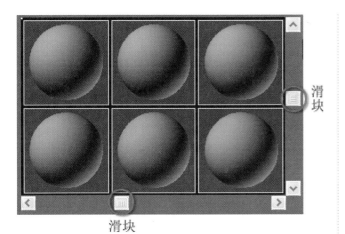

滑块

滑块

图8-3 示例球默认显示方式

如果场景复杂，材质多样，为了使操作更加方便，可以设置示例窗中的示例球一次显示 15～24 个，通过右键菜单来实现设置，如图8-4所示。

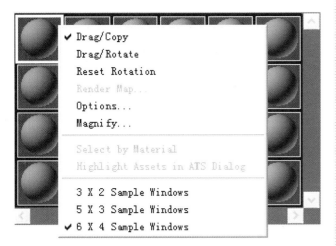

图8-4 右键菜单

示例窗中的示例球有3种工作状态，分别是未使用的示例球，处于当前编辑状态的示例球和激活状态下的示例球，其显示效果如图8-5所示。

未使用　　　激活状态　　　使用状态

图8-5 示例球的3种工作状态

8.1.3 工具列

工具列包含着9个命令按钮，这些工具主要控制示例球的显示状态，以便于观察所调整的材质效果，

这些工具的设置跟材质本身的设置没有关系，工具列如图8-6所示。

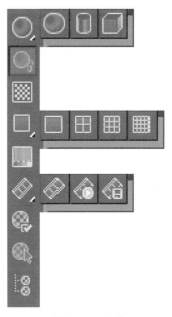

图8-6 工具列

- ◎（采样类型）：使用"采样类型"弹出按钮可以选择要显示在活动示例中的几何体。

- ◎（背光）：启用"背光"可将背光添加到活动示例窗中。默认情况下，此按钮处于启用状态。

- ▨（背景）：启用"背景"可将多颜色的方格背景添加到活动示例窗中。如果要查看不透明度和透明度的效果，该图案背景很有用处。

- ▢（采样UV平铺）：使用"采样UV平铺"弹出按钮中的按钮可以在活动示例窗中调整采样对象上的贴图图案重复。

- ▨（视频颜色检查）：用于检查示例对象上的材质颜色是否超过安全 NTSC 或 PAL 阈值。这些颜色用于从计算机传送到视频时进行模糊处理。

- ◈（生成预览）：可以使用动画贴图向场景添加运动。例如，要模拟天空视图，可以将移动的云的动画添加到窗口。"生成预览"选项可用于在应用材质之前，在"材质编辑器"中试验它的效果。

- ◉（选项）：此按钮可打开 Material Editor Options 对话框，如图8-7所示。可以帮助用户控制如何在示例中显示材质和贴图。

- ◈（按材质选择）：可以基于"材质编辑器"中的活动材质选择对象。除非活动示例窗包含场景中使用的材质，否则此命令不可用。

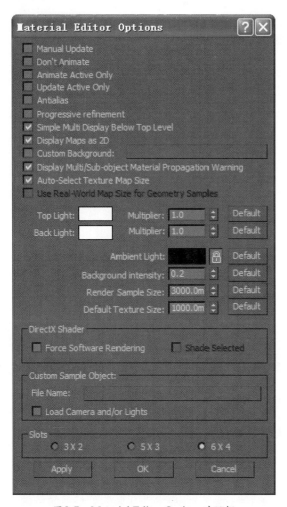

图8-7 Material Editor Options对话框

● ▓（材质/贴图导航器）：该导航器显示当前活动示例窗中的材质和贴图。通过单击列在导航器中的材质或贴图，可以导航当前材质的层次。反之，当用户导航"材质编辑器"中的材质时，当前层级将在导航器中高亮显示。选定的材质或贴图将在示例窗中处于活动状态，同时在下面显示所选材质或贴图对应的卷展栏。

8.1.4 工具行

工具行中的工具主要用于获取材质、贴图，以及将制作好的材质赋予场景中的模型，工具行如图8-8所示。

图8-8 工具行

● ▓（获取材质）：单击可打开材质/贴图浏览器，利用它可以选择材质或贴图。

● ▓（将材质放入场景）：用于在编辑材质之后更新场景中的材质。

● ▓（将材质指定给选定对象）：使用"将材质指定给选定对象"按钮可将活动示例窗中的材质应用于场景中当前选定的对象。

● ✖（重置材质）：用于重置活动示例窗中的贴图或材质的值。

● ▓（复制材质）：示例窗不再是热示例窗，但材质仍然保持其属性和名称。可以调整材质而不影响场景中已应用的该材质。

● ▓（使唯一）："使唯一"按钮可以使贴图实例成为唯一的副本。还可以使一个实例化的子材质成为唯一的独立子材质，可以为该子材质提供一个新材质名。子材质是多维/子对象材质中的一种材质。

● ▓（放入库）：使用"放入库"按钮可以将选定的材质添加到当前库中。

● ▣（材质ID通道）："材质ID通道"弹出按钮中的按钮可将材质标记为Video Post效果或渲染效果，或存储为以RLA或RPF文件格式保存的渲染图像的目标。

● ▓（在视口中显示标准贴图）：此控件允许用户在使用软件和硬件之间对视口显示进行切换，也允许用户在使用交互式渲染器的明暗处理视口中对象曲面上切换已贴图材质的显示。

● ▌▌（显示最终结果）：当此按钮处于禁用状态时，示例窗只显示材质的当前级别。使用复合材质时，此工具非常有用。如果不能禁用其他级别的显示，将很难精确地看到特定级别上创建的效果。

● ▓（转到父对象）：只有不在复合材质的顶级时，该按钮才可用。如果该按钮不可用，则此时处于顶级，并且在编辑字段中的名称与在"材质编辑器"标题栏中的名称相匹配。

● ▓（转到下一个同级项）：单击"转到下一个同级项"按钮，将移动到当前材质中相同层级的下一个贴图或材质。

8.1.5 活动界面

在材质编辑器中，工具行下面的内容繁多，由于材质编辑器窗口大小的局限，有一部分内容不能全部显示出来，用户可以将光标放置到卷展栏的空白处，当光标变成推手的形状✋时，拖动鼠标可以上下推动卷展栏，从而观察全部内容，这部分的界面称为材质编辑器的活动界面。

材质编辑器的活动界面内容在设置不同的材质时有所不同。一种材质的初始设置是标准材质，其他材质类型的参数与标准材质基本大同小异，在这里只介绍标准材质活动窗口。标准材质的参数设置主要位于 Shader Basic Parameters、Extended Parameters 和 Maps 等卷展栏下，如图 8-9 所示。

图8-9 活动窗口

8.2 标准材质

在 3ds Max 中，材质编辑器默认材质编辑类型为标准材质，标准材质是系统默认的材质编辑类型，也是最基本、最重要的一种类型。

8.2.1 标准材质的基本参数

材质的基本参数与扩展参数主要位于 Shader Basic Parameters、Blinn Basic Parameters 和 Extended Parameters 3 个卷展栏下，如图 8-10 所示。

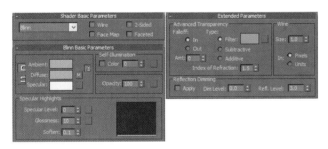

图8-10 标准材质基本参数

● Shader Basic Parameters 卷展栏

● （明暗器下拉列表）：选择一个明暗器。材质的"基本参数"卷展栏可更改为显示所选明暗器的控件。默认明暗器为 Blinn，有 7 种不同的明暗器，如图 8-11 所示。

图8-11 下拉列表

● Wire（线框）：以线框模式渲染材质。用户可

以在扩展参数上设置线框的大小。

● 2-Sided（双面）：使材质成为两面，将材质应用到选定面的双面。

● Face Map（面贴图）：将材质应用到几何体的各面。如果材质是贴图材质，则不需要贴图坐标，贴图会自动应用到对象的每一面。

● Faceted（面状）：把表面当作平面，渲染表面的每一面。

● Blinn Basic Parameters 卷展栏

● Ambient（环境光）：控制环境光颜色。环境光颜色是位于阴影中的颜色（间接灯光）。

● Diffuse（漫反射）：控制漫反射颜色。漫反射颜色是位于直射光中的颜色。

● Specular（高光反射）：控制高光反射颜色。高光反射颜色是发光物体高亮显示的颜色。

● Color（颜色）：启用"颜色"选项后，色样会显示自发光颜色。

● Opacity（不透明度）：不透明度控制材质是不透明、透明还是半透明。

● Specular Level（高光级别）：影响反射高光的强度。随着该值的增大，高光将越来越亮，默认设置为 5。

● Glossiness（光泽度）：影响反射高光的大小。随着该值增大，高光将越来越小，材质将变得越来越亮，默认设置为 25。

● Soften（柔化）：柔化反射高光的效果，特别是由反射光形成的反射高光。

● Extended Parameters 卷展栏

● Falloff（衰减）：设置在内部还是在外部进行衰减以及衰减的程度。

● Type（类型）：这些控件用于设置如何应用不透明度。

- Amt（数量）：指定最外或最内的不透明度的数量。

- Index of Refraction（折射率）：设置折射贴图和光线跟踪所使用的折射率（IOR）。IOR 用来控制材质对透射灯光的折射程度。左侧 1.0 是空气的折射率，这表示透明对象后面的对象不会产生扭曲。折射率为 1.5，后面的对象就会发生严重扭曲，就像玻璃球一样。对于略低于 1.0 的 IOR，对象沿其边缘反射，如从水面下看到的气泡。默认设置为 1.0。

- Size（大小）：设置线框模式中线框的大小。可以按像素或当前单位进行设置。

- In（按）：选择度量线框的方式。

- Apply（应用）：启用该选项以使用反射暗淡。禁用该选项后，反射贴图材质就不会因为直接灯光的存在或不存在而受到影响。默认设置为禁用状态。

- Dim Level（暗淡级别）：阴影中的暗淡量。该值为 0.0 时，反射贴图在阴影中为全黑。该值为 0.5 时，反射贴图为半暗淡。该值为 1.0 时，反射贴图没有经过暗淡处理，材质看起来好像禁用"应用"一样。默认设置是 0.0。

- Refl Level（反射级别）：影响不在阴影中的反射的强度。"反射级别"值与反射明亮区域的照明级别相乘，用以补偿暗淡。在大多数情况下，默认值 3.0 会使明亮区域的反射保持在与禁用反射暗淡时相同的级别上。

8.2.2　贴图的使用

对于纹理较为复杂的材质，就需要用贴图来实现。掌握好贴图的应用技巧，对表现效果图的真实性将起到很大的作用。3ds Max 在 Material/Map Browser 对话框中提供了多种类型的贴图，如图 8-12 所示，按贴图功能，可分为五大类。

2D 贴图

2D 贴图是二维图像，通常贴到几何对象的表面，或用作环境贴图来为场景创建背景。2D 贴图类型如下。

- Bitmap（位图）：位图是由彩色像素的固定矩阵生成的图像，如马赛克。位图可以用来创建多种材质，比如木纹、墙面、蒙皮和羽毛。也可以使用动画或视频文件替代位图来创建动画材质。

- Checker（棋盘格）：棋盘格图案组合为两种颜色。可以通过贴图替换颜色。

- Combustion：与 Discreet Combustion 产品配合使用。可以在位图或对象上直接绘制，并且在材质编辑器和视口中可以看到效果更新。该贴图可以包括其他 Combustion 效果，并且可以将其他效果设置为动画。

- Gradient（渐变）：进行从一种颜色到另一种颜色的明暗处理。

- Gradient Ramp（渐变坡度）：Gradient Ramp 是与 Gradient 贴图相似的 2D 贴图。它从一种颜色到另一种进行着色。在这个贴图中，可以为渐变指定任何数量的颜色或贴图。它有许多用于高度自定义渐变的控件，几乎任何 Gradient Ramp 参数都可以设置动画。

- Swirl（漩涡）：漩涡是一种 2D 程序的贴图，它生成的图案类似于两种口味冰淇淋的外观。如同其他双色贴图一样，任何一种颜色都可用其他贴图替换，比如，大理石与木材也可以生成漩涡。

- Tiles（平铺）：使用 Tiles 程序贴图，可以创建砖、彩色瓷砖或材质贴图。

3D 贴图

3D 贴图是根据程序以三维方式生成的图案。3D 贴图类型如下。

- Cellular（细胞）：细胞贴图是一种程序贴图，生成用于各种视觉效果的细胞图案，包括马赛克瓷砖、鹅卵石表面甚至海洋表面。

- Dent（凹痕）：凹痕是 3D 程序贴图。扫描线渲染过程中，"凹痕"根据分形噪波产生随机图案，图案的效果取决于贴图类型。

- Falloff（衰减）："衰减"贴图基于几何体曲面上面法线的角度衰减来生成从白到黑的值。用于指定角度衰减的方向会随着所选的方法不同而改变。根据默认设置，贴图会在法线从当前视图指向外部的面上生成白色，而在法线与当前视图相平行的面上生成黑色。

图8-12　Material/Map Browser对话框

● Marble（大理石）：大理石贴图针对彩色背景生成带有彩色纹理的大理石曲面，将自动生成第三种颜色。

● Noise（噪波）：噪波是三维形式的湍流图案。与 2D 形式的棋盘格一样，其基于两种颜色，每一种颜色都可以设置贴图。

● Particle Age（粒子年龄）：基于粒子的寿命更改粒子的颜色。

● Particle MBlur（粒子运动模糊）：基于粒子的移动速率更改其前端和尾部的不透明度。

● Perlin Marble（Perlin 大理石）：带有湍流图案的备用程序大理石贴图。

● Smoke（烟雾）：烟雾是生成无序、基于分形的湍流图案的 3D 贴图。主要用于设置动画的不透明贴图，以模拟一束光线中的烟雾效果或其他云状流动贴图效果。

● Speckle（斑点）：斑点是一个 3D 贴图，它生成斑点的表面图案，该图案用于漫反射贴图和凹凸贴图，以创建类似花岗岩的表面和其他图案的表面。

● Splat（泼渐）：生成类似于泼墨画的分形图案。

● Stucco（灰泥）：灰泥是一个 3D 贴图，它生成一个表面图案，该图案对于凹凸贴图创建灰泥表面的效果非常有用。

● Waves（波浪）：波浪是一种生成水花或波纹效果的 3D 贴图。它生成一定数量的球形波浪中心并将它们随机分布在球体上，可以控制波浪组数量、振幅和波浪速度。此贴图相当于同时具有漫反射和凹凸效果的贴图。在与不透明贴图结合使用时，它也非常有用。

● Wood（木材）：木材是 3D 程序贴图，此贴图将整个对象体积渲染成波浪纹图案，可以控制纹理的方向、粗细和复杂度。

合成贴图

合成贴图专用于合成其他颜色或贴图。在图像处理中，合成图像是指将两个或多个图像叠加以将其组合。合成贴图类型如下。

● Composite（合成）：合成贴图类型由其他贴图组成，并且可使用 Alpha 通道和其他方法将某层置于其他层之上。对于此类贴图，可使用已含 Alpha 通道的叠加图像，或使用内置遮罩工具仅叠加贴图中的某些部分。

● Mask（遮罩）：使用遮罩贴图，可以在曲面上通过一种材质查看另一种材质。遮罩控制应用到曲面

的第二个贴图的位置。

● Mix（混合）：过"混合贴图"可以将两种颜色或材质合成在曲面的一侧，也可以将"混合数量"参数设为动画，然后画出使用变形功能曲线的贴图，来控制两个贴图随时间混合的方式。

颜色修改器贴图

使用颜色修改器贴图可以改变材质中像素的颜色。颜色修改器贴图类型如下。

● Output（输出）：使用"输出"贴图，可以将输出设置应用于没有这些设置的程序贴图，如方格或大理石。

● RGB Tint（RGB 染色）："RGB 染色"可调整图像中三种颜色通道的值。三种色样代表三种通道，更改色样可以调整其相关颜色通道的值。

● Vertex Color（顶点颜色）：顶点颜色贴图设置应用于可渲染对象的顶点颜色。可以使用顶点绘制修改器、指定顶点颜色工具来设置顶点颜色，也可以使用可编辑网格顶点控件、可编辑多边形顶点控件来指定顶点颜色。

反射和折射贴图

这些贴图在 Material/Map Browser 中是创建反射和折射的贴图，下列每个贴图都有特定用途。

● Flat Mirror（平面镜）：平面镜贴图应用到共面面集合时生成反射环境对象的材质。可以将它指定为材质的反射贴图。

● Raytrace（光线跟踪）：使用"光线跟踪"贴图可以提供全部光线跟踪反射和折射效果，生成的反射和折射效果比反射/折射贴图更精确。渲染光线跟踪对象的速度比使用反射/折射贴图的速度低。另一方面，光线跟踪对 3ds Max 场景渲染进行优化，并且通过将特定对象或效果排除于光线跟踪之外可以进一步优化场景。

● Reflection/Refraction（反射/折射）：反射/折射贴图生成反射或折射表面。

● Thin Wall Refraction（薄壁折射）：薄壁折射模拟"缓进"或偏移效果。为玻璃建模时，这种贴图的速度更快，所用内存更少，并且提供的视觉效果要优于反射/折射贴图。

8.2.3 贴图坐标

当材质调用了贴图后，材质在赋给模型的时候就会出现贴图与模型表面适配的问题。贴图并不是随机

铺在模型表面上的，贴图坐标就是指定贴图按照何种方式、尺寸在物体表面显示的坐标系统。

贴图坐标包括内建贴图坐标和外在贴图坐标两种形式，内建贴图坐标是模型自带的贴图坐标，外在贴图坐标是通过修改器添加的贴图坐标。

材质编辑器中贴图坐标的调整

当材质调用了贴图后，材质便有了材质和贴图两个级别，通过材质编辑器工具行中的级别转换按钮可以在贴图与材质级别之间转换。用于调整贴图的Coordinates卷展栏如图8-13所示。

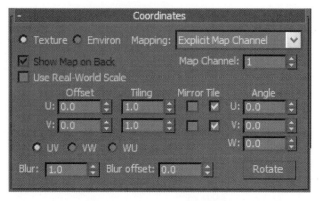

图8-13　Coordinates卷展栏

● Texture（纹理）：将该贴图作为纹理贴图应用于表面。

● Environ（环境）：使用贴图作为环境贴图。

● Mapping（贴图）：其包含的选项因选择纹理贴图或环境贴图而异，列表选项如图8-14所示。

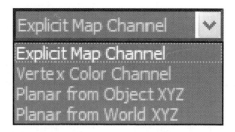

图8-14　列表选项

● Show Map on Back（在背面显示贴图）：启用此选项后，平面贴图将被投影到对象的背面，并且能对其进行渲染。禁用此选项后，不能在对象背面对平面贴图进行渲染。默认设置为启用。

● Use Real-World Scale（显示真实世界比例）：启用此选项之后，使用真实"宽度"和"高度"值而不是UV值将贴图应用于对象。默认设置为启用。

● Offset（偏移）：在UV坐标中更改贴图的位置，移动贴图以符合它的大小。

● Tiling（平铺）：决定贴图沿每根轴平铺（重复）的次数。

● Mirror（镜像）：从左至右或从上至下镜像贴图。

● Angle（角度）：绕U、V或W轴旋转贴图。

● Blur（模糊）：基于贴图与视图的距离影响贴图的锐度或模糊度。贴图距离越远，就越模糊。模糊主要是用于消除锯齿。

● Blur offset（模糊偏移）：影响贴图的锐度或模糊度，而与视图的距离无关。"模糊偏移"模糊对象空间中自身的图像。如果需要对贴图的细节进行软化处理或散焦处理以达到模糊图像的效果，则使用此选项。

● Rotate（旋转）：打开图解的"旋转贴图坐标"对话框，可通过在弧形球图上拖动来旋转贴图。

UVW Map 修改器

当一个模型创建完成后，就具有一个自己的贴图坐标，也就是内建的贴图坐标。但是如果修改了模型，其贴图坐标就会被破坏，此时就需要重新指定一个外在的贴图坐标。

在 场 景 中 选 中 模 型 ， 在 修 改 命 令 面 板 中 Modifier List 下拉列表中选择 UVW Map 命令，其参数卷展栏如图8-15所示。

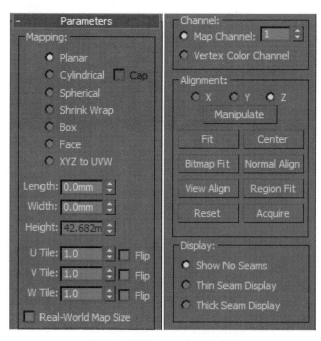

图8-15　UVW Map参数卷展栏

● Planar（平面）：从对象上的一个平面投影贴图，在某种程度上类似于投影幻灯片。

● Cylindrical（柱形）：从圆柱体投影贴图，使用它包裹对象。位图接合处的缝是可见的，除非使用无缝贴图。圆柱形投影用于基本形状为圆柱形的对象。

● Spherical（球形）：通过从球体投影贴图来包围对象。在球体顶部和底部，位图边与球体两极交汇处会看到缝和贴图极点。球形投影用于基本形状为球形的对象。

● Shrink Wrap（收缩包裹）：使用球形贴图，但是它会截去贴图的各个角，然后在一个单独极点将它们全部结合在一起，仅创建一个极点。收缩包裹贴图用于隐藏贴图极点。

● Box（长方体）：从长方体的六个侧面投影贴图。每个侧面投影为一个平面贴图，且表面上的效果取决于曲面法线。

● Face（面）：对对象的每个面应用贴图副本。使用完整矩形贴图来贴图共享隐藏边的成对面。使用贴图的矩形部分贴图不带隐藏边的单个面。

● XYZ to UVW（XYZ 到 UVW）：将 3D 程序坐标贴图到 UVW 坐标。这会将程序纹理贴到表面。如果表面被拉伸，3D 程序贴图也将被拉伸。对于包含动画拓扑的对象，要结合程序纹理使用此选项。如果当前选择了 NURBS 对象，那么"XYZ 到 UVW"不可用。

● Length（长度）、Width（宽度）、Height（高度）：指定"UVW 贴图"Gizmo 的尺寸。在应用修改器时，贴图图标的默认缩放由对象的最大尺寸决定。可以在 Gizmo 层级设置投影的动画。

● U Tile（U 向平铺）、V Tile（V 向平铺）、W Tile（W 向平铺）：用于指定 UVW 贴图的尺寸以便平铺图像。这些是浮点值，可设置动画以便随时间移动贴图的平铺。

● X（X 轴对齐）、Y（Y 轴对齐）、Z（Z 轴对齐）：选择其中之一，可变换贴图 Gizmo 的对齐方式，指定 Gizmo 的哪个轴与对象的局部 z 轴对齐。

● Manipulate（操纵）：启用时，Gizmo 出现在可改变视口中参数的对象上。

● Fit（适配）：将 Gizmo 适配到对象的范围并使其居中，以使其锁定到对象的范围。在启用"真实世界贴图大小"时不可用。

● Center（中心）：移动 Gizmo，使其中心与对象的中心一致。

● Bitmap Fit（位图适配）：打开标准的位图文件浏览器，从而选取图像。在启用"真实世界贴图大小"时不可用。

● Normal Align（法线对齐）：单击该按钮并在要应用修改器的对象曲面上拖动。Gizmo 的原点放在光标在曲面所指向的点，Gizmo 的 XY 平面与该面对齐。Gizmo 的 X 轴位于对象的 XY 平面上。

● View Align（视图对齐）：将贴图 Gizmo 重定向为面向活动视口，图标大小不变。

● Region Fit（区域适配）：激活一个模式，从中可在视口中拖动以定义贴图 Gizmo 的区域。不影响 Gizmo 的方向。在启用"真实世界贴图大小"时不可用。

● Reset（重置）：删除控制 Gizmo 的当前控制器，并插入使用"拟合"功能初始化的新控制器，所有 Gizmo 动画都将丢失。可通过单击"撤销"来重置操作。

● Acquire（获取）：在拾取对象以从中获得 UVW 时，从其他对象有效复制 UVW 坐标，弹出一个对话框提示选择以绝对方式或相对方式完成获取。

● Show No Seams（不显示接缝）：视口中不显示贴图边界，这是默认选择。

● Thin Seam Display（显示薄的接缝）：用相对细的线条，在视口中显示对象曲面上的贴图边界。放大或缩小视图时，线条的粗细保持不变。

● Thick Seam Display（显示厚的接缝）：使用相对粗的线条，在视口中显示对象曲面上的贴图边界。在放大视图时，线条变粗；在缩小视图时，线条变细。

8.3 复合材质

所谓复合材质就是通过某种方式将两种或两种以上的材质组合到一起，产生特殊效果的材质。

8.3.1 Multi/Sub-Object材质

Multi/Sub-Object 材质由多个标准材质或其他类型材质组成，Multi/Sub-Object 根据模型 ID 号将不同材质赋予模型的各面片上，从而达到给一个对象赋予多个材质的目的，如图 8-16 所示。

图8-16 Multi/Sub-Object材质

在材质编辑器中选择一个示例球，单击 Standard 按钮，在弹出的 Material/Map Browser 对话框中选择 Multi/Sub-Object 材质类型，在 Multi/Sub-Object 的参数卷展栏下可设置材质的个数，默认状态下的参数卷展栏如图 8-17 所示。

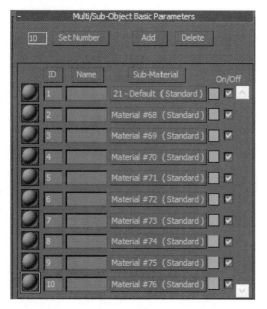

图8-17 Multi/Sub-Object的参数卷展栏

- Set Number （数量）：设置构成材质的子材质的数量。在多维 / 子对象材质级别上，示例窗的示例对象显示子材质的拼凑效果。

- Add （添加）：单击该按钮可将新子材质添加到列表中。默认情况下，新的子材质的 ID 数要大于使用中的 ID 的最大值。

- Delete （删除）：单击该按钮可从列表中移除当前选中的子材质。删除子材质操作可以撤销。

- ID （材质 ID 号）：单击该按钮将列表排序，其顺序为从最低材质 ID 的子材质开始，至最高材质 ID 的子材质结束。

- Name （名称）：单击此按钮将按照"名称"列中的名称进行排序。

- Sub-Material （子材质）：单击此按钮将按照显示于子材质按钮上的子材质名称排序。

8.3.2 Double Sided材质

双面材质包含了两种独立的标准材质，并将其分别赋予三维模型的内外面，使之均成为可见面，如图 8-18 所示。

图8-18 双面材质效果

在材质编辑器中选择一个示例球，单击 Standard 按钮，在弹出的 Material/Map Browser 对话框中选择 Double Sided 材质类型，Double Sided Basic Parameters 卷展栏如图 8-19 所示。

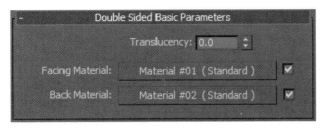

图8-19　Double Sided Basic Parameters卷展栏

- **Translucency**（半透明）：设置一个材质通过其他材质显示的数量，范围为 0.0 到 100.0 的百分比。设置为 100% 时，可以在内部面上显示外部材质，并在外部面上显示内部材质。设置为中间的值时，内部材质指定的百分比将下降，并显示在外部面上。默认设置是 0.0。

- **Facing Material**（正面材质）：单击此选项可打开材质/贴图浏览器，从而选择正面使用的材质。

- **Back Material**（背面材质）：单击此选项可打开材质/贴图浏览器，从而选择背面使用的材质。

8.3.3　Blend材质

混合材质可以在曲面的单个面上将两种材质进行混合。混合具有可设置动画的"混合量"参数，该参数可以用来绘制材质变形功能曲线，以控制随时间混合两个材质的方式。混合材质效果如图 8-20 所示。

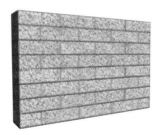

图8-20　混合材质效果

在材质编辑器中选择一个示例球，单击 Standard 按钮，在弹出的 Material/Map Browser 对话框中选择 Blend 材质类型，Blend Basic Parameters 卷展栏如图 8-21 所示。

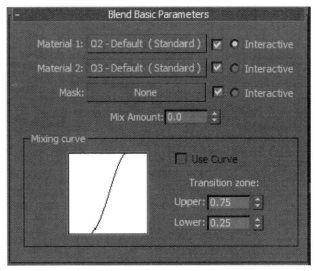

图8-21　Blend Basic Parameters卷展栏

- **Material 1**（材质 1）、**Material 2**（材质 2）：设置两个用以混合的材质。利用右侧的复选框来启用和禁用材质。

- **Mask**（遮罩）：设置用作遮罩的贴图。两个材质之间的混合度取决于遮罩贴图的强度。遮罩的明亮区域显示的主要为"材质 1"，而遮罩的黑暗区域显示的主要为"材质 2"。使用右侧的复选框可启用或禁用该遮罩贴图。

- **Mix Amount**（混合量）：确定混合的比例（百分比）。0 表示只有"材质 1"在曲面上可见，100 表示只有"材质 2"在曲面上可见。如果已指定遮罩贴图，并且勾选遮罩右侧的复选框，则此选项不可用。

- **Use Curve**（使用曲线）：确定"混合曲线"是否影响混合。只有指定并激活遮罩，该控件才可用。

- **Transition zone**（转换区域）：调整"上限"和"下限"的级别。如果这两个值相同，那么两个材质会在一个确定的边上接合。较大的范围能产生从一个子材质到另一个子材质更为平缓的混合。混合曲线显示更改这些值的效果。

8.4　本章小结

本章主要介绍 3ds Max 中材质的调制。所谓材质，是指物体在渲染后显示出的质感和色彩等，能够综合反映物体的颜色、反光度、透明度和自发光，同时影响物体的纹理、反射、折射及凹凸等特性。

第 9 章
常见室内材质的调制

本章内容

- 凹凸表面类材质——浮雕墙
- 理想漫反射表面材质——壁纸墙
- 光滑表面材质——大理石地面
- 透明类玻璃材质——玻璃桌面
- 高反光金属材质——不锈钢灯

3ds Max场景中模型的质感是通过材质的设定来表现的，材质设置的好坏是决定一幅效果图是否成功的重要因素，设置合理的材质不仅可以使生硬的模型真实起来，还能使效果图充满生气，富有艺术效果。同时，材质的设置是效果图制作中较难把握的，它包含着许多技巧，可以表现出极强的个人风格。本章介绍使用标准材质制作常见室内材质效果，制作的材质如图9-1所示。

① 浮雕材质
② 壁纸材质
③ 大理石材质
④ 玻璃材质
⑤ 不锈钢材质

图9-1　调制材质

9.1 凹凸表面类材质——浮雕墙

凹凸表面材质效果主要通过 Bump 贴图来制作，可以选择一个位图文件或者程序贴图用于凹凸贴图。凹凸贴图使对象的表面看其来凹凸不平或呈现不规则形状。用凹凸贴图材质渲染对象时，贴图较明亮（较白）的区域看上去凸起，而较暗（较黑）的区域看上去凹陷。本例通过 Bump 贴图通道制作浮雕墙效果，如图 9-2 所示。

浮雕墙材质效果

图9-2　浮雕墙材质效果

(Step01) 启 动 3ds Max 2010， 单 击 ⑤ 按钮，选择 Open 命令，在弹出的 Open File 对话框中，选择并打开随书光盘中"模型 / 第 9 章 / 室内空间 .max"文件，如图 9-3 所示。

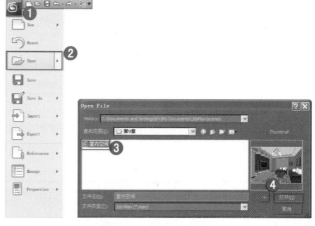

图9-3　打开文件

(Step02) 单击工具栏中 ⬚（材质编辑器）按钮，打开 Material Editor 对话框，选择一个未用的示例球，将材质命名为"浮雕"，设置 Ambient 为黑色，Diffuse 和 Specular 为白色，如图 9-4 所示。

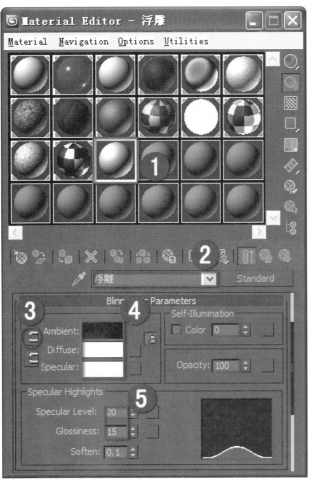

图9-4　参数设置

图9-5　调用贴图

"贴图 / 浮雕 .jpg"，如图 9-5 所示。

Step04 在 Maps 卷展栏下单击 Bump 后的长贴图按钮，在弹出的 Material/Map Browser 对话框中双击 Bitmap 选项，选择随书光盘中 "贴图 / 浮雕黑白 .jpg"，如图 9-6 所示。

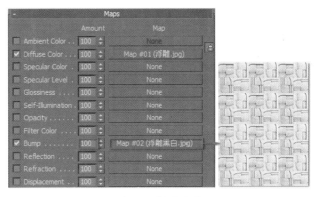

图9-6　调用贴图

Step05 在视图中选中 "浮雕墙"，单击 ![icon]（将材质指定给选定对象）按钮，将材质赋予选中的模型，如图 9-7 所示。

Step06 至此，浮雕墙的材质调制完成。需要注意的是，此处的凹凸效果只是视觉上的，并没有真正在模型表面上形成凹凸。

> **提示** 设置材质颜色时，单击颜色前面的 ![icon] 按钮，可以单独设置颜色。![icon] 用于锁定相邻的两个颜色，从而保持这两种颜色一致。

Step03 在 Maps 卷展栏下单击 Diffuse Color 后的长贴图按钮，在弹出的 Material/Map Browser 对话框中双击 Bitmap 选项，选择随书光盘中

图9-7　赋予材质后的效果

9.2 理想漫反射表面材质——壁纸墙

漫反射表面材质主要表现在墙面、沙发等表面无光或反射小的物体，本例通过制作墙体材质来介绍 Architectural 材质的应用，效果如图 9-8 所示。

图9-8 壁纸墙材质效果

Step01 继续前面的操作。在材质编辑器中选择一个未用的材质球，命名为"壁纸墙"。

Step02 单击 Standard 按钮，在弹出的 Material/Map Browser 对话框中，双击 Architectural 选项，如图 9-9 所示。

图9-9 指定Architectural材质

Step03 在 Templates 卷展栏下选择 Ideal Diffuse 选项，

如图 9-10 所示。

图9-10 指定选项

Step04 在 Physical Qualities 卷展栏下单击 Diffuse Map 后的贴图长按钮，在 Material/Map Browser 对话框中双击 Bitmap 选项，选择随书光盘中"贴图/壁纸 .jpg"，如图 9-11 所示。

图9-11 调用贴图

Step05 在视图中选中壁纸墙，将材质赋予选中的模型，在 Modifier List 下拉列表中选择 UVW Map 命令，设置参数，如图 9-12 所示。

图9-12 参数设置

提示　　在将纹理贴图赋予模型后，然后添加 UVW Map 修改命令，根据模型在场景中的比例大小，调整合适的贴图参数。

Step06 至此，壁纸墙的材质调制完成。

9.3　光滑表面材质——大理石地面

大理石是效果图制作中常见材质，其主要特点是表面光滑和纹理自然，并且具有明显的反射效果。本例主要介绍这种材质的设置要点，大理石材质的最终效果如图 9-13 所示。

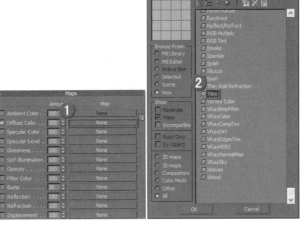

图9-15　指定Tile贴图

图9-13　大理石材质效果

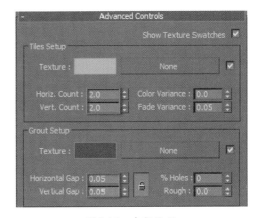

图9-16　参数设置

Step01 继续前面的操作。在材质编辑器中选择一个未用的材质球，命名为"大理石"。

Step02 设置材质的明暗方式为 Phong，设置 Ambient 为黑色，Specular 为白色，并设置 Specular Highlights 参数，如图 9-14 所示。

Step05 单击 Tiles Setup 组中 None 按钮，在弹出的 Material/Map Browser 对话框中双击 Bitmap 选项，选择随书光盘中"贴图 / 大理石 B.jpg"，如图 9-17 所示。

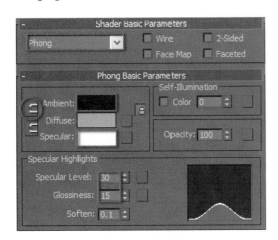

图9-14　参数设置

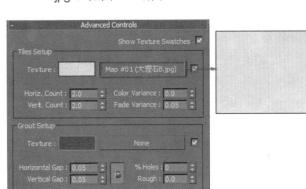

Step03 在 Maps 卷展栏下单击 Diffuse Color 后的长贴图按钮，在弹出的 Material/Map Browser 对话框中双击 Tiles 选项，如图 9-15 所示。

Step04 在 Advanced Controls 卷展栏下设置参数，如图 9-16 所示。

图9-17　调用贴图

Step06 单击 按钮，回到父级，在 Maps 卷展栏下单击 Reflection 后的长贴图按钮，在弹出的 Material/Map Browser 对话框中双击 Raytrace 选项，设置参数，如图 9-18 所示。

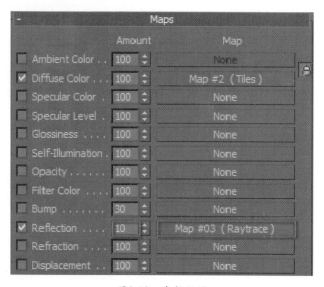

图9-18　参数设置

Step07 在视图中选中地面，将材质赋予它，赋予材质后的效果如图 9-19 所示。

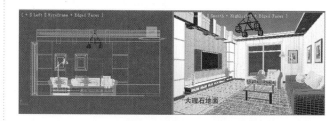

图9-19　赋予材质后的效果

Step08 至此，大理石地面的材质调制完成。

9.4 透明类玻璃材质——玻璃桌面

清玻璃是最常见的透明玻璃，是在效果图的制作中最常用的一种玻璃材质，本例通过调制玻璃桌面的材质，详细地讲述清玻璃材质的调制方法与技巧，透明玻璃的材质效果如图 9-20 所示。

图9-20　玻璃材质效果

Step01 继续前面的操作。在材质编辑器中选择一个未用的材质球，命名为"玻璃桌面"。

Step02 在 Blinn Basic Parameters 卷展栏下设置参数，

如图 9-21 所示。

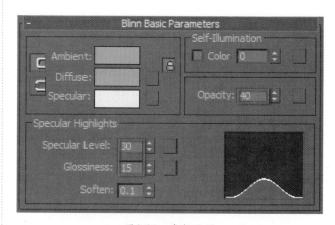

图9-21　参数设置

Step03 在 Maps 卷展栏下单击 Reflection 后的长贴图按钮，在弹出的 Material/Map Browser 对话框中双击 Raytrace 选项，设置参数，如图 9-22 所示。

Step04 在视图中选中玻璃桌面，将材质赋予它，赋予材质后的效果如图 9-23 所示。

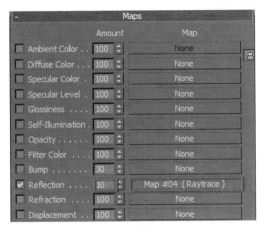

图9-22　参数设置

图9-23　赋予材质后的效果

Step05 至此，玻璃桌面的材质调制完成。

9.5　高反光金属材质——不锈钢灯

不锈钢具有耐用、美观等特点，是现代装饰中不可缺少的材质。要想逼真地模拟不锈钢的材质效果就需要表现出不锈钢光滑、反光的材质特性。本例介绍一种不锈钢材质的设置方法，不锈钢材质的效果如图9-24所示。

图9-24　不锈钢材质效果

Step01 继续前面的操作。在材质编辑器中选择一个未用的材质球，命名为"金属灯"。

Step02 设置材质的明暗方式为Metal，设置Ambient为黑色，Diffuse为灰白色，并设置Specular Highlights参数，如图9-25所示。

Step03 在Maps卷展栏下单击Reflection后的长贴图按钮，在弹出的Material/Map Browser对话框

中双击Raytrace选项，设置参数，如图9-26所示。

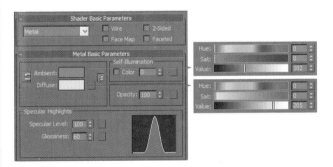

图9-25　参数设置

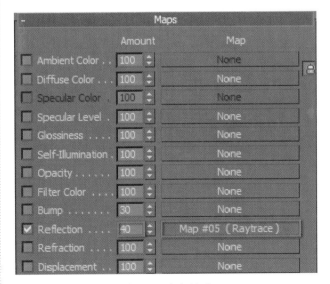

图9-26　参数设置

Step04 在视图中选中落地灯,将材质赋予它,赋予材
质后的效果如图 9-27 所示。

图9-27 赋予材质后的效果

Step05 至此,高反光金属的材质调制完成。单击菜单
栏中的 按钮,保存文件。

9.6 本章小结

　　本章介绍了如何使用标准材质模拟室内效果图中常见的材质效果,包括浮雕墙、壁纸墙、大理石地面、玻璃
桌面和金属灯。在这些材质的模拟过程中,主要使用了不同的贴图实现不同的效果,如凹凸贴图、漫反射贴图和
反射贴图等。掌握了这些技巧便可举一反三地使用其他材质。

灯光与渲染篇

4

第 10 章
灯光与摄影机的使用

本章内容
- 灯光的类型
- 灯光的使用原则
- 常见的灯光设置方法
- 摄影机的设置
- 摄影机特效

在3ds Max中，灯光是模拟真实光源的物体，不同类型的灯光通过不同的方式投射光线，模拟了真实世界中不同光源。摄影机则为用户提供了特殊的观察角度，还可以通过设置摄影机的运动来制作动画。

10.1 灯光的类型

灯光是模拟真实灯光的对象，如室内吊灯、台灯、筒灯，射灯和太阳自然光等，都可以通过不同类型的灯光对象表现出来。

在 3ds Max 中，灯光是作为一种物体类型出现的。在灯光创建命令面板中，系统提供了标准灯光和光度学灯光，如图 10-1 所示。

图10-1 灯光的类型

10.1.1 Standard（标准）灯光

标准灯光是基于计算机的模拟灯光对象，如家用或办公室灯、舞台和电影工作时使用的灯光设备和太阳光本身。不同种类的灯光对象可用不同的方法投射灯光，模拟不同种类的光源。与光度学灯光不同，标准灯光不具有基于物理的强度值。

Target Spot（目标聚光灯）

目标聚光灯像闪光灯一样投射聚焦的光束，模拟剧院中聚光区。目标聚光灯使用目标对象指向摄影机，重命名目标聚光灯时，目标对象将自动重命名以与之

匹配。

Free Spot（自由聚光灯）

自由聚光灯像闪光灯一样投射聚焦的光束。与目标聚光灯不同的是，自由聚光灯没有目标对象。用户可以移动和旋转自由聚光灯，以使其指向任何方向。

当用户希望聚光灯跟随一个路径，但是却不希望干扰对象，将聚光灯和目标连接到虚拟对象或需要沿着路径倾斜时，自由聚光灯非常有用。目标聚光灯与自由聚光灯如图 10-2 所示。

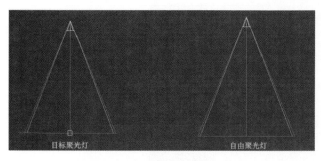

图10-2 目标聚光灯和自由聚光灯

Target Direct（目标平行光）

当太阳光投射在地球表面上时，所有平行光以一个方向投射平行光线。平行光主要用于模拟太阳光。可以调整灯光的颜色、位置，并在视图中旋转调整灯光。

由于平行光线是平行的，所以平行光线呈圆形或矩形棱柱而不是圆锥体。

Free Direct（自由平行光）

与目标平行光不同的是，自由平行光没有目标对象。当在日光系统中选择"标准"太阳时，使用自由平行光。目标平行光和自由平行光如图10-3所示。

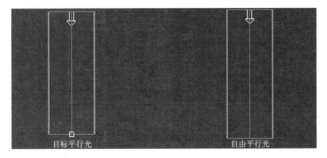

图10-3　目标平行光和自由平行光

Omni（泛光灯）

"泛光灯"从单个光源向各个方向投射光线。泛光灯用于将"辅助照明"添加到场景中，或模拟点光源，如图10-4所示。

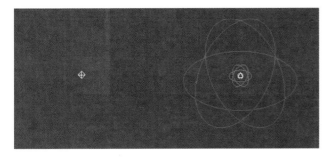

图10-4　泛光灯

泛光灯可以投射阴影和投影。单个投射阴影的泛光灯等同于6个投射阴影的聚光灯，从中心指向外侧。

当设置由泛光灯投射的贴图时，投射贴图的方法与映射到环境中的方法相同。当使用"屏幕环境"坐标或"显式贴图通道纹理"坐标时，将以放射状投射贴图的6个副本。泛光灯的参数设置与聚光灯和平行光相比比较简单。

Skylight（天光）

"天光"灯光用于建立日光的模型，要与光跟踪器一起使用。可以设置天空的颜色或将其指定为贴图。可以为天空建模，作为场景上方的圆屋顶。

为了在向场景中添加天光时正确处理光能传递，用户需要确保墙壁具有封闭的角落，并且地板和天花板的厚度要分别比墙壁薄和厚。在本质上，构建3D模型就应构建真实世界的结构一样，如果所构建模型的墙壁是通过单边相连的，或者底板和天花板均为简单的平面，则在添加天光后处理光能传递时，将沿这些边缘以"灯光泄漏"结束。

mr Area Omni（区域泛光灯）和mr Area Spot（区域聚光灯）

当使用mental ray渲染器渲染场景时，区域泛光灯从球体或圆柱体区域发射光线，而不是从点源发射光线。使用默认的扫描线渲染器，区域泛光灯像其他标准的泛光灯一样发射光线。

当使用mental ray渲染器渲染场景时，区域聚光灯从矩形或碟形区域发射光线，而不是从点源发射光线。使用默认的扫描线渲染器，区域聚光灯像其他标准的聚光灯一样发射光线。

10.1.2　Photometric（光度学）灯光

当使用光度学灯光时，3ds Max将基于物理模拟光线通过环境的传播。这样做的结果是不仅实现了非常逼真的渲染效果，而且也准确测量了场景中的光线分布，这种光线的测量称为光度学。

有多种理论用来描述自然光线。我们采用其中一种光线定义，即从人观察的角度生成可视感觉的辐射能。在设计发光系统时，重要地是评估其对人类视觉反应系统所产生的影响。因此，光度学是为测量光线而开发的，它考虑了人类眼睛、大脑系统的心理学效应。

光度学灯光使用光度学（光能）值，通过这些值可以更精确地定义灯光，就像在真实世界一样。用户可以创建具有各种分布和颜色特性的灯光，或导入照明制造商提供的特定光度学文件。

Target Light（目标灯光）

目标灯光具有可指向灯光的目标子对象。目标灯光主要有3种类型的分布，如图10-5所示。

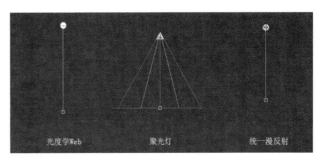

图10-5　灯光类型的分布

如果所选分布影响灯光在场景中的扩散方式时，灯光图形会影响对象投影阴影的方式。通常，较大区域的投影阴影较柔和。所提供的6个选项如下。

（1）Point 点

对象投影阴影时，如同几何点（如裸灯泡）在发射灯光一样。

（2）Line 线形

对象投影阴影时，如同线形（如荧光灯）在发射灯光一样。

（3）Rectangle 矩形

对象投影阴影时，如同矩形区域（如天光）在发射灯光一样。

（4）Disc 圆形

对象投影阴影时，如同圆形（如圆形舷窗）在发射灯光一样。

（5）Sphere 球体

对象投影阴影时，如同球体（如球形照明器材）在发射灯光一样。

（6）Cylinder 圆柱体

对象投影阴影时，如同圆柱体（如管形照明器材）在发射灯光一样。目标灯光光线发射显示如图10-6所示。

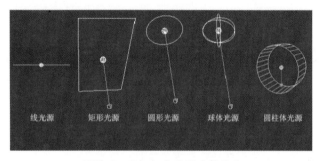

图10-6　目标灯光光线发射显示

Free Light（自由灯光）

自由灯光不具备目标子对象。用户可以通过变换来瞄准它。自由灯光的光照区域显示与目标灯光一样，只是没有目标点的，如图10-7所示。

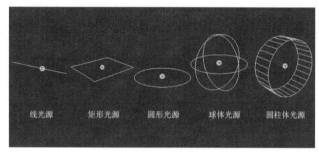

图10-7　自由灯光光线发射显示

mr Sky Portal（mr 天空门户）

Mr（mental ray）天空门户对象提供了一种"聚集"内部场景中的现有天空照明的有效方法，无需高度最终聚集或全局照明设置（这会使渲染时间过长）。实际上，门户就是一个区域灯光，从环境中导出其亮度和颜色。

10.2 灯光的使用原则

灯光的设置方法会根据每个人的布光习惯以及审美观点的不同而有很大的区别，因此灯光的设置没有一个固定的原则，这也是灯光布置难以掌握的原因之一。但是，根据光线传播的规律，在灯光的设置中应该注意以下几点。

● 灯光设置之前明确光线的类型，是自然光、人工光还是漫反射光。

● 明确光线的方向、阴影的方向。

● 明确光线的明暗透视关系。不要将灯光设置太多、太亮，使整个场景没有一点层次和变化，使其显得更加"生硬"，谨慎地使用黑色，可以产生微妙的光影变化。

● 灯光的设置不要太过随意，随意地摆放灯光，会导致成功率非常低。明确每一盏灯光的控制对象是灯光布置中的首要因素，要使每盏灯尽量负担较少的光照任务。

● 在布光时，不要滥用排除、衰减功能，这会增加对灯光控制的难度。

10.3 常见的灯光设置方法

在灯光的设置中，不论是对单个的模型还是对复杂的场景实施照明，灯光类型的选择、灯光参数的调整都不是随意的。在 3ds Max 中，用户的任务主要是模拟实际场景，因此灯光的设置也应该根据实际场景中光线的传播规律进行。

在设置灯光的时候，一个模型或者空间的照明往往需要多个灯光共同作用，这些灯光的作用也不是等同的，有的灯光起作用大一些，有的灯光起作用小一些。由于它们的作用不同，其设置的先后顺序也有区别。一般情况下，用户设置灯光总是按照主光源——辅助光源——背景光源的顺序进行。

（1）主光源：主光源是指在照明中起主要作用的光源，主光源提供场景照明的主要光线，确定光线的方向，确定场景中模型的阴影，决定整个场景的明暗程度。因此，在灯光设置的过程中，主光源的设置是第一步。主光源主要指太阳光、室内主要灯具光源，通过目标平行光、目标聚光灯或泛光灯来模拟，主光源效果如图 10-8 所示。

（2）辅助光源：辅助光源是指在照明中起次要辅助作用的光源，辅助光源改善局部照明情况，但是对场景中照明情况不起主要决定作用。辅助光源附属于主要光源，因此要在主要光源设置完成之后进行设置。辅助光源包括壁灯、台灯、筒灯及室内补光，主要利用目标点光源和泛光灯等模拟，辅助光源效果如图 10-9 所示。

图10-8 主光源效果

图10-9 辅助光源效果

（3）背景光：背景光是指照亮背景、突出主体的光源，并不是所有的场景都需要设置背景光，如果没有背景，背景光也就没有设置的必要了。

10.4 摄影机的设置

摄影机从特定的观察点表现场景。摄影机对象模拟现实世界中的静止图像、运动图片或视频摄影机。

另外，如果场景已经包含有一个摄影机并且该摄影机已选定，则应用"从视图创建摄影机"后不会从该视图创建新摄影机。取而代之的是，它只是将选定的摄影机与活动的透视视口相匹配，该功能源自"匹配摄影机到视图"命令。

3ds Max 会创建一个新摄影机，并将其视图与透视视口的视图相匹配，然后切换透视视口至摄影机视口，显示来自新摄影机的视图。

当创建摄影机时，目标摄影机沿着放置的目标图标"查看"区域。目标摄影机比自由摄影机更容易定向，因为只需将目标对象定位在所需位置的中心。

可以设置目标摄影机及其目标的动画来创建有趣的效果。要沿着路径设置目标和摄影机的动画，最好将它们链接到虚拟对象上，然后设置虚拟对象的动画。

在摄影机视口中，FOV 按钮可以交互调整视野。摄影机视口"透视"按钮也可更改 FOV 和推位摄影机。只有 FOV 值与摄影机一起保存。对于摄影机来说，如果对象与摄影机的距离大于设定的"远"距，则该对象不可见，并且不进行渲染。

可以设置靠近摄影机的"近"端剪切平面，以使它可见任何几何体，并仍然使用"远"平面来排除对象。同样，可以设置距离摄影机足够远的"远端"剪切平面，以使它可见任何几何体，并仍然使用"近"平面来排除对象。

摄影机参数卷展栏如图 10-10 所示。

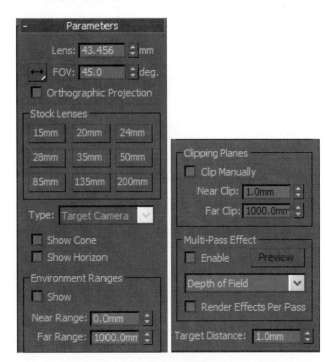

图 10-10　摄影机参数卷展栏

● Lens（镜头）：以毫米为单位设置摄影机的焦距。

● 在"渲染场景"对话框中更改"光圈宽度"值后，也可以更改"镜头"的值。这样并不通过摄影机更改视图，但将更改"镜头"值和 FOV 值之间的关系，也将更改摄影机锥形光线的纵横比。

● FOV 方向弹出按钮：可以选择如何应用 FOV（视野）值，包括下面 3 种方式。

↔（水平）：水平应用视野，这是设置和测量 FOV 的标准方法，也是系统默认设置。

↕（垂直）：垂直应用视野。

⤡（对角线）：在对角线上应用视野，从视口的一角到另一角。

● FOV（视野）：决定摄影机查看区域的宽度。当"视野方向"为水平（默认设置）时，视野参数直接设置摄影机的地平线的弧形，以度为单位进行测量。也可以设置"视野方向"来垂直或沿对角线测量 FOV。

● Orthographic Projection（正交投影）：启用此选项后，摄影机视图看起来就像"用户"视图。禁用此选项后，摄影机视图好像标准的透视视图。当"正交投影"有效时，视口导航按钮的操作效果如同平常操作一样，其中的"透视"除外。"透视"功能仍然移动摄影机并且更改 FOV，但"正交投影"取消执行这两个操作，以便禁用"正交投影"后可以看到所做的更改。

● Stock Lenses（备用镜头组）：利用这些预设值可设置摄影机的焦距（以毫米为单位）。

● Type（类型）：将摄影机类型从目标摄影机更改为自由摄影机，反之亦然。

● Show Cone（显示圆锥体）：显示摄影机视野定义的锥形光线（实际上是一个四棱锥）。锥形光线出现在其他视口但是不出现在摄影机视口中。

● Show Horizon（显示地平线）：显示地平线。在摄影机视口中的地平线层级显示一条深灰色的线条。

● Near Range（近距范围）、Far Range（远距范围）：确定在"环境"面板上设置大气效果的近距范围和远距范围限制。

● Show（显示）：显示在摄影机锥形光线内的矩形，以显示近距范围和远距范围的设置。

● Clipping Planes（剪切平面）：设置选项来定义剪切平面。在视口中，剪切平面在摄影机锥形光线内显示为红色的矩形（带有对角线）。

● Multi-Pass Effect（多过程效果）：使用这些控件可以指定摄影机的景深或运动模糊效果。当由摄影机生成景深或模糊时，通过使用偏移以多个通道渲染场景，从而形成模糊效果，这将增加渲染时间。

10.5　摄影机特效

摄影机可以生成景深效果，景深是多重过滤效果。在摄影机的"参数"卷展栏中可启用景深效果。通过模糊到摄影机焦点（也就是其目标或目标距离）某种距离处的帧的区域，模拟出摄影机的景深效果。摄影机景深特效表现在 Multi-Pass Effect（多过程效果）选项组中，如图 10-11 所示。

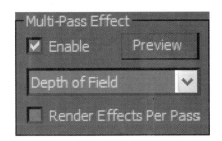

图10-11　Multi-Pass Effect选项组

通过景深设置可以得到近实远虚的特殊效果，在摄影机的 Depth of Field Parameters（景深参数）卷展栏下可以调整景深参数，如图 10-12 所示。

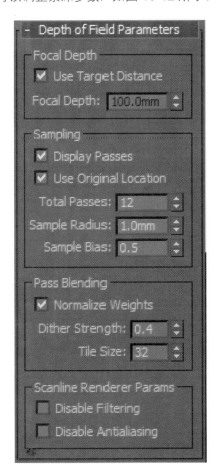

图10-12　Depth of Field Parameters卷展栏

● Use Target Distance（使用目标距离）：启用该选项后，将摄影机的目标距离用作每过程偏移摄影机的点。禁用该选项后，使用"焦点深度"值偏移摄影机。默认设置为启用。

● Focal Depth（焦点深度）：当"使用目标距离"处于禁用状态时，设置偏移摄影机的深度。范围为 0.0 ～ 100.0，其中 0.0 为摄影机的位置，100.0 为极限距离。默认设置为 100.0。

● Display Passes（显示过程）：启用此选项后，渲染帧窗口显示多个渲染通道。禁用此选项后，该帧窗口只显示最终结果。此控件对于在摄影机视口中预览景深无效。默认设置为启用。

● Use Original Location（使用初始位置）：启用此选项后，第一个渲染过程位于摄影机的初始位置。禁用此选项后，与所有随后的过程一样偏移第一个渲染过程。默认设置为启用。

● Total Passes（过程总数）：设置生成效果的过程数。增加此值可以增加效果的精确性，但要以更长渲染时间为代价。默认设置为 12。

● Sample Radius（采样半径）：设置通过移动场景生成模糊效果的半径。增加该值将增强整体模糊效果，减小该值将减少模糊效果。默认设置为 1.0。

● Sample Bias（采样偏移）：模糊靠近或远离"采样半径"的权重。增加该值将增加景深模糊的数量级，提供更均匀的效果。减小该值将减小数量级，提供更随机的效果。范围为 0.0 ～ 1.0，默认值为 0.5。

● Normalize Weights（规格化权重）：使用随机权重混合的过程可以避免出现诸如条纹这些人工效果。启用"规格化权重"后，将权重规格化，会获得较平滑的结果。禁用此选项后，效果会变得清晰一些，但通常颗粒状效果更明显。默认设置为启用。

● Dither Strength（抖动强度）：控制应用于渲染通道的抖动程度。增加此值会增加抖动量，并且生成颗粒状效果，尤其在对象的边缘上。默认值为 0.4。

● Tile Size（平铺大小）：设置抖动时图案的大小。此值是一个百分比，默认设置为 32。

● Disable Filtering（禁用过滤）：启用此选项后，禁用过滤过程。默认设置为禁用状态。

● Disable Antialiasing（禁用抗锯齿）：启用此选项后，禁用抗锯齿。默认设置为禁用状态。

使用景深前后的图像效果如图 10-13 所示。

使用景深前的效果　　　　　　　　　　使用景深后的效果

图10-13　使用景深的前后效果

10.6 本章小结

本章介绍了灯光类型及基本的使用原则，并讲解了 3ds Max 中摄影机的使用方法及特效。通过本章的学习，读者对灯光和摄影机有了初步的了解，在后面的章节中，将通过实例具体介绍灯光和摄影机在场景中的设置方法。

第11章
效果图的渲染

本章内容
- 渲染的概念
- 渲染器的使用
- 高级光能的使用
- 渲染元素

制作建筑效果图的最终目的是得到静态效果图，这需要渲染才能完成。渲染是指根据指定的材质、场景的布光、计算明暗程度和阴影以及背景与大气等环境的设置，将场景中创建的几何体实体化显示出来。通过Render Setup（渲染场景）对话框可以对场景进行渲染并保存到相应的文件中。

11.1 渲染的概念

渲染，英文为 Render，也有人把它称为着色，但人们更习惯把 Shade 称为着色，把 Render 称为渲染。Render 和 Shade 两个词语在三维软件中是截然不同的两个概念，虽然它们的功能很相似，但有所不同。Shade 是一种显示方案，一般出现在三维软件的主要窗口中，和三维模型的线框图一样，起到辅助观察模型的作用。很明显，着色模式比线框模式更容易让用户理解模型的结构，但它只是简单的显示而已，数字图像中把它称为明暗着色法。在像 Maya 这样的高级三维软件中，还可以用 Shade 显示出简单的灯光效果、阴影效果和表面纹理效果，当然，高质量的着色效果是需要专业三维图形显示卡来支持的，它可以加速和优化三维图形的显示。但无论怎样优化，它都无法把显示出来的三维图形变成高质量的图像，这是因为 Shade 采用的是一种实时显示技术，受到硬件速度的限制，它无法实时地反馈出场景中的反射、折射等光线追踪效果。而现实工作中，用户往往要把模型或者场景输出成图像文件、视频信号或者电影胶片，这就必须利用 Render 程序来完成。渲染表现手法如图 11-1 所示。

实体渲染　　　　　　　　　　　线框渲染

图11-1　渲染表现

11.2 渲染器的使用

3ds Max 提供了 Default Scanline Renderer（默认渲染器）、mental ray Renderer（mental ray 渲染器）和 VUE File Renderer（VUE 文件渲染器）3 种自带渲染器，根据渲染图像的要求，选择合适的渲染器，每种渲染器都有各自的特点，下面分别介绍这 3 种渲染器的参数命令。

11.2.1 默认渲染器

在效果图制作中，如果不需要特定渲染器，一般就使用默认渲染器。"扫描线渲染器"是默认的渲染器。默认情况下，从"渲染设置"对话框或 Video Post 渲染场景时，可以使用扫描线渲染器。材质编辑器中也可以使用扫描线渲染器显示各种材质和贴图。

扫描线渲染器生成的图像显示在"渲染帧"窗口中，该窗口是一个包含自身控件的独立窗口。

顾名思义，扫描线渲染器可以将场景渲染成一系列的水平线。另外，3ds Max 提供了一种交互式视口渲染器，便于快速轻松地渲染所处的场景。用户还可以将已经安装的其他插件或第三方渲染器与 3ds Max 结合使用。

默认的渲染器面板包含一个卷展栏，如图 11-2 所示。

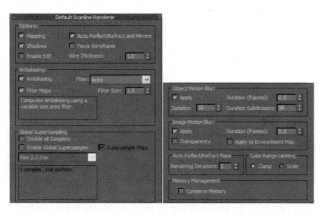

图11-2 默认的渲染器卷展栏

● Mapping（贴图）：禁用该选项可忽略所有贴图信息，从而加速测试渲染。自动影响反射和环境贴图，同时也影响材质贴图。默认设置为启用。

● Shadows（阴影）：禁用该选项后，不渲染投影阴影，这样可以加速测试渲染。默认设置为启用。

● Auto-Reflect/Refract and Mirrors（自动反射/折射和镜像）：禁用该选项后，将忽略自动反射/折射贴图以加速测试渲染。

● Force Wireframe（强制线框）：以线框方式渲染场景中所有曲面。可以选择线框厚度，默认值为 1。

● Enable SSE（启用 SSE）：启用该选项后，渲染使用"流 SIMD 扩展"（SSE），SIMD 表示"单指令、多数据"。默认设置为禁用状态。

● Antialiasing（抗锯齿）：抗锯齿可以平滑渲染时产生的对角线或弯曲线条的锯齿状边缘。只有在渲染测试图像并且要求较快的速度和较低的图像质量时才禁用该选项。

● Filter（过滤器）：选择高质量的基于表的过滤器，将其应用到渲染中。过滤是抗锯齿的最后一步操作，它们在子像素层级起作用，并允许用户根据所选择的过滤器来清晰或柔化最终输出。在该组的控件下面，3ds Max 通过一个方框显示过滤器的简要说明以及如何将过滤器应用到图像上等信息。过滤器下拉列

表如图 11-3 所示。

图11-3 过滤器下拉列表

● Filter Maps（过滤贴图）：启用或禁用对贴图材质的过滤。默认设置为启用。

● Filter Size（过滤器大小）：可以增加或减小应用到图像中的模糊量。只有当从下拉列表中选择"柔化"过滤器时，该选项才可用。当选择任何其他过滤器时，该选项不可用。

● Disable all Samplers（禁用所有采样器）：禁用所有超级采样。默认设置为禁用状态。

● Enable Global Supersampler（启用全局超级采样器）：启用该选项后，对所有的材质应用相同的超级采样器。禁用该选项后，将材质设置为使用全局设置，该全局设置由渲染对话框中的参数控制。默认设置为启用。

● Supersample Maps（超级采样贴图）：启用或禁用对贴图材质的超级采样。默认设置为启用。

● Apply（应用）：为整个场景全局启用或禁用对象运动模糊。任何设置"对象运动模糊"属性的对象都将使用运动模糊进行渲染。

● Duration（frames）（持续时间）：确定"虚拟快门"打开的时间。设置为 1.0 时，虚拟快门在一帧和下一帧之间的整个持续时间保持打开。较长的值产生较为夸张的效果。

● Samples（采样数）：确定采样的"持续时间细分"副本数。最大值设置为 32。

● Duration Subdivisions（持续时间细分）：确定在持续时间内渲染的每个对象副本的数量。

● Transparency（透明度）：启用该选项后，图像运动模糊对重叠的透明对象起作用。在透明对象上应用图像运动模糊会增加渲染时间。默认设置为禁用状态。

● Apply to Environment Map（应用于环境贴图）：设置该选项后，图像运动模糊既可以应用于环境贴图也可以应用于场景中的对象，当摄影机环游时，效果非常显著。图像运动模糊不能与屏幕贴图环境一起使用。

● Rendering Iterations（渲染迭代次数）：设置对象间在非平面自动反射贴图上的反射次数。虽然增加该值有时可以改善图像质量，但是这样做也将增加反射的渲染时间。

● Clamp（钳制）：要保持所有颜色分量均在"钳制"范围内，则需要将任何大于1的颜色值更改为1，而将任何小于0的颜色更改为0。任何介于0和1之间的值将不作任何更改。使用"钳制"时，因为在处理过程中色调信息会丢失，所以非常亮的颜色将渲染为白色。

● Scale（缩放）：要保持所有颜色分量均在"缩放"范围内，则需要通过缩放所有3个颜色分量来保留非常亮的颜色的色调，这样，最大分量的值就为1。注意，这样将更改高光的外观。

● Conserve Memory（节省内存）：启用该选项后，渲染会使用更少的内存但增加一些内存时间。可以节约15%到20%的内存，而时间大约增加4%。默认设置为禁用状态。

11.2.2 mental ray渲染器

mental ray渲染器是渲染里的大哥级渲染器，是Softimage早期在SGI平台上中高端商业渲染器，价格也非常昂贵，是最富盛名的两个经典渲染器之一，很多好莱坞的电影都使用这个渲染器制作特技。为了解决3ds Max的渲染问题，Autodesk公司的多媒体分部Discreet公司与德国著名的渲染器公司Mental Images签订了长期的许可合作发展协议。Discreet公司和Mental Images公司共同为3D Studio Max发展解决方案，从R3版本上开发出了集成在3ds Max中的与mental ray渲染器连接的connection插件，这个插件大大加强了3ds Max的渲染功能，使得3ds Max的渲染质量达到了一流的水准。

mental ray渲染器可以进行灯光效果的物理校正模拟，包括光线跟踪反射和折射、焦散和全局照明。

与默认3ds Max扫描线渲染器相比，mental ray渲染器能够自动生成漫反射光。mental ray渲染器面板包含了5个卷展栏，如图11-4所示。

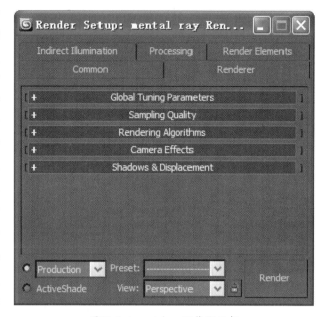

图11-4 mental ray渲染器面板

Sampling Quality（采样质量）卷展栏

该卷展栏下的控件会影响mental ray渲染器为抗锯齿渲染图像执行采样的方式，如图11-5所示。

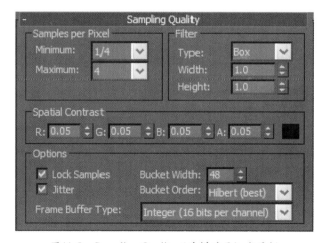

图11-5 Sampling Quality（采样质量）卷展栏

● Minimum（最小值）：设置最小采样率。此值代表每像素采样数，大于或等于1的值代表对每个像素进行一次或多次采样，分数值代表对多个像素进行一次采样。

● Maximum（最大值）：设置最大采样率。如果邻近的采样通过对比度加以区分，而这些对比度已经超出对比度限制，则包含这些对比度的区域将按"最大值"细分为指定的深度。

● Type（类型）：确定如何将多个采样合并成一个单个的像素值。可以设置为长方体、高斯、三角形、Mitchell 或 Lanczos 过滤器。默认设置为长方体。

● Width（宽度）、Height（高度）：指定过滤区域的大小。增加"宽度"和"高度"值可以使图像柔和，但是会增加渲染时间。

● Spatial Contrast（空间对比度）：用于设置对比度值，作为控制采样的阈值。空间对比度应用于每一个静态图像。

● Lock Samples（锁定采样）：启用此选项后，mental ray 渲染器对于动画的每一帧使用同样的采样模式。禁用此选项后，mental ray 渲染器在帧与帧之间的采样模式中引入了拟随机（Monte Carlo）变量。

● Bucket Width（渲染块宽度）：确定每个渲染块的大小（以像素为单位）。范围为 4 ～ 512，默认值为 48 像素。

为了渲染场景，mental ray 渲染器将图像细分成矩形横截面或"渲染块"。使用较小的渲染块会在渲染时生成更多的更新图像。对于一个一般复杂的场景，小的渲染块将增加渲染时间，而大的渲染块可节约渲染时间。对于复杂的场景，则正好相反。

● Jitter（抖动）：在采样位置引入一个变量。如果打开"抖动"功能，可以避免锯齿问题的出现。

● Bucket Order（渲染块顺序）：允许用户指定mental ray 选择下一个渲染块的方法。如果使用占位符或者分布式渲染，则使用默认的希尔伯特顺序。

● Frame Buffer Type（帧缓冲区类型）：允许用户选择输出帧缓冲区的位深。

Rendering Algorithms（渲染算法）卷展栏

该卷展栏下的控件用于选择使用光线跟踪进行渲染，还是使用扫描线进行渲染，或者两者都使用。在此也可以选择加速光线跟踪的方法，如图 11-6 所示。

跟踪深度控制每条光线被反射、折射的次数。

● Enable（启用）：启用该选项后，渲染器可以使用扫描线渲染。禁用该选项后，渲染器只可以使用光线跟踪方法。扫描线渲染比光线跟踪速度快，但不会生成反射、折射、阴影、景深或间接照明等效果。默认设置为启用。

● Use Fast Rasterizer（使用 Fast Rasterizer）：启用此选项后，使用 Fast Rasterizer 方法，首先生成要跟踪的光线，这可以提高渲染速度。默认设置为禁用状态。

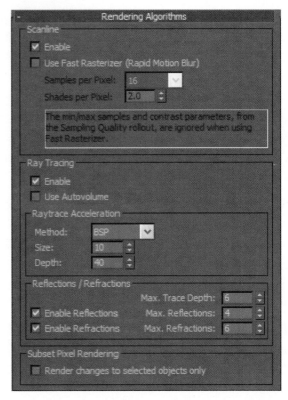

图11-6　Rendering Algorithms（渲染算法）卷展栏

该选项与对象运动模糊以及没有运动模糊的场景一起使用时效果很好。

● Samples per Pixel（每像素采样数）：控制 Fast Rasterizer 方法所使用的每像素采样数。采样数越多就越平滑，但渲染时间也会越长。范围为 1 ～ 225，默认值为 16。

● Shades per Pixel（每像素阴影数）：控制每像素阴影的近似数。值越大，渲染越精确，渲染时间也越多。范围为 0.1 ～ 10000，默认值为 2.0。

● Use Autovolume（使用自动体积）：启用该选项后，使用 mental ray 自动体积模式。允许用户渲染嵌套体积或重叠体积，如两个聚光灯光束的交集。自动体积也允许摄影机穿越嵌套体积或重叠体积。

● Method（方法）：在下拉列表中可以设置光线跟踪加速的算法。此选项组中的其他控件会根据所选的加速方法不同而改变。

● Enable Reflections（启用反射）：启用时，mental ray 会跟踪反射。不需要反射时，禁用该选项可提高性能。

● Enable Refractions（启用折射）：启用时，mental ray 会跟踪折射。不需要折射时，禁用该选项可提高性能。

● Max. Trace Depth（最大跟踪深度）：限制反射和折射的组合。在反射和折射的总数达到最大跟踪深度时，光线的跟踪就会停止。例如，如果最大跟踪深度设置为3，且两个跟踪深度同时设置为2，则光线可以被反射两次并折射一次，反之亦然，但是光线无法反射和折射4次。

● Max. Reflections（最大反射）：设置光线可以反射的次数。0表示不会发生反射，1表示光线只可以反射一次，2表示光线可以反射两次，以此类推。

● Max. Refractions（最大折射）：设置光线可以折射的次数。0表示不发生折射，1表示光线只可以折射一次，2表示光线可以折射两次，以此类推。

● Render changes to selected objects only（仅将更改渲染到选定对象）：启用时，渲染场景只会应用到选定的对象，但是使用该选项会考虑到影响其外观的所有场景因素，其中包括阴影、反射、直接和间接照明等。同时，与使用背景颜色替换渲染帧窗口整个内容（除选定对象之外）的选定选项不同，该选项只替换重新渲染的选定对象使用的像素。

Camera Effects（摄影机效果）卷展栏

该卷展栏中的控件用于控制摄影机效果，使用mental ray渲染器设置景深和运动模糊效果，并可以轮廓着色、添加摄影机明暗器，如图11-7所示。

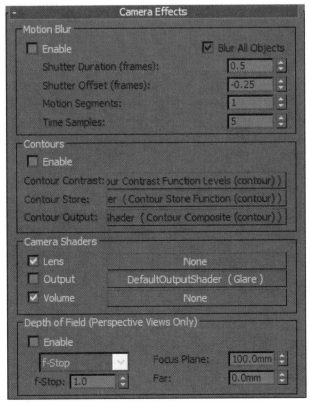

图11-7　Camera Effects（摄影机效果）卷展栏

● Blur All Objects（模糊所有对象）：不考虑对象属性设置，将运动模糊应用于所有对象。默认设置为启用。

● Shutter Duration（frames）[快门持续时间（帧）]：模拟摄影机的快门速度，0.0表示没有运动模糊。该快门持续时间值越大，模糊效果越强，默认设置是0.5。

● Shutter Offset（frames）[快门偏移（帧）]：设置相对于当前帧的运动模糊效果的开头。默认值为0.0，居中当前帧的模糊，实现照片级效果。默认为-0.25。

● Motion Segments（运动分段）：设置用于计算运动模糊的分段数目。该控件针对动画。如果运动模糊要出现在对象真实运动的切线方向上，则增加"运动分段"值。值越大，运动模糊越精确，渲染时间也越多。默认值为1。

● Time Samples（时间采样）：当场景使用运动模糊时，控制每个时间间隔期间对材质着色的次数（通过快门持续时间进行设置）。范围为0～100，默认设置为5。

● Contours（轮廓）：启用轮廓，并使用明暗器调整轮廓明暗器的结果。

● Lens（镜头）：指定镜头明暗器。

● Output（输出）：指定摄影机输出明暗器。

● Volume（体积）：将一个体积明暗器指定给摄影机。

● Focus Plane（焦平面）：对于"透视"视口，以3ds Max单位设置离开摄影机的距离，在这个距离场景能够完全聚焦。默认设置为100.0。

对于"摄影机"视口，焦平面由摄影机的目标距离设置。

f-Stop（f制光圈）：当应用f制光圈为活动时，设置f制光圈以在渲染"透视"视图时使用。增加制光圈值使景深变宽，减小制光圈值使景深变窄。默认设置为1.0。

● Near and Far（近和远）：这些值以3ds Max单位设置范围，在此范围内对象可以聚焦。小于"近"值和大于"远"值的对象不能聚焦。这些值是近似的，因为从聚焦到失去焦点的变换是渐变的，而不是突变的。

Shadows&Displacement（阴影与置换）卷展栏

此卷展栏上的控件影响阴影和置换，如图11-8所示。

图 11-8　Shadows&Displacement（阴影与置换）卷展栏

● Mode（模式）：阴影模式可以为"简单"、"排序"或"分段"。

● Motion Blur（运动模糊）：启用此选项之后，mental ray 渲染器将为阴影贴图应用运动模糊。

● Rebuild（重建）：启用此选项之后，渲染器将重新计算的阴影贴图（.zt）文件保存到通过"浏览"按钮指定的文件中。

● Use File（使用文件）：启用此选项之后，mental ray 渲染器要么将阴影贴图保存为 ZT 文件，要么加载现有文件。"重建"的状态决定是保存还是加载 ZT 文件。

● View（视图）：定义置换的空间。启用"视图"之后，"边长"将以像素为单位指定长度。如果禁用此选项，将以世界空间单位指定"边长"。默认设置为启用。

● Smoothing（平滑）：禁用该选项以使 mental ray 渲染器正确渲染高度贴图。高度贴图可以由法线贴图生成。

● Edge Length（边长）：定义由于细分可能生成的最小边长。只要边达到此大小，mental ray 渲染器会停止对其进行细分。默认设置为 2.0 像素。

● Max.Displace（最大置换）：控制在置换顶点时向其指定的最大偏移，采用世界单位。该值可以影响对象的边界框，默认值为 20.0。

● Max.Subdiv（最大细分）：控制 mental ray 可以对要置换的每个原始网格三角形进行递归细分的范围。每项递归细分操作可以将单个面分成 4 个较小的面。在下拉列表中选择相应的值。范围为 4 ～ 64K（65,536），默认值为 16K（16,384）。

11.2.3　VUE文件渲染器

使用 VUE 文件渲染器可以创建 VUE（.vue）文件。VUE 文件使用可编辑 ASCII 格式，其渲染卷展栏如图 11-9 所示。

图 11-9　VUE File Renderer 卷展栏

● ■■（浏览）：单击该按钮可打开文件选择对话框，然后指定要创建的 VUE 文件的名称。

11.3　高级光能的使用

高级光能是一种能够模拟真实光线在场景中相互作用，并不断反射的全局照明渲染技术。它主要包括光线跟踪和光能传递。单击工具栏中 ■（渲染设置）按钮，打开 Render Setup 对话框，在 Advanced Lighting 选项卡下可以选择光线跟踪或光能传递，如图 11-10 所示。

11.3.1　Light Tracer（光线跟踪）

光线跟踪能够为明亮场景提供柔和边缘的阴影和颜色，主要用于室外场景中。在照明插件的下拉列表

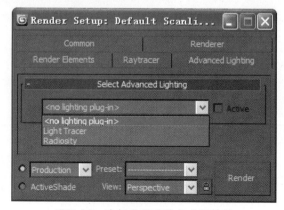

图 11-10　选择光线跟踪或光能传递

中选择 Light Tracer,打开光线跟踪的参数卷展栏,如图 11-11 所示。

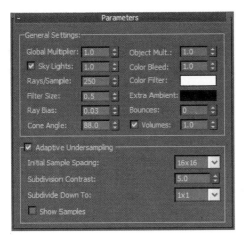

图11-11 光线跟踪的参数卷展栏

● General Settings(常规设置):这组参数主要用于控制亮度、颜色等基本属性。

● Global Multiplier(全局倍增):控制总体照明级别,默认设置为 1.0。

● Object Mult(对象倍增):控制由场景中的对象反射的照明级别,默认设置为 1.0。

● Sky Lights(天光切换):启用该选项后,启用场景中天光的重聚集(一个场景可以含有多个天光)。默认设置为启用。

● Color Bleed(颜色渗出):控制颜色溢出强度。当灯光在场景对象间相互反射时,颜色溢出发生作用,例如一个红色物体附近的物体也会带有部分红色。默认设置为 1.0。

● Rays/Sample(光线/采样数):每个采样(或像素)投射的光线数目。增大该值可以增加效果的平滑度,但同时也会增加渲染时间。减小该值会导致更明显颗粒状效果,但是渲染可以更快。默认设置为 250。

● Color Filter(颜色过滤器):过滤投射在对象上的所有灯光。设置为除白色外的其他颜色以丰富整体色彩效果。默认设置为白色。

● Filter Size(过滤器大小):设置用于减少效果中噪波的过滤器大小(以像素为单位)。默认值为 0.5。

● Extra Ambient(附加环境光):当设置为除黑色外的其他颜色时,可以在对象上添加该颜色作为附加环境光。默认设置为黑色。

● Ray Bias(光线偏移):像对阴影的光线跟踪偏移一样,"光线偏移"可以调整反射光效果的位置。使用该选项更正渲染的不真实效果,例如对象投射阴影到自身所产生的条纹。默认值为 0.03。

● Bounces(反弹):被跟踪的光线反弹数。增大该值可以增加颜色渗出量。值越小,渲染越快速,结果越不精确,并且通常会产生较暗的图像。较大的值允许更多的光在场景中流动,这会产生更亮、更精确的图像,但同时也将使用较长的渲染时间。默认设置为 0。

● Cone Angle(锥体角度):控制用于重聚集的角度。减小该值会使对比度稍微升高,尤其在有许多小几何体向较大结构上投射阴影的区域中更明显。范围为 33.0 ～ 90.0,默认值为 88.0。

● Volumes(体积切换):启用该选项后,"光跟踪器"从体积照明效果(如体积光和体积雾)中重聚集灯光。默认设置为启用。对于使用光跟踪的体积照明,反弹值必须大于 0。

● Adaptive Undersampling(自适应欠采样):启用该选项后,光跟踪器使用欠采样。禁用该选项后,则对每个像素进行采样。禁用欠采样可以增加最终渲染的细节,但是同时也将增加渲染时间。默认设置为启用。自适应欠采样控件可以帮助用户减少渲染时间,并且减少所采用的灯光采样数。

● Initial Sample Spacing(初始采样间距):图像初始采样的栅格间距。以像素为单位进行衡量,默认设置为 16×16。

● Subdivision Contrast(细分对比度):确定区域是否应进一步细分的对比度阈值。增加该值将减少细分。该值过小会导致不必要的细分,默认值为 5.0。

● Subdivide Down To(向下细分至):细分的最小间距。增加该值可以缩短渲染时间,但是以精确度为代价。默认值为 1×1。

● Show Samples(显示采样):启用该选项后,采样位置渲染为红色圆点。该选项显示发生最多采样的位置,这可以帮助用户进行欠采样的最佳设置。默认设置为禁用状态。

图 11-12 为使用光线跟踪效果的对比。

一般灯光效果　　　　　　　　　光线跟踪照明效果

图11-12 光线跟踪照明效果

11.3.2　Radiosity（光能传递）

光能传递是用于计算间接光的技术，要进行这类计算，光能传递要考虑所设置的灯光、所应用的材质以及所设置的环境。

对场景进行光能传递处理与渲染进程截然不同。无需采用光能传递也可以进行渲染，然而，要使用光能传递进行渲染，首先必须计算光能传递。

场景的光能传递解决方案计算完毕后，可以在多个渲染中使用，包括动画的多个帧。如果场景中存在移动的对象，则可能需要重新计算光能传递。

在照明插件的下拉列表中选择 Radiosity，此时系统弹出提示对话框，建议使用曝光控制，如图 11-13 所示。

图11-13　提示对话框

单击提示对话框中的 是(Y) 按钮，打开光能传递参数面板，包括 5 个卷展栏，如图 11-14 所示。

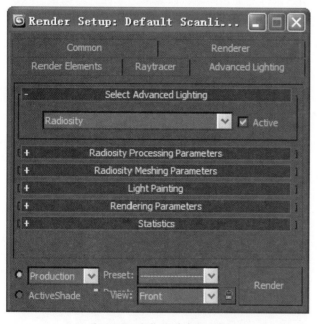

图11-14　光能传递参数面板

Radiosity Processing Parameters 卷展栏

Radiosity Processing Parameters 卷展栏如图 11-15 所示。

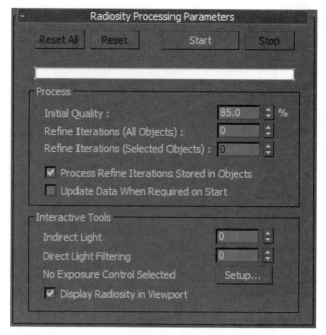

图11-15　Radiosity Processing Parameters 卷展栏

● Reset All（全部重置）：单击 Start 按钮后，将 3ds Max 场景的副本加载到光能传递引擎中。单击"全部重置"按钮，从引擎中清除所有的几何体。

● Reset（重置）：从光能传递引擎清除灯光级别，但不清除几何体。

● Start（开始）：开始光能传递处理。一旦光能传递解决方案达到"初始质量"所指定的百分比数量，此按钮就会变成"继续"。

● Stop（停止）：停止光能传递处理。"开始"按钮将变成"继续"。可以在之后单击"继续"按钮以继续进行光能传递处理。

● Initial Quality（初始质量）：设置停止"初始质量"阶段的质量百分比，最高为 100%。例如，如果指定为 80%，将会得到一个能量分布精确度为 80% 的光能传递解决方案。通常将目标的初始质量设为 80% ～ 85% 就足够了，可以得到比较好的效果。

● Refine Iterations（All Objects）[优化迭代次数（所有对象）]：设置"优化"迭代次数的数目以作为一个整体来为场景执行。"优化迭代次数"阶段将增加场景中所有对象上的光能传递处理的质量。使用"初始质量"阶段其他的处理来从每个面上聚集能量以减少面之间的变化。这个阶段并不会增加场景的亮度，但是它将提高解决方案的视觉质量并显著减少曲面之间的变化。如果在处理了一定数量的"优化迭代次数"后没有达到可接受的结果，可以增加"细化迭代次数"的数量并继续进行处理。

● Refine Iterations（Selected Objects）[优化迭代次数（选定对象）]：设置"优化"迭代次数的数目来为选定对象执行，所使用的方法和"优化迭代次数（所有对象）"的相同。选定对象，然后设置所需的迭代次数，细化选定的对象而不是整个场景能够节省大量的处理时间。通常，对于那些有着大量的小曲面并且有大量变化的对象来说，该选项非常有用，诸如栏杆、椅子或者是高度细分的墙。

● Process Refine Iterations Stored in Objects（处理对象中存储的优化迭代次数）：每个对象都有一个叫做"优化迭代次数"的光能传递属性。每当细分选定对象时，与这些对象一起存储的步骤数就会增加。

● Update Date When Required on Start（如果需要，在开始时更新数据）：启用此选项之后，如果解决方案无效，则必须重置光能传递引擎，然后再重新计算。当单击该按钮时，将重置光能传递解决方案，然后再开始进行计算。

● Indirect Light（间接灯光过滤）：用周围的元素平均化间接照明级别以减少曲面元素之间的噪波数量。通常，值设为 3 或 4 已足够。如果使用太高的值，则可能会丢失场景中详细信息。因为"间接灯光过滤"是交互式的，所以可以根据自己的需要对结果进行评估，然后再对其进行调整。

● Direct Light Filtering（直接灯光过滤）：用周围的元素平均化直接照明级别以减少曲面元素之间的噪波数量。通常，值设为 3 或 4 已足够。如果使用太高的值，则可能会丢失场景中详细信息。因为"直接灯光过滤"是交互式的，所以可以根据自己的需要对结果进行评估，然后再对其进行调整。

● No Exposure Control Selected（未选择曝光控制）：显示当前曝光控制的名称。

● Display Radiosity in Viewport（在视口中显示光能传递）：在光能传递和标准 3ds Max 着色之间切换视口中的显示。可以禁用光能传递着色以增加显示性能。

Radiosity Meshing Parameters 卷展栏

Radiosity Meshing Parameters 卷展栏如图 11-16 所示。

● Enabled（启用）：用于启用整个场景的光能传递网格。当要执行快速测试时，禁用网格。

● Use Adaptive Subdivision（使用自适应细分）：启用和禁用自适应细分。默认设置为启用。

● Maximum Mesh Size（最大网格大小）：自适应细分之后最大面的大小。对于英制单位，默认值为 36 英寸，对于公制单位，默认值为 100 厘米。

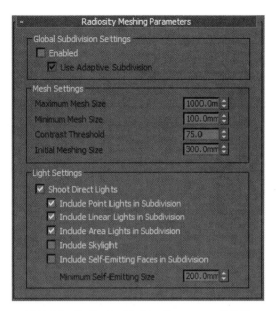

图11-16 Radiosity Meshing Parameters 卷展栏

● Minimum Mesh Size（最小网格大小）：设定最小网格大小。对于英制单位，默认值为 3 英寸，对于公制单位，默认值为 10 厘米。

● Contrast Threshold（对比度阈值）：细分具有顶点照明的面，顶点照明因对比度阈值设置不同而异。默认设置为 75.0。

● Initial Meshing Size（初始网格大小）：改进面图形之后，不细分小于初始网格大小的面。用于决定面是否不佳的阈值，当面大小接近初始网格大小时，将变得更大。对于英制单位，默认值为 12 英寸（1 英尺），对于公制单位，默认值为 30.5 厘米。

● Shoot Direct Lights（投射直接光）：启用自适应细分或投影直射光之后，根据下面选项来解析计算场景中所有对象上的直射光。照明是种解析计算并且不用修改对象的网格，这样可以产生较少噪波和更舒适的照明视觉效果。默认设置为启用。

● Indude Point Lights in Subdivision（在细分中包括点灯光）：控制投影直射光时是否使用点灯光。如果禁用该选项，则在直接计算的顶点照明中不包括点灯光。默认设置为启用。

● Indude Linear Lights in Subdivision（在细分中包括线性灯光）：控制投影直射光时是否使用线性灯光。如果禁用该选项，则在计算的顶点照明中不使用线性灯光。默认设置为启用。

● Indude Area Lights in Subdivision（在细分中包括区域灯光）：控制投影直射光时是否使用区域灯光。如果禁用该选项，则在直接计算的顶点照明中不使用区域灯光。默认设置为启用。

- Indude Skylight（包括天光）：启用该选项后，投影直射光时使用天光。如果禁用该选项，则在直接计算的顶点照明中不使用天光。默认设置为禁用状态。

- Indude Self-Emitting Faces in Subdivision（在细分中包括自发射面）：该选项控制投影直射光时如何使用自发射面。如果禁用该选项，则在直接计算的顶点照明中不使用自发射面。默认设置为禁用状态。

- Minimum Self-Emitting Size（最小自发射大小）：计算照明时用来细分自发射面的最小值。使用最小值而不是采样数目以使较大面的采样数多于较小面的采样数。默认设置为6.0。

Light Painting 卷展栏

Light Painting 卷展栏如图 11-17 所示。

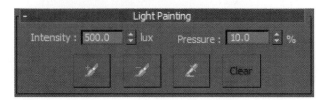

图11-17 Light Painting 卷展栏

- Intensity（强度）：以勒克斯或坎德拉为单位指定照明的强度。

- Pressure（压力）：当添加或移除照明时，指定要使用的采样能量的百分比。

- ✏ （添加照明）：从选定对象的顶点开始添加照明。3ds Max 基于 Pressure 数值添加照明。"压力"数值与采样能量的百分比相对应。例如，如果墙上具有约2000勒克斯，使用"添加照明"将200勒克斯添加到选定对象的曲面中。

- ✏ （移除照明）：从选定对象的顶点开始移除照明。3ds Max 基于 Pressure 数值移除照明。"压力"数值与采样能量的百分比相对应。例如，如果墙上具有约2000勒克斯，使用"移除照明"从选定对象的曲面中移除200勒克斯。

- ✏ （拾取照明）：对所选曲面的照明数进行采样。如要保存无意标记的照亮或黑点，则要使用"拾取照明"将照明数用作与用户采样相关的曲面照明。单击该按钮，然后将滴管光标移到曲面上。当单击曲面时，以勒克斯或坎迪拉为单位的照明数将显示在"强度"数值框中。例如，如果使用"拾取照明"在具有能量为6勒克斯的墙上执行操作时，则"强度"数值框中将显示0.6勒克斯。

- Clear （清除）：清除所作的所有更改。

Rendering Parameters 卷展栏

Rendering Parameters 卷展栏如图 11-18 所示。

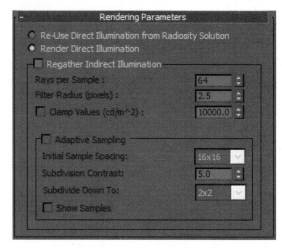

图11-18   Rendering Parameters 卷展栏

- Re-Use Direct Illumination from Radiosity Solution（重用光能传递解决方案中的直接照明）：3ds Max 并不渲染直接灯光，但使用保存在光能传递解决方案中的直接照明。如果启用该选项，则会禁用"重聚集间接照明"选项。场景中阴影的质量取决于网格的分辨率。捕获精细的阴影细节可能需要细的网格，但在某些情况下该选项可以减少总的渲染时间，特别是对于动画，因为光线并不一定需要由扫描线渲染器进行计算。

- Render Direct Illumination（渲染直接照明）：3ds Max 在每一个渲染帧上对灯光的阴影进行渲染，然后添加来自光能传递解决方案的阴影。这是默认的渲染模式。

- Regather Indirect Illumination（重聚集间接照明）：除了计算所有的直接照明之外，3ds Max 还可以重聚集取自现有光能传递解决方案的照明数据，来重新计算每个像素上的间接照明。使用该选项能够产生最为精确、极具真实感的图像，但是它会增加相当长的渲染时间。

- Rays per Sample（每采样光线数）：每个采样中 3ds Max 所投影的光线数。3ds Max 随机地在所有方向投影这些光线以计算来自场景的间接照明。每采样光线数越多，采样就越精确。每采样光线数越少，变化就会越多，就会创建更多的颗粒效果。处理速度和精确度受此值的影响，默认设置为64。

- Filter Radius（pixels）[过滤器半径（像素）]：将每个采样与它相邻的采样进行平均，以减少噪波效果。默认设置为2.5像素。

- Clamp Values(cd/m^2) [钳位值（cd/m^2）]：

该控件表示亮度值。亮度（每平方米国际烛光）表示感知到的材质亮度。"钳位值"设置亮度的上限，它会在"重聚集"阶段被考虑。使用该选项可以避免亮点的出现。

● Adaptive Sampling（自适应采样）：启用该选项后，光能传递解决方案将使用自适应采样。禁用该选项后，将不用自适应采样。禁用自适应采样可以增加最终渲染的细节，但是也增加渲染时间。默认设置为禁用状态。

● Initial Sample Spacing（初始采样间距）：图像初始采样的网格间距。以像素为单位进行衡量，默认设置为16×16。

● Subdivision Contrast（细分对比度）：确定区域是否应进一步细分的对比度阈值。增加该值将减少细分。减小该值可能导致不必要的细分。默认值为5.0。

● Subdivision Down To（向下细分至）：细分的最小间距。增加该值可以缩短渲染时间，但是以精确度为代价。默认设置为2×2。

● Show Samples（显示采样）：启用该选项后，采样位置渲染为红色圆点。该选项显示发生最多采样的位置，这可以帮助用户进行自适应采样的最佳设置。默认设置为禁用状态。

Statistics 卷展栏

Statistics 卷展栏列出有关光能传递处理的信息，如图11-19所示。

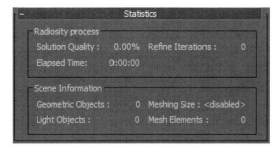

图11-19　Statistics卷展栏

通过更精确地模拟场景中的照明，光能传递比标准灯光具有更多优势。首先，光能传递改善图像质量，3ds Max 的光能传递技术在场景中生成更精确的照明光度学模拟，比如间接照明、柔和阴影和曲面间的映色等效果可以生成自然逼真的图像，而这样真实的图像是无法用标准扫描线渲染得到的。这些图像更好地展示了用户的设计在特定照明条件下的外观。其次，光能传递具有更直观的照明，通过与光能传递技术相结合，3ds Max 提供了真实世界的照明接口。灯光强度不指定为任意值，而是使用光度学单位（流明、坎迪拉等）来指定。而且，真实世界照明设备的特性可以使用行业标准的"发光强度分布文件"（比如 IES、CIBSE 和 LTLI）来定义，这些文件从大部分照明制造商那里都可以得到。通过使用真实世界的照明接口，可以直观地在场景中设置照明。用户可以将更多注意力集中在设计上，而不是分散在精确显示图像的计算机图形技术上。

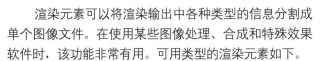

11.4　渲染元素

渲染元素可以将渲染输出中各种类型的信息分割成单个图像文件。在使用某些图像处理、合成和特殊效果软件时，该功能非常有用。可用类型的渲染元素如下。

（1）Alpha：通道或透明度的灰度表示。透明的像素呈现为白色（值为255），不透明的像素呈现为黑色（值为0）。半透明的像素呈现为灰色。像素越暗，透明度越高。在合成元素的时候，Alpha 通道非常有用。

（2）大气：渲染中的大气效果。

（3）背景：场景的背景。其他元素不包括场景背景。如果要在合成中使用背景，可以包括此元素，元素应在背景上进行合成。

（4）混合：前面元素的自定义组合。"混合"元素显示对应的"混合元素参数"卷展栏。

（5）漫反射：渲染的漫反射组件。漫反射元素显

示对应的"漫反射纹理元素"卷展栏。

（6）头发和毛发：由"头发和毛发"修改器创建渲染的组件。

（7）照度 HDR 数据：生成一个包含32位浮动点数据的图像，该数据可用于分析照在与法线垂直的曲面上的灯光量，照度数据忽略材质特性。

（8）墨水：卡通材质的墨水组件（边界）。

（9）高级照明：场景中直接和间接灯光以及阴影的效果。

（10）亮度 HDR 数据：生成一个包含32位浮动点数据的图像，该数据在曲面材质"吸收"灯光之后可用于分析曲面所接收的亮度，亮度数据考虑材质特性。

（11）材质 ID：保留指定给对象的材质 ID 信息。此信息在用户对其他图像处理或特殊效果应用作出选择

时非常有用，如 Autodesk Combustion。例如，可以选择 Combustion 中具有给定材质 ID 的所有对象。材质 ID 与用户为具有材质 ID 通道的材质设置的值相对应。任何给定的材质 ID 始终用相同的颜色表示。特定材质 ID 和特定颜色之间的相关性在 Combustion 中一致。

（12）无光：基于选定对象、材质 ID 通道（效果 ID）或 G 缓冲区 ID 渲染无光遮罩。

（13）对象 ID：保留指定给对象的对象 ID 信息。与材质 ID 很相似，对象 ID 信息用于选择其他图像处理或特殊效果应用中基于任意索引值的对象。如果知道之后用户要一次选择几个对象，则可以在 3ds Max 中为其指定所有相同对象 ID。通过使用对象 ID 进行渲染，此信息在其他应用中也可用。

Render Elements 卷展栏

Render Elements 卷展栏如图 11-20 所示。

● Add ...（添加）：单击该按钮可将新元素添加到列表中。

● Merge ...（合并）：单击该按钮可合并来自其他 3ds Max 场景中的渲染元素。会打开一个文件对话框，可以从中选择要获取元素的场景文件。

● Delete（删除）：单击该按钮可从列表中删除选定对象。

● Elements Active（激活元素）：启用该选项后，单击"渲染"可分别对元素进行渲染。默认设置为启用。

● Display Elements（显示元素）：启用此选项后，每个渲染元素会显示在各自的窗口中，并且其中的每个窗口都是渲染帧窗口的精简版。禁用该选项后，元素仅渲染到文件。默认设置为启用。

● Enable（启用）：启用该选项，可启用对选定元素的渲染。关闭该选项可禁用渲染。

● Enable Filtering（启用过滤）：启用该选项后，将活动抗锯齿过滤器应用于渲染元素。禁用该选项后，渲染元素将不使用抗锯齿过滤器。默认设置为启用。

● Name（名称）：显示当前选定元素的名称。可以输入元素的自定义名称。

● ...（浏览）：在文本框中输入元素的路径和文件名称。或者单击 ... 按钮，打开"渲染元素输出文件"对话框，在该对话框中可以为元素设置位置、文件名和文件类型。

单击 Add ... 按钮，弹出 Render Elements 对话框，在此对话框中包含了所有可以添加的渲染元素，如图 11-21 所示。

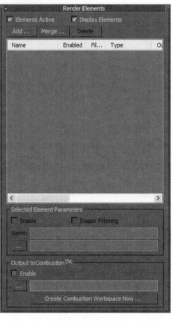

图 11-20　Render Elements 卷展栏

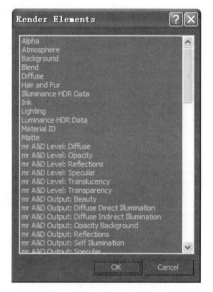

图 11-21　Render Elements 对话框

11.5 本章小结

本章主要介绍 3ds Max 中的自带渲染器及各种渲染器的参数，包括默认渲染器、mental ray 渲染器和 VUE 文件渲染器。根据场景和效果图的需要，选择不同类型的渲染器并设置渲染器参数，能直接影响渲染的效果，因此掌握好这方面的知识对今后制作效果图有很大的帮助。

第 12 章
VRay 渲染器

本章内容
- VRay渲染器简介
- VRay的使用流程
- VRay几何体
- VRay渲染器参数

在室内效果图的制作中要用到一些第三方开发的插件，其中最著名的是VRay渲染器。本章主要介绍VRay渲染器的基本知识。VRay渲染器能够快速地生成反射、折射、焦散效果以及全局照明的效果，现阶段被广泛应用于室内表现、建筑表现、影视动画制作中。

12.1 VRay渲染器简介

VRay 渲 染 器 是 由 chaosgroup 和 asgvis 公 司出品，在中国由曼恒公司负责推广的一款高质量渲染软件。VRay 是目前业界最受欢迎的渲染引擎，基于 VRay 内 核 开 发 的 有 VRay for 3ds Max、Maya、Sketchup、Rhino 等诸多版本，为不同领域的优秀 3D建模软件提供了高质量的图片和动画渲染功能。除此之外，VRay 也可以提供单独的渲染程序。使用 VRay渲染器渲染的效果如图 12-1 所示。

图12-1　VRay渲染器渲染场景

VRay 渲染器不只是一个单纯的渲染器，它是一个包括建模、灯光、材质和渲染功能的程序。另外，

VRay 灯光、材质和渲染器与其他的灯光、材质相互兼容，能够使用在同一个场景中。

VRay 几何体通常用于辅助渲染，可以提高渲染速度。正确安装 VRay 渲染器插件后，在创建命令面板中可以看到 VRay 几何体，如图 12-2 所示。

图12-2　VRay几何体

VRay 材质、贴图可以模拟任何材质效果。VRay材质、贴图配合 VRay 渲染器使用，在材质效果和渲染速度方面有很大的优势，特别是在模拟反射、折射材质时，可以取得非常逼真的材质效果。将当前渲染器指定为 VRay 渲染器后，VRay 材质、贴图可以在材质编辑器中找到并使用，如图 12-3 所示。

图12-3　VRay材质

图12-4　VRay灯光

VRay 灯光包括 3 个灯光工具，分别用于模拟平面光源、点光源和太阳光，如图 12-4 所示。VRay 灯

光与 VRay 渲染器配合使用，能取得较好的效果，特别是面光源，常用于室内效果图的制作中。

VRay 渲染器凭借其强悍的计算全局光照功能，能够实现照片级别的建筑效果图，并因此获得了众多用户的青睐。总体来说，这个渲染器具有参数设置简单、支持软件众多、计算速度快等优势。

12.2　VRay的使用流程

使用 VRay 渲染器渲染场景，总体分为 6 步，首先要指定渲染器，然后调制模型的材质，设置场景灯光，设置渲染器的渲染参数，之后渲染并保存光子图，最后进行最终效果图渲染，下面具体介绍每一步的操作内容。

（1）指定渲染器

使用 VRay 渲染器，必须首先指定 VRay 渲染器为当前渲染器。按下键盘上的 F10 键，打开 Render Setup（渲染设置）对话框，在 Common（公用）选项卡下，打开 Assign Renderer（指定渲染器）卷展栏，然后单击产品级后的 ■■■ 按钮，打开 Choose Renderer 对话框，从中选择 VRay 渲染器，然后单击 ■ OK ■ 按钮，此时 VRay 渲染器已成为当前渲染器，如图 12-5 所示。

将 VRay 渲染器指定为当前渲染器后，VRay 渲染器的参数便出现在 Render Setup（渲染设置）对话框中，如图 12-6 所示。

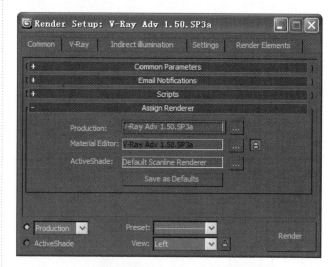

图12-6　VRay渲染器的参数

（2）调制材质

VRay 材质在模拟反射、折射材质方面非常优秀，例如制作玻璃、镜子、金属等材质，通过 VRayMtl 材质即可模拟完成，使用 VRay 材质的效果如图 12-7 所示。

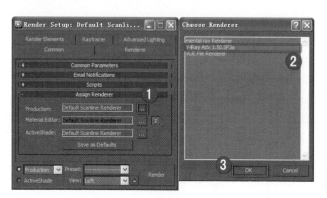

图12-5　指定VRay渲染器

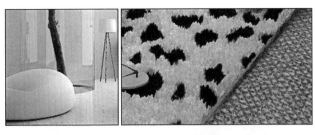

图12-7　应用VRay材质

（3）设置灯光

使用 VRay 渲染器后，灯光的设置就不必像默认渲染器那样复杂。从天光开始布光，然后逐步增加灯光，大体顺序为：天光——阳光——人工装饰光——补光。使用 VRay 灯光的效果如图 12-8 所示。

图12-8　应用VRay灯光

（4）设置渲染器参数

通过设置渲染器的参数，调整灯光的反射、折射和采样大小。渲染器参数设置一般分为两次，在初次设置完场景灯光时，将渲染器各参数设置小一些，渲染观察场景的效果，在再次调整场景中的材质灯光时，将参数调大一些，使渲染更精确细致。

（5）渲染保存光子图

在设置完渲染器参数后，在 Indirect illumination 卷展栏下 On render end 组中渲染并保存光子图，使用光子图可提高效果图的渲染效率，如图 12-9 所示。

图12-9　在On render end组中保存光子图

（6）正式渲染

在正式渲染时，调整渲染图像的尺寸，然后导入光子图文件，输出大图。

12.3　VRay几何体

在指定 VRay 渲染器后，在几何体的创建面板中出现 VRay 几何体，VRay 几何体通常用于辅助渲染，可以提高渲染速度。

12.3.1　VRay代理

在近几年建筑表现行业中，比较重大的突破是全场景渲染技术，该方法巧妙地运用了 VRay 的代理物体功能，将模型树或车转化为 VRay 的代理物体，如图 12-10 所示。

在 VRay 几何体面板中单击 VRayProxy 按钮，Mesh-Proxy params 卷展栏如图 12-11 所示。

图12-10　VRay的代理物体

图12-11 MeshProxy params卷展栏

- Mesh file（网格文件）：选择打开网格文件。
- Display（显示）：设置文件显示方式。

代理物体能让 3ds Max 系统在渲染时从外部文件导入网格物体，这样可以在制作场景的工作中节省大量的内存。如果需要很多高精度的树或车的模型并且不需要这些模型在视图中显示，那么就可以将它们导出为 VRay 代理物体，这样可以加快工作流程，最重要的是，它能够渲染更多的多边形。

12.3.2 VRay毛发

VRayFur 是一个非常简单的程序插件。毛发仅仅在渲染时产生，在场景处理时并不能实时观察效果。创建一个毛发对象时，先选择 3ds Max 中的任何一个几何物体，注意适当增加网格数，在创建面板中单击 `VRayFur` 按钮。利用 VRay 毛发创建的地毯效果如图12-12 所示。

图12-12 利用VRay毛发创建的地毯效果

VRayFur 的 Parameters 卷展栏如图 12-13 所示。

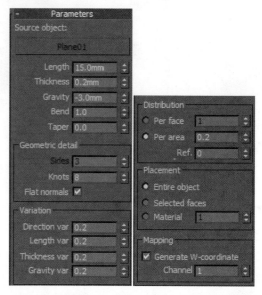

图12-13 Parameters卷展栏

- Source object（源对象）：需要增加毛发的源物体。
- Length（长度）：毛发的长度。
- Thickness（厚度）：毛发的厚度。
- Gravity（重力）：控制将毛发往 Z 方向拉下的力度
- Bend（弯曲）：控制毛发的弯曲度。
- Sides（边）：目前这个参数不可调节。毛发通常作为面对跟踪光线的多边形来渲染，正常是使用插值来创建一个平滑的表面。
- Knots（结）：毛发是作为几个连接起来的直段来渲染的，这个参数控制直段的数量。
- Flat normals（平面法线）：启用该选项时，毛发的法线在毛发的宽度上不会发生变化。虽然不是非常准确，这与其他毛发解决方案非常相似，同时亦对毛发混淆有帮助，使图像的取样工作变得简单一些。禁用该选项时，表面法线在宽度上会变得多样，创建一个有圆柱外形的毛发。
- Direction var（方向参量）：这个参数对源物体上生出的毛发增加一些方向变化，任何数值都是有效的。
- Length var（长度参量）、Thickness var（厚度参量）、Gravity var（重力参量）：在相应参数上增加变化。数值范围为 0.0 ～ 1.0。
- Per face（每个面）：指定源物体每个面的毛发数量。每个面将产生指定数量的毛发。

● Per area（每区域）：所给面的毛发数量基于该面的大小。较小的面有较少的毛发，较大的面有较多的毛发，每个面至少有一条毛发。

● Entire object（全部对象）：所有面都产生毛发。

● Selected faces（被选择的面）：仅被选择的面（比如 MeshSelect 修改器）产生毛发。

● Material（材质 ID）：仅应用指定材质 ID 的面产生毛发。

● Generate W-coordinate（产生世界坐标）：基本上所有贴图坐标都是从基础物体（base object）获取的，但是 W 坐标可以进行修改来表现沿着毛发的偏移。U 和 V 坐标依然从基础物体获取。

● Channel（通道）：设置 W 坐标将被修改的通道。

12.3.3　VRay平面和球体

VRayPlane 和 VRaySphere 可 作 为 3ds Max 中的平面和球体来使用，其优点是面数少，占用空间小。利用 VRayPlane 创建的平面不必设置长宽参数，在视图中会以无限延伸的方式显示，适合创建整体背景或地面，效果如图 12-14 所示。

图12-14　VRayPlane效果

通过 3ds Max 创建命令面板创建的球体，由多个多边形组成，可以通过参数的设置改变球体的属性，而 VRaySphere 只是创建圆滑的球体，但其在文件中所占空间小，有助于提高文件的渲染速度，如图 12-15 所示。

球体创建显示　　　　　VRaySphere创建显示

图12-15　3ds Max球体和VRaySphere球体

12.3.4　VRay置换

置换也称为位移，从字面上理解就是位置交换移动。其实它的含义是建立在凹凸基础之上的。置换贴图，也是用黑白贴图，即明度越高，凹得越明显；明度越低，凹凸效果越不明显，一般来讲，置换可以制作毛毛的地毯效果，如图 12-16 所示。

图12-16　VRay置换制作地毯

VRay 置 换 的 Parameters 卷 展 栏如 图 12-17 所示。

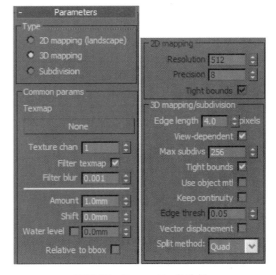

图12-17　Parameters卷展栏

● 2D mapping（2D 贴图）：2D 贴图是二维图像，它们通常贴图到几何对象的表面，或用作环境贴图来为场景创建背景。最简单的 2D 贴图是位图，其他种类的 2D 贴图按程序生成。

● 3D mapping（3D 贴图）：3D 贴图是根据程序以三维方式生成的图案。

● Texmap（纹理贴图）：选择置换的纹理贴图

文件。

● Amount（数量）：影响置换效果的程度。数值越大，置换纹理越突出。

12.4 VRay渲染器参数

VRay 渲染器参数主要位于 3 个选项卡下：V-Ray、Indirect illumination 和 Settings。这些选项卡下的参数控制着渲染的方式、精细程度等。在 Render Setup（渲染设置）对话框中，另外两个选项卡下也有 VRay 的相应参数，这在具体的应用中将会提到。

12.4.1 V-Ray选项卡

V-Ray 面板中的参数主要包括插件授权信息、版本信息、全局设置、抗锯齿设置、环境以及摄影机的设置，如图 12-18 所示。其中全局设置、抗锯齿设置和环境设置在建筑效果图的制作中经常用到。

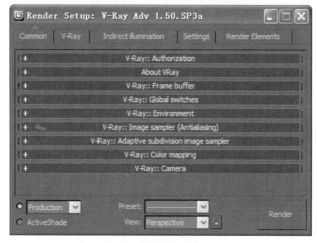

图12-18　V-Ray选项卡

V-Ray::Global switches 卷展栏

V-Ray::Global switches 卷展栏主要设置场景中的全局灯光，如图 12-19 所示。

● Displacement（置换）：决定是否使用 VRay 自己的置换贴图。注意，这个选项不会影响 3ds Max 自身的置换贴图。

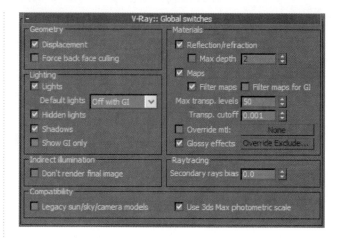

图12-19　V-Ray::Global switches卷展栏

● Lights（灯光）：决定是否使用灯光。也就是说，这个选项是 VRay 场景中的直接灯光的总开关，当然，这里的灯光不包含场景的默认灯光。如果不启用的话，系统不会渲染手动设置的任何灯光，即使这些灯光处于勾选状态，也会自动使用场景默认灯光渲染场景。所以当不渲染场景中的直接灯光时，勾选这个选项和下面的默认灯光选项即可。

● Default lights（默认灯光）：设置是否使用 3ds Max 的默认灯光。

● Hidden lights（隐藏灯光）：启用该选项时，系统会渲染隐藏的灯光效果而不会考虑灯光是否被隐藏。

● Shadows（阴影）：决定是否渲染灯光产生的阴影。

● Show GI only（只显示全局光）：启用该选项时，直接光照将不包含在最终渲染的图像中。但是在计算全局光的时候，直接光照仍然会被考虑，但最后只显示间接光照明的效果。

● Don't render final image（不渲染最终的图像）：启用该选项时，VRay 只计算相应的全局光照贴图（光子贴图、灯光贴图和发光贴图）。这对于渲染动画过程很有用。

● Reflection/refraction（反射 / 折射）：设置是否考虑计算 VRay 贴图或材质中光线的反射 / 折射效果。

● Max depth（最大深度）：用于用户设置 VRay 贴图或材质中反射 / 折射的最大反弹次数。在不启用该选项时，反射 / 折射的最大反弹次数由材质 / 贴图的局部参数来控制。当启用该选项时，所有的局部参数设置将会被它所取代。

● Maps（贴图）：设置是否使用纹理贴图。

● Filter maps（过滤贴图）：设置是否使用纹理贴图过滤。

● Max transp.levels（最大透明级别）：控制透明物体被光线追踪的最大深度。

● Transp.cutoff（透明中止阈值）：控制对通明物体的追踪何时中止。如果光线透明的累计低于这个设定的极限值，将会停止追踪。

● Override mtl（覆盖材质）：启用这个选项时，允许用户使用后面的材质槽指定的材质来替代场景中所有物体的材质并进行渲染。这个选项在调节复杂场景的时候是很有用处的。

● Secondary rays bias（二级光线偏移）：设置光线发生二次反弹时的偏移距离。

V-Ray::Image sampler 卷展栏

● V-Ray::Image sampler 卷展栏中，图像采样器类型分为 3 种，分别是"自适应细分"、"固定"和"自适应准蒙特卡洛"，如图 12-20 所示。

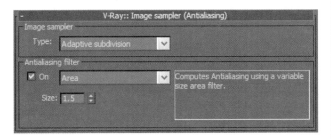

图12-20　V-Ray::Image sampler 卷展栏

● Type（类型）：图像采样器类型，分为"自适应细分"、"固定"和"自适应准蒙特卡洛" 3 种。

● Antialiasing filter（抗锯齿过滤器）：除了不支持 Plate Match 类型外，VRay 支持所有 3ds Max 内置的抗锯齿过滤器。在 Area 下拉列表

中包含 13 个过滤器，如图 12-21 所示。

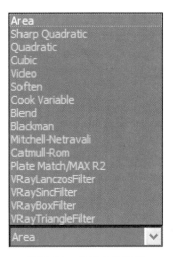

图12-21　抗锯齿过滤器

V-Ray::Environment 卷展栏

V-Ray::Environment 卷展栏如图 12-22 所示。

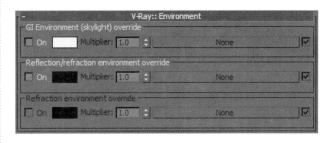

图12-22　V-Ray::Environment 卷展栏

● GI Environment（skylight）override［全局光环境（天光）覆盖］：允许在计算间接照明的时候替代 3ds Max 的环境设置，这种改变 GI 环境的效果类似于天空光。实际上，VRay 并没有独立的天空光设置。

● On（开）：只有启用该选项，其后的参数才会被激活，在计算 GI 的过程中，VRay 才能使用指定的环境色或纹理贴图，否则，使用 3ds Max 默认的环境参数设置。

● ▢（颜色）：指定背景颜色。

● Multiplier（倍增器）：设置上面所指定颜色的亮度倍增值。

● None ：材质槽，指定背景贴图。

● Reflection/refraction environment override（反射 / 折射环境覆盖）：在计算反射 / 折射时，替代 3ds Max 自身的环境设置。也可以选择在每一个材质或贴图的基础设置部分来替代 3ds Max 的反射 / 折射环境。其后面的参数含义与前面讲解的基本相同，在此就不再解释了。

12.4.2 Indirect illumination选项卡

Indirect illumination 选项卡下的参数主要包括间接照明、发光贴图、焦散的设置，如图 12-23 所示。其中间接照明和发光贴图的设置在效果图制作中经常应用。

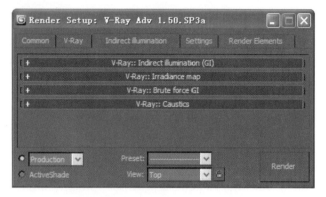

图12-23　Indirect illumination选项卡

V-Ray::Indirect illumination 卷展栏

V-Ray::Indirect illumination 卷展栏如图 12-24 所示。

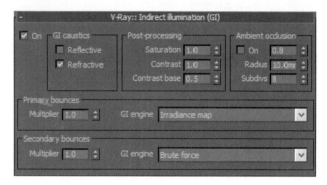

图12-24　V-Ray::Indirect illumination卷展栏

● GI caustics（全局光焦散）：全局光焦散描述的是 GI 产生的焦散光学现象。它可以由天光、自发光物体产生。但是由直接光照产生的焦散不受这里参数的控制，可以使用单独的"焦散"卷展栏下的参数来控制直接光照的焦散。不过，GI 焦散需要更多的样本，否则会在 GI 计算中产生噪波。

● Post-processing（后处理）：主要用于对间接光照明在增加到最终渲染图像前进行一些额外的修正。这些默认的设定值可以确保产生物理精度效果，当然用户也可以根据自己需要进行调节。建议一般情况下使用默认参数值。

● Primary bounces（首次反弹）：决定为最终渲染图像计算多少初级漫射反弹。注意，默认的取值

1.0 可以得到一个很好的效果。其他数值也是允许的，但是没有默认值精确。

● Secondary bounces（二次反弹）：确定在场景照明计算中次级漫射反弹的效果。注意，默认的取值1.0 可以得到一个很好的效果。其他数值也是允许的，但是没有默认值精确。

V-Ray::Indiance map 卷展栏

V-Ray::Indiance map 卷展栏如图 12-25 所示。

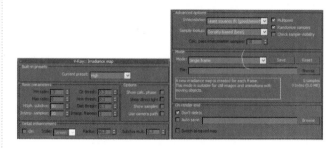

图12-25　V-Ray::Indiance map卷展栏

● Current preset（当前预置）：系统提供了 8 种系统预设的模式，如无特殊情况，这几种模式应该可以满足需要，如图 12-26 所示。

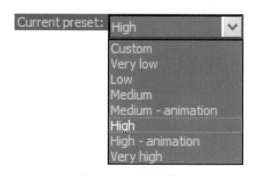

图12-26　预置模式

● Min rate（最小比率）：这个参数确定 GI 首次传递的分辨率。0 意味着使用与最终渲染图像相同的分辨率，这将使发光贴图类似于直接计算 GI 的方法，-1 意味着使用最终渲染图像一半的分辨率。通常需要设置它为负值，以便快速地计算大而平坦区域的GI，这个参数类似于自适应细分图像采样器的最小比率参数。

● Max rate（最大比率）：这个参数确定 GI 的最终分辨率，类似于自适应细分图像采样器的最大比率参数。

● HSph.subdivs（模型细分）：这个参数决定单独的 GI 样本的品质。较小的取值可以获得较快的速度，但是也可能会产生黑斑，较高的取值可以得到平滑的图像。它类似于直接计算的细分参数。

● Interp.samples（插补采样）：定义被用于插值计算的 GI 样本的数量。较大的值会趋向于模糊 GI 的细节，虽然最终的效果很光滑，较小的取值会产生更光滑的细节，但是也可能会产生黑斑。

● Clr thresh（颜色阈值）：这个参数确定发光贴图算法对间接照明变化的敏感程度。较大的值意味着较弱的敏感性，较小的值将使发光贴图对照明的变化更加敏感。

● Nrm thresh（标准阈值）：这个参数确定发光贴图算法对表面法线变化的敏感程度。

● Dist thresh（间距阈值）：这个参数确定发光贴图算法对两个表面距离变化的敏感程度。

● Show calc.phase（显示计算状态）：启用该选项时，VRay 在计算发光贴图的时候将显示发光贴图的传递。同时会减慢一点渲染计算，特别是在渲染大图的时候。

● Show direct light（显示直接光）：只有启用"显示计算状态"选项时才被激活。它将促使 VRay 在计算发光贴图的时候，显示初级漫射反弹（除了间接照明外的直接照明）。

● Show samples（显示采样）：启用该选项时，VRay 将在 VFB 窗口以小圆点的形态直观地显示发光贴图中使用的样本情况。

● Multipass（多过程）：这个模式在渲染仅摄影机移动的帧序列时很有用。VRay 将会为第一个渲染帧计算一个新的全图像的发光贴图，而对于剩下的渲染帧，VRay 设法重新使用或精练已经计算了的存在的发光贴图。如果发光贴图具有足够高的品质，也可以避免图像闪烁。这个模式能够用于网络渲染中。

● Randomize samples（随机采样）：在发光贴图计算过程中使用，启用该选项时，图像样本将随机放置，不启用该选项时，将在屏幕上产生排列成网络的样本。

● Check sample visibility（检查采样可见度）：在渲染过程中使用。它将促使 VRay 仅仅使用发光贴图中的样本，样本在插补点直接可见。可以有效防止灯光穿透两面接受完全不同照明的薄壁物体时产生的漏光现象。

● Calc.pass interpolation samples（计算传递插值采样）：它描述的是已经被采样算法计算的样本数量。较好的取值范围是 10~25，较低的数值可以加快计算传递，但是会导致信息存储不足，较高的取值将减慢速度，增加更多的附加采样。一般情况下，这个参数值设为 15 左右。

● Mode（模式）：系统提供了如图 12-27 所示的几种模式。

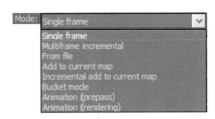

图12-27　模式列表

● Don`t delete（不删除）：这个选项默认是启用的，意味着发光贴图将保存在内存中直到下一个渲染，如果不启用，VRay 会在渲染任务完成后删除内存中的发光贴图。

● Auto save（自动保存）：启用该选项，在渲染结束后，VRay 将发光贴图文件自动保存到用户指定的位置。

● Switch to saved map（切换到保存的贴图）：这个选项只有在"自动保存"启用的时候才被激活，启用此选项的时候，VRay 渲染器会自动设置发光贴图为"从文件"模式。

12.5　本章小结

本章主要介绍了在 3ds Max 中使用 VRay 渲染插件的方法。通过设置 VRay 渲染器参数，能够快速实现反射、折射、焦散效果以及全局照明的效果，使效果图更加真实、生动。

第13章
VRay基本操作

图13-1 VRay渲染效果

本章内容

- 设置主光源
- 设置补光
- 预览渲染
- 渲染光子图
- 渲染ID彩图
- 渲染最终效果图

在指定VRay渲染器后，3ds Max中会同步出现VRay几何体、材质和灯光的创建命令。VRay渲染器配合VRay灯光模拟场景光照效果，可使场景灯光效果更逼真。使用VRay渲染器时，其渲染器参数的设置十分重要，关系到输出图像的质量。本章通过一个室内场景的实例，具体介绍使用VRay渲染器的基本操作流程，渲染效果如图13-1所示。

13.1 设置主光源

在本例中，主光源包括室外光、室内人工光。主光源的模拟应用了目标聚光灯和光域网文件，设置主光源后的效果如图 13-2 所示。

图13-2 设置主光源效果

Step01 双击桌面上的 G 按钮，启动 3ds Max 2010。

Step02 单击菜单栏左端的 G 按钮，选择 Open 命令，

在弹出的 Open File 对话框中，选择并打开随书光盘中"模型 / 第 13 章 / 卫浴空间 .max"文件，如图 13-3 所示。

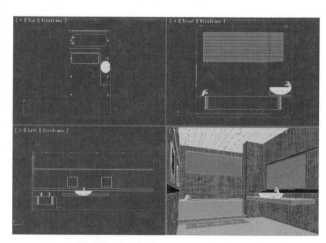

图13-3 打开"卫浴空间.max"文件

Step03 单击工具栏中 按钮，打开 Render Setup 对话框，在 Assign Renderer 卷展栏下确定已经指定 VRay 渲染器，如图 13-4 所示。

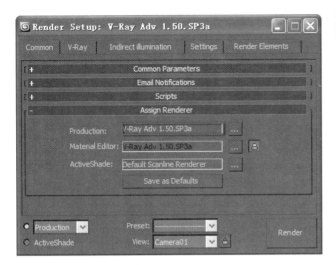

图13-4　指定渲染器

图13-7　灯光效果

（Step06）单击工具栏中 （渲染）按钮，渲染观察设置"模拟太阳光"后的效果，如图13-7所示。

提示

　　要使用VRay特有的几何体、材质和灯光，必须先指定VRay渲染器。

（Step04）单击 （灯光）/ Standard / Target Spot 按钮，在顶视图中创建一盏Target Spot，命名为"模拟太阳光"，设置其参数，如图13-5所示。

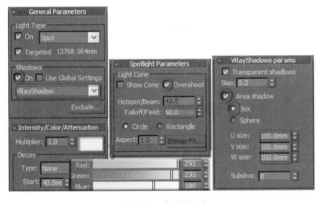

图13-5　参数设置

（Step05）在视图中调整"模拟太阳光"的位置，使其从窗户的位置投射到室内，如图13-6所示。

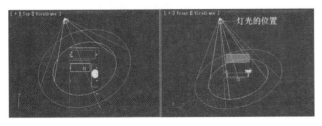

图13-6　灯光的位置

（Step07）单击 （灯光）/ Photometric / Target Light 按钮，在前视图中创建一盏Target Light，命名为"筒灯"，在General Parameters卷展栏下设置参数，如图13-8所示。

图13-8　参数设置

（Step08）在Distribution卷展栏下单击 < Choose Photometric File > 按钮，在弹出的对话框中选择随书光盘中"5.IES"光域网文件，将其打开，如图13-9所示。

（Step09）在Intensity/Color/Attenuation卷展栏下设置参数，如图13-10所示。

（Step10）在顶视图中调整"筒灯"，将其复制5个，在视图中调整"筒灯"的位置，如图13-11所示。

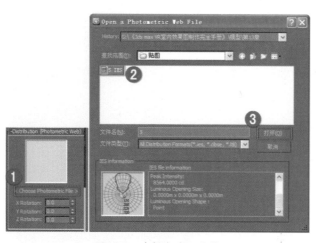

图13-9　选择光域网文件

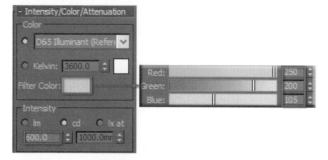

图13-10　参数设置

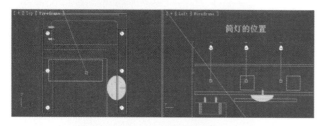

图13-11　筒灯的位置

Step11 单击工具栏中 🖼 （渲染）按钮，渲染观察设置"筒灯"后的效果，如图 13-12 所示。

图13-12　灯光效果

Step12 单击 🖼 （灯光）/ VRay / VRayLight 按钮，在顶视图中创建一盏 VRayLight，命名为"模拟灯带"，设置其参数，如图 13-13 所示。

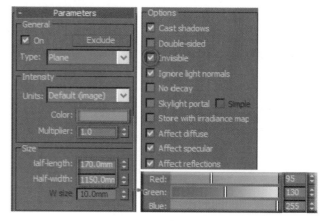

图13-13　参数设置

Step13 在视图中调整"模拟灯带"的位置，如图 13-14 所示。

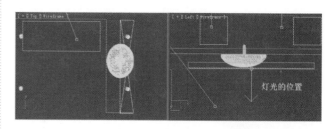

图13-14　灯光的位置

Step14 单击工具栏中 🖼 （渲染）按钮，渲染观察设置"模拟灯带"后的效果，如图 13-15 所示。

图13-15　灯光效果

Step15 至此，场景中的主光源已经设置完成。

13.2 设置补光

根据场景的总体照明效果，通过补光的方法调整场景的整体亮度，主要通过 VRayLight 灯光实现，设置补光后的效果如图 13-16 所示。

图13-16 设置补光效果

Step01 继续前面的操作。单击 ⚑（灯光）/ VRay / **VRayLight** 按钮，在前视图中创建一盏 VRayLight，命名为"室外补光"，设置其参数，如图 13-17 所示。

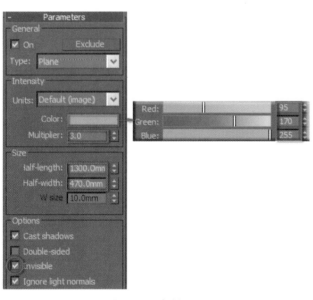

图13-17 参数设置

Step02 在顶视图中选中创建的"室外补光"，单击工具栏中 按钮，设置镜像方向为 Y 轴，在视图中调整镜像后灯光的位置，如图 13-18 所示。

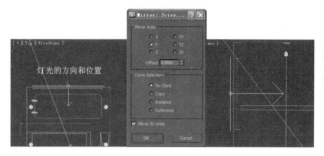

图13-18 灯光的方向和位置

Step03 单击 ⚑（灯光）/ VRay / **VRayLight** 按钮，在前视图中创建一盏 VRayLight，命名为"室内补光"，设置其参数，如图 13-19 所示。

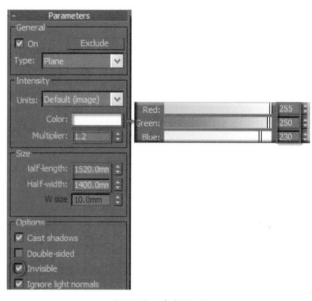

图13-19 参数设置

Step04 在视图中调整"室内补光"的位置，如图 13-20 所示。

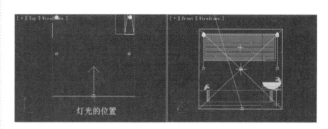

图13-20 灯光的位置

Step05 单击工具栏中 （渲染）按钮，渲染观察设置补光后的效果，如图 13-21 所示。

图13-21　补光效果

13.3　预览渲染

在最终渲染前，首先预览一下灯光设置的效果，在 VRay 渲染器中初步设置渲染参数，大体观察一下场景的效果，预览渲染效果如图 13-22 所示。

图13-22　预览渲染效果

(Step01) 单击工具栏中 按钮，打开 Render Setup 对话框，在 V-Ray 选项下设置各项参数，如图 13-23 所示。

提示　　预览渲染时，将 Type 设置为 Fixed 模式，可加快渲染速度，但图像质量不理想。

(Step06) 至此，场景中所有的灯光已经设置完成。

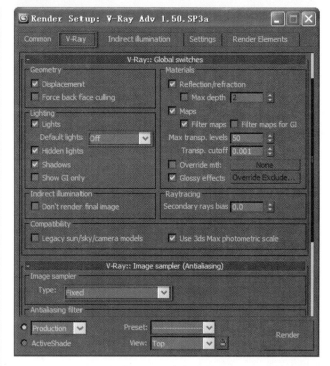

图13-23　参数设置

(Step02) 在 Indirect illumination 选项卡下的 V-Ray::Indirect illumination 卷展栏下设置各项参数，如图 13-24 所示。

(Step03) 在 V-Ray::Irradiance map 卷展栏下设置各项参数，如图 13-25 所示。

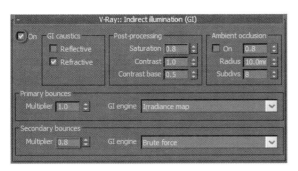

图13-24　参数设置

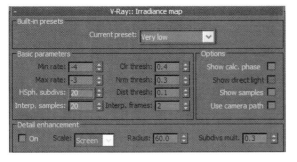

图13-25　参数设置

Step04 渲染参数设置完成后，单击 Render 按钮，初步预览渲染效果，如图 13-26 所示。

图13-26　渲染效果

13.4　渲染光子图

通过预览渲染效果，可以观察场景中的灯光效果是否已经满意，如果满意，就可以渲染光子图了。渲染光子图需要重新设置渲染参数，以提高渲染质量，光子图的渲染时间会加长，光子图渲染效果如图 13-27 所示。

图13-27　渲染光子图

Step01 继续前面的操作。打开 Render Setup 对话框，在 V-Ray 选项下设置各项参数，如图 13-28 所示。

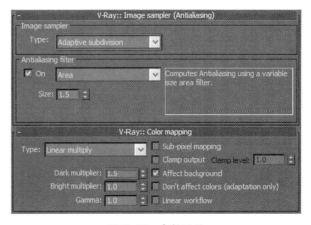

图13-28　参数设置

Step02 在 Indirect illumination 选 项 卡 下 的 V-Ray::Irradiance map 卷展栏下设置各项参数，如图 13-29 所示。

V-Ray:: Irradiance map

图13-29　参数设置

Step03 在 On render end 组中勾选 Auto save 复选框，单击 Browse 按钮，在弹出的对话框中命名并保存光子图，如图 13-30 所示。

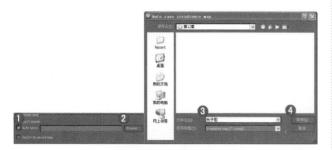

图13-30 保存光子图

Step04 在 Common 选项卡下设置出图尺寸，如图 13-31 所示。

图13-31 参数设置

Step05 单击 按钮，开始渲染光子图文件，如图 13-32 所示。

图13-32 渲染光子图

13.5 渲染ID彩图

对于需要单独进行绘画和涂饰的连续曲面，可以使用材质 ID，例如汽车由不同类型的材质组成，包括彩色的金属车身、铬合金部件、玻璃窗等。材质 ID 的设置在材质编辑器中进行，将各材质球进行 ID 编号，就可以渲染出色块式的 ID 彩图，如图 13-33 所示。

Step01 在工具栏中单击 按钮，打开 Material Editor 对话框，如图 13-34 所示。

Step02 选择第二个材质球，在工具行中单击 ID 编号按钮 ，在编号列表中选择 ，如图 13-35 所示。

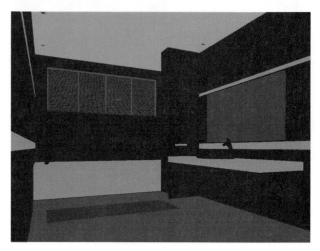

图13-33 ID彩图

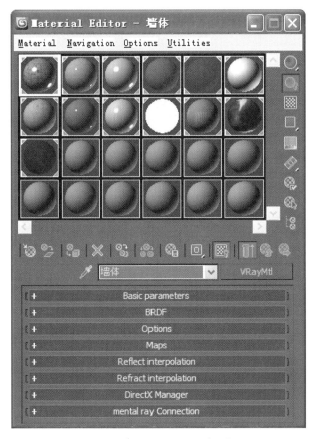

图13-34　Material Editor对话框

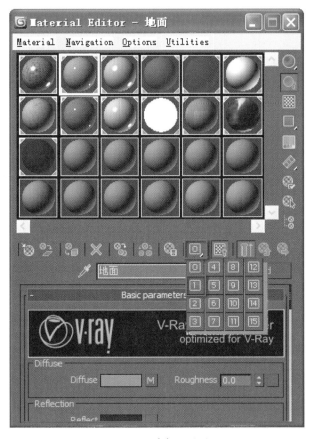

图13-35　选择ID编号

Step03 按照同样的方法，将其他材质球依次设置ID编号，如图13-36所示。

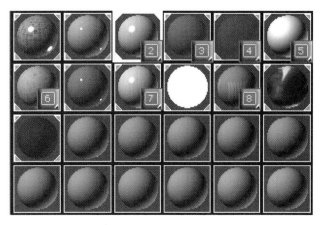

图13-36　ID设置

提示　在效果图制作中，根据需要，设置要用到的材质的材质ID就可以了。

Step04 打开Render Setup对话框，在Render Elements选项卡下单击 Add... 按钮，在弹出的Render Elements对话框中选择VRayMtlID，如图13-37所示。

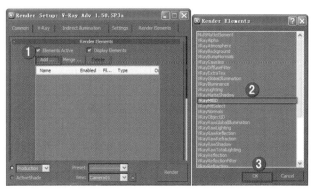

图13-37　添加渲染元素

Step05 单击 Render 按钮，渲染完成后，会出现效果图和ID彩图两个渲染文件，如图13-38所示。

图13-38　渲染ID彩图

13.6 渲染最终效果图

在最终渲染效果图时，要调大出图尺寸，并将光子图导入以节省效果图渲染时间，最终效果如图13-39所示。

图13-39 最终渲染效果

Step01 打开 Render Setup 对话框，在 Common 选项卡下设置出图尺寸，如图 13-40 所示。

图13-40 参数设置

Step02 在 Indirect illumination 选项卡下的 V-Ray::Irradiance map 卷展栏下 Mode 组中导入光子图文件，如图 13-41 所示。

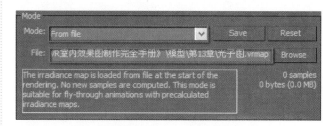

图13-41 导入光子图

Step03 单击 ▢▢▢ 按钮，渲染效果图，如图 13-42 所示。

图13-42 最终渲染效果

13.7 本章小结

本章主要介绍使用 VRay 渲染器渲染效果图的过程。首先指定 VRay 渲染器，然后利用 VRay 灯光命令设置场景灯光，灯光设置完成后通过简单的渲染参数设置，观察场景中的灯光效果。灯光效果满意后，将渲染器参数调得更精确，小尺寸比例渲染并保存光子图文件，最后出大图时，将光子图文件导入 3ds Max 中，加快效果图渲染速度。

第14章
VRay材质的应用

本章内容
- VRayMtl材质
- 其他VRay材质
- VRay贴图

在使用VRay渲染器进行渲染的时候，最好将默认的标准材质指定为VRayMtl材质，VRay材质结合VRay渲染器，表现出的材质效果更加真实、生动。

14.1 VRayMtl材质

VRay 的标准材质（VRayMtl）是专门配合 VRay 渲染器使用的材质，因此，当使用 VRay 渲染器时，这个材质会比 3ds Max 的标准材质（Standard）在渲染速度和细节质量上更有优势。其次，3ds Max 的标准材质（Standard）可以制作假高光，即没有反射现象而只有高光，但是这种现象在真实世界中是不可能实现的，而 VRay 的高光则是和反射的强度息息相关的，如图 14-1 所示。在使用 VRay 渲染器的时候，只有配合 VRay 的材质才可以产生焦散效果，而在使用 3ds Max 的标准材质（Standard）时，这种效果是无法产生的。

Standard材质假高光　　　　VRayMtl材质高光反射

图14-1　标准材质和VRayMtl材质高光效果

14.1.1　VRayMtl材质参数

VRayMtl 材质是 VRay 渲染系统的专用材质。使用这个材质能在场景中得到更好、更精确的照明，并能更快地渲染，更方便控制反射和折射参数。在 VRayMtl 中能够应用不同的纹理贴图，添加 Bump（凹凸贴图）和 Displacement（位移贴图），促使直接 GI

（Direct GI）计算，而材质的着色方式可以选择 BRDF（毕奥定向反射分配函数）。

VRayMtl 材质的 Basic parameters 卷展栏如图 14-2 所示。

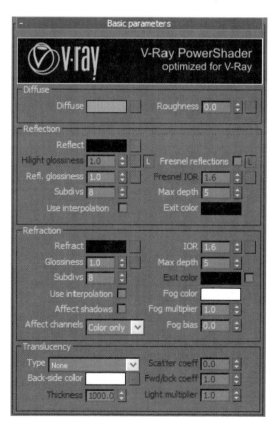

图14-2　VRayMtl基参数卷展栏

- Diffuse（漫反射）：材质的漫反射颜色。

● Reflect（反射）：一个反射倍增器（通过颜色来控制反射、折射的值）。

● Height glossiness（高光光泽度）：该值表示材质的高光光泽度。值为 0.0 时，将得到非常模糊的高光光泽度。值为 1.0 时，将关掉光泽度。

● Refl.glossiness（光泽度）：该值表示材质的光泽度。值为 0.0 时，将得到非常模糊的反射效果。值为 1.0 时，将关掉光泽度（VRay 将产生非常明显的完全反射）。

> **注意**
>
> 　　打开光泽度（Glossiness）将增加渲染时间。

● Subdivs（细分）：控制光线的数量，作出有光泽的反射估算。当光泽度（Glossiness）值为 1.0 时，这个细分值会失去作用（VRay 不会发射光线去估算光泽度）。

● Fresnel reflections（菲涅尔反射）：启用该选项时，反射将具有真实世界的玻璃反射效果。这意味着当光线和表面法线之间角度值接近 0 度时，反射将衰减，当光线几乎平行于表面时，反射可见性最大，当光线垂直于表面时几乎没反射发生。

● Fresnel IOR（菲涅尔反射）：确定材质的反射率。设置适当的值，能做出很好的折射效果。

● Max depth（最大深度）：光线跟踪贴图的最大深度。光线跟踪更大的深度时贴图将返回黑色（左边的黑块）。

● Refract（折射）：一个折射倍增器。

● Glossiness（光泽度）：该值决定材质的光泽度。值为 0.0 时，将得到非常模糊的折射效果。值为 1.0 时，将关掉光泽度（VRay 将产生非常明显的完全折射）。

● Affect shadows（影响阴影）：启用该选项时，折射效果影响物体的阴影效果。只有场景中的灯光使用了 VRay 阴影才有效。

● Fog color（烟雾颜色）：VRay 允许用户用雾来填充折射的物体，此选项可设置雾的颜色。

● Fog multiplier（烟雾倍增器）：雾的颜色倍增器。较小的值产生更透明的雾。

● Fog bias（烟雾偏移）：该数值决定烟雾的方向偏移效果。

● Scatter coeff（散射效果控制）：该值控制在半透明物体的表面下散射光线的方向。值为 0.0 时，在表面下的光线将向各个方向上散射；值为 1.0 时，光线跟初始光线的方向一致，同向散射穿过物体。

● Fwd/bck coeff（向前／向后控制）：该值控制在半透明物体表面下的散射光线中有多少将相对于初始光线向前或向后传播穿过这个物体。值为 1.0 时，所有的光线将向前传播；值为 0.0 时，所有的光线将向后传播；值为 0.5 时，光线在向前与向后方向上等量分配。

● Light multiplier（灯光倍增器）：灯光分摊的倍增器。用它来描述穿过材质下的面被反射、折射的光线的数量。

● Thickness（厚度）：该值确定半透明层的厚度。当光线跟踪深度达到这个值时，VRay 不会跟踪光线下面的面。

BRDF 卷展栏中的参数主要用于设置一个表面的反射属性。一个函数定义一个表面的光谱和空间反射属性。

在 Maps 卷展栏下能够设置不同的纹理贴图。可用的纹理贴图通道凹槽有 Diffuse、Reflect、Refract、Glossiness、Bump 和 Displace 等。每个纹理贴图通道凹槽都有一个倍增器、状态勾选框和一个长按钮。倍增器用于控制纹理贴图的强度，状态勾选框是贴图开关，长按钮用于选择需要的贴图或选择当前贴图。

14.1.2　使用VRayMtl调制金属材质

通过 VRayMtl 能够模拟现实中光亮金属或磨光金属的高光及反射效果，本例介绍金属杯的材质制作方法，效果如图 14-3 所示。

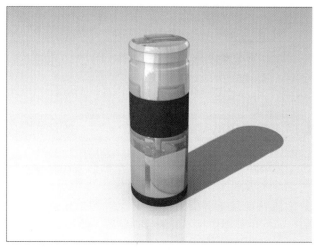

图14-3　金属杯材质效果

Step01 双击桌面上的 🇸 按钮，启动 3ds Max 2010。

Step02 单击菜单栏左端的 🇸 按钮，选择 Open 命令，在弹出的 Open File 对话框中，选择并打开随书光盘中"模型 / 第 14 章 / 金属杯 .max"文件，如图 14-4 所示。

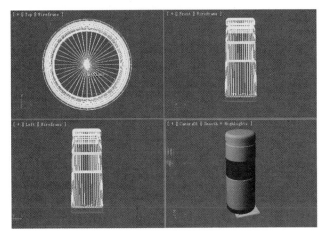

图14-4　打开文件

Step03 单击工具栏中 🎨（材质编辑器）按钮，打开 Material Editor 对话框，选择一个空白示例球，命名为"金属材质"，如图 14-5 所示。

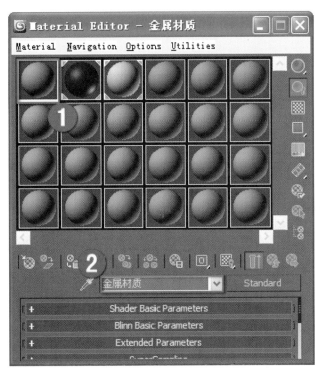

图14-5　选择材质球

Step04 单击 Standard 按钮，在弹出的 Material/Map Browser 对话框中选择 VRayMtl 材质类型，如图 14-6 所示。

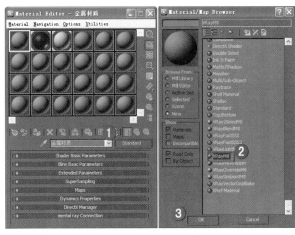

图14-6　指定VRayMtl材质类型

本例使用 VRay 材质，这需要先指定 VRay 渲染器为当前渲染器，否则有些 VRay 材质在材质编辑器中不能显示出来。

Step05 在 Basic parameters 卷展栏下设置漫反射和反射颜色，以及反射光泽度参数，如图 14-7 所示。

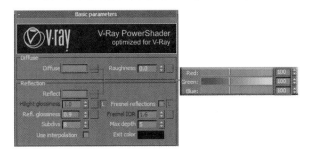

图14-7　参数设置

Step06 在 Maps 卷展栏下单击 Reflect 右侧的长贴图按钮，在弹出的 Material/Map Browser 对话框中选择 Bitmap 贴图类型，如图 14-8 所示。

图14-8　选择贴图类型

Step07 此时弹出 Select Bitmap Image File 对话框，选择随书光盘中"贴图 / 反射贴图 .jpg"文件，将其打开，如图 14-9 所示。

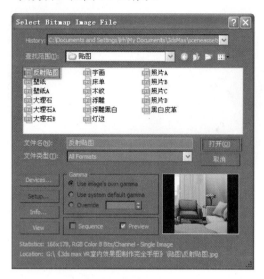

图 14-9 打开贴图文件

Step08 单击 按钮，返回上一级，在 Maps 卷展栏下设置 Reflect 参数为 80，如图 14-10 所示。

Step09 至此，VRayMtl 金属材质制作完成，在视图中选中"金属材质"模型，单击 （将材质指定给选定对象）按钮，将材质赋予选中的模型，材质效果如图 14-11 所示。

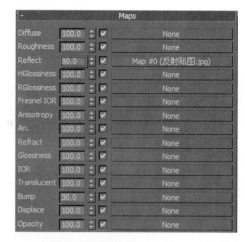

图 14-10 参数设置

图 14-11 金属材质效果

14.2 其他VRay材质

在材质编辑器中单击 Standard 按钮，在弹出的 Material/ Map Browser 对话框中共有 10 种 VRay 材质，如图 14-12 所示。下面简单介绍一下其中常用的几种 VRay 材质。

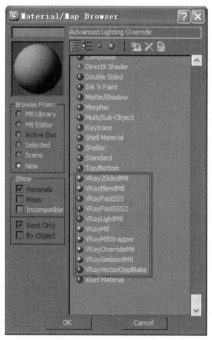

图 14-12 VRay材质

14.2.1 VRay包裹材质

用 VRay 包裹材质，可以很好地控制房间内部色溢的现象。主要是用来控制材质产生全局照明（GI）和接受 GI 的程度。比如想让桌子上的物品醒目点，就把产生 GI 调高点，深色饱和物体容易出现色溢，就把产生 GI 调低点。材质效果如图 14-13 所示。

图 14-13 材质效果

VRay 包裹材质参数卷展栏如图 14-14 所示。

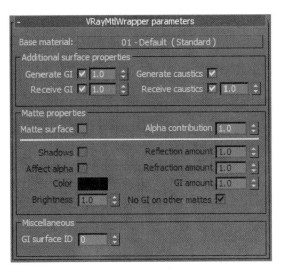

图14-14　VRayMtlWrapper parameters卷展栏

- Base material（基本材质）：选择材质类型，推荐使用 VRayMtl 材质。

- Generate GI（产生全局照明）：这个数值决定材质全局照明的亮度，数值越高，亮度越强。

- Receive GI（接受全局照明）：这个数值决定材质接受全局照明的亮度，数值越高，接受照明度越多。

通过设置墙体的 GI 参数，场景中的光照效果如图 14-15 所示。

图14-15　设置GI参数效果

14.2.2　VRay代理材质

使用 VRay 代理材质可以避免效果图中材质反射的色溢现象，例如，打开了全局照明，阳光下草地的反射光把建筑的墙面全部染成一大片绿色，如果不希望有这种效果，只能用 Photoshop 把草地的饱和度调小或者把 RGB 输出降低，但是这样虽然使草地

的反射光不绿了，草地却会显得很灰，如果使用代理材质，可以让草地显示出来的是基本材质的草地，而在全局光上用饱和度很低的草地材质来计算，就可以达到两全其美的效果。代理材质最常用于代理一些 VRay 渲染全局光的时候会出错的材质。VRay 代理材质参数卷展栏如图 14-16 所示。

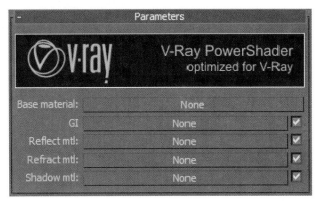

图14-16　VRay代理材质参数卷展栏

- Base material（基本材质）：选择物体的基本材质类型。

- Reflect mtl（反射材质）：选择物体反射材质类型。

- Refract mtl（折射材质）：选择物体折射材质类型。

使用 VRay 代理材质制作的材质效果如图 14-17 所示。

图14-17　草皮VRay代理材质效果

14.2.3　VRay灯光材质

VRay 灯光材质是一种自发光的材质，设置不同的倍增值，可以在场景中产生不同的明暗效果，用于制作自发光的物件，比如灯带、电视机屏幕、灯箱等。也可用来代替灯，可以做出各种形状的灯而不受限制。比如要打一个圆形灯带，画一个圆环物体，然

后赋予灯光材质即可，而不用画多个线光源或面光源。VRay 灯光材质参数卷展栏如图 14-18 所示。

图14-18　参数卷展栏

● ⬜（颜色）：用于设置自发光材质的颜色，如果有贴图，则以贴图的颜色为准。

● 1.0（倍增）：用于设置自发光材质的亮度，相当于灯光的倍增器。

● Opacity（不透明度）：用于指定贴图作为自发光。

14.2.4　VRay混合材质

使用 VRay 混合材质可制作山体、草皮等物体的材质。VRay 混合材质参数卷展栏如图 14-19 所示。

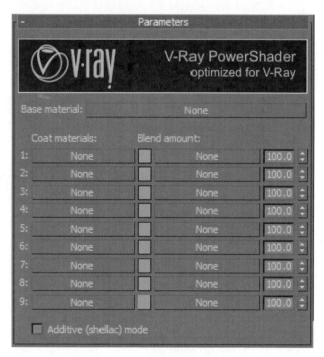

图14-19　VRay混合材质参数卷展栏

● Base material（基本材质）：指定被混合的第一种材质，为最基层材质。

● Coat materials（镀膜材质）：指定混合在一起

的其它材质，为基层材质上面的材质。该组中提供了 9 种镀膜材质通道。

● Blend amount（混合数量）：设置两种材质的混合度。当颜色为黑色时，会完全显示基础材质的漫反射颜色；当颜色为白色时，会完全显示镀膜材质的漫反射颜色，也可以利用贴图通道来进行控制。

● Additive (shellac) mode［附加（虫漆）模式］：启用该选项时，与 3ds Max 的虫漆材质类似，一般不启用。

14.2.5　VRay双面材质

利用 VRay 双面材质制作单面模型的材质，例如车削制作的模型，可以设置模型的内和外两种材质，如图 14-20 所示。

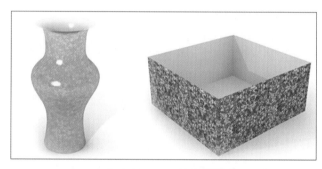

图14-20　双面材质效果

VRay 双面材质参数卷展栏如图 14-21 所示。

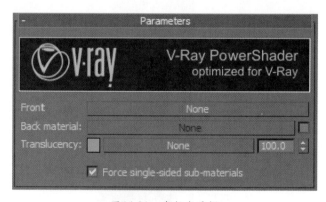

图14-21　参数卷展栏

● Front（正面材质）：设置物体外侧的材质。

● Back material（背面材质）：设置物体内侧的材质。

● Translucency（半透明）：通过调整颜色的深浅，调整两种材质间的透明度，颜色越浅越透明，颜色为黑色则没有透明度。

14.3 VRay贴图

使用 VRay 渲染器，最好结合 VRay 贴图来制作材质，这样能够更完美地表现场景中的材质效果，VRay 贴图包括 VRay 边纹理、VRayHDRI、VRay 颜色等贴图类型。

在材质编辑器中任意一个示例球的 Maps 卷展栏下，单击长贴图按钮，在弹出的 Material/Map Browser 对话框中含有 9 种 VRay 贴图类型，如图 14-22 所示。

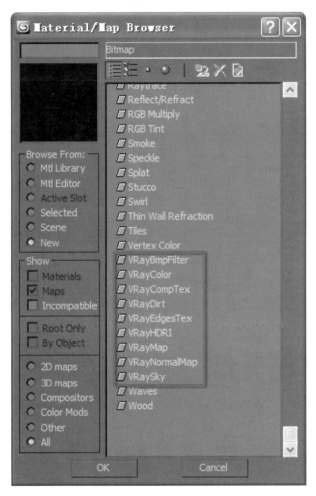

图14-22 VRay贴图类型

14.3.1 VRayMap

VRayMap 的主要作用是在 3ds Max 材准材质或第三方材质中增加反射/折射效果。其用法类似于 3ds Max 中的光线追踪类型的贴图，因为 VRay 不支持这种贴图类型，所以在需要的时候，用 VRayMap 来代替。其参数卷展栏如图 14-23 所示。

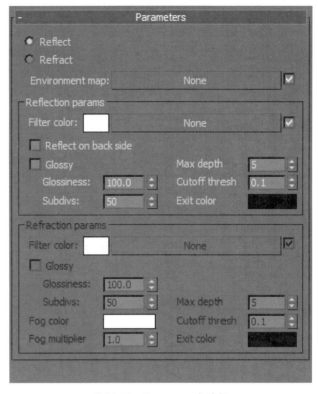

图14-23 Parameters卷展栏

● Reflect（反射）：启用该选项时，VRay 的贴图起到一种反射贴图的作用。此时，Reflection params 选项组可用来控制贴图的参数。

● Refract（折射）：启用该选项时，VRay 的贴图起到一种折射贴图的作用。此时，Reraction params 选项组可用来控制贴图的参数。

● Environment map（环境贴图）：设置环境位图，使材质的反射更真实。

● Filter color（过滤色）：反射倍增器。不要在材质中使用微调设定反射强度，应当在此使用 Filter color 来代替它。

● Reflect on back side（背面反射）：该选项将强制 VRay 始终追踪反射光线。在使用了折射贴图时，使用该选项将增加渲染时间。

● Glossy（光泽）：打开光泽反射。

● Glossiness（光泽度）：材质的光泽度。当该值为 0 时，将产生特别模糊的反射。较高的值将产生较尖锐的反射。

● Subdivs（细分）：控制发出光线的数量来估算光泽反射。

● Max depth（最大深度）：贴图的最大光线追踪深度。大于该值时，贴图会反射出 Exit color 颜色。

● Exit color（退出颜色）：当光线追踪达到最大深度但不进行反射计算时反射出来的颜色。

● Fog color（烟雾颜色）：VRay 允许用户使用体积雾来填充透明物体。此选项决定体积雾的颜色。

● Fog multiplier（烟雾倍增）：体积雾倍增器，较小的值会产生较透明的雾。

使用 VRay 贴图设置材质效果如图 14-24 所示。

图14-24　VRay贴图材质效果

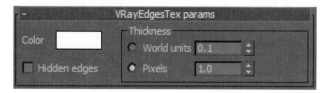

14.3.2　VRay边纹理

使用 VRay 边纹理可以渲染出模型的线框图，其参数卷展栏如图 14-25 所示。

图14-26　渲染线框图

14.3.3　VRay合成纹理

VRay 合成纹理主要表现材质的色相，通过两个材质通道将两种材质混合搭配，并选择适当的运算方法，调制纹理图案。VRay 合成纹理参数卷展栏如图 14-27 所示。

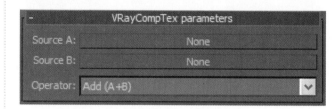

图14-27　VRay合成纹理参数卷展栏

● Source A（源 A）、Source B（源 B）：单击 None 按钮可指定一张贴图，该贴图将与 Source B（来源 B）通道中指定的贴图进行混合处理。

● Operator（运算符）：设置两张贴图的混合方式。有 7 种运算方式可供选择，如图 14-28 所示。

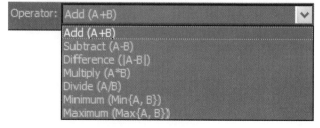

图14-28　运算方式

VRay 合成纹理材质效果如图 14-29 所示。

图14-25　VRay边纹理参数卷展栏

● Color（颜色）：设置线框的颜色。

● Hidden edges（隐藏边）：开启该选项后可以渲染隐藏的边。

● World units（世界单位）：使用世界单位设置线框的宽度。

● Pixels（像素）：使用像素单位设置线框的宽度。数值越高，线框越粗，反之则越细。

线框渲染效果如图 14-26 所示。

图14-29　VRay合成纹理材质效果

14.3.4　VRay灰尘

VRay 灰尘可以用来制作破旧古老的物体材质，VRay 灰尘参数卷展栏如图 14-30 所示。

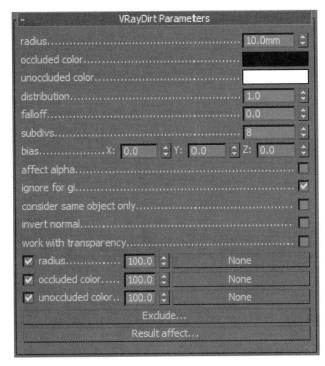

图14-30　VRay灰尘参数卷展栏

● radius（半径）：设置投影的范围大小。

● occluded color（阻挡颜色）：设置投影区域的颜色。

● unoccluded color（无阻挡颜色）：类似于漫反射颜色，设置阴影区域以外的颜色。

● distribution（分布）：设置投影的扩散程度。

● falloff（衰减）：设置投影边缘的衰减程度。

● subdivs（细分）：设置投影污垢材质的采样数量。

● bias（偏移）：分别设置投影在三个轴向上偏移的距离。

● affect alpha（影响 alpha）：开启该选项后，在 Alpha 通道中会显示阴影区域。

● ignore for gi（忽略全局光）：开启该选项后，忽略渲染设置对话框中的全局光设置。

● consider same object only（仅考虑相同的对象）：开启该选项后只在模型自身产生投影。

14.3.5　VRayHDRI

VRayHDRI 是一种特殊的图形文件格式，它的每一个像素除了含有普通的 RGB 信息以外，还包含该点的实际亮度信息，所以它在作为环境贴图的时候，能照亮场景，为真实再现场景所处的环境奠定了基础。

VRayHDRI 拥有比普通 RGB 格式图像（仅 8bit 的亮度范围）更大的亮度范围。标准的 RGB 图像最大亮度是值是 255/255/255，如果用这样的图像结合光能传递照明一个场景的话，即使是最亮的白色也不足以提供足够的照明来模拟真实世界中的情况，渲染结果看上去会平淡而缺乏对比，原因是这种图像文件将现实中的大范围的照明信息仅用一个 8bit 的 RGB 图像描述。但是使用 HDRI 的话，相当于将太阳光的亮度值（比如 6000%）加到光能传递计算以及反射的渲染中，得到的渲染结果非常真实。VRayHDRI 的参数卷展栏如图 14-31 所示。

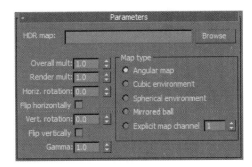

图14-31　VRayHDRI参数卷展栏

● Overall mult（倍增器）：用于设置 HDRI 贴图的倍增强度。

● Horiz.rotation（水平旋转）：控制贴图水平方向上的旋转。

● Filp horizontally（水平翻转）：将贴图沿着水平方向翻转。

● Vert.rotation（垂直旋转）：控制贴图垂直方向上的旋转。

● Filp vertically（垂直翻转）：将贴图沿着垂直方向翻转。

● Gamma（伽玛值）：设置 HDRI 贴图的伽玛值。

VRayHDRI 材质效果如图 14-32 所示。

图14-32　VRayHDRI材质效果

14.3.6　VRay位图过滤器

通过 VR 位图过滤器可以设置贴图在物体表面的图像显示位置，相当于"UVW 贴图"设置。VRay 位图过滤器参数卷展栏如图 14-33 所示。

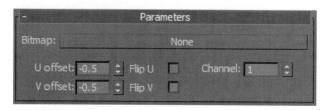

图14-33　VR位图过滤器参数卷展栏

● Bitmap（位图）：选择位图图像。

● U offset（U 偏移）、V offset（V 偏移）：设置位图的偏移数量。

● Flip U（镜像 U）、Flip V（镜像 V）：启用该选项时，该轴上的图像呈镜像显示。

VRay 位图过滤器贴图效果如图 14-34 所示。

图14-34　VRay位图过滤器贴图效果

14.3.7　VRay颜色

VRay 颜色贴图通过源三色元素红、绿、蓝的含量来调整材质的色彩。VRay 颜色参数卷展栏如图 14-35 所示。

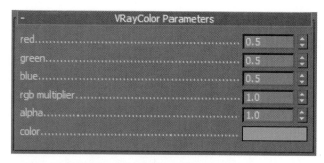

图14-35　VRay颜色参数卷展栏

● red（红）、green（绿）、blue（蓝）：调整材质的颜色。

● rgb multiplier（RGB 倍增器）：调整颜色的亮度，数值越大，亮度越大，反之则越小。

● color（颜色）：设置材质的颜色。

VRay 颜色贴图效果如图 14-36 所示。

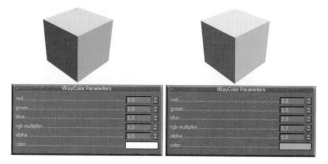

图14-36　VRay颜色贴图效果

14.4　本章小结

本章介绍 VRay 材质和贴图的应用方法及参数设置，在效果图制作中，如果使用 VRay 渲染器，最好使用 VRay 自带材质和贴图，这样表现出的材质效果更加理想。在后面的实例将会看到，使用 VRay 渲染的效果图比默认渲染器渲染的效果图更真实、生动。

第 15 章
VRay灯光和摄影机的应用

本章内容

- VRay灯光
- VRayIES灯光
- VRay阳光
- VRay穹顶摄影机
- VRay物理摄影机

VRay渲染器可兼容其他类型的灯光系统和摄影机系统，在室内效果图的制作中，一个场景中往往有多个类型的灯光。VRay灯光在效果图制作中起到非常重要的作用，能够更完美地表现出默认灯光无法达到的光照效果。

15.1 VRay灯光

VRay 渲染器自带的 VRayLight 有体积的概念，这一点遵循了真实世界中光线的物理特性。在真实环境中，光线不仅有点的形式，还有面及体的形式。而 3ds Max 系统默认的灯光却没有这个特性，这就让灯光效果大打折扣。虽然使用 3ds Max 系统默认的灯光时可以选择 VRayShadow（区域阴影）选项，但是最后的阴影效果还是没有 VRayLight 真实。

不过 VRayLight 也有不足之处，比如缺少光域网和阴影贴图的特性，而且在渲染场景时会增加很多杂点，虽然可以调高 VRayLight 阴影的细分值来消除这些瑕疵，但是会增加系统的渲染时间。最好的方法是配合使用 VRayLight 与 3ds Max 自带的灯光。

VRay 灯光的参数卷展栏如图 15-1 所示。

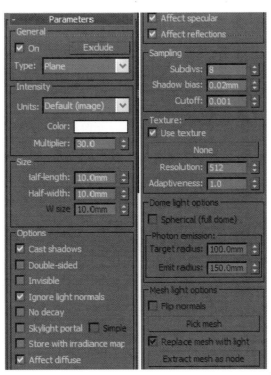

图15-1　VRayLight的参数卷展栏

● On（开）：打开或关闭 VRay 灯光。

● Type（类型）：在其下拉列表中提供了 4 种灯光类型，如图 15-2 所示。

图15-2　灯光类型列表

● Plane（平面）：选中这种类型的光源时，VRay 光源具有平面的形状。

● Half-length（一半长度）：面光源长度的一半。

● Half-width（一半宽度）：面光源宽度的一半。

● Sphere（球体）：当选中这种类型的光源时，VRay 光源是球形的。

● U size/ V size/W size（U、V、W 尺寸）：光源的 U、V、W 尺寸。

● Units（单位）：灯光亮度单位，法定计量单位为 cd/m2，其下拉列表如图 15-3 所示。

图15-3　灯光单位下拉菜单

● Default（image）：VRay 默认亮度单位，通过灯光的颜色和亮度来控制灯光的强弱，如果忽略曝光类型的因素，灯光色彩将是物体表面受光的最终色彩。

● Luminous power（im）：当使用这种亮度单位时，灯光的亮度将和灯光的大小无关。

● Iance（w/m2/sr）：当选择这种亮度单位时，灯光的亮度和它的大小有关系。

● Luminance（IM/m2/sr）：选择这种亮度单位时，灯光的亮度和它的大小有关系。

● Radiant power(w)：选择这种亮度单位时，灯光的亮度和灯光的大小无关，但是这里的瓦特和物理中的瓦特不一样，这里的 500w 大约等于物理上的 10 ～ 15 瓦特。

● Color（颜色）：由 VRay 光源发出的光线的颜色。

● Multiplier（倍增器）：光源颜色倍增器。

● Double-sided（双面）：当 VRay 灯光为平面光源时，该选项控制光线是否从面光源的两个面发射出来。

● Invisible（不可见）：该选项控制 VRay 光源体的形状是否在最终渲染场景中显示出来。当启用该选项时，发光体不可见，当不启用该选项时，VRay 光源体会以当前光线的颜色渲染出来。

● Ignore light normals（忽略灯光法线）：当一个被追踪的光线照射到光源上时，该选项让用户控制 VRay

计算发光的方法。模拟真实世界的光线时，该选项应当禁用，但是启用该选项时，渲染的结果会更加平滑。

● No decay（不衰减）：当启用该选项时，VRay 所产生的光将不会随距离而衰减。否则，光线将随着距离而衰减。

● Skylight portal（天光入口）：该选项把 VRay 灯光转换为天光，这时的 VRay 灯光就变成了 GI 灯光，失去了直接照明。当启用这个选项时，Invisible、Ignore、light normals、No decay、Color、Multiplier 将不可用，这些参数将被 VRay 的天光参数取代。

● Store with irradiance map（存储发光贴图）：当启用该选项并且全局照明设定为 Irradiance map 时，VRay 将再次计算 VrayLight 的效果并且将其存储到光照贴图中。其结果是光照贴图的计算会变得更慢，但是渲染时间会减少。用户还可以将光照贴图保存下来，以后可再次使用。

● Affecrt Diffuse（影响漫射）：决定灯光是否影响物体材质属性的漫反射。

● Affect specular（影响高光）：决定灯光是否影响物体材质属性的高光。

● Affect reflections（影响反射）：决定灯光是否影响物体的反射。

● Shadow bias（阴影偏移）：此参数用于控制物体与阴影偏移距离，较高的值会使阴影向灯光的方向偏移。

● Cutoff：VRayLight 中新增加了 Cutoff 的阈值，可缩短多个微弱灯光场景的渲染时间。当场景中有很多微弱而不重要的灯光时，可以使用 VRayLight 中的 Cutoff 参数来控制它们，以减少渲染时间。

● Subdivs（细分）：控制 VRay 用于计算照明的采样点的数量。

使用 VRayLight 设置场景灯光的效果如图 15-4 所示。

图15-4　利用VRayLight设置场景灯光的效果

15.2 VRayIES灯光

VRayIES 灯光是 VRay 渲染器新增的一种灯光类型。其灯光特性类似于光度学灯光，也可以说该灯光就是 VRay 的光度学灯光。VRayIES 可以调用外部的光域网文件，使用起来非常方便。VRayIES 灯光参数卷展栏如图 15-5 所示。

- enabled（激活）：开启面光源。

- targeted（目标对象）：开启目标对象。

- shadow bias（阴影偏移）：该参数用于控制物体与阴影偏移距离，较高的值会使阴影向灯光的方向偏移。

- color（颜色）：设置灯光颜色。

- power（强度）：相当于默认灯光中的倍增器，数值越大，亮度越大。

图15-5　VRayIES Parameters卷展栏

15.3 VRay阳光

对于 3ds Max 来说，日光系统是模拟现实的物理光源，可真实再现太阳在真实世界里的位置，VRay 内设的太阳光 VRaySun 正是为了更真实地表现日光而开发的，并且已经从 1.5 版本开始，能够整合在 3ds Max 辅助工具的日光系统中了，可以更方便地调整正确位置。作为辅助的 VRaySky 贴图系统则可模拟天空环境颜色，它将依照日光位置、强度、大气等因素产生颜色亮度变化。

日光系统是依照上北下南、左西右东的坐标方向来定位太阳的，所以不论室外建筑还是室内场景，一定要先确定图纸上窗口南北朝向，在建立模型时保证方位一致，这样明暗关系才正确。

VRaySun 的参数非常简单，需要注意的是光照强度，默认值 1 是白天的光照强度，最好不要更改。而模拟傍晚光照则可以适当降低，在 19：00 ～ 19：30 以后，太阳就会完全没入地平线以下，日光将失去作用，此时要通过降低光照强度来实现所谓的月光。参数中比较重要的是 turbidity（浑浊度），它代表天空是否晴朗。size multiplier（区域大小）则反映了太阳直射光照范围强度，数值越小表示直线光照阴影范围越小，反之阴影范围越大，它的数值单位依照场景尺寸设定单位，如场景单位是毫米，那么阴影范围也是按毫米计算。VRaySun Parameters 卷展栏如图 15-6 所示。

图15-6　VRaySun Parameters卷展栏

- enabled（激活）：开启面光源。

- invisible（不可见）：启用此选项后，VRaySun 不显示。

- turbidity（浑浊度）：大气的浑浊度，该参数是 VRaySun 比较重要的参数，它控制大气浑浊度。早晨和日落时阳光的颜色为红色，中午为很亮的白色，原因是太阳光在大气层中穿越的距离不同，即我们看太阳时，大气层的厚度不同而呈现出不同的颜色，早晨和黄昏太阳光在大气层中穿越的距离最远，大气的浑浊度也比较高，所以会呈现红色的光线，反之正午时浑浊度最小，光线也非常亮非常白。

● ozone（臭氧）：该参数控制臭氧层的厚度，随着臭氧层变薄，特别是南极和北极地区，到达地面的紫外光辐射越来越多，但臭氧减少和增多对太阳光线的影响甚微，臭氧值较大时，由于吸收了更多的紫外线所以颜色偏淡，反之臭氧值较小，进入的紫外线越多，颜色会略微深一点。该参数对画面的影响不是很大。

● intensity multiplier（强度倍增器）：该参数是比较重要的，它控制着阳光的强度，数值越大，阳光越强。

● size multiplier（大小倍增器）：该参数可以控制太阳的尺寸，太阳越大，阴影越模糊，使用它可以灵活调节阳光阴影的模糊程度。

● shadow subdivs（阴影细分）：即阴影的细分值，这个参数在每个 VRay 灯光中都有，细分值越高，产生阴影的质量就越高。

● shadow bias（阴影偏移）：阴影的偏差值，值为 1.0 时，阴影有偏移，大于 1.0 时，阴影远离投影对象，小于 1.0 时，阴影靠近投影对象。

15.4 VRay穹顶摄影机

VRay 穹顶摄影机在效果图制作中一般用不到，它是一种固垂直角度的摄影机，摄影机和目标点永远呈直线形式，不能移动，适合渲染平面图。VRayDomeCamera Parameters 卷展栏如图 15-7 所示。

使用 VRay 穹顶摄影机的视角如图 15-8 所示。

图15-7　VRayDomeCamera Parameters卷展栏

● fov（视野）：设置摄影机的视角。

图15-8　VRay穹顶摄影机视角

15.5 VRay物理摄影机

选择 VRay 摄影机模式后，会出现 VRay Physical Camera（物理摄像机）和 VRay Dome Camera（穹顶模式的半球摄像机），VRay Physical Camera 可以模拟真实摄影机的结构原理，包括镜头、光圈、快门和景深等。

VRay Physical Camera 功能强大，参数也很庞杂，对于初学者来说有一定的难度，其实在效果图制作中所用到的参数并不多，景深和散景特效一般情况下不会用到。Basic parameters（基本参数）卷展栏是学习的重点和难点，主要有三类参数，一是控制画面透视效果的一些参数；二是控制画面亮度的一些参数，这几个控制亮度的参数虽然在解释上有所不同，但效果却很相似，所以一般只调整一两个参数就可以达到调整多个参数的效果；第三个就是白平衡参数，它的主要功能是控制画面的偏色效果。

Basic parameters 卷展栏

VRay Physical Camera 的 Basic parameters 卷展栏如图 15-9 所示。

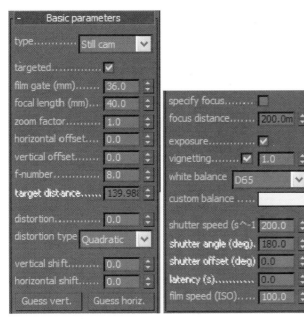

图15-9　Basic parameters卷展栏

- type（类型）：在类型下拉列表中有 3 种摄影机类型：Still camera（静态相机）主要模拟常规的静态画面的摄影机，也是在效果图中所用的一种摄影机类型；Cinematic camera（电影摄影机）主要模拟电影摄影机效果；Video camera（视频摄影机）主要模拟录像机的镜头。

- targeted（目标）：决定是否手动控制摄影机的目标点。

film gate（胶片）：感光材料的对角尺寸，35mm 的胶片是最流行的胶片画幅，也就是常说的照片底版（负片）大小，该数值越大，画幅也就越大，透视越强，所看到的画面越多。

- focal length（焦长）：控制摄影机的焦长，同时也会影响到画面的感光强度。较大的数值产生的效果类似于长焦效果，且感光材料（胶片）会越暗，特别是胶片边缘的区域会更暗，较小数值产生的效果类似于广角效果，透视感强，胶片会越亮。

- zoom factor（视图缩放）：控制摄影机的视角大小，与 focal length（mm）[焦长（mm）] 功能相似，只是该选项只改变画面的透视效果，不会影响到画面的感光强度。

- f-unmber（光圈数值）：光圈数值就是控制光通过镜头到达胶片所通过的孔的大小，数值越大胶片感光就越强，反之就越弱。

- distortion（扭曲）：扭曲效果是由下面的 distortion type（扭曲类型）控制。

- vertical shift（垂直变形）：控制在垂直方向上

的透视效果，类似于 Camera correction（摄影机修正）功能。

- specify focus（指定焦点）：启用该选项后，用户可以用下面的 focus distance（焦点距离）选项来改变摄影机目标点到摄影机镜头的距离。

- exposure（曝光）：启用此选项后，要改变场景亮度一些参数，如 f-number（光圈）、shutter speed（快门）、ISO（感光系数）等，才能起作用。

- vignetting（虚光）：该选项可以模拟真实摄影机的虚光效果，也就是画面中心部分比边缘部分的光线亮。图 15-10 中左图是不启用该选项时的效果，右图是启用该选项的效果。

图15-10　虚光效果

- white balance（白平衡）：真实摄影机所拍摄的画面和肉眼所看到的会有一定差别，这主要是由于摄影机不会像大脑一样智能处理色彩信息，白平衡就是针对不同色温条件下，通过调整摄影机内部的色彩电路使拍摄出来的影像抵消偏色，更接近人眼的视觉习惯。白平衡可以简单地理解为在任意色温条件下，摄影机镜头所拍摄的标准白色经过电路的调整，使之成像后仍然为白色。可以由右边的预设选项来定义白平衡，也可以由下面的 custom balance（手动白平衡）选项来调节，白平衡调成 ▢ 时的效果如图 15-11 中左图所示，白平衡调成 ▢ 时的效果如图 15-11 中右图所示。

图15-11　白平衡效果

- shutter angle（快门角度）：当选择 Cinematic camera（电影摄影机）类型时，快门角度也会影响最终渲染图的亮度，与 Still camera（静态摄影机）中的 shutter speed（快门速度）功能是相似的。

● shutter offset（快门偏移）：当选择 Cinematic camera（电影摄影机）类型时，可以控制快门角度的偏移。

● latency(s)（反应时间）：当选择 Video camera（视频摄影机）类型时，该功能与 Still camera（静态摄影机）中的 shutter speed（快门速度）功能相似。

● film speed(ISO)（ISO 胶片感光系数）：不同的胶片感光系数对光的敏感度是不一样的，数值越高胶片感光度就越高，最后的图像（效果图）就会越亮，反之图像就会越暗。一般在渲染白天效果时可以使用较小的数值，这样就可以让胶片对光的敏感度低一些，避免画面曝光过度；而渲染晚上场景可以使用较高的数值，这样可以避免曝光不足。

Sampling 卷展栏

Sampling 卷展栏如图 15-12 所示。

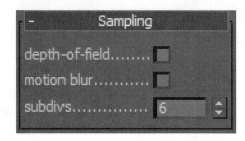

图15-12　Sampling 卷展栏

● depth-of-field（景深）：控制是否开启景深效果。当某一物体聚焦清晰时，从该物体前面的某一段距离到其后面的某一段距离内的所有景物都是相当清晰的，焦点相当清晰的这段从前到后的距离就叫做景深，景深效果可以让画面清晰区域更引人注目，突显视觉中心效果，如图 15-13 所示，但是开启景深功能后会大大增加渲染时间。

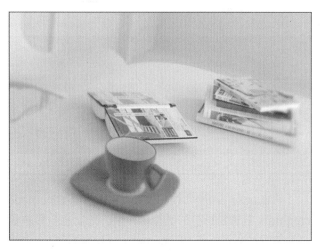

图15-13　景深效果

● motion blur（运动模糊）：控制是否开启运动模糊功能，它只适用于有运动画面的物体，对静态画面不起作用。

● subdivs（细分）：对 depth-of-field（景深）和 motion blur（运动模糊）功能的细分采样值，数值越高效果越好，但渲染时间越长。

Bokeh effects 卷展栏

Bokeh effects 卷展栏如图 15-14 所示。

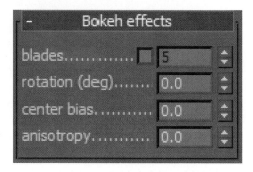

图15-14　Bokeh effects 卷展栏

● blades（边缘）：启用该选项后可以改变散景后的形状边数数值，数值越大边数就越多，也就越接近圆形。

● rotation（旋转）：控制边缘形状的旋转角度。

● center bias（中心偏移）：控制边缘形状的偏移值。

● anisotropy（各项异性）：控制边缘形状的变形强度，数值越大形状就越长。

● Bokeh effects（散景效果）可以实现镜头特殊的模糊效果，在景深效果的模糊区域会产生松散的画面效果，也就是散景，如图 15-15 所示。

图15-15　散景效果

Miscellaneous 卷展栏

Miscellaneous 卷展栏如图 15-16 所示。

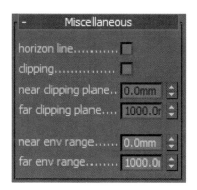

图 15-16 Miscellaneous 卷展栏

● horizon line（地平线）：设置是否显示地平线标志。

● clipping（剪切）：开启该选项后，下面的 near clipping plane）（近景剪切）和 far clipping plane（远端剪切）选项才可用，该选项可以剪切数值以外的场景画面。

● near env range（近景环境范围）、far env range（远景环境范围）：与 3ds Max 中摄影机 Environment range（环境范围）的 Near Clip（近景剪切）和 Far Clip（远端剪切）功能相同，主要是设定 Environment（环境）面板中的特效范围。

15.6 本章小结

本章介绍了 VRay 灯光和摄影机的应用方法及参数设置，VRay 提供了 VRayLight、VRayIES 和 VRaySun 三种灯光形式。VRay 摄影机包括 VRay Dome Camera 和 VRay Physical Camera 两种 VRay 摄影机。

实战应用篇

5

第 16 章
制作客厅效果图

本章内容

- 设计理念
- 制作流程分析
- 搭建空间模型
- 调制细节材质
- 调入模型丰富空间
- 设置灯光
- 渲染输出
- ·后期处理

随着人们生活水平的逐步提高，客厅已经从过去的综合起居空间变成独立地存在于居室当中的空间区域。客厅会给来访者留下最深刻的印象，它体现了主人的风格气质，表达着家人对来宾的情感。因此，客厅在一定程度上标志着主人的身份、地位和情趣。装修布置好客厅，是居室装修工程中极其重要的一部分。本章将制作一个现代简洁风格的客厅效果图，如图16-1所示。

图16-1 客厅效果图

16.1 设计理念

客厅的设计主要把握以下三方面。

一是区域划分合理，协调统一。客厅一般划分为就餐区、会客区和学习区。就餐区应靠近厨房且用小屏风或人造矮墙隔断；学习区靠近客厅某一角且大小适宜；会客区则要通道简洁、宽敞明亮，具备通透感。尽管没有明显的"三八线"界定，但布局上要合理，保证会客区使用功能不受影响。同时，各个局部区域的美化格调要与全区的美化基调一致，使个性寓于共性之中，体现总体协调。

二是色彩基调有区别又有联系。总体来说，客厅大区要反映主人装修档次及艺术美感；具体来说，各小区域要有特色。一般认为学习区光线透亮，采用较冷色，可以减弱学习疲劳；会客区既有不变的基调色彩，又要有因季节变换而随变的动景（如壁画）相配合，营造四季自然风光，给客厅增辉。

三是地面装饰讲究统一，切忌分割。前几年，人们常常喜欢给不同的区域地面赋予不同的材质和不同的"肤色"。表面上似乎很丰富，实际上有凌乱感。近年来，人们逐渐习惯于地面用一种材质、一种"肤色"来处理，客观上收到较好的效果。

本例中大面积使用白色，在视觉效果上扩大了空间的面积。线条简单的白色家具，使整个客厅显得整洁、利落。个性、大方的黑白沙发，承重墙上被分为很多小格子的镜子，墙上的装饰画等，每个细节都显得与众不同、别出心裁，如图16-2所示。

图16-2 客厅一角

16.2 制作流程分析

　　本章对客厅空间进行设计表现，首先搭建空间中的基本模型框架，空间中的家具等模型可以通过合并的方式从模型库中调入，这样可节省制作时间，然后为场景设计灯光，最终进行渲染输出。本章的制作流程如图16-3所示。

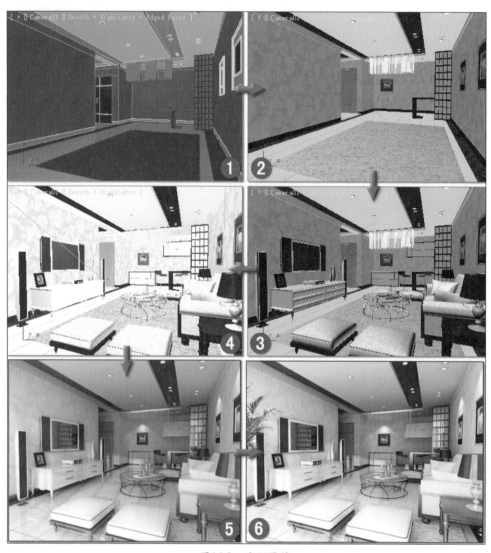

图16-3　流程图释

　　❶ 搭建模型，设置摄影机。首先创建出整体空间墙体，设置摄影机固定视角，然后创建空间内的基本模型。

　　❷ 调制材质。由于要使用 VRay 渲染器渲染，因此在材质调制时运用了较多的 VRay 材质。此处主要调制整体空间模型的材质。

　　❸ 合并模型。采用合并的方式将模型库中的家具模型合并到整体空间中，得到一个完整的模型空间。此处合并的模型包括"沙发组合"、"整体橱柜组合"

等，需要注意的是，合并的模型一般已经调制了相应的材质，但有时为了实现特定的材质效果需要对材质进行重新调制。

　　❹ 设置灯光。根据效果图要表现的光照效果设计灯光照明。

　　❺ 使用 VRay 渲染效果图。计算模型、材质和灯光的设置数据，输出整体空间的效果图。

　　❻ 后期处理。对效果图进行最终的润色和修改。

16.3　搭建空间模型

　　在模型的搭建中，首先要搭建出整体空间，也就是主墙体的创建，然后在空间内设置摄影机，固定效果图的视角，然后在空间内创建基本模型，包括门、灯、装饰画、装饰墙面等。本例的空间模型效果如图16-4所示。

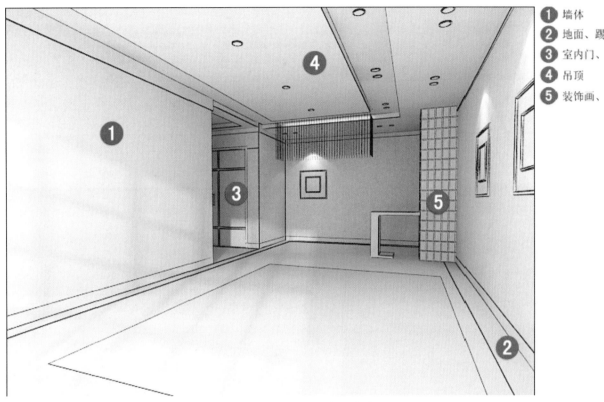

① 墙体
② 地面、踢脚线等
③ 室内门、拉门
④ 吊顶
⑤ 装饰画、镜墙等

图16-4　空间模型

16.3.1　创建墙体

　　本例中墙体主要是通过绘制截面，然后挤出生成得到的，门窗则利用编辑多边形来制作，整个空间是一个一体的多边形模型。整体空间创建完成后，设置摄影机固定视角。本例客厅墙体如图16-5所示。

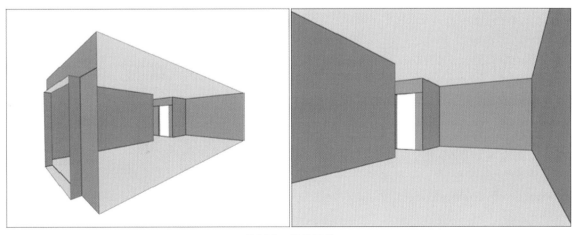

图16-5　客厅墙体

(Step01) 双击桌面上的 按钮，启动 3ds Max 2010，并将单位设置为毫米，如图 16-6 所示。

图16-6 设置单位

(Step02) 单击 （创建）/ （图形）/ Rectangle 按钮，在顶视图中绘制两个参考矩形，调整图形的位置，如图 16-7 所示。

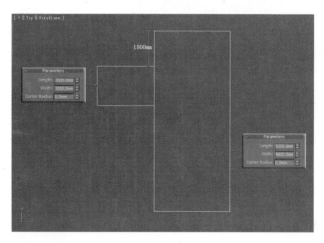

图16-7 矩形的参数及位置

(Step03) 单击 （创建）/ （图形）/ Line 按钮，在顶视图中参照矩形轮廓绘制一条封闭的曲线，命名为"墙体"，如图 16-8 所示。将参考矩形删除。

图16-8 绘制的曲线

(Step04) 在修改命令面板 Modifier List 下拉列表中选择 Extrude（挤出）修改命令，并设置 Amount 为 2800，挤出的墙体如图 16-9 所示。

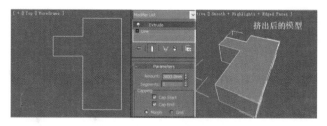

图16-9 挤出后的模型

(Step05) 在修改命令面板 Modifier List 下拉列表中选择 Normal（法线）修改命令。

(Step06) 在 Modifier List 下拉列表中选择 Edit Poly（编辑多边形）命令，在修改器堆栈中激活 Edge 子对象，按下 Ctrl 键，在透视视图中同时选中如图 16-10 所示的两条边，被选中的边呈红色显示。

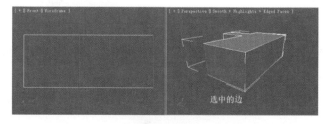

图16-10 选中边

(Step07) 在 Edit Edges 卷展栏下单击 Connect 按钮，创建一条连接边，如图 16-11 所示。

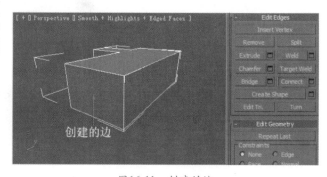

图16-11 创建的边

(Step08) 同时选中创建的边和下面的一条边，单击 Connect 后的 按钮，在弹出的对话框中设置参数，创建两条连接边，如图 16-12 所示。

图16-12 创建的边

Step09 在前视图中调整边的位置,如图 16-13 所示。

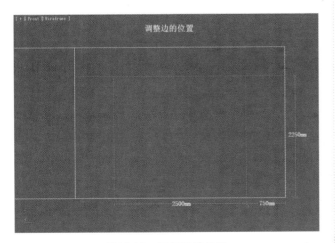

图16-13 调整边的位置

Step10 在堆栈中激活 Polygon 子对象,在前视图中选中分割出的多边形,在 Edit Polygons 卷展栏下单击 Extrude 后的 ■ 按钮,在弹出的对话框中设置参数,如图 16-14 所示。

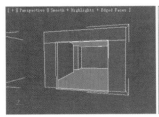
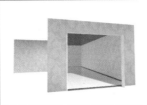

图16-14 参数设置

Step11 按下 Delete 键,将选中的多边形删除,删除后的墙体如图 16-15 所示。

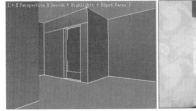

图16-15 删除多边形

Step12 按照前面介绍的方法,创建出室内的门框,效果如图 16-16 所示。

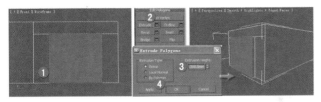

图16-16 创建门框

Step13 单击创建命令面板中的 ■(摄影机)/ Target 按钮,在顶视图中创建一架摄影机,调整它在视图中的位置,如图 16-17 所示。

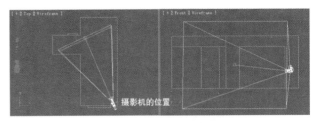

图16-17 摄影机的位置

Step14 选中摄影机,在 Parameters 卷展栏下设置参数,如图 16-18 所示。

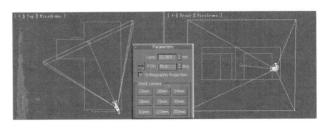

图16-18 参数设置

Step15 激活透视图,按下键盘上的 C 键,将其转换为摄影机视图,效果如图 16-19 所示。

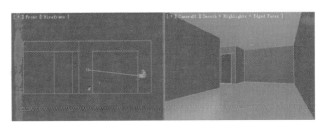

图16-19 转换摄影机视图

Step16 选中摄影机,单击菜单栏中的"Modifiers>Cameras>Camera Correction"命令,校正摄影机,并在视图中观察创建摄影机后的效果,如图 16-20 所示。

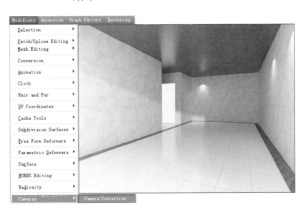

图16-20 摄影机效果

Step17 在创建面板中单击 （显示）按钮，在 Hide by Category 卷展栏下勾选 Cameras 复选框，将摄影机隐藏，如图 16-21 所示。

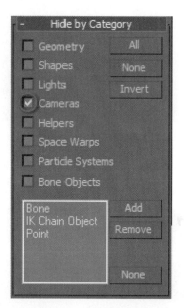

图16-21　隐藏摄影机

16.3.2　创建地面及踢脚线

在创建完整体墙体后，下面开始创建空间中的地面、踢脚线及棚线的基本模型，效果如图 16-22 所示。

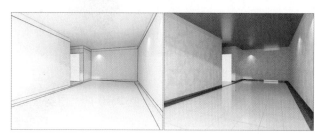

图16-22　创建模型效果

Step18 在工具栏中激活 按钮，单击 ◆（创建）/ ⬚（图形）/ Rectangle 按钮，在顶视图中捕捉墙体的两斜角的顶点，绘制一个矩形，命名为"地边"，如图 16-23 所示。

图16-23　绘制的矩形

Step19 选中矩形，单击鼠标右键，在弹出的右键菜单中选择"Convert To>Convert to Editable Spline"命令，如图 16-24 所示。

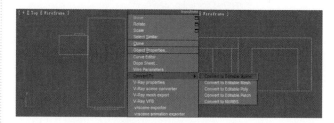

图16-24　转换样条线

Step20 在修改器堆栈中激活 Spline 子对象，在修改命令面板的 Geometry 卷展栏下 Outline 数值框中输入 300，并按下回车键，创建曲线的轮廓线，如图 16-25 所示。

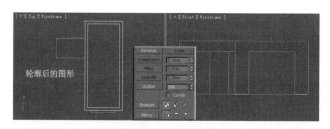

图16-25　轮廓后的图形

Step21 在修改器列表中选择 Extrude（挤出）修改命令，设置 Amount 为 0.5，调整挤出后模型的位置，如图 16-26 所示。

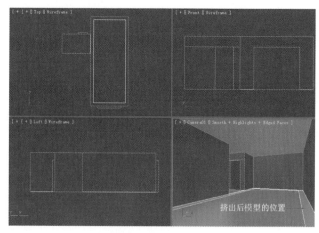

图16-26　挤出后模型的位置

提示　其实地边是地面的一部分，属于同等高度的，但为了制作简便，为其设置一个不明显的挤出高度，使其不影响地面的表现效果。

Step22 单击 ![创建]（创建）/ ![图形]（图形）/ [Line] 按钮，在顶视图中参照墙体绘制两条开放的曲线，命名为"踢脚线"，如图 16-27 所示。

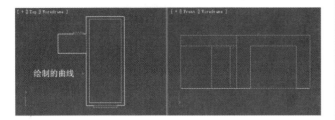

图16-27　绘制的曲线

Step23 选中任意一条曲线，在 Geometry 卷展栏下激活 [Attach] 按钮，在视图中单击拾取另一条曲线，将它们附加为一体，命名为"踢脚线"，如图 16-28 所示。

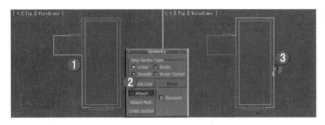

图16-28　附加曲线

Step24 在修改器堆栈中激活 Spline 子对象，选中两条样条线，在 Geometry 卷展栏下 [Outline] 数值框中输入 10，并按下回车键，创建曲线的轮廓线，如图 16-29 所示。

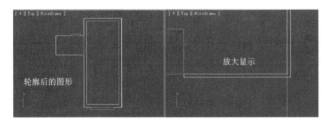

图16-29　轮廓后的图形

Step25 在 [Modifier List] 下拉列表中选择 Extrude 命令，设置 Amount 为 120，调整挤出后模型的位置，如图 16-30 所示。

图16-30　挤出后模型的位置

Step26 单击 ![创建]（创建）/ ![图形]（图形）/ [Line] 按钮，在顶视图中沿墙体轮廓绘制一条封闭的曲线，命名为"棚线"，如图 16-31 所示。

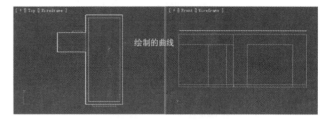

图16-31　绘制的曲线

Step27 激活 Spline 子对象，进行轮廓处理，设置 Qutline 为 10，添加 Extrude 修改命令，设置 Amount 为 200，调整挤出后模型的位置如图 16-32 所示。

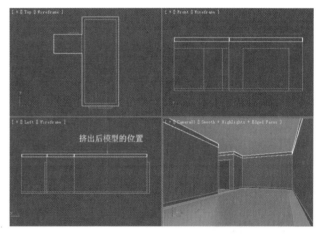

图16-32　挤出后模型的位置

16.3.3　创建室内门

本例中的门窗模型都比较简单，因此可以直接创建完成。为了便于制作后面灯光的照射效果，这里的阳台拉门没有创建玻璃，效果如图 16-33 所示。

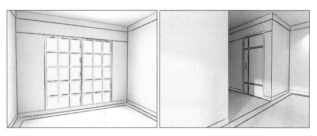

图16-33　创建模型效果

Step28 在前视图中绘制两个矩形，并将小矩形复制14个，调整矩形的位置，如图 16-34 所示。

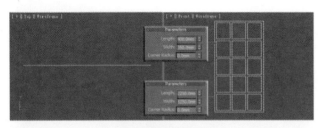

图16-34 矩形参数及位置

Step29 选中任意一个矩形，将其转换为可编辑样条线，在 Geometry 卷展栏下单击 Attach Mult. 按钮，在弹出对话框中选中所有的矩形，单击 Attach 按钮，将所有矩形附加为一体，命名为"拉门框"，如图 16-35 所示。

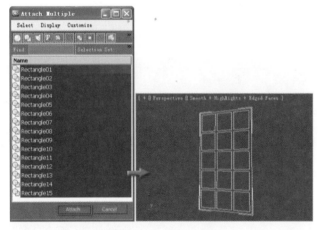

图16-35 附加矩形

附加多个矩形时，应用 Attach Mult. 命令比 Attach 命令更方便，不需要一个一个单击拾取。

Step30 选中"拉门框"，在 Modifier List 下拉列表中选择 Extrude 命令，设置 Amount 为 50，调整挤出后模型的位置，如图 16-36 所示。

图16-36 挤出后模型的位置

Step31 在顶视图中选中"拉门框"，将其沿 x 轴向左移动复制一个，调整复制后模型的位置，如图 16-37 所示。

图16-37 复制后模型的位置

Step32 单击（创建）/（图形）/ Line 按钮，在前视图中参照室内的小门框绘制一条开放的曲线，命名为"门边"，如图 16-38 所示。

Step33 在修改器堆栈中激活 Spline 子对象，在修改命令面板的 Geometry 卷展栏下 Outline 数值框中输入 60，并按下回车键创建曲线的轮廓线。

图16-38 绘制的曲线

Step34 在修改器下拉列表中选择 Extrude 命令，设置 Amount 为 10，调整挤出后模型的位置，如图 16-39 所示。

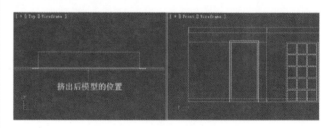

图16-39 挤出后模型的位置

Step35 在前视图中绘制 4 个矩形，将其中两个矩形各复制一个，参照门框尺寸，调整矩形的位置，如图 16-40 所示。

Step36 将绘制的矩形附加为一体，命名为"门板"，为其添加 Extrude 修改命令，设置 Amount 为 50，调整挤出后模型的位置，如图 16-41 所示。

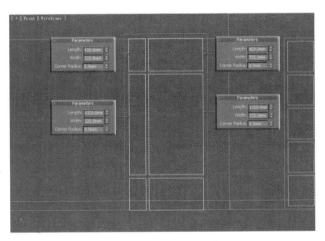

图16-40　矩形的位置及参数

图16-41　挤出后模型的位置

Step37 在前视图中参照门板的间隙轮廓绘制一条封闭的曲线，命名为"门条"，如图 16-42 所示。

图16-42　绘制的曲线

Step38 在修改器下拉列表中选择 Extrude 命令，设置 Amount 为 30，调整挤出后模型的位置，如图 16-43 所示。

图16-43　挤出后模型的位置

Step39 在左视图中绘制一条开放的曲线，命名为"门把手"，如图 16-44 所示。

图16-44　绘制的曲线

Step40 在修改器堆栈中激活 Spline 子对象，在修改命令面板的 Geometry 卷展栏下 Outline 数值框中输入 15，按下回车键创建曲线的轮廓线。

Step41 为其添加 Extrude 修改命令，设置 Amount 为 50，调整挤出后模型的位置，如图 16-45 所示。

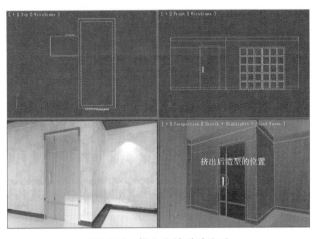

图16-45　挤出后模型的位置

16.3.4　创建吊顶

本章中客厅的整体风格为现代简洁式，所以吊顶的模型在简单中体现了大方、精简的效果，如图 16-46 所示。

图16-46　创建吊顶效果

Step42 单击 （创建）/ （图形）/ Line 按钮，在顶视图中参照墙体绘制一条封闭的曲线，如图 16-47 所示。

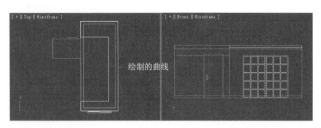

图16-47　绘制的曲线

(Step43) 单击 ⚙（创建）/ 🔘（图形）/ Rectangle 按钮，在顶视图中绘制 3 个矩形，调整矩形的位置，如图 16-48 所示。

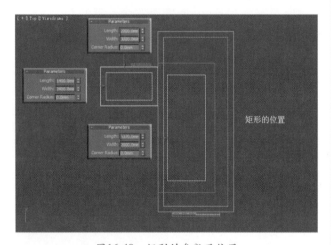

图16-48　矩形的参数及位置

(Step44) 选中绘制的曲线，将其与其他三个矩形附加为一体，命名为"吊顶"，添加 Extrude 修改命令，设置 Amount 为 100，调整挤出后模型的位置，如图 16-49 所示。

图16-49　挤出后模型的位置

16.3.5　创建其他物体

客厅中的筒灯、装饰画、地毯等是常有的物体，通过创建模型就可以完成了，效果如图 16-50 所示。

图16-50　创建模型效果

(Step45) 单击 ⚙（创建）/ 🔘（几何体）/ Box 按钮，在顶视图中创建一个长方体，命名为"承重墙"，调整模型的位置，如图 16-51 所示。

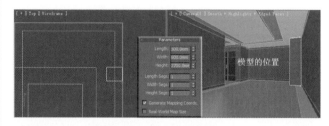

图16-51　模型的参数及位置

(Step46) 选中"承重墙"，单击鼠标右键，在弹出的右键菜单中选择 Clone 命令，在弹出的对话框中将其命名为"格框"，如图 16-52 所示。

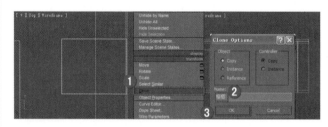

图16-52　复制模型

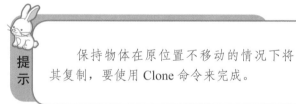

提示　保持物体在原位置不移动的情况下将其复制，要使用 Clone 命令来完成。

(Step47) 在修改面板中设置"格框"的参数，如图 16-53 所示。

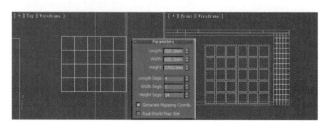

图16-53　参数设置

Step48 在 Modifier List 下拉列表中选择 Lattice（晶格）命令，设置其参数，如图 16-54 所示。

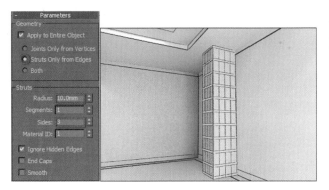

图16-54 参数设置

Step49 单击 （创建）/ （图形）/ Line 按钮，在前视图中绘制一条封闭的曲线，命名为"吧台"，如图 16-55 所示。

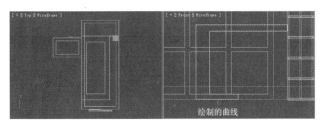

图16-55 绘制的曲线

Step50 在修改器下拉列表中选择 Extrude 命令，设置 Amount 为 500，调整挤出后模型的位置，如图 16-56 所示。

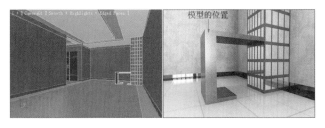

图16-56 模型的位置

Step51 单击 （创建）/ （图形）/ Rectangle 按钮，在左视图中绘制一个 750×750 的矩形，命名为"装饰画框"，将其转换为可编辑样条线。

Step52 在修改器堆栈中激活 Spline 子对象，在修改命令面板的 Geometry 卷展栏下 Outline 数值框中输入 30，按下回车键确认，然后输入 170，按下回车键确认，最后输入 190 并按下回车键，创建的图形如图 16-57 所示。

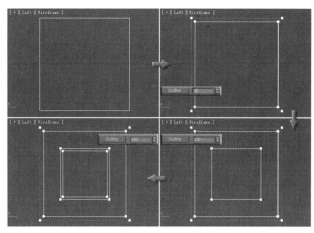

图16-57 参数设置

Step53 选中"装饰画框"，在 Modifier List 下拉列表中选择 Bevel（倒角）命令，调整倒角后模型的位置，如图 16-58 所示。

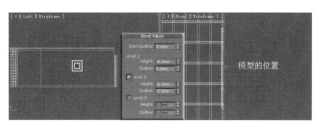

图16-58 模型的位置

Step54 在左视图中参照画框的轮廓绘制两个矩形，如图 16-59 所示。

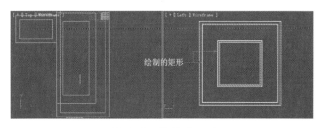

图16-59 绘制的矩形

Step55 将两个矩形附加为一体，命名为"装饰画边"，添加 Extrude 修改命令，设置 Amount 为 5，调整挤出后模型的位置，如图 16-60 所示。

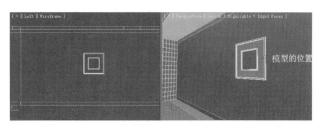

图16-60 模型的位置

(Step56) 单击 ✛（创建）/ ◯（几何体）/ [Box] 按钮，在左视图中创建一个长方体，命名为"装饰画"，调整模型的位置，如图 16-61 所示。

图16-61　模型的位置

(Step57) 在左视图中同时选中"装饰画边"、"装饰画框"和"装饰画"，将其复制两组，调整复制后模型的位置，如图 16-62 所示。

图16-62　复制后模型的位置

(Step58) 激活工具栏中🔩按钮，在该按钮上单击右键，打开下图所示对话框，设置参数，如图 16-63 所示。

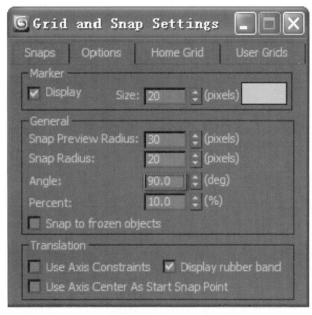

图16-63　参数设置

(Step59) 选中一组装饰画，激活工具栏中↻按钮，在顶

视图中按住 Shift 键，将其旋转复制一组，调整复制后模型的位置，如图 16-64 所示。

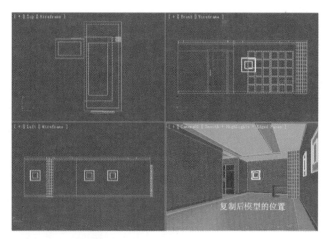

图16-64　复制后模型的位置

(Step60) 单击 [Line] 按钮，在前视图中绘制一条直线，如图 16-65 所示。

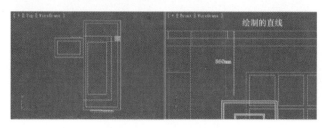

图16-65　绘制的直线

(Step61) 将绘制的直线复制多条，调整它们的位置，如图 16-66 所示。

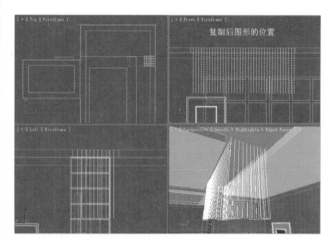

图16-66　复制后图形的位置

(Step62) 将所有的直线附加为一体，命名为"水晶线"，在 Rendering 卷展栏下设置参数，如图 16-67 所示。

图16-67 参数设置

Step63 单击 ⚙（创建）/ ⚪（几何体）/ `Tube` 按钮，在顶视图中创建一个管状体，命名为"筒灯座"，调整模型的位置，如图 16-68 所示。

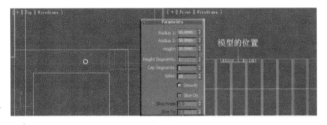

图16-68 模型的位置

Step64 单击 `Cylinder` 按钮，在顶视图中创建一个圆柱体，命名为"筒灯"，调整模型的位置，如图 16-69 所示。

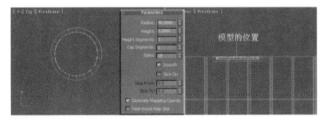

图16-69 模型的位置

Step65 在视图中同时选中"筒灯座"和"筒灯"，将其复制 29 组，调整复制后模型的位置，如图 16-70 所示。

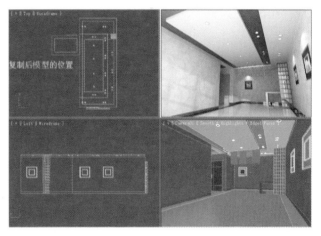

图16-70 复制后模型的位置

Step66 单击 ⚙（创建）/ ⚪（几何体）/ `Extended Primitives ▾`（扩展基本体）/ `ChamferBox` 按钮，在顶视图中创建一个切角长方体，命名为"地毯"，调整模型的位置，如图 16-71 所示。

图16-71 模型的位置

16.4 调制细节材质

赋予模型材质能使整个空间富有活力，本章中的整体色调为白色，体现出简洁的空间效果，在细节处应用了深色大理石和深色木纹材质，使空间富有层次感，如图 16-72 所示。

Step01 继续前面的操作，按下 F10 键，打开 Render Setup 对话框，然后将 VRay 指定为当前渲染器，如图 16-73 所示。

❶ 墙体材质
❷ 地面材质
❸ 吊顶材质
❹ 黑色大理石材质
❺ 木门材质
❻ 金属材质
❼ 镜子材质
❽ 木纹材质
❾ 地毯材质
❿ 装饰画材质

图16-72 材质效果

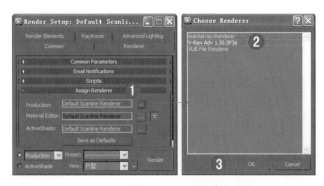

图16-73　将VRay指定为当前渲染器

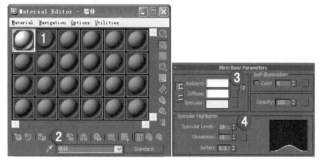

Material Editor 窗口，选择一个空白示例球，将材质命名为"墙体"，设置其参数，如图 16-74 所示。

图16-74　参数设置

本章将采用 VRay 渲染器渲染输出效果图，同时将会使用 VRay 材质，这就需要首先指定 VRay 渲染器为当前渲染器，否则有些 VRay 材质在材质编辑器中不能显示出来。

Step02　单击工具栏中（材质编辑器）按钮，打开

Step03　在 Maps 卷展栏下单击 Diffuse Color 后的长贴图按钮，在弹出的 Material/Map Browser 对话框中选择 Bitmap 贴图类型，在弹出的对话框中选择随书光盘中贴图 / 壁纸 B.jpg 文件，如图 16-75 所示。

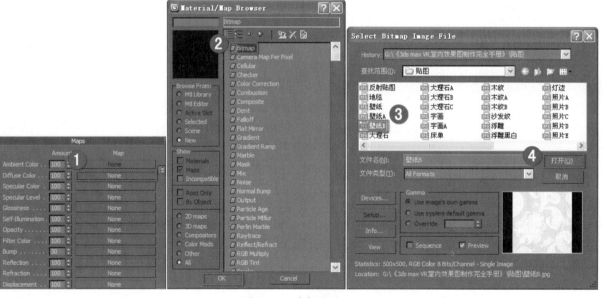

图16-75　选择贴图

Step04　在视图中选中"墙体"，单击（将材质指定给选定对象）按钮，将材质赋予选中的模型，为其添加 UVW Map 修改命令，设置参数，如图 16-76 所示。

Step05　选择第二个空白示例球，单击 Standard 按钮，在弹出的 Material/Map Browser 对话框中双击选择 VRayMtl 材质类型，如图 16-77 所示。

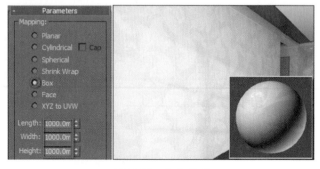

图16-76　参数设置

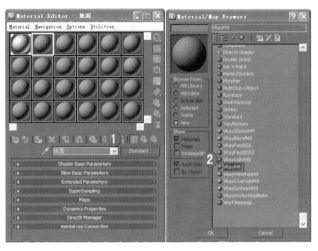

图16-77 选择VRayMtl材质

Step06 在 Basic parameters 卷展栏下设置 Reflection 组中的参数，如图 16-78 所示。

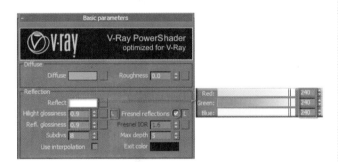

图16-78 参数设置

提示 VRay 材质使用颜色的灰度值控制材质的反射、折射效果，颜色越白，效果越强烈。在此，所使用的颜色在图中只标出其灰度值。

Step07 单击 Diffuse 后 的 ■ 按 钮，在 Material/Map Browser 对话框中选择 Tiles 材质类型，在 Coordinates 和 Advanced Controls 卷展栏下设置参数，如图 16-79 所示。

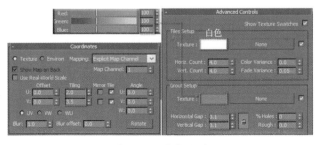

图16-79 参数设置

Step08 在视图中选中"墙体"，在修改器堆栈中激活【Polygon】子对象，在摄影机视图中选中地面多边形，在 Edit Geometry 卷展栏下单击 Detach 后的■按钮，在弹出的对话框中将其命名为"地面"，如图 16-80 所示。

图16-80 参数设置

Step09 在视图中选中分离出的地面，单击■按钮，将材质赋予选中的模型，如图 16-81 所示。

图16-81 材质效果

Step10 选择第三个材质球，命名为"吊顶"，设置其参数，如图 16-82 所示。

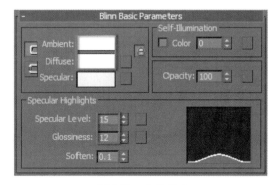

图16-82 参数设置

Step11 在视图中选中"吊顶"、"棚线"和"拉门框"，单击■按钮，将材质赋予选中的模型，如图 16-83 所示。

图16-83

Step12 选择第四个材质球，命名为"黑色大理石"，将其指定为 VRayMtl 材质类型。

Step13 设置材质参数，然后在 Basic parameters 卷展栏下单击 Diffuse 后的█按钮，在 Material/Map Browser 对话框中选择 Bitmap 材质类型，在弹出的 Select Bitmap Image File 对话框中选择随书光盘中贴图 / 大理石 C.jpg 位图文件，如图 16-84 所示。

Step14 在视图中选中"地边"，单击█按钮，将材质赋予选中的模型，添加 UVW Map 修改命令，如图 16-85 所示。

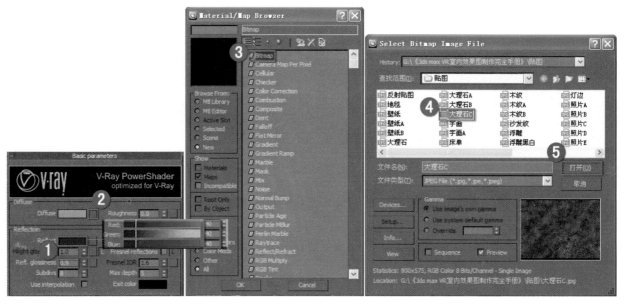

图16-84　调用贴图

图16-85　材质效果

Step15 选择第五个材质球，命名为"木门"，将其指定为 VRayMtl 材质类型，参数设置如图 16-86 所示。

图16-86　参数设置

Step16 在视图中选中"门板"，单击 按钮，将材质赋予选中的模型，并添加 UVW Map 修改命令，如图 16-87 所示。

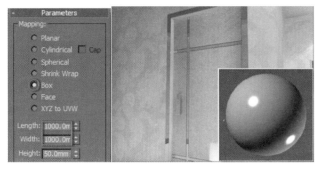

图16-87　材质效果

Step17 选择第六个材质球，命名为"深色木纹"，将其指定为 VRayMtl 材质类型，参数设置如图 16-88 所示。

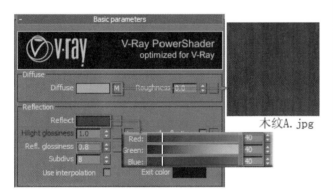

图16-88　参数设置

Step18 在视图中选中"墙体"，按照前面介绍的方法在摄影机视图中将顶部的多边形分离出来，命名为"顶墙"。

Step19 在视图中选中"顶墙"、"吧台"、"踢脚线"和"格框"，单击 按钮，将材质赋予选中的模型，并添加 UVW Map 修改命令，如图 16-89 所示。

图16-89　材质效果

Step20 选择一个未用的材质球，命名为"金属"，将其指定为 VRayMtl 材质类型，参数设置如图 16-90 所示。

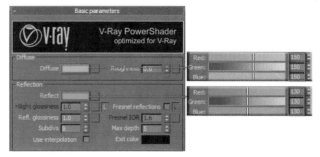

图16-90　参数设置

Step21 在视图中选中"筒灯座"、"门边"、"门条"和"门把手"，单击 按钮，将材质赋予选中的模型。

Step22 按照同样的设置方法，改变一下材质颜色，设置金黄色金属材质，赋予装饰画框，如图 16-91 所示。

图16-91　金属材质效果

Step23 选择一个未用的材质球，命名为"镜子"，将其指定为 VRayMtl 材质类型，参数设置如图 16-92 所示。

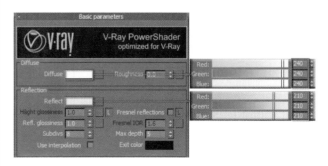

图16-92　参数设置

Step24 在视图中选中"承重墙"，单击 按钮，将材质赋予选中的模型。

Step25 选择一个未用的材质球，命名为"水晶"，将其指定为 VRayMtl 材质类型，参数设置如图 16-93 所示。

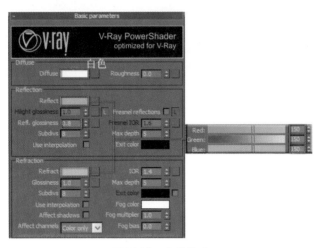

图16-93　参数设置

Step26 在视图中选中"水晶线"，单击 按钮，将材质赋予选中的模型。

Step27 选择一个未用的材质球，命名为"装饰画"，使用默认材质就可以了，设置参数如图 16-94 所示。

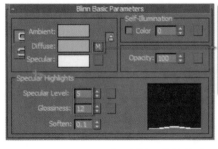

字画A. jpg

图16-94　参数设置

Step28 在视图中选中所有的"装饰画"，单击 按钮，将材质赋予选中的模型。

Step29 同样地，使用默认材质调制黑色画板材质，并赋予所有的装饰画边，如图 16-95 所示。

Step30 选择一个未用的材质球，命名为"筒灯"，使用默认材质，设置参数，如图 16-96 所示。

Step31 在视图中选中所有的"筒灯"，单击 按钮，将材质赋予选中的模型。

图16-95　材质效果

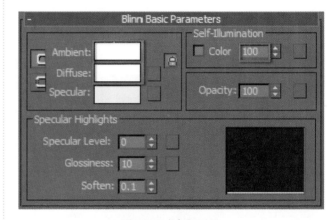

图16-96　参数设置

Step32 选择一个未用的材质球，命名为"地毯"，将其指定为 VRayMtl 材质类型，参数设置如图 16-97 所示。

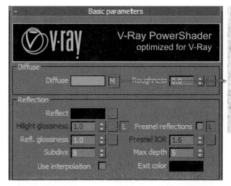

地毯. jpg

图16-97　参数设置

Step33 在视图中选中"地毯"，在 Modifier List 下拉列表中选择 VRay Displacement Mod 命令，设置参数，如图 16-98 所示。

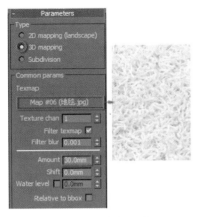

图16-98 参数设置

Step34 在视图中选中"地毯",单击 按钮,将材质赋予选中的模型,并添加 UVW Map 修改命令,设置参数,如图 16-99 所示。

图16-99 参数设置

16.5 调入模型丰富空间

家具也是室内效果图制作的重点之一,选择的家具要符合装饰设计的风格。时尚简约的设计风格侧重于家具的功能性和模型的个性化。合并家具模型时,如果场景中已有模型、材质与合并模型、材质存在重名现象,这时需要特别注意。调入家具模型后的效果如图 16-100 所示。

图16-100 调入模型后的效果

Step01 继续前面的操作，单击菜单栏左端 ⑤ 按钮，选择 "Import>Merge" 命令，在弹出的 Merge File 对话框中，选择并打开随书光盘中模型 / 第 16 章 / 沙发组合 .max" 文件，如图 16-101 所示。

图16-101　合并模型

Step02 在弹出的对话框中取消灯光和摄影机的显示，然后单击 All 按钮，选中所有的模型部分，将它们合并到场景中来，如图 16-102 所示。

图16-102　合并所有模型部分

Step03 如果合并的模型与场景中的对象名字相同，系统会弹出提示对话框，如图 16-103 所示。单击 Auto-Rename Merged Material 按钮，为合并进来的对象自动重命名。

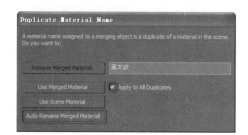

图16-103　自动重命名对象

Step04 在视图中选中 "沙发组合"，并调整其位置，如图 16-104 所示。

图16-104　沙发组合的位置

Step05 单击菜单栏中 ⑤ 按钮，选择 "Import>Merge" 命令，打开随书光盘中模型 / 第 16 章 / 电视音响组合 .max" 文件，并将模型合并到场景中，如图 16-105 所示。

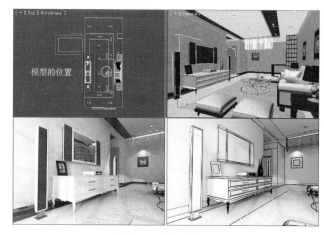

图16-105　模型的位置

Step06 合并随书光盘中 "模型 / 第 16 章 / 休闲吧家具组合 .max" 文件，将所有构件合并到场景中，并在视图中调整合并后模型的位置，如图 16-106 所示。

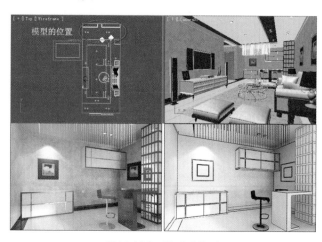

图16-106　模型的位置

16.6　设置灯光

　　本章表现的是白天的客厅效果，白天充足的室外阳光配合室内白色家具，表现出一种良好的室内采光效果。本例的灯光主要模拟设置了室外太阳光和室内筒灯照射，为加强光线的充足感，使用了补光，效果如图 16-107 所示。

图16-107　灯光效果

16.6.1　设置渲染参数

　　在设置灯光的过程中，需要多次预览渲染，根据渲染结果进行具体的参数调整，这就需要在灯光设置前设置渲染参数。预览渲染强调渲染的速度，在效果方面只需能看出亮度、材质的大致效果就可以了。

Step01 选择菜单栏中"Rendering>Environment"命令，在弹出的 Environment and Effects 对话框中调整背景的颜色为白色，如图 16-108 所示。

Step02 按下 F10 键，在打开的 Render Setup 对话框中的 Common 选项卡下，设置一个较小的渲染尺寸，例如 640×480，如图 16-109 所示。

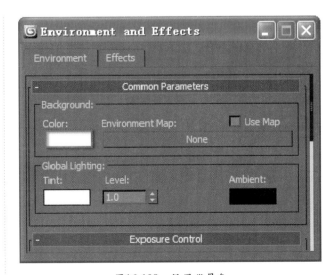

图16-108　设置背景色

图16-109　参数设置

Step03 在 VRay 选项卡下设置一个渲染速度较快、画面质量较低的抗锯齿方式，然后设置曝光方式，如图 16-110 所示。

图16-110　参数设置

Step04 在 Indirect illumination 选项卡下打开 GI，并设置光子图的质量，此处的参数设置也是以速度为优先考虑因素，如图 16-111 所示。

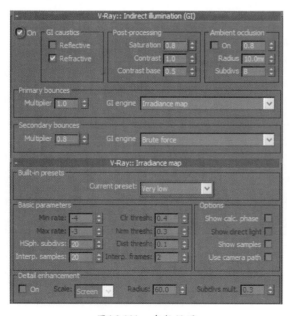

图16-111　参数设置

Step05 至此，渲染参数设置已完成，激活摄影机视图，单击 Render 按钮进行渲染，此时关闭了默认灯光，但是打开了环境光，渲染效果如图 16-112 所示。

图16-112　渲染效果

16.6.2　设置场景灯光

本章所模拟的是白天的光线效果，主要是太阳光照亮室内空间，室内筒灯光点缀照射效果。

Step06 单击 🔦（灯光）/ Standard / Target Direct 按钮，在顶视图中创建一盏 Target Direct，命名为"模拟太阳光"，设置其参数，如图 16-113 所示。

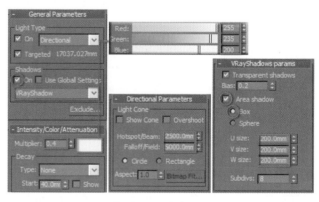

图16-113　参数设置

Step07 在视图中调整"模拟太阳光"的位置，使其从窗户的位置投射到室内，如图 16-114 所示。

Step08 单击工具栏中 🖼（渲染）按钮，渲染观察设置"模拟太阳光"后的效果，如图 16-115 所示。

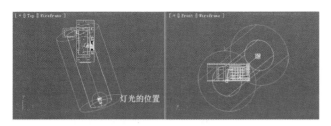

图16-114　灯光的位置

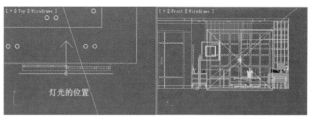

图16-117　灯光的位置

Step11 单击工具栏中 （渲染）按钮，渲染观察设置"模拟天光"后的效果，如图 16-118 所示。

图16-115　渲染效果

Step09 单 击 （ 灯 光 ）/ VRay / VRayLight 按钮，在前视图中创建一盏 VRay-Light，命名为"模拟天光"，设置其参数，如图 16-116 所示。

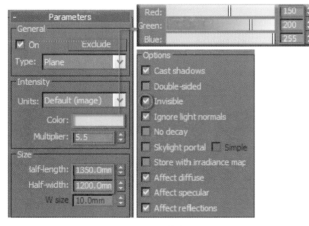

图16-116　参数设置

Step10 在视图中调整"模拟天光"的位置，使其位于窗户的外面，如图 16-117 所示。此灯光用于模拟室外柔和天光进入室内的效果。

图16-118　渲染效果

Step12 单 击 （ 灯 光 ）/ VRay / VRayLight 按钮，在顶视图中创建一盏 VRayLight，命名为"灯带"，设置其参数，如图 16-119 所示。

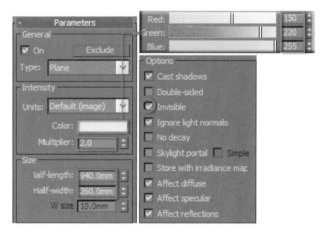

图16-119　参数设置

Step13 在视图中调整"灯带"的位置，如图 16-120 所示。

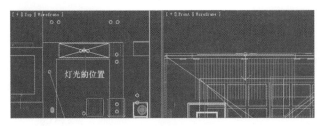

图16-120　灯光的位置

Step14 单击工具栏中 ▣（渲染）按钮，渲染观察设置"灯带"后的效果，如图 16-121 所示。

图16-121　渲染效果

Step15 单 击 ▨（灯光）/ Photometric / Target Light 按钮，在左视图中创建一盏 Target-Light，命名为"筒灯"，设置其参数，如图 16-122 所示。

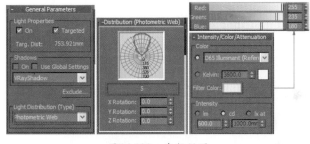

图16-122　参数设置

Step16 将"筒灯"复制两个，在视图中调整灯光的位置，如图 16-123 所示。

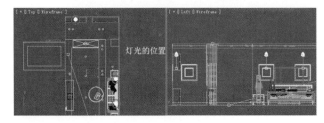

图16-123　灯光的位置

Step17 单击工具栏中 ▣（渲染）按钮，渲染观察设置"筒灯"后的效果，如图 16-124 所示。

图16-124　渲染效果

Step18 观察此时的效果图，整体亮度基本合理，但门的顶部天花位置有些暗淡，这就需要设置补光。在顶视图中创建一盏 VRayLight，调整灯光的方向和位置，如图 16-125 所示。

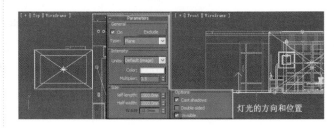

图16-125　参数设置

Step19 单击工具栏中 ▣（渲染）按钮，渲染观察设置补光后的效果，如图 16-126 所示。

图16-126　渲染效果

16.7 渲染输出

材质和灯光设置完成后，需要进行渲染输出。渲染输出的过程便是计算模型、材质以及灯光的参数并生成最终效果图的过程。使用 VRay 渲染器渲染最终效果图需要在材质、灯光以及渲染器方面作相应的设置。

Step01 打开材质编辑器，选中客厅地面材质，重新调整材质的反射参数，如图 16-127 所示。

图16-127 参数设置

> **提示**
> 在前面的材质设置中，为了提高预览渲染的速度，有些参数可以设置级别较低，这样虽然提高了渲染速度，但是渲染效果大打折扣。在渲染最终效果图时需要将这些参数设置到较高级别。

Step02 使用同样的方法处理金属材质、木纹材质、镜子等反射效果较为明显的材质，在此不做赘述。

Step03 按下 F10 键，在打开的 Render Setup 对话框中的 Common 选项卡下，设置一个较小的渲染尺寸，例如 640×480。

Step04 在 VRay 选项卡下设置一个精度较高的抗锯齿方式，如图 16-128 所示。

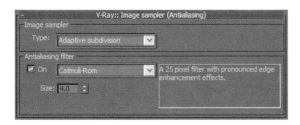

图16-128 参数设置

Step05 在 Indirect illumination 选项卡下设置光子图的质量，此处的参数设置要以质量为优先考虑的因素，如图 16-129 所示。

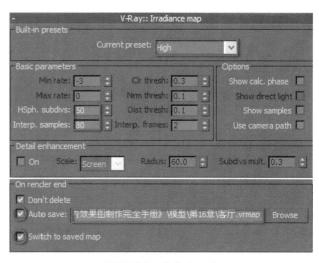

图16-129 保存光子图

Step06 单击对话框中的 Render 按钮，渲染客厅视图，渲染结束后系统自动保存光子图文件。然后调用光子图文件，如图 16-130 所示。

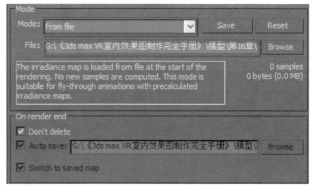

图16-130 调入光子图

Step07 在 Common 选项卡下设置一个较大的渲染尺寸，例如 3000×2250。单击对话框中的 Render 按钮渲染客厅，得到的便是最终效果。

Step08 渲染结束后，单击渲染对话框中 按钮保存文件，选择 TIF 文件格式，如图 16-131 所示。

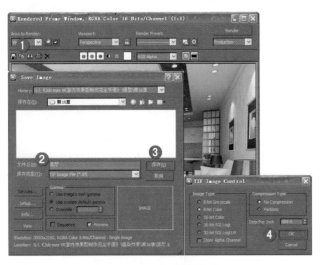

图16-131　保存效果图

(Step09) 至此，效果图的前期制作全部完成，最终渲染

效果如图 16-132 所示。

图16-132　最终渲染效果

16.8 后期处理

使用 3ds Max 渲染生成的效果图在亮度、颜色方面可能会有所偏差，这就需要使用 Photoshop 进行最后的润色和修改。效果图的后期处理还包括添加装饰性的构建，如绿色植物。

(Step01) 在桌面上双击 Ps 图标，启动 Photoshop CS4。

(Step02) 单击"文件 > 打开"命令，打开前面渲染保存的"客厅 .tif"文件，如图 16-133 所示。

图16-133　打开文件

(Step03) 单击菜单栏中的"图像 > 调整 > 曲线"命令，调整曲线，调整图像的亮度，如图 16-134 所示。

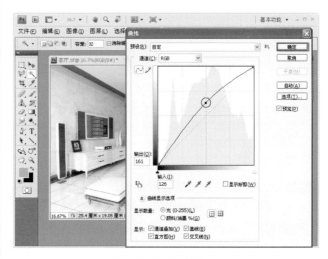

图16-134　调整曲线

(Step04) 选择"文件 > 打开"命令，打开随书光盘中"调用贴图"文件夹中的"绿植 .psd"图片文件，将其拖至效果图中，调整图像的位置，如图 16-135 所示。

图16-135 "绿植"的位置

Step05 按下 Ctrl+Shift+E 键，将所有图层合并为一个图层。然后单击菜单栏中的"滤镜 > 锐化 > USM 锐化"命令，设置图像的锐化参数，如图 16-136 所示。

图16-136 设置锐化参数

Step06 单击菜单栏中的"图像 > 调整 > 亮度 / 对比度"命令，设置参数，调整图像的亮度与对比度，如图 16-137 所示。

图16-137 参数设置

Step07 至此，客厅效果图的后期处理全部完成。效果如图 16-138 所示。

图16-138 最终客厅效果图

16.9 本章小结

本章介绍了客厅家装效果图的制作全过程。首先分析确定客厅的设计风格，然后制定效果图的制作思路。重点介绍如何在 3ds Max 中搭建场景、调制材质、设置灯光以及渲染输出。本章最后部分介绍了效果图的后期处理，通过这部分的介绍，读者可以了解效果图后期处理的基本思路和基本方法。

第17章
制作卧室效果图

本章内容

- 设计理念
- 制作流程分析
- 搭建空间模型
- 调制细节材质
- 调入模型丰富空间
- 设置灯光
- 渲染输出
- 后期处理

倘若说客厅是展示给客人的一张外在脸谱，那么极具私密性的卧室则是私人风格的绝对体现了。相对于客厅或者是餐厅这些功能房，卧室是主人停留时间最多的房间，人生中1/3的时间是在卧室内度过的，因此卧室的个人风格更加明显。本章介绍制作的是欧式风格的卧房效果图，如图17-1所示。

图17-1　卧室效果图

17.1 设计理念

卧室是睡眠、休息的地方，因此设计要考虑宁静稳重或浪漫舒适的情调，创造一个完全属于个人的温馨环境，追求的是功能、形式的完美统一及优雅独特、简洁明快的设计风格。在设计卧室时要注意以下几方面。

一是床头背景墙是卧室设计中的重点，可以更多地运用点、线、面等要素形式美的基本原则，使模型和谐统一而富于变化。皮料细滑、壁布柔软、榉木细腻、松木返璞归真、防火板时尚现代，多元化使用材料，使质感得以丰富展现，使背景墙层次错落有致。

二是卧室的地面应具备保暖性，一般宜采用中性或暖色调，材料可选用隔音效果好的地板、地毯等。

三是吊顶的形状、色彩是卧室装饰设计的重点之一，一般以暖色调为主。

四是卧室的灯光照明以温馨和暖的黄色为基调，窗套上方可嵌筒灯或壁灯，也可在装饰柜中嵌筒灯，使室内舒适温馨。

五是卧室中的家具不宜过多，必备的使用家具有床、床头柜、衣橱、低柜、梳妆台。

六是窗帘帷幔往往最具柔情主义。轻柔的摇曳、徐徐而动的娇羞、优雅的配色……浪漫而温馨。

本例中以暖黄色的墙、深色木地板为整体色调，在视觉效果上使人感到温馨、舒适。居室中的弧形门窗设计，加上欧式风格床、电视柜、吊灯等细节装饰，整体凸显了古典欧式风格，室外阳光与室内柔和的灯光打造出卧室空间的暖意和温馨，如图17-2所示。

在卧室的设计上，设计师要追求的是功能与形式的完美统一，优雅独特、简洁明快的设计风格。在卧室设计的审美上，设计师要追求时尚而不浮燥，庄重典雅而不乏轻松浪漫的感觉。因此，设计师在设计卧室时，要更多地运用丰富的表现手法，使卧室看似简单，实则韵味无穷。

图17-2 卧室一角

17.2 制作流程分析

　　本章对卧室空间进行设计表现，首先搭建空间中的基本模型框架，空间中的家具等模型可以通过合并的方式从模型库中调入，这样可节省制作时间，然后为场景设计灯光，最终进行渲染输出。本章的制作流程如图 17-3 所示。

图17-3　流程图释

　　❶ 搭建模型，设置摄影机。首先创建出整体空间墙体，设置摄影机固定视角，然后创建空间内的基本模型。

　　❷ 调制材质。由于要使用 VRay 渲染器渲染，所以在材质调制时运用了较多的 VRay 材质。此处主要调制整体空间模型的材质。

　　❸ 合并模型。采用合并的方式将模型库中的家具模型合并到整体空间中，从而得到一个完整的模型

空间。此处合并的模型包括"床组合"、"电视柜组合"等，合并的模型一般已经调制了相应的材质，但有时为了实现特定的材质效果需要对材质进行重新调制。

　　❹ 设置灯光。根据效果图要表现的光照效果设计灯光照明，包括太阳光和室内光。

　　❺ 使用 VRay 渲染效果图。计算模型、材质和灯光的设置数据，输出整体空间的效果图。

　　❻ 后期处理。对效果图进行最终的润色和修改。

17.3　搭建空间模型

在模型的搭建中，首先要搭建出整体空间，也就是创建主墙体，然后在空间内设置摄影机，固定效果图的视角。接着创建基本模型，包括门、装饰画、装饰墙面。本例中的电视墙是一面抠凹的墙面，这需要在模型创建中表现出来。本例的空间模型效果如图 17-4 所示。

① 墙体
② 门、窗等
③ 吊顶
④ 橱柜、装饰墙
⑤ 窗帘、地毯等

图17-4　空间模型

17.3.1　创建墙体

本例中墙体主要是通过绘制截面，然后挤出生成得到的，门窗部分则利用编辑多边形来制作完成，整个空间是一体的多边形模型。整体空间创建完成后，设置摄影机固定视角。本例卧室墙体如图 17-5 所示。

图17-5　卧室墙体模型

Step01 双击桌面上的 ⬡ 按钮,启动 3ds Max 2010,并将单位设置为毫米。

Step02 单击 ⬡(创建)/ ⬡(几何体)/ Box 按钮,在顶视图中创建一个长方体,命名为"墙体",设置其参数,如图 17-6 所示。

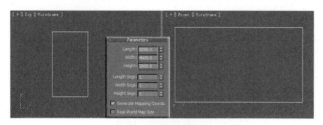

图17-6　参数设置

Step03 在修改命令面板的 Modifier List 下拉列表中选择 Normal(法线)命令。

Step04 单击创建命令面板中的 ⬡(摄影机)/ Target 按钮,在顶视图中创建一架摄影机,调整它在视图中的位置,如图 17-7 所示。

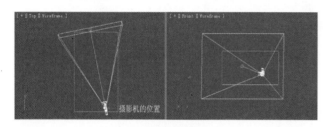

图17-7　摄影机的位置

Step05 选中摄影机,在 Parameters 卷展栏下设置参数,如图 17-8 所示。

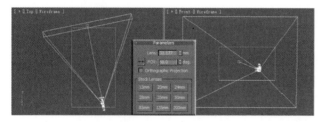

图17-8　参数设置

Step06 激活透视视图,按下 C 键,将其转换为摄影机视图,效果如图 17-9 所示。

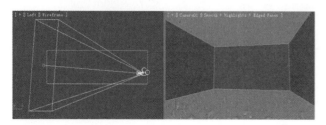

图17-9　转换摄影机视图

Step07 选中摄影机,单击菜单栏中的"Modifiers> Cameras> Camera Correction"命令,校正摄影机。

Step08 在创建面板中单击 ⬡(显示)按钮,在 Hide by Category 卷展栏下勾选 Cameras 复选框,将摄影机隐藏,如图 17-10 所示。

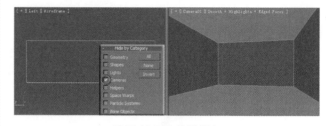

图17-10　隐藏摄影机

Step09 在视图中选中"墙体",单击鼠标右键,在弹出的右键菜单栏中选择"Convert To>Convert to Editable Poly"命令,将其转换为可编辑多边形,如图 17-11 所示。

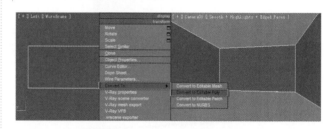

图17-11　转为可编辑多边形

Step10 在修改器堆栈中激活 Polygon 子对象,在摄影机视图中选中左面、上面和正面的多边形,按下 Delete 键,将其删除,如图 17-12 所示。

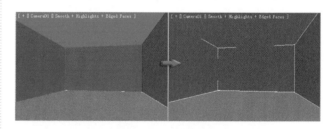

图17-12　删除多边形

Step11 单击 ⬡(创建)/ ⬡(图形)/ Arc 按钮,在左视图中绘制一段弧,如图 17-13 所示。

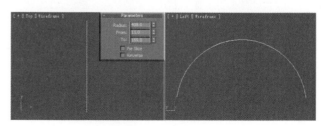

图17-13　绘制的弧

(Step12) 在左视图中绘制两条直线，调整图形的位置，如图 17-14 所示。

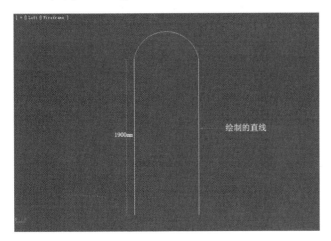

图17-14 绘制的直线

(Step13) 选中一条直线，单击 Geometry 卷展栏下 Attach 按钮，在视图中依次单击拾取其他两个图形，将它们附加为一体。

(Step14) 在修改器堆栈中激活 Vertex 子对象，在左视图中选中弧和直线相接的两组顶点，在 Geometry 卷展栏下单击 Weld 按钮，将顶点焊接，如图 17-15 所示。

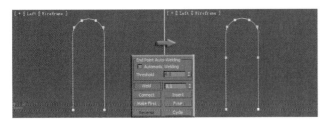

图17-15 焊接顶点

(Step15) 单击 Line 按钮，在左视图中绘制一条开放的曲线，调整图形的位置，如图 17-16 所示。

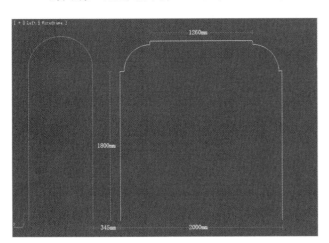

图17-16 绘制的曲线

(Step16) 按照前面介绍的方法，绘制一条开放的曲线，调整其位置，如图 17-17 所示。

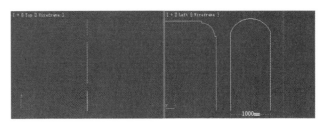

图17-17 绘制的曲线

在绘制图形的过程中要注意，不要移动了其他图形的位置，最后完成的三个图形不管是在哪个视图中，都是保持在同一平面上的。

(Step17) 在左视图中同时选中三个图形，调整它们的位置，如图 17-18 所示。

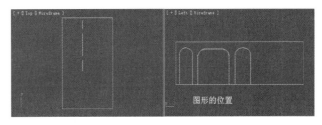

图17-18 图形的位置

在哪个视图中绘制图形，就在哪个视图中调整图形，这样能保持再绘制的图形与前面的图形在同一平面上。

(Step18) 在左视图中参照"墙体"轮廓，绘制 3 条线形，如图 17-19 所示。

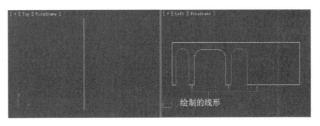

图17-19 绘制的图形

(Step19) 将所有的图形附加为一体，命名为"左墙"，激活 Vertex 子对象，利用 Weld 命令，将图形中相接的几组顶点焊接起来，如图 17-20 所示。

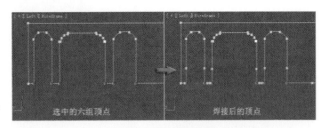

图17-20 焊接顶点

(Step20) 选中"左墙"，在 Modifier List 下拉列表中选择 Extrude 命令，设置 Amount 为 200，调整挤出后模型的位置，如图 17-21 所示。

(Step21) 单击 ⬥（创建）/ 🔲（图形）/ Rectangle 按钮，在前视图中绘制一个 1330×1200 的矩形。

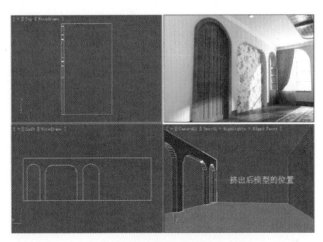

图17-21 挤出后模型的位置

(Step22) 单击 ⬥（创建）/ 🔲（图形）/ Arc 按钮，在前视图中捕捉矩形上面的两个顶点，绘制一条弧，如图 17-22 所示。

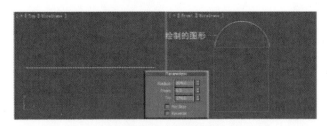

图17-22 绘制的图形

(Step23) 选中矩形，将其转换为可编辑样条线，激活 Segment 子对象，在前视图中删除上面的一条线段，再与弧线附加为一体，如图 17-23 所示。

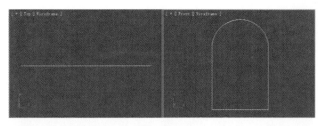

图17-23 附加图形

(Step24) 将相接的两组顶点焊接起来。将图形复制一个，调整图形的位置，如图 17-24 所示。

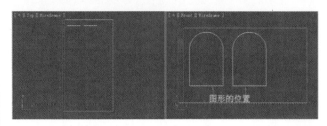

图17-24 图形的位置

(Step25) 在前视图中绘制一个 2600×4400 的矩形，调整图形的位置，如图 17-25 所示。

图17-25 绘制的图形

(Step26) 将 3 个图形附加为一体，命名为"前墙"，在修改器下拉列表中选择 Extrude 修改命令，设置 Amount 为 200，调整挤出后模型的位置，如图 17-26 所示。

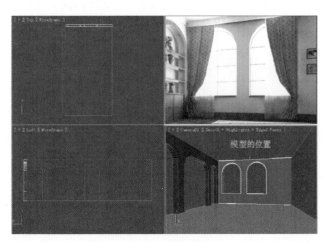

图17-26 模型的位置

Step27 在左视图中参照"左墙"的轮廓，绘制两个图形，分别为"橱柜墙"和"电视墙"，如图17-27所示。

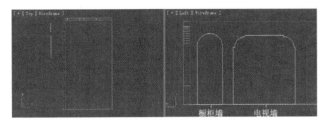

图17-27　绘制的图形

Step28 分别为"橱柜墙"和"电视墙"添加Extrude修改命令，设置"橱柜墙"的Amount值为10，"电视墙"的Amount值为50，调整挤出后模型的位置，如图17-28所示。

图17-28　模型的位置

17.3.2　创建门窗

在创建墙体时，已经将门窗的位置及大概模型轮廓表现出来了，下面就根据墙体的门窗位置创建出门窗模型，如图17-29所示。

图17-29　卧室门窗模型

Step29 在视图中选中"前墙"，单击鼠标右键，在弹出

的右键菜单中选择Clone命令，在弹出的对话框中将其命名为"窗框"，如图17-30所示。

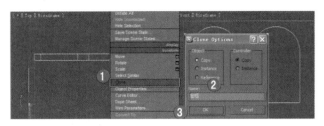

图17-30　复制模型

Step30 选中"窗框"，在修改器堆栈中激活Spline子对象，在前视图中选中矩形样条线，将其删除，如图17-31所示。

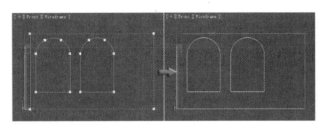

图17-31　删除样条线

Step31 选中剩下的两条样条线，在修改命令面板的Geometry卷展栏下 Outline 数值框中输入-50，按下回车键，创建曲线的轮廓线，如图17-32所示。

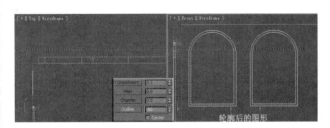

图17-32　轮廓后的图形

Step32 在堆栈中修改挤出数量为50，挤出后模型的位置如图17-33所示。

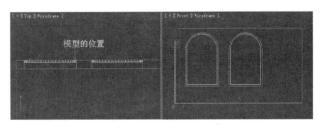

图17-33　模型的位置

Step33 在前视图中绘制两个矩形，并将其中一个矩形复制两个，调整图形的位置，如图17-34所示。

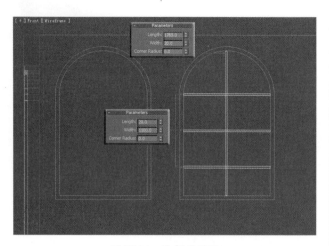

图17-34　绘制的图形

Step34　将绘制的矩形附加为一体，命名为"窗格"，并添加 Extrude 修改命令，设置 Amount 为 50，调整挤出后模型的位置，如图 17-35 所示。

图17-35　挤出后模型的位置

Step35　在前视图中选中"窗格"，将其沿 x 轴向左移动复制一个，调整复制后模型的位置，如图 17-36 所示。

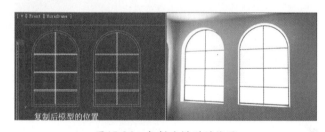

图17-36　复制后模型的位置

Step36　单击　（创建）/　（几何体）/ Box 按钮，在顶视图中创建一个长方体，命名为"窗台"，调整模型的位置，如图 17-37 所示。

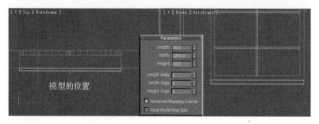

图17-37　模型的参数及位置

Step37　在视图中将"窗台"复制一个，调整复制后模型的位置，如图 17-38 所示。

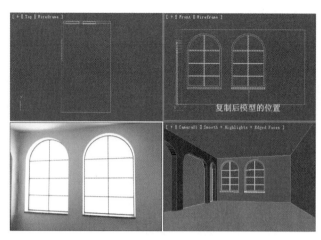

图17-38　复制后模型的位置

Step38　单击　（创建）/　（图形）/ Line 按钮，在左视图中参照"左墙"橱柜墙和门的轮廓绘制两条开放的曲线，如图 17-39 所示。

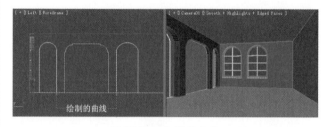

图17-39　绘制的曲线

Step39　将两条曲线附加为一体，命名为"墙裱边"，激活 Spline 子对象，选中所有的样条线，对其进行轮廓处理，设置 Outline 为 90，轮廓处理后的图形如图 17-40 所示。

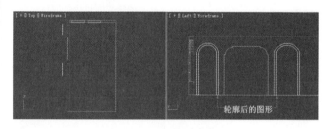

图17-40　轮廓后的图形

Step40　选中"墙裱边"，在 Modifier List 下拉列表中选择 Extrude 命令，设置 Amount 为 20，调整挤出后模型的位置，如图 17-41 所示。

Step41　在左视图中参照门的轮廓绘制 3 条封闭的曲线，调整图形的位置，如图 17-42 所示。

图17-41 挤出后模型的位置

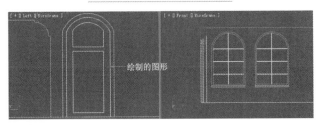

图17-42 绘制的图形

Step42 将3个图形附加为一体，命名为"门框"，添加 Extrude 修改命令，设置 Amount 为100，调整 挤出后模型的位置，如图 **17-43** 所示。

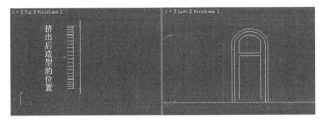

图17-43 挤出后模型的位置

Step43 单击 ⚙（创建）/ ⚪（几何体）/ [Box] 按钮，在左视图中创建两个长方体，调整模型的位置，如图 **17-44** 所示。

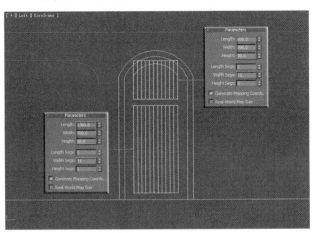

图17-44 模型的参数及位置

Step44 选中一个长方形，将其转换为可编辑多边形，在 Edit Geometry 卷展栏下单击 [Attach] 按钮，在视图中单击拾取另一个长方体，将它们附加为一体，命名为"门"。

Step45 在修改器堆栈中激活 Edge 子对象，在左视图中调整边的位置，如图 **17-45** 所示。

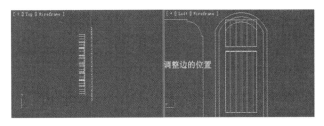

图17-45 调整边的位置

Step46 激活 Polygon 子对象，在左视图中选中如图 **17-46** 所示的多边形。

图17-46 选中的多边形

Step47 在 Edit Polygons 卷展栏下单击 [Extrude] 后的 ▣ 按钮，在弹出的对话框中设置参数，如图 **17-47** 所示。

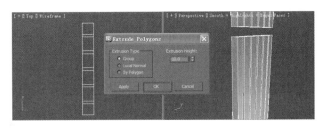

图17-47 参数设置

Step48 激活 Vertex 子对象，在左视图中调整顶点的位置，如图 **17-48** 所示。

图17-48 调整顶点

17.3.3 创建吊顶

本例中，吊灯的造型比较复杂，特别是中间木纹纹理的表现，主要通过了贴图来实现，但在模型制作中，需要将不同纹理的吊顶分开创建，吊顶模型如图17-49所示。

图17-49 吊顶模型效果

(Step49) 单击 ⚙ （创建）/ 🔲 （图形）/ Rectangle 按钮，在顶视图中绘制两个矩形，调整图形的位置，如图17-50所示。

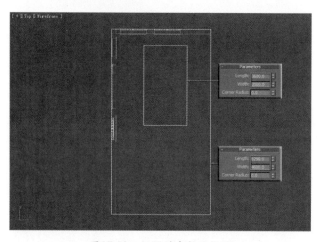

图17-50 矩形的参数及位置

(Step50) 在视图中选中小矩形，将其转换为可编辑样条线，激活 Vertex 子对象，在 Geometry 卷展栏下 Fillet 数值框中输入300，圆角后的图形如图17-51所示。

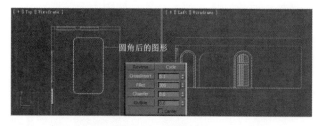

图17-51 参数设置

(Step51) 将小矩形和和大矩形附加为一体，命名为"吊顶A"，添加 Extrude 修改命令，设置 Amount 为

50，调整挤出后模型的位置，如图17-52所示。

图17-52 挤出后模型的位置

(Step52) 按照同样的方法再绘制两个图形，将中间小矩形的参数调大，如图17-53所示。

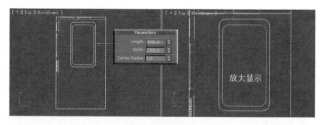

图17-53 绘制的图形

(Step53) 将两个图形附加为一体，命名为"吊顶B"，为其添加 Extrude 修改命令，设置 Amount 为200，调整挤出后模型的位置，如图17-54所示。

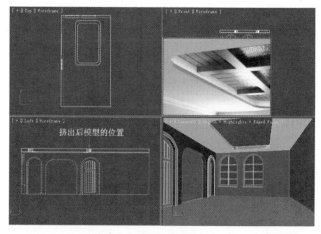

图17-54 挤出后模型的位置

(Step54) 在顶视图中绘制两个矩形，各复制一个，调整图形的位置，如图17-55所示。

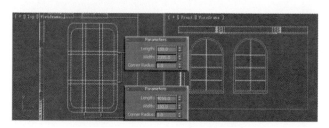

图17-55 矩形的参数及位置

Step55 将4个矩形附加为一体，命名为"吊顶格框"，为其添加 Extrude 修改命令，设置 Amount 为 100，调整挤出后模型的位置，如图 17-56 所示。

图17-56 模型的位置

Step56 在顶视图中参照"吊顶格框"的分割轮廓，绘制 4 个矩形，如图 17-57 所示。

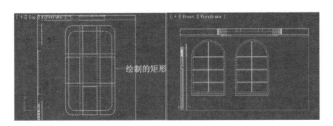

图17-57 绘制的矩形

Step57 将矩形附加为一体，命名为"竖木顶"，为其添加 Extrude 修改命令，设置 Amount 为 20，调整挤出后模型位置，如图 17-58 所示。

图17-58 模型的位置

Step58 按照同样的方法创建"横木顶"，模型的位置如图 17-59 所示。

Step59 单击 ⚙ （创建）/ ⬚ （图形）/ Line 按钮，在前视图中绘制一条封闭的曲线，命名为"截面"，如图 17-60 所示。

图17-59 模型的位置

图17-60 绘制的图形

Step60 在顶视图中绘制一个 8090×4400 的矩形，命名为"棚线"。

Step61 单击 ⚙ （创建）/ ◎ （几何体）/ Compound Objects （复合对象）/ Loft 按钮，在 Creation Method 卷展栏下单击 Get Shape 按钮，在视图中单击拾取"截面"，拾取截面后的模型位置如图 17-61 所示。

图17-61 模型的位置

(Step62) 单击 ⚙ （创建）/ 🔾 （图形）/ Line 按钮，在顶视图中参照墙体内轮廓绘制 3 条线形，附加为一体，命名为"踢脚线"，如图 17-62 所示。

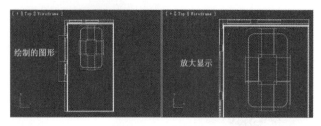

图17-62　绘制的曲线

(Step63) 在修改器堆栈中激活 Spline 子对象，选中所有的样条线，在修改命令面板的 Geometry 卷展栏下 Outline 数值框中输入 10，按下回车键，创建曲线的轮廓线。

(Step64) 为其添加 Extrude 修改命令，设置 Amount 为 150，调整挤出后模型的位置，如图 17-63 所示。

图17-63　模型的位置

17.3.4　创建橱柜、装饰墙

创建完成吊顶后，下面开始创建橱柜和床头墙。制作橱柜主要应用编辑多边形命令，制作床头墙主要应用放样命令，模型效果如图 17-64 所示。

图17-64　模型效果

(Step65) 单击 ⚙ （创建）/ 🔾 （几何体）/ Box 按钮，在左视图中创建一个 630×400×30 的长方体，命名为"橱门"。

(Step66) 选中"橱门"，将其转换为可编辑多边形，激活 Polygon 子对象，在左视图中选中正面的多边形，在 Edit Polygons 卷展栏下单击 Bevel 后的 ▣ 按钮，在弹出的对话框中设置参数，如图 17-65 所示。

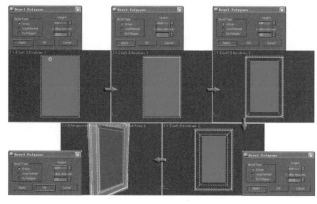

图17-65　参数设置

(Step67) 在顶视图中选中"橱门"，单击工具栏中 ⚏ 按钮，沿 x 轴镜像调整模型的位置，如图 17-66 所示。

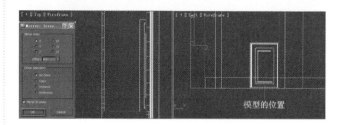

图17-66　模型的位置

(Step68) 单击 ⚙ （创建）/ 🔾 （几何体）/ Cylinder 按钮，在左视图中创建一个圆柱体，命名为"把手"，设置其参数，如图 17-67 所示。

图17-67　参数设置

Step69 将圆柱体转换为可编辑多边形，激活 Polygon
子对象，在前视图中选中朝右的多边形，在
Edit Polygons 卷展栏下单击 Bevel 后的■按
钮，在弹出的对话框中设置参数，如图 17-68
所示。

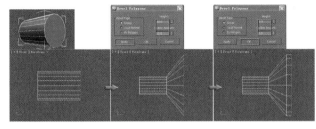

图17-68　参数设置

Step70 单击■（创建）/■（几何体）/ Sphere 按钮，
在左视图中创建一个球体，命名为"把手帽"，
设置其参数，如图 17-69 所示。

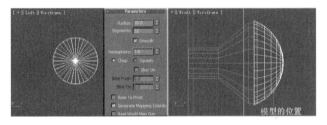

图17-69　模型的参数及位置

Step71 在左视图中同时选中"橱门"、"把手"和"把
手帽"，将其沿 x 轴移动复制一组，调整复制后
模型的位置，如图 17-70 所示。

图17-70　模型的位置

Step72 在顶视图中创建一个长方体，命名为"橱板"，
将其复制 3 个，调整模型的位置，如图 17-71
所示。

图17-71　模型的参数及位置

Step73 单击■（创建）/■（图形）/ Line 按钮，
在左视图中绘制一条封闭的曲线，命名为"床
头墙"，如图 17-72 所示。

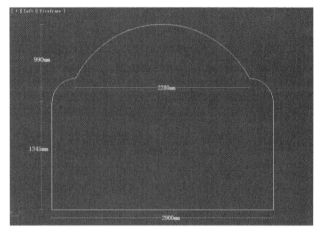

图17-72　绘制的图形

Step74 选中"床头墙"，为其添加 Extrude 修改命令，
设置 Amount 为 10，调整挤出后模型的位置，
如图 17-73 所示。

图17-73　挤出后模型的位置

Step75 将"床头墙"复制一个，命名为"包边"，单
击■按钮，将 Extrude 修改器删除。激活 Seg-
ment 子对象，在左视图中将底部的线段删除，
如图 17-74 所示。

图17-74　创建的"包边"

Step76 在顶视图中绘制一个 70×65 的参考矩形，在矩形内绘制一条封闭的曲线，命名为"包边截面"，如图 17-75 所示。将参考矩形删除。

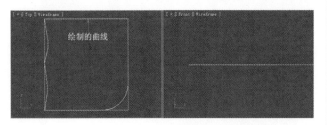

图17-75　绘制的图形

Step77 在视图中选中"包边"，在几何体创建面板的 Standard Primitives 下拉列表中选择 Compound Objects 选项，单击 Loft 按钮，在 Creation Method 卷展栏下单击 Get Shape 按钮，在视图中单击拾取"包边截面"，拾取截面后模型的位置如图 17-76 所示。

图17-76　模型的位置

17.3.5　创建其他物体

前面创建了能凸显空间特色的主要模型，下面创建空间中的其他模型，包括窗帘、筒灯、地毯等，效果如图 17-77 所示。

图17-77　模型效果

Step78 在顶视图中绘制一条长约 800mm 的曲线，命名为"纱帘"，并对其进行轮廓处理，设置 Outling 为 1，如图 17-78 所示。

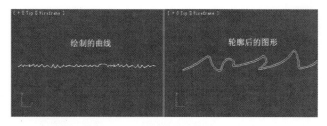

图17-78　绘制的图形

Step79 在修改器下拉列表中选择 Extrude 修改命令，设置 Amount 为 2600，调整挤出后模型的位置，如图 17-79 所示。

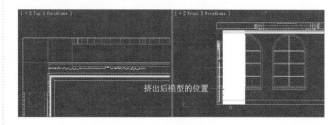

图17-79　挤出后模型的位置

Step80 将"纱帘"移动复制一个，命名为"窗帘"，在 Parameters 卷展栏下设置参数，如图 17-80 所示。

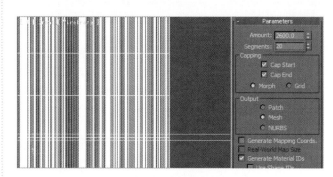

图17-80　参数设置

Step81 选中"窗帘"，在修改器列表中选择 FFD(box) 命令，在 FFD Parameters 卷展栏下单击 Set Number of Points 按钮，在弹出的对话框中设置参数，如图 17-81 所示。

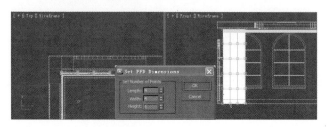

图17-81　参数设置

Step82 在修改器堆栈中激活 Control Points 子对象，在前视图中调整控制点的位置，如图 17-82 所示。

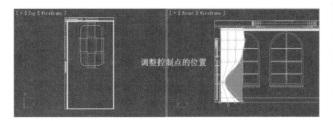

图17-82　调整控制点的位置

Step83 在顶视图中绘制一条开放的曲线，作为"窗帘绳"，如图 17-83 所示。

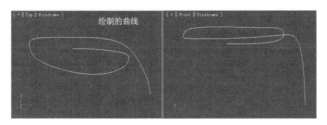

图17-83　绘制的曲线

提示　绘制窗帘绳要注意的是，在各个视图调整顶点的位置，调整出窗帘的形状，绘制的尺寸要参照创建的窗帘凹陷部分的尺寸。

Step84 对其进行轮廓处理，设置 Outline 为 1，添加 Extrude 修改命令，设置 Amount 为 20，调整挤出后模型的位置，如图 17-84 所示。

图17-84　模型的位置

Step85 在顶视图中同时选中"纱帘"、"窗帘"和"窗帘绳"，单击工具栏中 按钮，将其沿 x 轴镜像复制一组，调整复制后模型的位置，如图

17-85 所示。

图17-85　复制后模型的位置

Step86 在前视图中绘制一个 530×430 的矩形，命名为"相框"，将其转换为可编辑样条线，对其进行轮廓处理，设置 Outline 为 20，轮廓后的图形如图 17-86 所示。

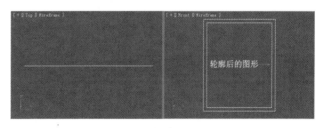

图17-86　轮廓后的图形

Step87 在修改器列表中选择 Extrude 修改命令，设置 Amount 为 20，调整挤出后模型的位置，如图 17-87 所示。

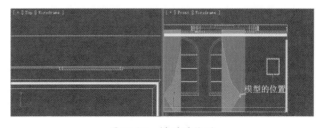

图17-87　模型的位置

Step88 在前视图中创建一个 490×390×10 的长方体，命名为"相片 A"，调整模型的位置，如图 17-88 所示。

图17-88　模型的位置

Step89 按照同样的方法再创建大小不同的几个相框和相片，调整它们在视图中的位置，如图17-89所示。

图17-89　模型的位置

Step90 单击 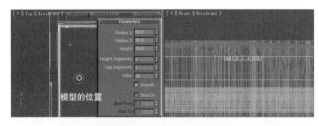（创建）/（几何体）/ Tube 按钮，在顶视图中创建一个管状体，命名为"筒灯座"，调整模型的位置，如图17-90所示。

图17-90　模型的参数及位置

Step91 单击 Cylinder 按钮，在顶视图中创建一个圆柱体，命名为"筒灯"，调整模型的位置，如图17-91所示。

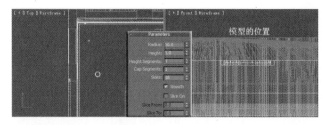

图17-91　模型的参数及位置

Step92 在视图中同时选中"筒灯座"和"筒灯"，将其复制5组，调整复制后模型的位置，如图17-92所示。

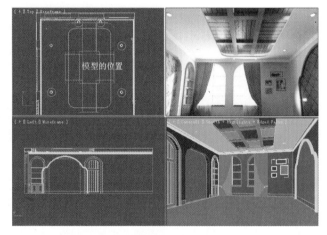

图17-92　模型的位置

Step93 单击 （创建）/（几何体）/ Extended Primitives （扩展基本体）/ ChamferBox 按钮，在顶视图中创建一个切角长方体，命名为"地毯"，调整模型的位置，如图17-93所示。

图17-93　模型的位置

17.4　调制细节材质

　　本章所表现的是欧式风格卧室，以深色调为主打色，体现稳重、奢华的效果。花纹电视墙和花色地毯又给整体单一色调的空间添加了几分色彩，如图17-94所示。

❶墙体　❷电视墙　❸地板　❹木纹　❺窗帘　❻纱帘　❼床头墙　❽相框　❾地毯　❿筒灯、筒灯座

图17-94　材质效果

Step01 继续前面的操作，按下F10键，打开Render Setup对话框，然后将VRay指定为当前渲染器，如图17-95所示。

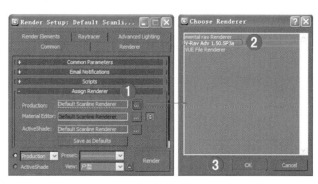

图17-95　将VRay指定为当前渲染器

Step02 单击工具栏中 （材质编辑器）按钮，打开Material Editor对话框，选择一个空白示例球，将其命名为"墙体"，设置其参数，如图17-96所示。

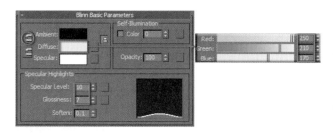

图17-96　参数设置

Step03 在视图中选中"墙体"、"左墙"和"前墙"，单击 （将材质指定给选定对象）按钮，将材质赋予选中的模型。

Step04 选择第二个材质球，命名为"天花"，设置其参数，如图17-97所示。

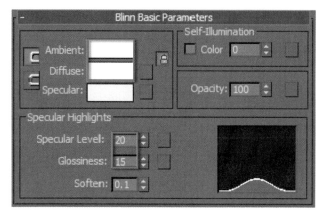

图17-97　参数设置

Step05 在视图中选中"吊顶A"、"吊顶B"和"棚线"，单击 按钮，将材质赋予选中的模型，如图17-98所示。

图17-98　材质效果

Step06 选择第三个材质球，命名为"电视墙"，在Blinn Basic Parameters卷展栏下单击Diffuse后的 按钮，打开随书光盘中贴图/壁纸A.jpg图片文件，如图17-99所示。

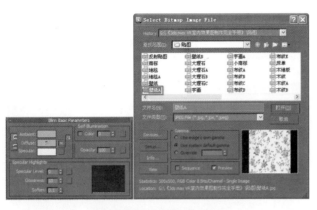

图17-99 选择位图贴图

(Step07) 在视图中选中"电视墙",单击 按钮,将材质赋予选中的模型,为其添加 UVW Map 修改命令,设置参数,如图 17-100 所示。

图17-100 参数设置

(Step08) 选择第四个材质球,命名为"地板",将其指定为 VRayMtl 材质类型,单击 Diffuse 后的 按钮,选择随书光盘中"贴图 / 木地板 .jpg"图片文件,如图 17-101 所示。

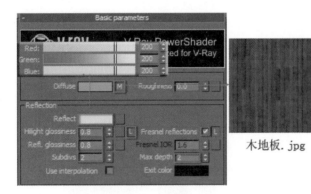

木地板. jpg

图17-101 参数设置

(Step09) 单击 Reflect 后的 按钮,在 Material/Map Browser 对话框中选择 Falloff 贴图类型,如图 17-102 所示。

图17-102 选择Falloff贴图类型

(Step10) 在 Falloff Parameters 卷展栏下设置参数,如图 17-103 所示。

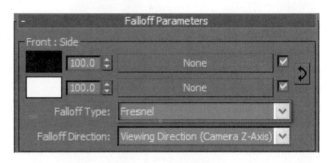

图17-103 参数设置

(Step11) 单击 按钮,返回父级。在 Maps 卷展栏下设置 Falloff 参数,并将 Diffuse 贴图拖动复制到 Bump 贴图通道中,设置参数,如图 17-104 所示。

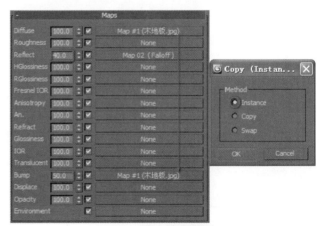

图17-104 参数设置

Step12 在视图中选中"墙体",在修改器堆栈中激活 Polygon 子对象,在摄影机视图中选中地面多边形,单击 🖼 按钮,将材质赋予选中的模型,为其添加 UVW Map 修改命令,设置参数,如图 17-105 所示。

图17-105 参数设置

Step13 选择第五个材质球,命名为"木纹",将其指定为 VRayMtl 材质类型,单击 Diffuse 后的 🔳 按钮,选择随书光盘中"贴图 / 木纹C.jpg"图片文件,如图 17-106 所示。

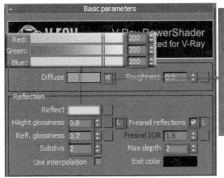

木纹C.jpg

图17-106 参数设置

Step14 在视图中选中门、踢脚线、吊顶格框、床头包边、窗框、橱柜等模型,单击 🖼 按钮,将材质赋予选中的模型,为其添加 UVW Map 修改命令,设置参数,如图 17-107 所示。

图17-107 参数设置

Step15 选择第六个材质球,命名为"竖木顶",将其指定为 VRayMtl 材质类型,设置参数与"木纹"材质相同,单击 Diffuse 后的 🔳 按钮,在弹出的 Material/Map Browser 对话框中选择 Tiles,如图 17-108 所示。

图17-108 选择Tiles贴图类型

Step16 在 Coordinates 和 Advanced Controls 卷展栏下设置参数,如图 17-109 所示。

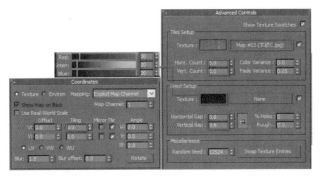

图17-109 参数设置

Step17 单击 🖼 按钮,返回父级。将 Diffuse 贴图拖动复制到 Bump 贴图通道中,设置参数,如图 17-110 所示。

图17-110 复制贴图

Step18 在视图中选中"竖木顶",单击 按钮,将材质赋予选中的模型。

Step19 选择一个未用的材质球,命名为"横木顶",参数设置与"竖木顶"材质大致相同,但要制作出横向木纹效果,Coordinates 和 Advanced Controls 卷展栏下的参数设置有所变化,如图 17-111 所示。

下设置参数,如图 17-114 所示。

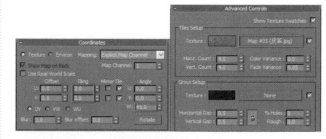

图17-114　参数设置

Step23 在视图中选中床头墙,单击 按钮,将材质赋予选中的模型,如图 17-115 所示。

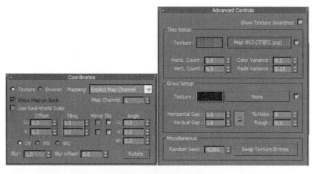

图17-111　参数设置

Step20 在视图中选中"横木顶",单击 按钮,将材质赋予选中的模型,赋予材质后的效果如图 17-112 所示。

图17-112　赋予材质后的效果

Step21 选择一个未用的材质球,命名为"床头墙",将其指定为 VRayMtl 材质类型,设置参数,如图 17-113 所示。

图17-115　赋予材质后的效果

Step24 选择一个未用的材质球,命名为"纱帘",将其指定为 VRayMtl 材质类型,设置参数,如图 17-116 所示。

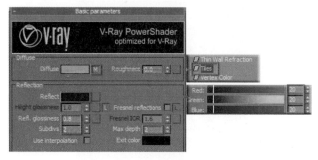

图17-113　参数设置

Step22 在 Coordinates 和 Advanced Controls 卷展栏

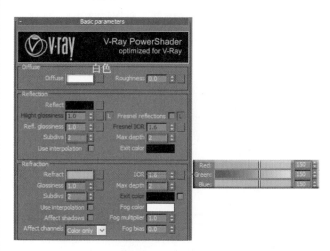

图17-116　参数设置

Step25 在视图中选中纱帘,单击 按钮,将材质赋予选中的模型。

(Step26) 选择一个未用的材质球，命名为"窗帘"，选用默认材质，设置参数，如图 17-117 所示。

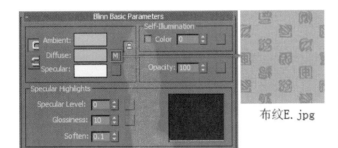

布纹E.jpg

图17-117　调用贴图

(Step27) 在视图中选中窗帘，单击 📇 按钮，将材质赋予选中的模型，添加 UVW Map 修改命令，设置参数，如图 17-118 所示。

"窗帘"

"纱帘"

图17-118　赋予材质后的效果

(Step28) 选择一个未用的材质球，命名为"照片"，使用默认材质，设置参数，如图 17-119 所示。

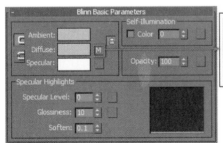

图17-119　调用贴图

(Step29) 按照同样的方法再制作 3 个相片材质，换一下照片贴图即可，赋予相应的模型，如图 17-120 所示。

图17-120　赋予材质后的效果

(Step30) 选择一个未用的材质球，命名为"地毯"，将其指定为 VRayMtl 材质类型，参数设置如图 17-121 所示。

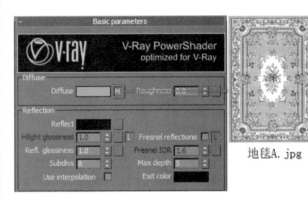

地毯A.jpg

图17-121　调用贴图

(Step31) 在视图中选中"地毯"，在 Modifier List 下拉列表中选择 VRay Displacement Mod 命令，设置参数，如图 17-122 所示。

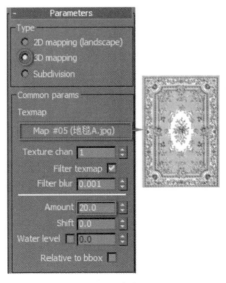

图17-122　参数设置

Step32 在视图中选中"地毯",单击 按钮,将材质赋予选中的模型,如图 17-123 所示。

图17-123 赋予材质后的效果

Step33 选择一个未用的材质球,命名为"筒灯座",将其指定为 VRayMtl 材质类型,参数设置如图 17-124 所示。

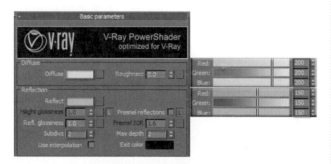

图17-124 参数设置

Step34 在视图中选中所有的筒灯座,单击 按钮,将材质赋予选中的模型。

Step35 选择一个未用的材质球,命名为"筒灯",参数设置如图 17-125 所示。

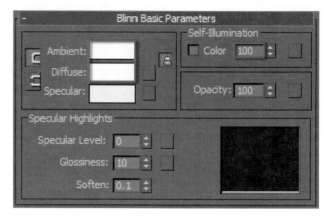

图17-125 参数设置

Step36 在视图中选中所有的筒灯,单击 按钮,将材质赋予选中的模型。

17.5 调入模型丰富空间

本例中主要调入床组合、吊灯和电视柜等模型。调入家具模型后的效果如图 17-126 所示。

图17-126 调入模型后的效果

Step01 继续前面的操作，单击菜单栏左端的 ⑤ 按钮，选择"Import>Merge"命令，在弹出的 Merge File 对话框中，打开随书光盘中"模型／第17章／床组合 .max"文件，如图 17-127 所示。

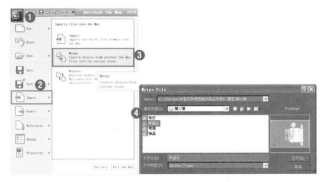

图17-127 合并命令

Step02 在弹出的对话框中取消灯光和摄影机的显示，然后单击 **All** 按钮，选中所有的模型部分，将它们合并到场景中来，如图 17-128 所示。

图17-128 合并所有模型

Step03 在视图中选中"床"，并调整其位置，如图 17-129 所示。

图17-129 "床"的位置

Step04 单击菜单栏中 ⑤ 按钮，选择"Import>Merge"命令，打开随书光盘中"模型／第17章／电视组合 .max"文件，将模型合并到场景中，如图 17-130 所示。

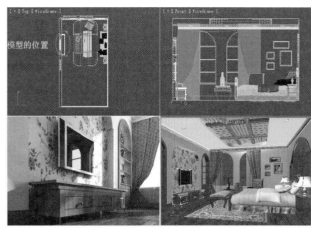

图17-130 模型的位置

Step05 合并随书光盘中"模型／第17章／吊灯组合 .max"文件，将所有构件合并到场景中，并在视图中调整合并后模型的位置，如图 17-131 所示。

图17-131 模型的位置

Step06 合并随书光盘中"模型／第17章／饰品组合 .max"文件，将所有构件合并到场景中，并在视图中调整合并后模型的位置，如图 17-132 所示。

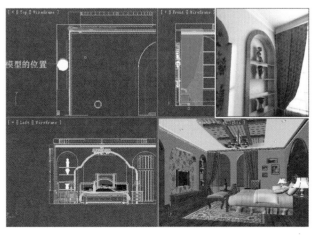

图17-132 模型的位置

17.6 设置灯光

本章表现的是白天卧室效果，室外明媚的阳光投入卧室，凸显了一种温馨、惬意的感觉。场景中的灯光主要模拟太阳光、台灯等照射效果，如图 17-133 所示。

图17-133　灯光效果

17.6.1　设置渲染参数

在设置灯光的过程中，要多次预览渲染，根据渲染结果进行具体参数调整，这就需要在灯光设置前设置渲染参数。预览渲染强调渲染的速度，在效果方面只需能看出亮度、材质的大致效果就可以了。

Step01 选择菜单栏中"Rendering>Environment"命令，在弹出的 Environment and Effects 对话框中调整背景的颜色为白色，如图 17-134 所示。

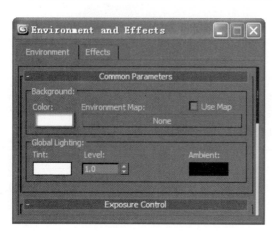

图17-134　设置背景色

Step02 按下 F10 键，在打开的 Render Setup 对话框中的 Common 选项卡下，设置一个较小的渲染尺寸，例如 640×480，如图 17-135 所示。

图17-135　参数设置

Step03 在 VRay 选项卡下设置一个渲染速度较快、画面质量较低的抗锯齿方式，然后设置曝光方式，如图 17-136 所示。

图17-136 参数设置

Step04 在 Indirect illumination 选项卡下打开 GI，并设置光子图的质量，此处的参数设置以速度为优先考虑的因素，如图 17-137 所示。

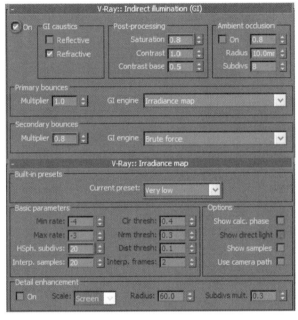

图17-137 参数设置

Step05 至此，渲染参数设置完成，激活摄影机视图，单击 Render 按钮进行渲染，此时关闭了默认灯光，但是打开了环境光，渲染效果如图 17-138 所示。

图17-138 渲染效果

17.6.2 设置场景灯光

本章灯光所模拟的是白天的光线效果，主要包括太阳光照亮室内空间和床头台灯照射效果。

Step06 单击 （灯光）/ Standard / Target Direct 按钮，在顶视图中创建一盏 Target Direct，命名为"模拟太阳光"，设置其参数，如图 17-139 所示。

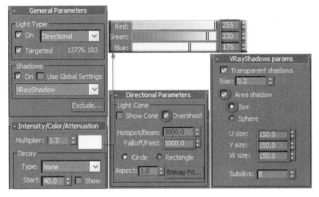

图17-139 参数设置

Step07 在视图中调整"模拟太阳光"的位置，使其从窗户的位置投射到室内，如图 17-140 所示。

图17-140 灯光的位置

Step08 单击工具栏中 （渲染）按钮，渲染观察设置"模拟太阳光"后的效果，如图 17-141 所示。

图17-141 渲染效果

Step09 单击 （灯光）/VRay ∨ / VRayLight 按钮，在前视图中创建一盏 VRay-Light，命名为"模拟天光"，设置其参数，如图 17-142 所示。

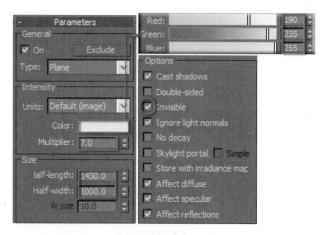

图17-142　参数设置

Step10 在视图中调整"模拟天光"的位置，使其位于窗户的外面向屋内照射，如图 17-143 所示。此灯光用于模拟室外柔和天光进入室内的效果。

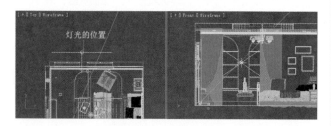

图17-143　灯光的位置

Step11 单击工具栏中 （渲染）按钮，渲染观察设置"模拟天光"后的效果，如图 17-144 所示。

图17-144　渲染效果

Step12 单击 （灯光）/VRay ∨ / VRayLight 按钮，在顶视图中创建一盏 VRay-Light，命名为"灯带"，设置其参数，如图 17-145 所示。

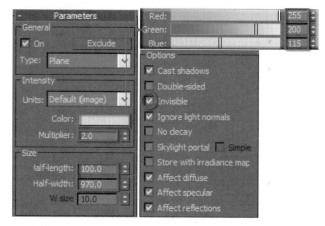

图17-145　参数设置

Step13 在视图中调整"灯带"的照射方向和位置，如图 17-146 所示。

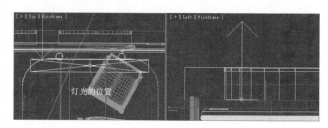

图17-146　灯光的位置

Step14 将"灯带"复制 3 个，调整灯光的位置，根据吊顶的大小修改灯带的尺寸，如图 17-147 所示。

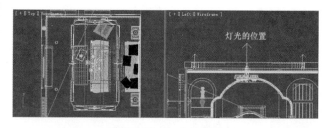

图17-147　灯光的位置

Step15 在左视图中创建一盏 VRayLight，命名为"壁柜灯"，设置其参数，并调整它在视图中的位置，如图 17-148 所示。

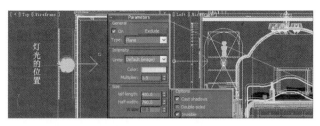

图17-148　灯光的参数及位置

Step16 单击工具栏中 ⬛ 按钮，渲染观察设置"灯带"后的效果，如图 17-149 所示。

图17-149　渲染效果

Step17 单击 ⬛ （灯光）/ Standard / Omni 按钮，在顶视图中创建一盏Omni，命名为"台灯"，设置其参数，如图 17-150 所示。

图17-150　参数设置

Step18 将"台灯"复制一个，在视图中调整灯光的位置，如图 17-151 所示。

Step19 单击 ⬛ （灯光）/ Standard / Omni 按钮，在顶视图中创建一盏Omni，命名为"吊灯"，设置其参数，如图 17-152 所示。

图17-151　灯光的位置

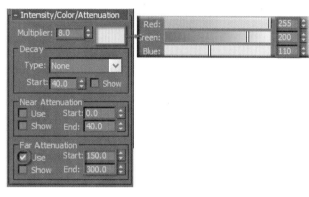

图17-152　参数设置

Step20 将"吊灯"复制4个，在视图中调整灯光的位置，如图 17-153 所示。

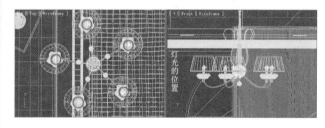

图17-153　灯光的位置

Step21 单击工具栏中 ⬛ 按钮，渲染观察设置"台灯"和"吊灯"后的效果，如图 17-154 所示。

图17-154　渲染效果

(Step22) 观察此时的效果图，整体亮度基本合理，但近处的地面和床头柜有些暗，这就需要设置补光来给增添亮度。在顶视图中创建一盏 VRay-Light，调整灯光的方向和位置，如图 17-155 所示。

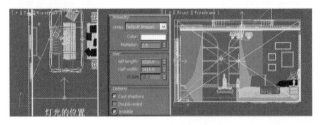

图 17-155　参数设置

(Step23) 单击工具栏中 ▣ 按钮，渲染观察设置补光后的效果，如图 17-156 所示。

图 17-156　渲染效果

(Step24) 单击标题工具栏 ▣（保存）按钮，将文件保存。

17.7 渲染输出

　　材质和灯光设置完成后，需要进行渲染输出。首先将各种反射明显的材质的参数进行调整，使其渲染出来更精细，然后设置渲染参数，渲染光子图，通过光子图出大图，会节省渲染时间。

(Step01) 打开材质编辑器，选中客厅地面材质，重新调整材质的反射参数，如图 17-157 所示。

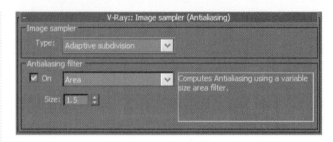

图 17-158　参数设置

(Step04) 在 Indirect illumination 选项卡下设置光子图的质量，此处的参数设置要以质量为优先考虑的因素，如图 17-159 所示。

图 17-157　参数设置

(Step02) 使用同样的方法处理金属材质、木纹材质等反射效果较为明显的材质，在此不做赘述。

(Step03) 在 V-Ray 选项卡下设置一个精度较高的抗锯齿方式，如图 17-158 所示。

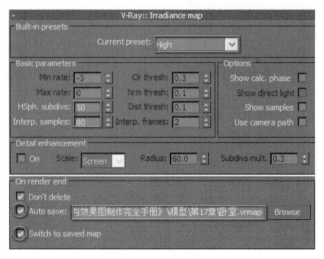

图 17-159　保存光子图

Step05 单击对话框中的 ▇▇▇ 按钮渲染客厅视图，渲染结束后系统自动保存光子图文件。然后调用光子图文件，如图 17-160 所示。

文件，选择 TIF 文件格式，如图 17-161 所示。

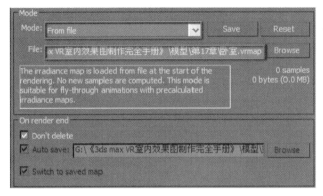

图17-160　导入光子图

Step06 在 Common 选项卡下设置一个较大的渲染尺寸，例如 3000×2250。单击对话框中的 ▇▇▇ 按钮渲染客厅，得到的便是最终效果。

Step07 渲染结束后，单击渲染对话框中 ▇ 按钮，保存

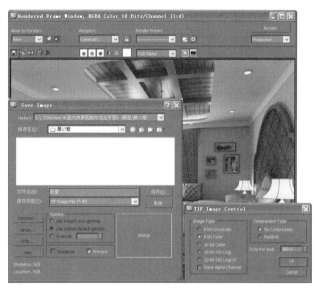

图17-161　保存效果图

Step08 至此，效果图的前期制作全部完成，最终渲染效果如图 17-162 所示。

图17-162　渲染效果

17.8 后期处理

　　3ds Max 渲染生成的效果图在亮度、颜色方面可能会有所偏差，需要使用 Photoshop 进行润色和修改。本章的效果图需要对画面色彩和亮度进行调整。

Step01 在桌面上双击 **Ps** 图标，启动 Photoshop CS4

Step02 单击 "文件 > 打开" 命令，打开前面渲染保存的 "卧室 .tif" 文件，如图 17-163 所示。

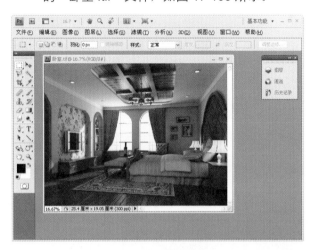

图17-163　打开文件

Step03 单击菜单栏中的 "图像 > 调整 > 曲线" 命令，调整曲线，调整图像的亮度，如图 17-164 所示。

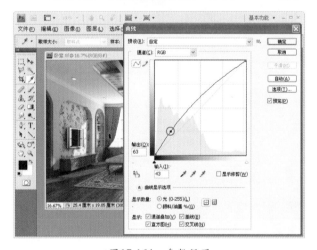

图17-164　参数设置

Step04 单击菜单栏中的 "滤镜 > 锐化 >USM 锐化" 命令，设置图像的锐化参数，如图 17-165 所示。

图17-165　参数设置

Step05 至此，卧室效果图的后期处理完成，最终效果如图 17-166 所示。

图17-166　最终效果

17.9 本章小结

　　本章主要介绍卧室效果图的制作过程。首先确定卧室的风格及设计思路，然后在 3ds Max 中创建模型、制作材质、调入模型、设置灯光，最后进行渲染输出，在 Photoshop 中作最后的润色与处理。

第 18 章
制作书房效果图

本章内容

- 设计理念
- 制作流程分析
- 搭建空间模型
- 调制细节材质
- 调入模型丰富空间
- 设置灯光
- 渲染输出
- 后期处理

书房是人们结束一天工作之后，再次回到办公环境的一个场所。因此，它既是办公室的延伸，又是家庭生活的一部分。书房的双重性使其在家庭环境中处于一种独特的地位，它需要一种较为严肃的气氛。但书房同时又是家庭环境的一部分，要与其他居室融为一体，透露出浓浓的生活气息。所以书房作为家庭办公室，要在凸显个性的同时融入办公环境的特性，让人在轻松自如的气氛中投入工作。本章制作的书房效果图如图18-1所示。

图18-1　书房效果图

18.1 设计理念

如何将书房布置得富有个性和内涵，一般来说，书房的墙面、天花板色调应选用典雅、明净、柔和的浅色，如淡蓝色、浅米色、浅绿色。地面应选用木地板或地毯等材料，而墙面最好用壁纸、板材等吸音较好的材料，以取得宁静的效果。

书房的功能和区间划分因人而异，书柜和写字桌可平行陈设，也可垂直摆放，或是与书柜的两端、中部相连，形成一个读书、写字的区域。书房形式的多变性改变了书房的形态和风格，使人始终有一种新鲜感。

本章中表现的是一长方形的书房空间，其面积并不大，沿墙以整组书柜为背景，前面配上别致的写字台，全部的家具以深色调为主，体现书房的稳重感和宁静感，仿佛沉思中蕴藏的智慧。整体采用现代中式风格，深色的木质家具配上四幅水墨画，体现了书房的特色，书柜中的装饰品以及沙发的不锈钢材质，使得设计中不失现代的美感，如图 18-2 所示。

图18-2　书房一角

18.2 制作流程分析

本章对书房空间进行设计表现，首先搭建空间中的基本模型框架，空间中的家具等模型可以通过合并的方式从模型库中调入，然后为场景设计灯光并进行最终渲染输出。本章的制作流程如图 18-3 所示。

❶ 搭建模型设置摄影机。首先创建出整体空间墙体，设置摄影机固定视角，然后创建空间内的基本模型。

❷ 调制材质。由于要使用 VRay 渲染器渲染，因此在材质调制时运用了较多的 VRay 材质。此处主要调制整体空间模型的材质。

❸ 合并模型。采用合并的方式将模型库中的家具模型合并到整体空间中，从而得到一个完整的模型空间。此处合并的模型包括"水墨画"、"电脑组合"、"装饰品"等，合并的模型一般已经调制了相应的材质，但有时为了实现特定的材质效果，需要对材质进行重新调制。

❹ 设置灯光。根据效果图要表现的光照效果设计灯光照明，包括室外光和室内光。

❺ 使用 VRay 渲染效果图。计算模型、材质和灯光的设置数据，输出整体空间的效果图。

❻ 后期处理。对效果图进行最终的润色和修改。

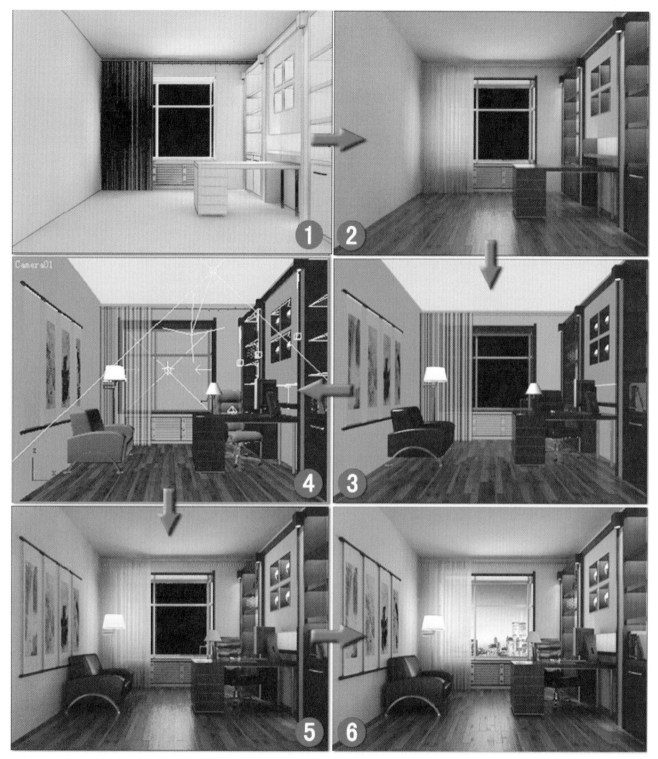

图18-3　流程图释

18.3 搭建空间模型

　　在模型的搭建中，首先要搭建出整体空间，也就是创建主墙体，然后在空间内设置摄影机，固定效果图的视角，然后在空间内创建基本模型，包括窗、书桌、书柜等。本例的空间模型效果如图18-4所示。

① 墙体
② 窗、窗帘等
③ 书桌、书柜

图18-4 模型效果

18.3.1 创建墙体

本例中墙体模型的创建主要通过编辑多边形完成，本例书房墙体如图 18-5 所示。

图18-5 模型效果

Step01 双击桌面上的 ⑤ 按钮，启动 3ds Max 2010，并将单位设置为毫米。

Step02 单击 ❋（创建）/ ◯（几何体）/ Box 按钮，在顶视图中创建一个长方体，命名为"墙体"，设置其参数，如图 18-6 所示。

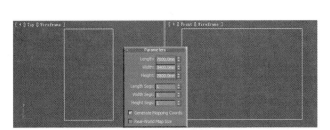

图18-6 参数设置

(Step03) 在修改命令面板的 `Modifier List` 下拉列表中选择 Normal（法线）命令。

(Step04) 单击创建命令面板中的 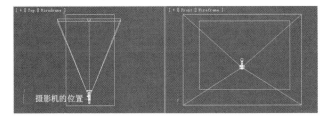（摄影机）/ `Target` 按钮，在顶视图中创建一架摄影机，调整它在视图中的位置，如图 18-7 所示。

图18-7 摄影机的位置

(Step05) 选中摄影机，在 Parameters 卷展栏下设置参数，如图 18-8 所示。

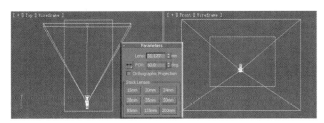

图18-8 参数设置

(Step06) 激活透视视图，按下 C 键，将其转换为摄影机视图，效果如图 18-9 所示。

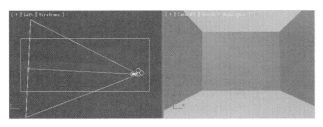

图18-9 转换摄影机视图

(Step07) 选中摄影机，单击菜单栏中的"Modifiers>Cameras>Camera Correction"命令，校正摄影机。

(Step08) 在创建面板中单击 □（显示）按钮，在 Hide by Category 卷展栏下勾选 Cameras 复选框，将摄影机隐藏，如图 18-10 所示。

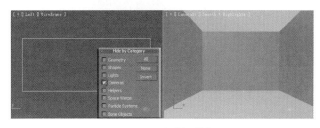

图18-10 隐藏摄影机

(Step09) 在视图中选中"墙体"，在 `Modifier List` 下拉列表中选择 Edit Poly 命令。激活 Edge 子对象，在摄影机视图中选中正面上下两条边，如图 18-11 所示。

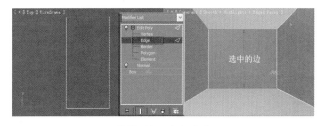

图18-11 选中的边

(Step10) 在 Edit Edges 卷展栏下单击 `Connect` 后的 □ 按钮，在弹出的窗口中设置参数，如图 18-12 所示。

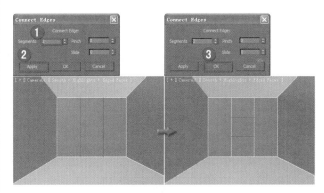

图18-12 参数设置

(Step11) 在前视图中调整边的位置，如图 18-13 所示。

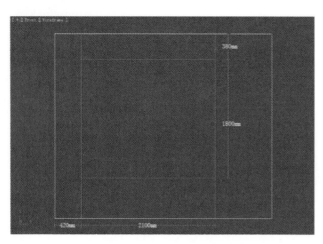

图18-13　调整边的位置

Step12 激活 Polygon 子对象，在摄影机视图中选中被分割的中间的多边形，在 Edit Polygons 卷展栏下单击 Extrude 后的■按钮，在弹出的对话框中设置参数，如图 18-14 所示。

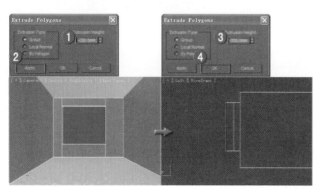

图18-14　参数设置

Step13 在摄影机视图中选中中间的多边形和最外侧两边的多边形，按下 Delete 键，将它们删除，如图 18-15 所示。

图18-15　删除多边形

Step14 利用前面介绍的方法，在该墙面的底部抠建出暖气的位置，如图 18-16 所示。

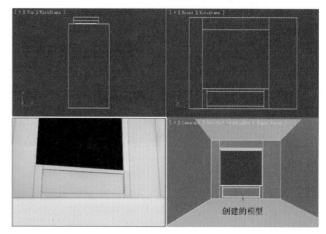

图18-16　创建的模型

18.3.2　创建窗、窗帘等

本章中书房墙体的结构比较简单，下面开始创建空间中的窗、暖气片、窗帘等部件，效果如图 18-17 所示。

图18-17　模型效果

Step15 在顶视图中参照墙体外窗的轮廓绘制一条曲线，命名为"横窗棱"，如图18-18所示。

闭的曲线，并将它们附加为一体，命名为"竖窗棱"，如图18-22所示。

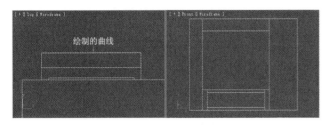

图18-18 绘制的曲线

Step16 激活Spline子对象，在修改命令面板的Geometry卷展栏下 Outline 数值框中输入10，按下回车键，创建曲线的轮廓线，如图18-19所示。

图18-19 轮廓后的图形

Step17 为其添加Extrude修改命令，设置Amount为50，调整挤出后模型的位置，如图18-20所示。

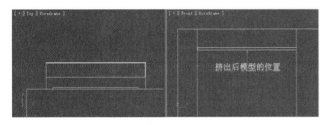

图18-20 挤出后模型的位置

Step18 将"横窗棱"复制两个，调整复制后模型的位置，如图18-21所示。

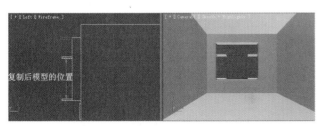

图18-21 复制后模型的位置

Step19 单击 （创建）/ （图形）/ Line 按钮，在顶视图中参照"横窗棱"的轮廓绘制4条封

Step20 为其添加Extrude命令，设置Amount为1800，调整挤出后模型的位置，如图18-23所示。

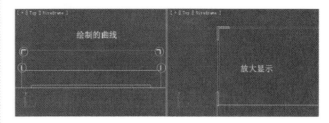

图18-23 模型的位置

Step21 单击 （创建）/ （图形）/ Rectangle 按钮，在前视图中参照窗户轮廓绘制一个1800×2100的矩形。

Step22 单击 Line 按钮，在矩形外绘制一条封闭的曲线，如图18-24所示。

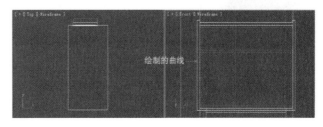

图18-24 绘制的曲线

Step23 将两个图形附加为一体，命名为"窗框"，为其添加Extrude修改命令，设置Amount为10，调整挤出后模型的位置，如图18-25所示。

图18-25　模型的位置

(Step24) 单击 / / [Box] 按钮，在前视图中绘制一个长方体，命名为"装饰片"，将其复制7个，调整模型的位置，如图18-26所示。

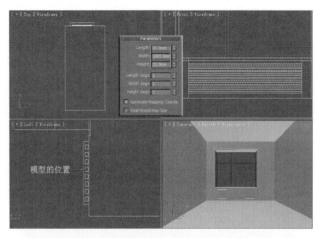

图18-26　模型的位置

(Step25) 在前视图中绘制一个450×100的矩形，命名为"边框"，将其转换为可编辑样条线，对其进行轮廓处理，将Outline设置为5，轮廓后的图形如图18-27所示。

图18-27　轮廓后的图形

(Step26) 为其添加Extrude修改命令，设置Amount为10。

(Step27) 在前视图中绘制一个矩形和一个圆，并将圆复制两个，调整图形的位置，如图18-28所示。

(Step28) 选中矩形，将其转换为可编辑样条线，与其他3个圆附加为一体，命名为"装饰块"，为其添加Extrude修改命令，设置Amount为10，将其放置在"边框"内，如图18-29所示。

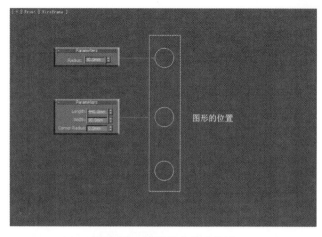

图18-28　图形的参数及位置

图18-29　模型的位置

(Step29) 在前视图中同时选中"边框"和"装饰块"，将其复制一组，在视图中调整模型的位置，如图18-30所示。

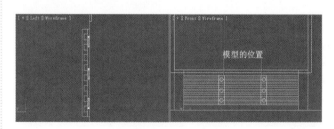

图18-30　模型的位置

(Step30) 在前视图中绘制一个450×1800的矩形，命名为"装饰边"，将其转换为可编辑多边形，对其进行轮廓处理，设置Outline为20，添加Extrude修改命令，设置Amount为10，调整挤出后模型的位置，如图18-31所示。

图18-31　模型的位置

Step31 单击 ✦（创建）/ ◎（几何体）/ [Cylinder] 按钮，在左视图中创建一个圆柱体，命名为"窗帘杆"，调整模型的位置，如图18-32所示。

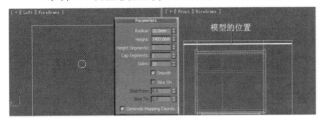

图18-32 模型的参数及位置

Step32 单击 ✦（创建）/ ◎（几何体）/ [Torus] 按钮，在左视图中创建一个圆环，命名为"窗帘环"，调整模型的位置，如图18-33所示。

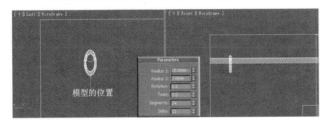

图18-33 模型的位置

Step33 在前视图中将"窗帘环"移动复制多个，调整它们在视图中的位置，如图18-34所示。

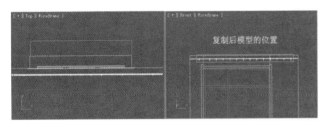

图18-34 复制后模型的位置

Step34 单击 ✦（创建）/ ◎（图形）/ [Line] 按钮，

在顶视图中绘制一条开放的曲线，命名为"纱帘"，并对其进行轮廓处理，设置Outline为1，如图18-35所示。

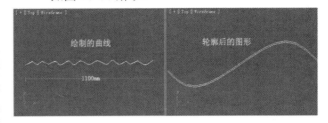

图18-35 绘制的图形

Step35 为其添加Extrude修改命令，设置Amount为2700，调整挤出后模型的位置，如图18-36所示。

图18-36 模型的位置

18.3.3 创建书桌、橱柜

根据户型的要求，沿墙以整组书柜为背景，简单的书桌造型与书柜浑然一体，模型效果如图18-37所示。

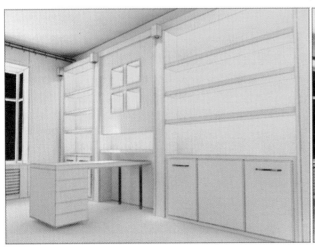

图18-37 模型效果

Step36 单击 ✤（创建）/ ⬤（几何体）/ [Box] 按钮，在左视图中创建一个长方体，命名为"间隔板"，设置参数，如图 18-38 所示。

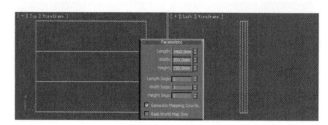

图18-38　参数设置

Step37 选中创建的方体，将其转换为可编辑多边形，激活 Edge 子对象，在左视图中调整边的位置，如图 18-39 所示。

图18-39　调整边的位置

Step38 在修改器堆栈中激活 Polygon 子对象，在左视图中选中两边的多边形，在 Edit Polygons 卷展栏下单击 [Extrude] 后的 ■按钮，在弹出的对话框中设置参数，如图 18-40 所示。

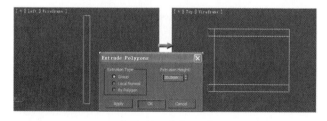

图18-40　参数设置

Step39 将"间隔板"复制 3 个，调整复制后模型的位置，如图 18-41 所示。

Step40 单击 ✤（创建）/ ⬤（几何体）/ [Box] 按钮，在顶视图中创建一个长方体，命名为"顶板"，调整模型的位置，如图 18-42 所示。

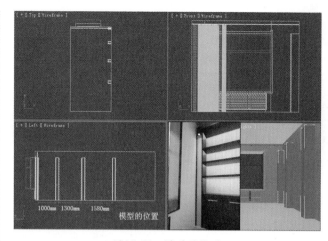

图18-41　模型的位置

图18-42　模型的位置

Step41 在顶视图中创建一个长方体和一个圆柱体，调整它们的位置，如图 18-43 所示。

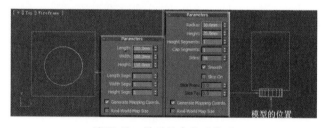

图18-43　模型的参数及位置

Step42 选中方体，在几何体创建面板的 [Standard Primitives] 下拉列表中选择 [Compound Objects] 选项，单击 [ProBoolean] 按钮，在 Pick Boolean 卷展栏下单击 [Start Picking] 按钮，在视图中单击拾取圆柱体，进行布尔运算，将运算后的模型命名为"筒灯"，如图 18-44 所示。

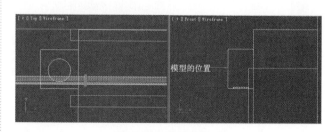

图18-44　模型的位置

(Step43) 单击 ◆ （创建）/ ◎ （几何体）/ Tube 按钮，在顶视图中创建一个管状体，命名为"筒灯座"，调整模型的位置，如图18-45所示。

图18-45 模型的位置

(Step44) 在顶视图中同时选中"筒灯"和"筒灯座"，将其复制3组，调整复制后模型的位置，如图18-46所示。

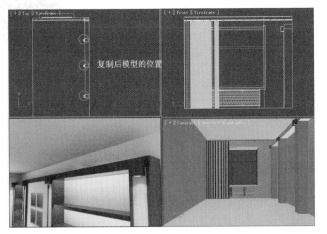

图18-46 复制后模型的位置

(Step45) 利用 Box 按钮，在左视图中参照"间隔板"间的尺寸，创建"橱板"，模型位置如图18-47所示。

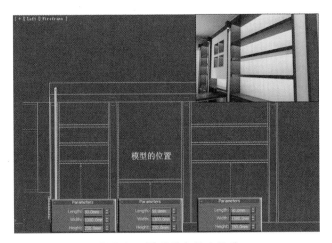

图18-47 模型的参数及位置

(Step46) 单击 ◆ （创建）/ ◎ （图形）/ Rectangle 按钮，在左视图中绘制两个矩形，将小矩形复制一个，调整图形的位置，如图18-48所示。

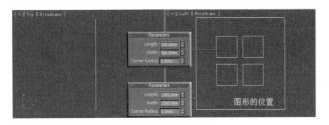

图18-48 图形的位置

(Step47) 选中任意一个矩形，将其转换为可编辑样条线，与其他4个矩形附加为一体，命名为"装饰橱框"，为其添加Extrude修改命令，设置Amount为220，调整挤出后模型的位置，如图18-49所示。

图18-49 模型的位置

(Step48) 在左视图中绘制一个300×300的矩形，命名为"木边"。将矩形转换为可编辑样条线，对其进行轮廓处理，设置Outline为20，轮廓后的图形如图18-50所示。

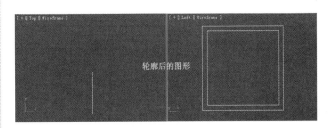

图18-50 轮廓后的图形

(Step49) 为其添加Extrude修改命令，设置Amount为5，再将其复制3个，调整模型的位置，如图18-51所示。

图18-51 模型的位置

Step50 在左视图中绘制一个800×1000的矩形，命名为"底橱框"，将其转换为可编辑样条线后，对其进行轮廓处理，设置 Outline 为40，添加 Extrude 修改命令，设置 Amount 为250，调整挤出后模型的位置，如图 18-52 所示。

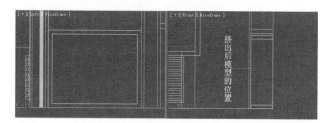

图18-52 挤出后模型的位置

Step51 在左视图中绘制一个720×460的矩形，命名为"橱门"，在 Modifier List 下拉列表中添加 Bevel 命令，调整倒角后模型的位置，设置参数，如图 18-53 所示。

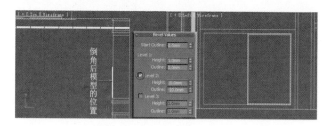

图18-53 倒角后模型的位置

Step52 单击 （创建）/ （图形）/ Line 按钮，在顶视图中绘制一条开放的曲线，命名为"把手"，如图 18-54 所示。

Step53 在 Rendering 卷展栏下设置参数，调整模型的位置，如图 18-55 所示。

Step54 在顶视图中同时选中"橱门"和"把手"，将其复制一组，调整模型的位置，如图 18-56 所示。

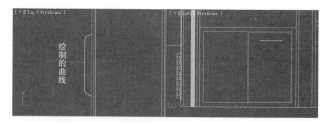

图18-54 绘制的曲线

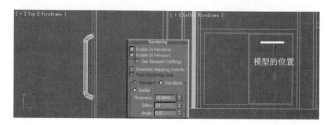

图18-55 模型的位置

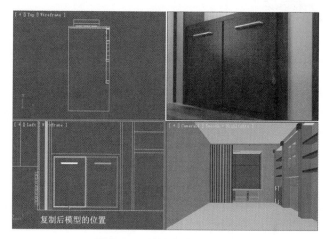

图18-56 复制后模型的位置

Step55 按照同样的方法，创建另一边的底橱，模型的位置如图 18-57 所示。

图18-57 模型的位置

Step56 单击 ✿ （创建）/ ○（几何体）/ Cylinder 按钮，在顶视图中创建一个圆柱体，命名为"桌腿"，将其复制一个，调整模型的位置，如图 18-58 所示。

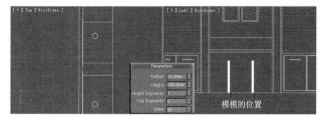

图18-58 模型的位置

Step57 在顶视图中创建一个长方体，命名为"桌面"，调整模型的位置，如图 18-59 所示。

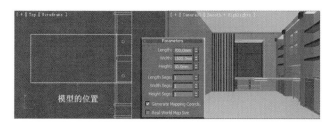

图18-59 模型的参数及位置

Step58 在顶视图中创建3个长方体，分别作为"橱柜"、"银银条"和"底座"，调整它们的位置，如图 18-60 所示。

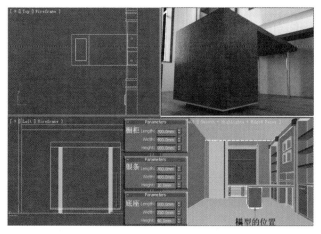

图18-60 模型的位置

Step59 在顶视图中参照"橱柜"的轮廓，绘制一条开放的曲线，命名为"边条"，如图 18-61 所示。

Step60 在修改命令面板的 Geometry 卷展栏下 Outline 数值框中输入 5，并按下回车键，创建曲线的轮廓线。

提示

在效果图制作中，可以对场景中摄影机看不到的模型面进行简单创建或根本不用创建，例如这里创建的桌子的橱柜，正面的橱门等模型就可以不用创建了，但橱的背面能够看到，所以需要细化一下背面的模型。

图18-61 绘制的曲线

Step61 为其添加 Extrude 修改命令，设置 Amount 为 10，将模型复制3个，调整模型的位置，如图 18-62 所示。

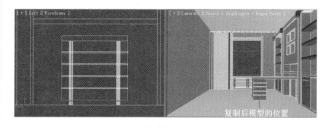

图18-62 复制后模型的位置

Step62 按照同样的方法创建桌面下的银条，模型的位置如图 18-63 所示。

图18-63 模型的位置

18.4 调制细节材质

本章所表现的是现代中式书房设计，以深色调为主打色，橱柜中的金属条和金色隔板，体现了几分现代感，如图 18-64 所示。

① 墙体
② 地板
③ 木纹
④ 不锈钢
⑤ 金色隔板
⑥ 窗帘

图18-64 材质效果

(Step01) 继续前面的操作，按下 F10 键，打开 Render Setup 对话框，然后将 VRay 指定为当前渲染器，如图 18-65 所示。

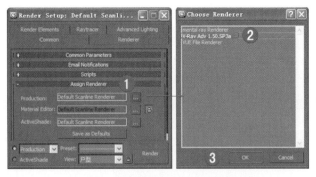

图18-65 将VRay指定为当前渲染器

(Step02) 单击工具栏中 （材质编辑器）按钮，打开 Material Editor 对话框，选择一个空白示例球，将材质命名为"墙体"，设置其参数，如图 18-66 所示。

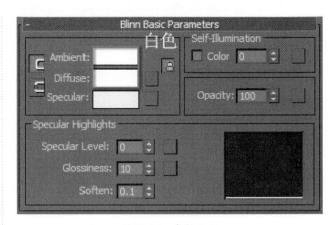

图18-66 参数设置

(Step03) 在视图中选中"墙体"、"装饰橱框"、"装饰片"和"边框"，单击 （将材质指定给选定对象）按钮，将材质赋予选中的模型。

(Step04) 选择第二个材质球，命名为"地板"，将其指定为 VRayMtl 材质类型，单击 Diffuse 后的 按钮，选择随书光盘中"贴图／木地板 A.jpg"图片文件，如图 18-67 所示。

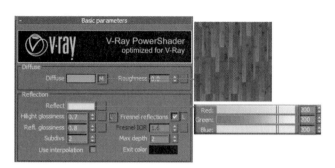

图18-67 参数设置

(Step05) 单 击 Reflect 后 的 ■ 按 钮， 在 Material/Map Browser 对话框中选择 Falloff 贴图类型，如图 18-68 所示。

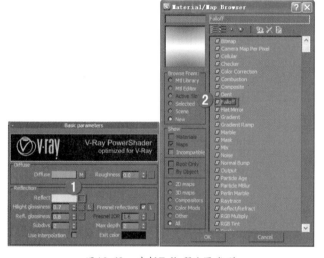

图18-68 选择Falloff贴图类型

(Step06) 在 Falloff Parameters 卷展栏下设置参数，如图 18-69 所示。

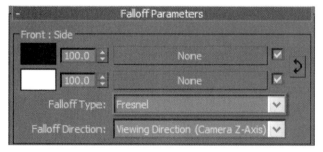

图18-69 参数设置

(Step07) 单击■按钮，返回父级。在 Maps 卷展栏下设置 Falloff 参数，并将 Diffuse 贴图拖动复制到 Bump 贴图通道中，设置参数，如图 18-70 所示。

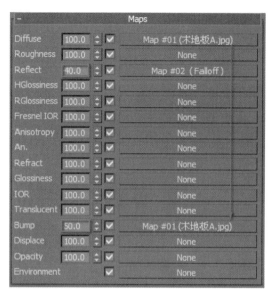

图18-70 参数设置

(Step08) 在视图中选中"墙体"，在修改器堆栈中激活 Polygon 子对象，在摄影机视图中选中地面多边形，单击 ■ 按钮，将材质赋予选中的模型，为其添加 UVW Map 修改命令，设置参数，如图 18-71 所示。

图18-71 参数设置

(Step09) 选择第三个材质球，命名为"木纹"，将其指定为 VRayMtl 材质类型，单击 Diffuse 后的■按钮，选择随书光盘中"贴图 / 木纹 A.jpg"图片文件，如图 18-72 所示。

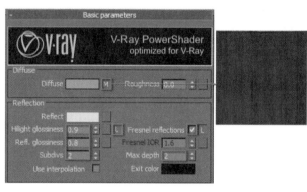

图18-72 参数设置

Step10 在 Maps 卷展栏下单击 Reflect 后的长贴图按钮，在 Material/Map Browser 对话框中选择 Falloff 贴图类型，设置参数，如图 18-73 所示。

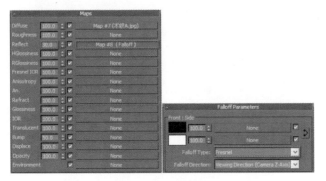

图18-73　参数设置

Step11 在视图中选中所有书橱和书桌的模型，单击 按钮，将材质赋予选中的模型，为其添加 UVW Map 修改命令，设置参数，如图 18-74 所示。

图18-74　参数设置

Step12 选择第四个材质球，命名为"不锈钢"，将其指定为 VRayMtl 材质类型，设置参数，如图 18-75 所示。

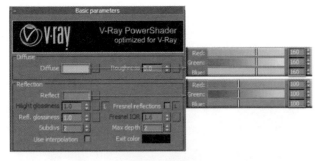

图18-75　参数设置

Step13 在视图中选中所有的金属窗棱、桌子的银条、桌腿、把手、筒灯座的模型，单击 按钮，将材质赋予选中的模型，如图 18-76 所示。

图18-76　材质效果

Step14 选择第五个材质球，命名为"金色隔板"，使用默认材质，设置参数，如图 18-77 所示。

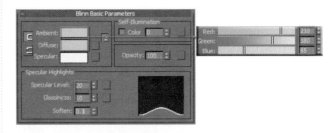

图18-77　参数设置

Step15 在视图中选中"间隔板"，激活 Polygon 子对象，在左视图中选中正面的多边形，单击 按钮，将材质赋予它，并按同样的方法赋予其他模型，如图 18-78 所示。

金色材质——

图18-78　材质效果

Step16 选择第六个材质球，命名为"纱帘"，将其指定为 VRayMtl 材质类型，设置其参数，如图 18-79 所示。

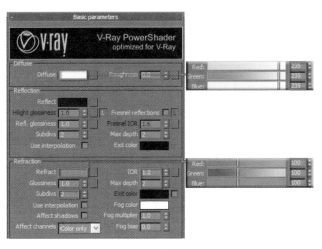

图18-79　参数设置

Step17 在视图中选中"纱帘"，单击 按钮，将材质赋予它，赋予材质后的效果如图 18-80 所示。

图18-80　材质效果

Step18 选择一个未用的材质球，命名为"筒灯"，设置其参数，如图 18-81 所示。

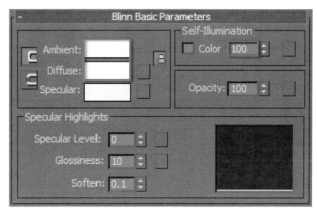

图18-81　参数设置

Step19 在视图中选中"筒灯"，在修改器堆栈中激活 Polygon 子对象，在摄影机视图中选中底部圆形的多边形，单击 按钮，将材质赋予它，并按同样的方法赋予其他模型，如图 18-82 所示。

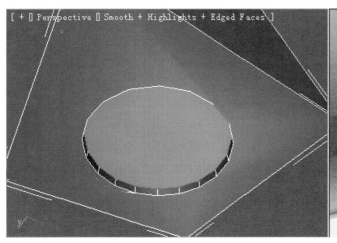

图18-82　材质效果

18.5 调入模型丰富空间

本例中主要调入电脑组合、灯具和书橱中的装饰品等模型，调入家具模型后的效果如图 18-83 所示。

图18-83　调入模型后的效果

Step01 继续前面的操作，单击菜单栏左端 圆 按钮，选择 "Import>Merge" 命令，在弹出的 Merge File 对话框中，选择并打开随书光盘中 "模型 / 第 18 章 / 电脑组合 .max" 文件，如图 18-84 所示。

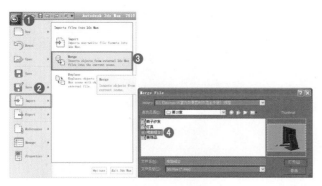

图18-84　合并命令

Step02 在弹出的对话框中取消灯光和摄影机的显示，然后单击 [All] 按钮，选中所有的模型部分，将它们合并到场景中，调整模型的位置，如图 18-85 所示。

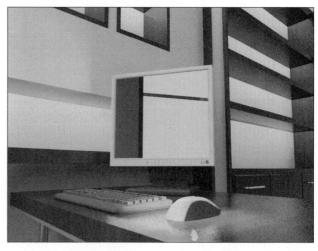

图18-85　模型的位置

Step03 单击菜单栏中 圆 按钮，选择 "Import>Merge" 命令，打开随书光盘中 "模型 / 第 18 章 / 装饰品 .max" 文件，将模型合并到场景中，如图 18-86 所示。

图18-86 模型的位置

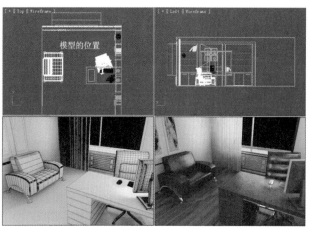

图18-87 模型的位置

(Step04) 单击菜单栏中 ⑤ 按钮，选择"Import>Merge"命令，打开随书光盘中"模型 / 第18章 / 椅子沙发 .max"文件，将模型合并到场景中，如图18-87 所示。

(Step05) 单击菜单栏中 ⑤ 按钮，选择"Import>Merge"命令，打开随书光盘中"模型 / 第18章 / 灯具 .max"文件，将模型合并到场景中，如图18-88 所示。

图18-88 模型的位置

18.6 设置灯光

本章表现的是夜晚书房的效果，设置的灯光主要模拟室外夜光、室内灯带、台灯和落地灯等效果，如图18-89 所示。

图18-89 灯光效果

18.6.1 设置渲染参数

在设置灯光前，首先设置一下初始的渲染参数。

Step01 按下 F10 键，在打开的 Render Setup 对话框中的 Common 选项卡下设置一个较小的渲染尺寸，例如 640×480。

Step02 在 V-Ray 选项卡下设置一个渲染速度较快、画面质量较低的抗锯齿方式，然后设置曝光方式，如图 18-90 所示。

图18-90　参数设置

Step03 在 Indirect illumination 选项卡下打开 GI，并设置光子图的质量，此处的参数设置以速度为优先考虑的因素，如图 18-91 所示。

Step04 至此，渲染参数设置完成，激活摄影机视图，单击 按钮进行渲染，此时关闭了默认灯光，但是打开了环境光，渲染效果如图 18-92 所示。

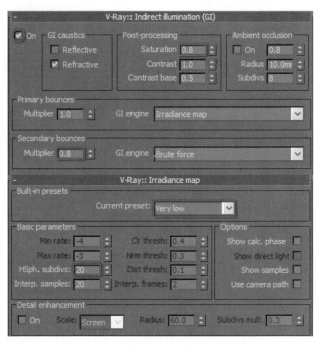

图18-91　参数设置

图18-92　渲染效果

18.6.2　设置场景灯光

本章灯光所模拟的是夜晚的光线效果，主要是室外夜光和室内空间的落地灯、橱柜、荧屏光效果。此处设置的荧屏光和鼠标光是为了使空间灯光表现更丰富。

Step05　单 击 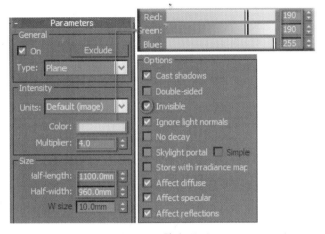（ 灯 光 ）/ VRay / VRayLight 按钮，在前视图中创建一盏 VRayLight，命名为"模拟夜光"，设置其参数，如图18-93所示。

图18-93　参数设置

Step06　在视图中调整"模拟夜光"的方向和位置，如图18-94所示。

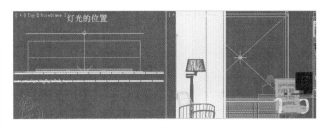

图18-94　灯光的位置

Step07　在顶视图中将"模拟夜光"以90°旋转复制两个，设置灯光的大小，调整灯光的位置，如图18-95所示。

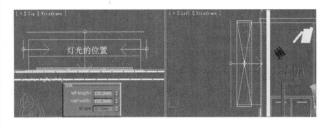

图18-95　灯光的位置

Step08　单击工具栏中 （渲染）按钮，渲染观察设置"模拟夜光"后的效果，如图18-96所示。

图18-96　渲染效果

Step09 在顶视图中创建一盏 VRayLight，命名为"橱灯"，设置其参数，如图 18-97 所示。

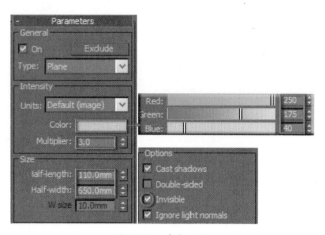

图18-97　参数设置

Step10 在视图中调整灯光的位置，如图 18-98 所示。

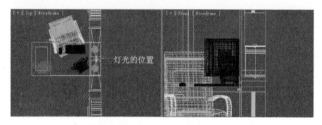

图18-98　灯光的位置

Step11 在视图中将"橱灯"复制 10 个，根据橱柜的大小调整灯光的参数及位置，如图 18-99 所示。

Step12 单击 ☒（灯光）/ Photometric ∨ / Target Light 按钮，在左视图中创建一盏 TargetLight，命名为"筒灯"，设置其参数，如图 18-100 所示。

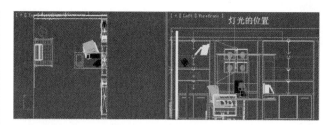

图18-99　灯光的位置

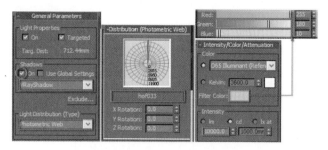

图18-100　参数设置

Step13 将"筒灯"复制 3 个，在视图中调整灯光的位置，如图 18-101 所示。

图18-101　灯光的位置

Step14 单击工具栏中 ☒（渲染）按钮，渲染观察设置"筒灯"和"橱灯"后的效果，如图 18-102 所示。

图18-102　渲染效果

Step15 单击 ◎ （灯光）/ VRay ∨ /
VRayLight 按钮，在前视图中创建一盏
VRayLight，命名为"屏幕光"，设置其参数，
如图18-103所示。

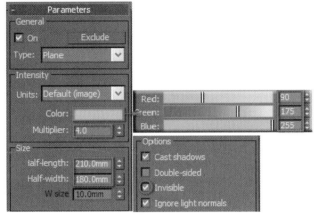

图18-103　参数设置

Step16 激活工具栏中 ◎ （旋转）按钮，在顶视图中旋
转调整灯光的位置，如图18-104所示。

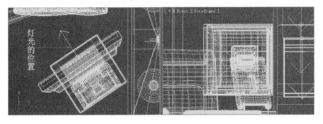

图18-104　灯光的位置

Step17 单击 ◎ （灯光）/ Standard ∨ /

Omni 按钮，在顶视图中创建一盏Omni，
命名为"鼠标光"，设置其参数，如图18-105
所示。

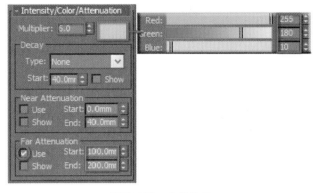

图18-105　参数设置

Step18 在视图中调整灯光的位置，如图18-106所示。

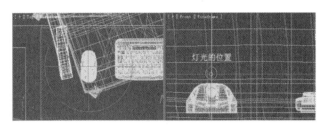

图18-106　灯光的位置

Step19 单击工具栏中 ◎ （渲染）按钮，渲染观察设
置"屏幕光"和"鼠标光"后的效果，如图18-
107所示。

图18-107　渲染效果

Step20 单击 [Omni] 按钮，在顶视图中创建一盏 Omni，命名为"落地灯"，设置其参数，如图 18-108 所示。

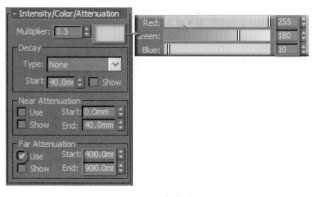

图18-108　参数设置

Step21 激活工具栏中 [ ]（缩放）按钮，在左视图中沿 Y 轴拉伸灯光的照射范围，调整灯光的位置，如图 18-109 所示。

图18-109　灯光的位置

Step22 单击工具栏中 [ ]（渲染）按钮，渲染观察设置"落地灯"后的效果，如图 18-110 所示。

图18-110　渲染效果

Step23 观察此时的效果图，整体亮度基本合理，在前视图中创建一盏 VRayLight，给正面做个补光，提亮一下近处的亮度，如图 18-111 所示。

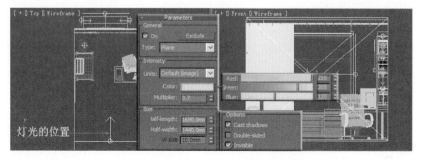

图18-111　灯光的位置

Step24 单击工具栏中 （渲染）按钮，渲染观察设置补光后的效果，如图 18-112 所示。

图18-112　渲染效果

Step25 单击标题工具栏 （保存）按钮，将文件保存。

18.7 渲染输出

材质和灯光设置完成后，需要进行渲染输出。首先调整各种反射明显的材质的参数，使其渲染出来更精细，然后设置渲染参数，渲染光子图，通过光子图出大图，会节省渲染时间。

Step01 打开材质编辑器，选中书房地面材质，重新调整材质的反射参数，如图 18-113 所示。

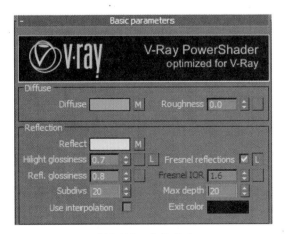

图18-113　参数设置

Step02 使用同样的方法处理金属材质、木纹材质等反射效果较为明显的材质，在此不做赘述。

Step03 在 V-Ray 选项卡中设置一个精度较高的抗锯齿方式，如图 18-114 所示。

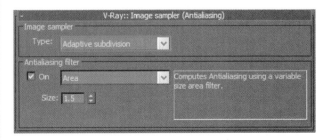

图18-114　参数设置

Step04 在 Indirect illumination 选项卡下设置光子图的质量，此处的参数设置要以质量为优先考虑的因素，如图 18-115 所示。

Step05 单击对话框中的 按钮渲染书房视图，渲染结束后系统自动保存光子图文件。然后调用光子图文件，如图 18-116 所示。

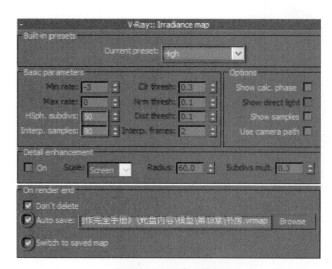

图18-115 保存光子图

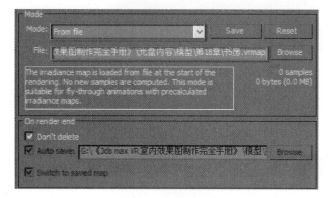

图18-116 调用光子图

(Step06) 在 Common 选项卡下设置一个较大的渲染尺寸，例如 3000×2250。单击对话框中的 按钮渲染书房，得到的便是最终效果。

(Step07) 渲染结束后，单击渲染对话框中 按钮保存文件，选择 TIF 文件格式，如图 18-117 所示。

图18-117 保存效果图

(Step08) 至此，效果图的前期制作全部完成，最终渲染效果如图 18-118 所示。

图18-118 渲染效果

18.8 后期处理

　　下面对效果图的背景图片、整体色彩、亮度等进行调整。

Step01 在桌面上双击 <kbd>Ps</kbd> 图标，启动 Photoshop CS4。

Step02 单击"文件 > 打开"命令，打开前面渲染保存的"书房 .tif"文件，如图 18-119 所示。

图18-119　打开文件

Step03 在"图层"面板中双击"背景"图层，将其转换为"图层 0"，如图 18-120 所示。

图18-120　转换图层

Step04 打开"通道"面板，按住 Ctrl 键，单击 Alpha1 通道，如图 18-121 所示。

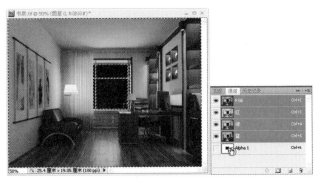

图18-121　按住Ctrl键单击Alpha1通道

Step05 选择"选择 > 反向"命令，按下 Delete 键，删除选中的区域，然后按下 Ctrl+D 键取消选区，效果如图 18-122 所示。

图18-122　删除后的图像

Step06 选择菜单栏中"文件 > 打开"命令，打开随书光盘中"调用图片 / 夜背景 .jpg"文件，将其拖至"书房"效果图中，生成"图层 1"，在图层面板中将"图层 1"拖至"图层 0"的下方，如图 18-123 所示。

图18-123　图层的位置

Step07 选择"编辑 > 变换 > 缩放"命令，调整其大小，并在效果图中调整图像的位置，如图 18-124 所示。

图18-124 图像的位置

Step08 选择菜单栏中"图层 > 合并可见图层"命令，将图层合并。

Step09 单击菜单栏中"图像 > 调整 > 曲线"命令，调整曲线，调整图像的亮度，如图 18-125 所示。

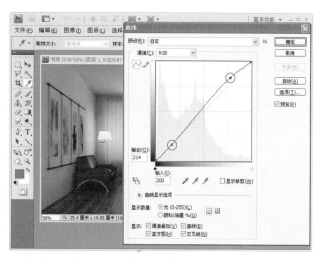

图18-125 参数设置

Step10 选择菜单栏中"滤镜 > 锐化 > USM 锐化"命令，在对话框中设置参数，单击 确定 按钮，关闭对话框，如图 18-126 所示。

图18-126 参数设置

Step11 书房效果图的后期处理全部完成，最终效果如图 18-127 所示。

图18-127 最终效果图

18.9 本章小结

　　本章主要介绍书房效果图的制作过程。整体设计风格为现代中式，设计中融合了中式国画以及现代金属等元素，利用灯光表现夜景光线效果，效果图表现丰富、真实。

第 19 章
制作厨房效果图

本章内容

- 设计理念
- 制作流程分析
- 搭建空间模型
- 调制细节材质
- 调入模型丰富空间
- 设置灯光
- 渲染输出
- 后期处理

厨房已经不单单是一个用来煮饭的空间，它不仅使人们摆脱了劳作的辛苦，还开辟出了一个休闲、娱乐、沟通的全新空间。本章制作的是餐、厨一体化式的厨房设计，效果如图19-1所示。

图19-1　厨房效果图

19.1 设计理念

本章制作的是现代风格的厨房效果图。现代风格的厨具摒弃了华丽的装饰，线条简洁干净，更注重色彩的搭配。

选择厨房家具的色彩，主要从家具色彩的色相、明度和厨房家具的环境、使用对象的家庭人口、文化素质等几方面来考虑。厨房家具色彩的色相和明度可以左右使用对象的食欲和情绪，而厨房的使用对象又决定了厨房多彩的喜好程度，因此，对家具色彩的选择应多方面考虑。由于家具设施在生活空间中所占的比例比较大，家具的色彩往往会左右环境的色彩。厨

房家具色彩要能够表现出干净、使人愉悦的特征。厨房家具的颜色通常中性色所占比例较少，而明度较高的色彩如白、乳白、淡黄等所占比例较大，能够刺激食欲的色彩，如橙红、橙黄、棕褐等跳跃颜色起搭配作用。但针对较年轻使用对象，厨房家具的色彩可以使用比较热烈活泼的原色或明度与纯度比较高的其他色彩，如红色、蓝色、绿色等。

本章中厨具的颜色以红色为主，配合黄色的餐椅，整体格调明快、现代感强，乳黄色的地面砖和白色的墙面使得空间整洁、明亮，如图19-2所示。

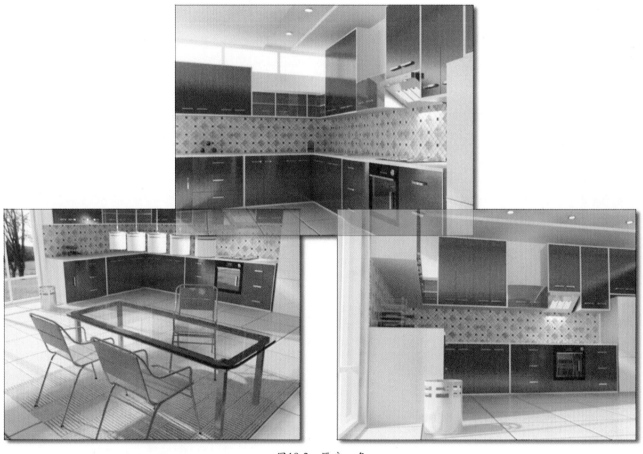

图19-2 厨房一角

19.2 制作流程分析

本章对厨房空间进行设计表现，首先搭建出整体户型空间，然后根据户型创建厨具，这也是模型创建

的主体部分，之后要制作材质、设置灯光以及最终渲染出图和后期处理，本章制作流程如图19-3所示。

图19-3　制作流程图释

❶ 搭建模型，设置摄影机。首先创建出整体空间墙体，设置摄影机固定视角，然后创建空间内的厨具等其他模型。

❷ 调制材质。由于要使用 VRay 渲染器渲染，因此在材质调制时运用了较多的 VRay 材质。此处主要调制整体空间模型的材质。

❸ 合并模型。采用合并的方式将模型库中的家具模型合并到整体空间中，从而得到一个完整的模型空间。

❹ 设置灯光。根据效果图要表现的光照效果设计灯光照明，包括室外光和室内光。

❺ 使用 VRay 渲染效果图。计算模型、材质和灯光的设置数据，输出整体空间的效果图。

❻ 后期处理。对效果图进行最终的润色和修改。

19.3 搭建空间模型

在模型的搭建中，首先要搭建出整体空间，然后在空间内设置摄影机，根据空间创建厨具等模型，本例的空间模型效果如图 19-4 所示。

❶ 墙体
❷ 橱柜组合
❸ 地毯、筒灯

图19-4　厨房模型的搭建

19.3.1　创建墙体

本章中墙体的创建应用了编辑多边形的方法，墙体模型如图 19-5 所示。

图19-5　墙体模型效果

(Step01) 双击桌面上的 ⑤ 按钮，启动 3ds Max 2010，并将单位设置为毫米。

(Step02) 单击 ❖（创建）/ ⭕（几何体）/ [Box] 按钮，在顶视图中创建一个长方体，命名为"墙体"，设置其参数，如图 19-6 所示。

图19-6 参数设置

(Step03) 在修改命令面板的 [Modifier List] ▼ 下拉列表中选择 Normal（法线）命令。

(Step04) 单击创建命令面板中的 📷（摄影机）/ [Target] 按钮，在顶视图中创建一架摄影机，调整它在视图中的位置，如图 19-7 所示。

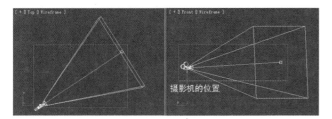

图19-7 摄影机的位置

(Step05) 选中摄影机，在 Parameters 卷展栏下设置参数，如图 19-8 所示。

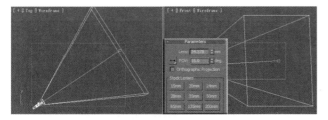

图19-8 参数设置

(Step06) 激活透视视图，按下 C 键，将其转换为摄影机视图，效果如图 19-9 所示。

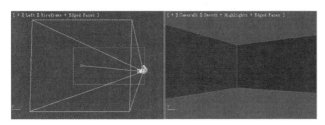

图19-9 转换摄影机视图

(Step07) 选中摄影机，单击菜单栏中的"Modifiers> Cameras>Camera Correction"命令，校正摄影机。

(Step08) 在创建面板中单击 🖵（显示）按钮，在 Hide by Category 卷展栏下勾选 Cameras 复选框，将摄影机隐藏，如图 19-10 所示。

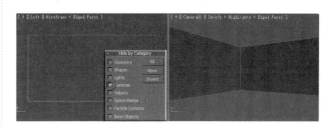

图19-10 隐藏摄影机

(Step09) 在视图中选中"墙体"，单击鼠标右键，在弹出的右键菜单中选择"Convert To>Convert to Editable Poly"命令，将其转换为可编辑多边形，如图 19-11 所示。

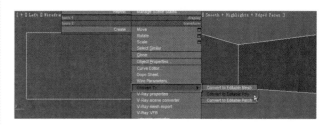

图19-11 转为可编辑多边形

(Step10) 在修改器堆栈中激活 Polygon 子对象，在摄影机视图中选中如图 19-12 所示的多边形，按下 Delete 键，将其删除。

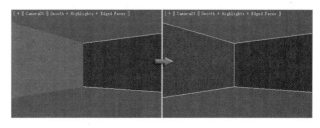

图19-12 删除多边形

(Step11) 在修改器堆栈中激活 Edge 子对象，在前视图中选中上面一组边，在 Edit Edges 卷展栏下单击 [Connect] 后的 ▣ 按钮，在弹出的对话框中设置参数，如图 19-13 所示。

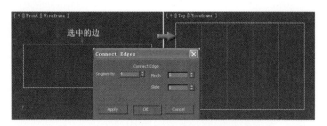

图19-13　参数设置

(Step12) 在顶视图中调整边的位置，如图 19-14 所示。

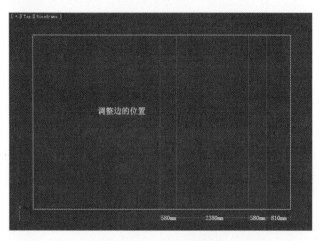

图19-14　调整边的位置

(Step13) 激活 Polygon 子对象，在摄影机视图中选中分割出的两个多边形，如图 19-15 所示。

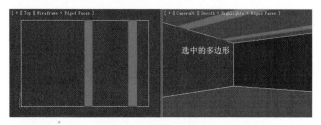

图19-15　选中的多边形

(Step14) 在 Edit Polygons 卷展栏下单击 Extrude 后的 ▣ 按钮，在弹出的对话框中设置参数，如图 19-16 所示。

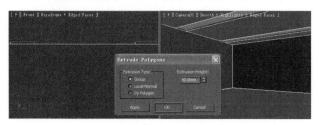

图19-16　参数设置

(Step15) 单击 ❖（创建）/ ⊙（图形）/ Rectangle 按钮，在前视图中绘制两个矩形，将小矩形复制 7 个，

调整图形的位置，如图 19-17 所示。

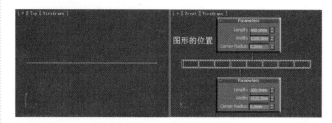

图19-17　图形的位置

(Step16) 选中任意一个矩形，将其转换为可编辑样条线，与其他矩形附加为一体，命名为"窗框"，为其添加 Extrude 修改命令，设置 Amount 为 50，调整挤出后模型的位置，如图 19-18 所示。

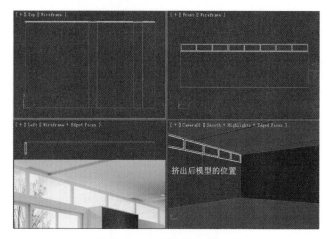

图19-18　挤出后模型的位置

(Step17) 在前视图中绘制两个矩形，调整矩形的位置，如图 19-19 所示。

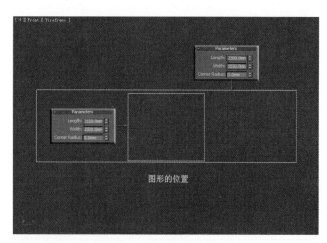

图19-19　矩形的参数及位置

(Step18) 将两个矩形附加为一体，命名为"左墙"，为其添加 Extrude 修改命令，设置 Amount 为 200，调整挤出后模型的位置，如图 19-20 所示。

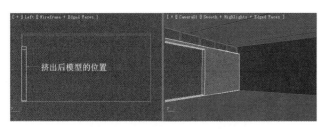

图19-20　挤出后模型的位置

(Step19) 单击 ⚙（创建）/ 🔲（图形）/ Rectangle 按钮，在前视图中绘制一个 2150×2500 的矩形，命名为"门框"。

(Step20) 将矩形转换为可编辑样条线，在修改命令面板的 Geometry 卷展栏下 Outline 数值框中输入 20，按下回车键，创建曲线的轮廓线，轮廓后的图形如图 19-21 所示。

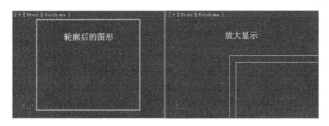

图19-21　轮廓后的图形

(Step21) 在 Modifier List 下拉列表中选择 Extrude 命令，设置 Amount 为 100，调整挤出后模型的位置，如图 19-22 所示。

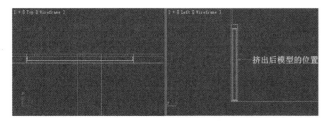

图19-22　挤出后模型的位置

(Step22) 在前视图中绘制 3 个矩形，将两个小矩形各复制一个，调整图形的位置，如图 19-23 所示。

(Step23) 选中一个矩形，将其转换为可编辑样条线，与其他矩形附加为一体，命名为"门框"，添加 Extrude 修改命令，设置 Amount 为 50，调整挤出后模型的位置，如图 19-24 所示。

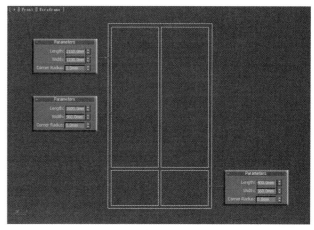

图19-23　矩形的参数及位置

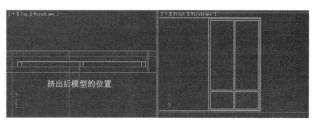

图19-24　挤出后模型的位置

(Step24) 在顶视图中选中"门框"，将其沿 X 轴向左移动复制一个，调整复制后模型的位置，如图 19-25 所示。

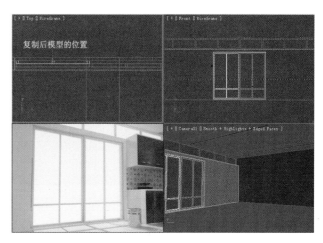

图19-25　复制后模型的位置

19.3.2　创建厨具

墙体创建完成后，下面开始创建空间中的主体部分，即橱柜。根据创建的墙体，橱柜应为 L 形，紧贴墙的两侧，节省空间，又简洁大方，如图 19-26 所示。

图19-26　模型效果

Step25 单击 ⚙（创建）/ 🔲（图形）/ Line 按钮，在顶视图中绘制一条封闭的曲线，命名为"橱底"，如图19-27所示。

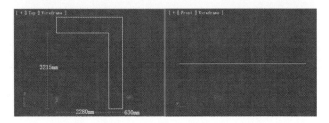

图19-27　绘制的曲线

Step26 为其添加 Extrude 修改命令，设置 Amount 为20，调整挤出后模型的位置，如图19-28所示。

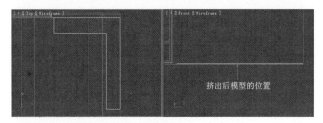

图19-28　挤出后模型的位置

Step27 单击 ⚙（创建）/ ⭕（几何体）/ Box 按钮，在左视图中创建一个长方体，命名为"橱板"，调整模型的位置，如图19-29所示。

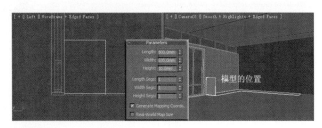

图19-29　模型的位置

Step28 单击 ⚙（创建）/ ⭕（几何体）/ Extended Primitives（扩展基本体）/ ChamferBox 按钮，在前视图中创建一个切角长方体，命名为"橱门"，在视图中调整模型的位置，如图19-30所示。

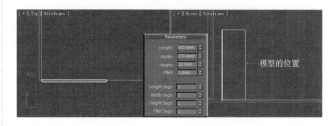

图19-30　模型的位置

Step29 单击 ⚙（创建）/ 🔲（图形）/ Arc 按钮，在顶视图中绘制一段弧，命名为"弧形抽屉"，如图19-31所示。

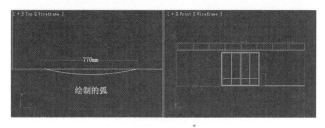

图19-31　绘制的弧

Step30 将弧转换为可编辑样条线，在修改命令面板的 Geometry 卷展栏下 Outline 数值框中输入10，并按下回车键，创建曲线的轮廓线。

Step31 选中轮廓后的弧，在 Modifier List 下拉列表中选择 Bevel 命令，在视图中调整倒角后模型的位置，如图19-32所示。

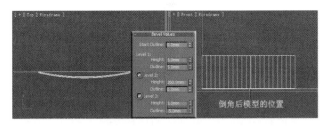

图19-32 倒角后模型的位置

(Step32) 在前视图中选中"弧形抽屉",将其沿 Y 轴向上移动复制两个,调整复制后模型的位置,如图 19-33 所示。

图19-33 复制后模型的位置

(Step33) 在顶视图中绘制一条封闭的曲线,命名为"把手",如图 19-34 所示。

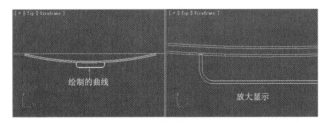

图19-34 绘制的曲线

(Step34) 添加 Extrude 修改命令,设置 Amount 为 20,调整挤出后模型的位置,如图 19-35 所示。

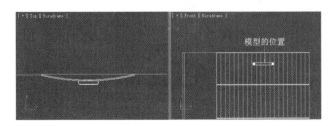

图19-35 模型的位置

(Step35) 将"把手"复制 3 个,利用移动和旋转工具调整模型的方向和位置,如图 19-36 所示。

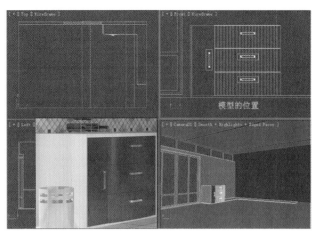

图19-36 复制后模型的位置

(Step36) 按照同样的方法,利用切角长方体创建橱门,复制"把手",调整它们的位置,创建出完整的底橱模型,如图 19-37 所示。

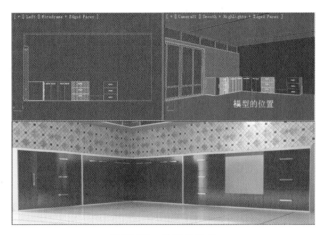

图19-37 模型的位置

(Step37) 单击 ❖(创建)/ ❖(图形)/ Line 按钮,在顶视图中参照底橱柜的轮廓,绘制一条封闭的曲线,如图 19-38 所示。

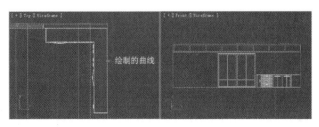

图19-38 绘制的曲线

(Step38) 单击 ❖(创建)/ ❖(图形)/ Ellipse 按钮,在顶视图中绘制一个椭圆,调整图形的位置,如图 19-39 所示。

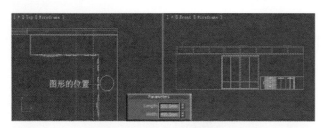

图19-39 图形的位置

椭圆位置的调整，只要在顶视图中完成就可以了，避免在前视图和左视图中上下移动图形的位置。

Step39 选中前面绘制的曲线，将其与椭圆附加为一体，命名为"台面"，为其添加 Extrude 修改命令，设置 Amount 为 30，调整挤出后模型的位置，如图 19-40 所示。

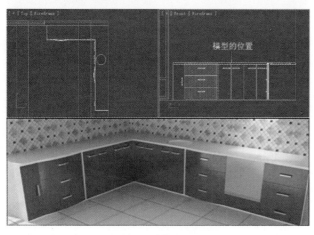

图19-40 模型的位置

Step40 在顶视图中参照底橱靠墙的边缘绘制一条开放的曲线，命名为"瓷砖"，如图 19-41 所示。

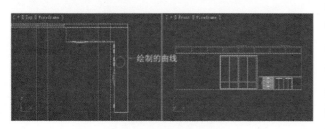

图19-41 绘制的曲线

Step41 在修改命令面板的 Geometry 卷展栏下 Outline 数值框中输入 10，按下回车键，创建曲线的轮廓线。

Step42 为其添加 Extrude 修改命令，设置 Amount 为

620，调整挤出后模型的位置，如图 19-42 所示。

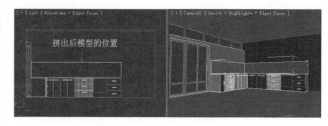

图19-42 挤出后模型的位置

Step43 在前视图中绘制一个 830×1240 的矩形，命名为"橱框"，将其转换为可编辑样条线，对其进行轮廓处理，设置 Outline 为 20，轮廓后的图形如图 19-43 所示。

图19-43 轮廓后的图形

Step44 为其添加 Extrude 修改命令，设置 Amount 为 400，调整挤出后模型的位置，如图 19-44 所示。

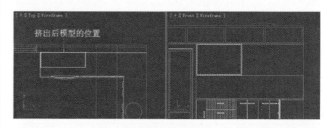

图19-44 挤出后模型的位置

Step45 单击 (创建)/ (几何体)/ Extended Primitives (扩展基本体)/ ChamferBox 按钮，在前视图中创建一个切角长方体作为"橱门"，在视图中调整模型的位置，如图 19-45 所示。

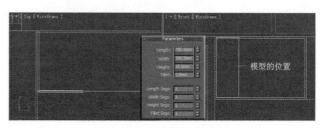

图19-45 模型的位置

(Step46) 将橱门复制 3 个，调整复制后模型的位置，如图 19-46 所示。

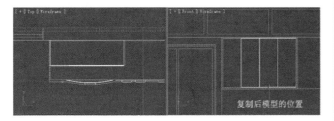

图19-46　复制后模型的位置

(Step47) 将前面制作的把手复制 4 个，调整它们的位置，如图 19-47 所示。

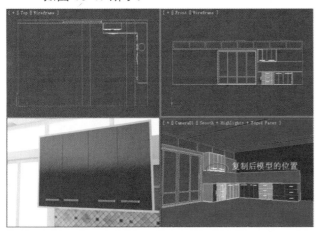

图19-47　复制后模型的位置

(Step48) 在顶视图中参照墙体轮廓绘制一条封闭的曲线，命名为"玻璃橱板"，如图 19-48 所示。

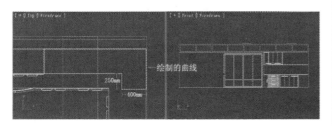

图19-48　绘制的曲线

(Step49) 为其添加 Extrude 修改命令，设置 Amount 为 20，调整挤出后模型的位置，如图 19-49 所示。

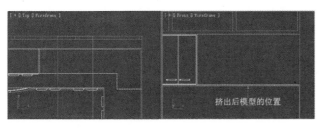

图19-49　挤出后模型的位置

(Step50) 在前视图中将"玻璃橱板"复制两个，调整复制后模型的位置，并将顶面的挤出参数设置为 50，如图 19-50 所示。

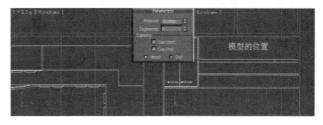

图19-50　模型的位置

(Step51) 单击 ✽（创建）/ ◯（几何体）/ Box 按钮，在左视图中创建一个长方体，命名为"隔板"，将其复制一个，调整模型的位置，如图 19-51 所示。

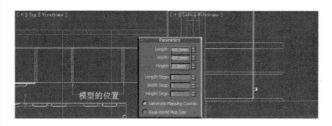

图19-51　模型的位置

(Step52) 在顶视图中绘制 3 条封闭的曲线，将其附加为一体，命名为"玻璃"，如图 19-52 所示。

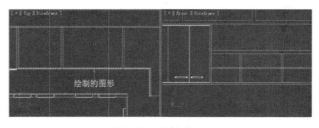

图19-52　绘制的图形

(Step53) 为其添加 Extrude 修改命令，设置 Amount 为 400，调整挤出后模型的位置，如图 19-53 所示。

图19-53　挤出后模型的位置

Step54 将"把手"复制 3 个，调整复制后模型的位置，如图 19-54 所示。

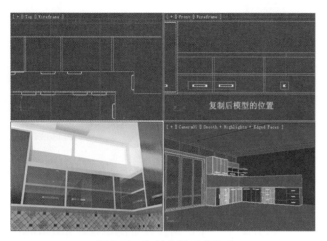

图19-55 模型的位置

图19-54 复制后模型的位置

19.3.3 创建其他物体

Step55 按照前面介绍的方法，创建其他橱柜，模型的位置如图 19-55 所示。

主体橱柜的模型已经创建完成，下面创建空间中的其他模型，如图 19-56 所示。

图19-56 模型效果

Step56 单击 / / Tube 按钮，在顶视图中创建一个管状体，命名为"筒灯座"，调整模型的位置，如图 19-57 所示。

Step57 单击 Cylinder 按钮，在顶视图中创建一个圆柱体，命名为"筒灯"，调整模型的位置，如图 19-58 所示。

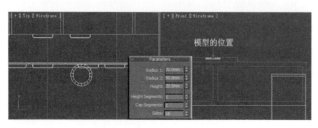

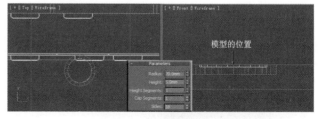

图19-57 模型的位置

图19-58 模型的位置

Step58 在顶视图中同时选中"筒灯座"和"筒灯",将其复制 4 组,调整复制后模型的位置,如图 19-59 所示。

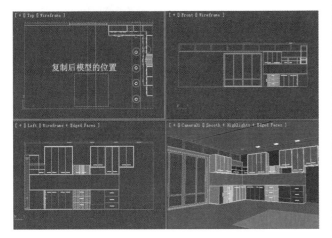

图19-59 复制后模型的位置

Step59 单击 （创建）/ （几何体）/ Extended Primitives （扩展基本体）/ ChamferBox 按钮,在顶视图中创建一个切角长方体,命名为"地毯",调整模型的位置,如图 19-60 所示。

图19-60 模型的参数及位置

19.4 调制细节材质

本章所表现的是现代简洁式厨房设计,红色作为组合橱柜的主体色,为厨房增添了现代感和欢快感,如图 19-61 所示。

① 墙体
② 地面
③ 门框
④ 瓷砖
⑤ 橱柜
⑥ 玻璃
⑦ 不锈钢
⑧ 地毯

图19-61 材质效果

Step01 继续前面的操作,按下 F10 键,打开 Render Setup 对话框,然后将 VRay 指定为当前渲染器。

(Step02) 单击工具栏中 （材质编辑器）按钮，打开 Material Editor 对话框，选择一个空白示例球，将材质命名为"墙体"，设置 Ambient 和 Diffuse 为白色，参数设置如图 19-62 所示。

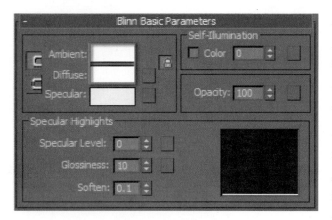

图19-62　参数设置

(Step03) 在视图选中"墙体"和"左墙"，单击 （将材质指定给选定对象）按钮，将材质赋予选中的模型，如图 19-63 所示。

图19-63　材质效果

(Step04) 选择第二个材质球，命名为"地面"，将其指定为 VRayMtl 材质类型，设置 Reflection 组中的参数，如图 19-64 所示。

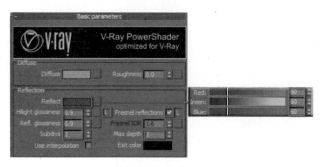

图19-64　参数设置

(Step05) 在 Maps 卷展栏下单击 Diffuse 后的长贴图按钮，在弹出的 Material/Map Browser 对话框中双击选择 Tiles，如图 19-65 所示。

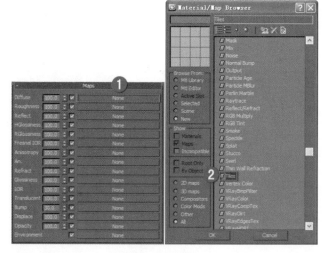

图19-65　双击选择Tiles

(Step06) 在 Coordinates 和 Advanced Controls 卷展栏下设置各项参数，如图 19-66 所示。

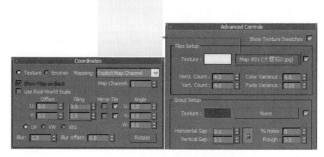

图19-66　参数设置

(Step07) 单击 按钮，返回父级。在 Maps 卷展栏下将 Diffuse 贴图拖动复制到 Bump 贴图通道中，如图 19-67 所示。

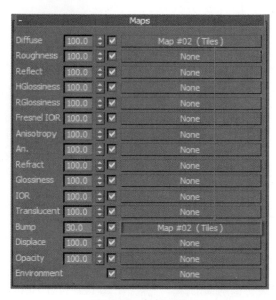

图19-67　复制贴图

Step08 在视图中选中"墙体"，在修改器堆栈中激活 Polygon 子对象，在摄影机视图中选中地面多边形，单击🔲按钮，将材质赋予选中的模型，如图 19-68 所示。

图19-68 "地面"材质效果

Step09 选择第三个材质球，命名为"门框"，将其指定为 VRayMtl 材质类型，设置参数，如图 19-69 所示。

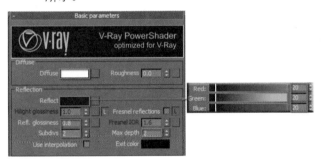

图19-69 参数设置

Step10 在视图中选中所有的窗框、门框、台面和橱框，单击🔲按钮，将材质赋予选中的模型，如图 19-70 所示。

图19-70 材质效果

Step11 选择第四个材质球，命名为"瓷砖"，将其指定

为 VRayMtl 材质类型，设置参数，如图 19-71 所示。

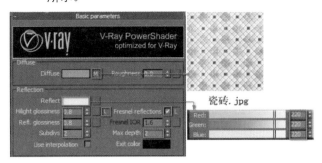

图19-71 参数设置

Step12 在 Maps 卷展栏下将 Diffuse 贴图拖动复制到 Bump 贴图通道中，如图 19-72 所示。

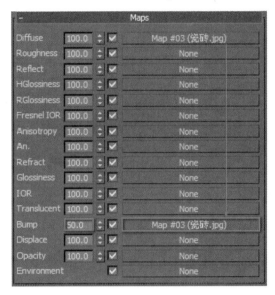

图19-72 复制贴图

Step13 在视图中选中瓷砖墙，单击🔲按钮，将材质赋予选中的模型，为其添加 UVW Map 修改命令，设置参数，如图 19-73 所示。

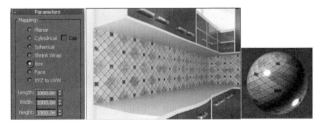

图19-73 参数设置

Step14 选择第五个材质球，命名为"橱柜"，将其指定为 VRayMtl 材质类型，设置参数，如图 19-74 所示。

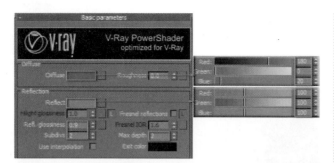

图 19-74　参数设置

Step15 在视图中选中所有的橱门模型，单击 按钮，将材质赋予选中的模型，如图 19-75 所示。

图 19-75　材质效果

Step16 选择第六个材质球，命名为"不锈钢"，将其指定为 VRayMtl 材质类型，设置参数，如图 19-76 所示。

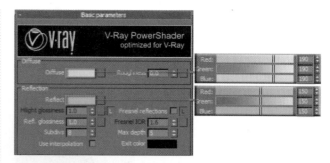

图 19-76　参数设置

Step17 在视图中选中所有的把手和筒灯座，单击 按钮，将材质赋予选中的模型。

Step18 选择一个未用的材质球，命名为"玻璃"，将其指定为 VRayMtl 材质类型，设置参数，如图 19-77 所示。

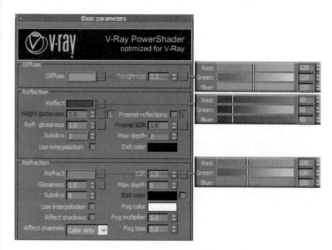

图 19-77　参数设置

Step19 在视图中选中所有的玻璃橱门，单击 按钮，将材质赋予选中的模型，如图 19-78 所示。

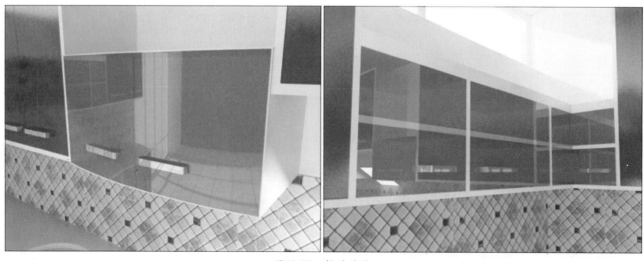

图 19-78　材质效果

Step20 选择一个未用的材质球，命名为"筒灯"，使用
默认材质，设置参数，如图 19-79 所示。

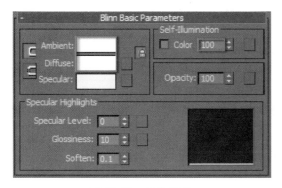

图19-79　参数设置

Step21 在视图中选中所有的筒灯，单击按钮，将材
质赋予选中的模型。

Step22 选择一个未用的材质球，命名为"地毯"，将
其指定为 VRayMtl 材质类型，设置参数，如图
19-80 所示。

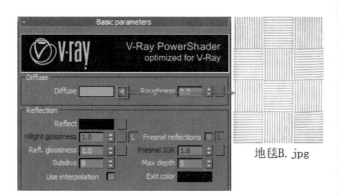

地毯B. jpg

图19-80　参数设置

Step23 在视图中选中"地毯"，在 Modifier List
下拉列表中选择 VRay Displacement Mod 命
令，设置参数，如图 19-81 所示。

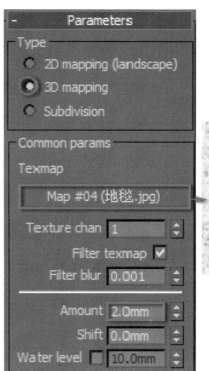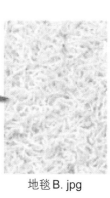

地毯B. jpg

图19-81　参数设置

Step24 在视图中选中"地毯"，单击按钮，将材质
赋予选中的模型，并添加 UVW Map 修改命令，
设置参数，如图 19-82 所示。

图19-82　参数设置

19.5 调入模型丰富空间

厨房中的主体橱柜组合已经创建完成，下面将调入餐桌椅组合以及部分厨具模型，使空间更丰富。调入模型后的效果如图 19-83 所示。

图19-83 调入模型效果

Step01 继续前面的操作，单击菜单栏左端 按钮，选择 "Import>Merge" 命令，在弹出的 Merge File 对话框中，选择并打开随书光盘 "模型 / 第19 章 / 餐桌椅 .max" 文件，如图 19-84 所示。

图19-84 合并命令

Step02 在弹出的对话框中取消灯光和摄影机的显示，然后单击 All 按钮，选中所有的模型部分，将它们合并到场景中。

Step03 在视图中选中 "餐桌椅"，并调整其位置，如图19-85 所示。

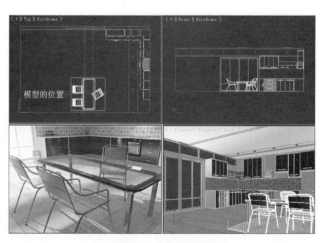

图19-85 模型的位置

Step04 单击菜单栏中⑤按钮，选择"Import>Merge"命令，打开随书光盘中"模型/第19章/灯.max"文件，将模型合并到场景中，如图19-86所示。

Step05 单击菜单栏中⑤按钮，选择"Import>Merge"命令，打开随书光盘中"模型/第19章/厨房厨具.max"文件，将模型合并到场景中，如图19-87所示。

图19-86 模型的位置

图19-87 模型的位置

19.6 设置灯光

本章的灯光主要模拟室外阳光、室内吊灯的照射效果，整体布光简单合理，如图19-88所示。

图19-88 灯光效果

19.6.1 设置渲染参数

在设置灯光的过程中，需要多次预览渲染，这就需要在灯光设置前设置渲染参数。预览渲染强调渲染的速度，在效果方面只需能看出亮度、材质的大致效果即可。

Step01 选择菜单栏中"Rendering>Environment"命令，在弹出的 Environment and Effects 对话框中调整背景的颜色为白色，如图 19-89 所示。

Step02 按下 F10 键，在打开的 Render Setup 对话框中的 Common 选项卡下，设置一个较小的渲染尺寸，例如 640×480。

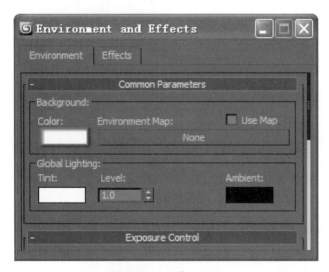

图19-89　背景色设置

Step03 在 V-Ray 选项卡下设置一个渲染速度较快、画面质量较低的抗锯齿方式，然后设置曝光方式，如图 19-90 所示。

图19-90　参数设置

Step04 在 Indirect illumination 选项卡下打开 GI，并设置光子图的质量，此处的参数设置以速度为优先考虑的因素，如图 19-91 所示。

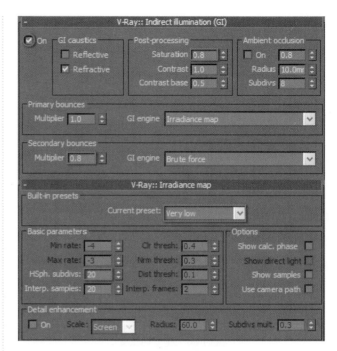

图19-91　参数设置

Step05 至此，渲染参数设置完成，激活摄影机视图，单击 Render 按钮进行渲染，此时关闭了默认灯光，但是打开了环境光，渲染效果如图 19-92 所示。

图19-92　渲染效果

19.6.2　设置场景灯光

本例中的灯光主要模拟室外太阳光和室内吊灯的效果。

Step06 单击 （灯光）/ Standard / Target Direct 按钮，在顶视图中创建一盏 Target Direct，命名为"模拟太阳光"，设置其参数，如图 19-93 所示。

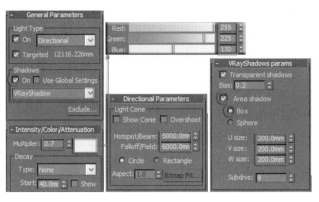

图19-93　参数设置

Step07 在视图中调整灯光的位置，如图 19-94 所示。

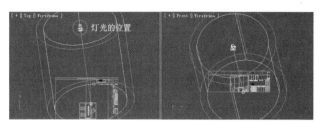

图19-94　灯光的位置

Step08 单击工具栏中 （渲染）按钮，渲染观察设置"模拟太阳光"后的效果，如图 19-95 所示。

图19-95　渲染效果

Step09 单 击 （灯光）/ VRay / VRayLight 按钮，在前视图中创建一盏 VRayLight，命名为"模拟天光"，设置其参数，如图 19-96 所示。

Step10 在视图中调整"模拟天光"的位置，使其位于窗户的外面向屋内照射，如图 19-97 所示。此灯光用于模拟室外柔和天光进入室内的效果。

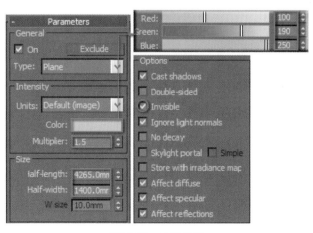

图19-96　参数设置

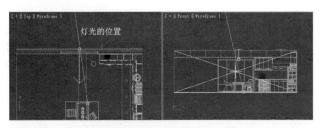

图19-97　灯光的位置

(Step11) 单击工具栏中 ![]（渲染）按钮，渲染观察设置"模拟天光"后的效果，如图19-98所示。

图19-98　渲染效果

(Step12) 单击 ![]（灯光）/ VRay / VRayLight 按钮，在顶视图中创建一盏VRayLight，命名为"油烟机灯"，设置其参数，如图19-99所示。

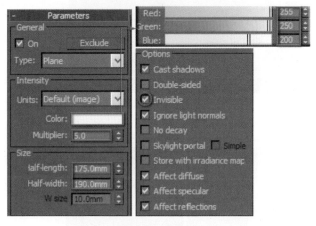

图19-99　参数设置

(Step13) 激活工具栏中 ![]（旋转）按钮，在前视图中旋转调整灯光的位置，如图19-100所示。

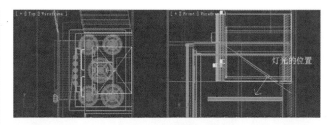

图19-100　灯光的位置

(Step14) 单击 ![]（灯光）/ Standard / Omni 按钮，在顶视图中创建一盏Omni，命名为"吊灯"，设置其参数，如图19-101所示。

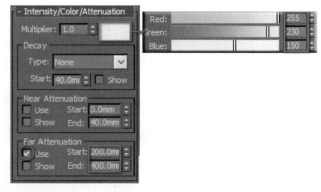

图19-101　参数设置

(Step15) 将"吊灯"复制4个，在视图中调整灯光的位置，如图19-102所示。

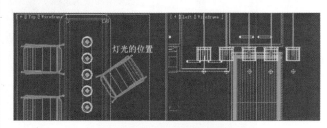

图19-102　灯光的位置

(Step16) 单击工具栏中 ![]（渲染）按钮，渲染观察设置"吊灯"和"油烟机灯"后的效果，如图19-103所示。

(Step17) 观察此时的效果图，整体亮度基本合理，但场景中有些区域还是显得很暗，需要设置补光来增加亮度。在顶视图中选中"模拟天光"，单击工具栏中 ![]（镜像）按钮，将其沿Y轴镜像复制一个，调整镜像后灯光的位置，如图19-104所示。

图19-103　渲染效果

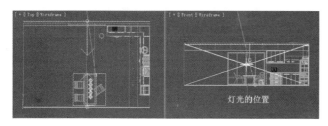

图19-104　灯光的位置

Step18 将复制后的灯光命名为"室内补光A"，调整其参数，如图19-105所示。

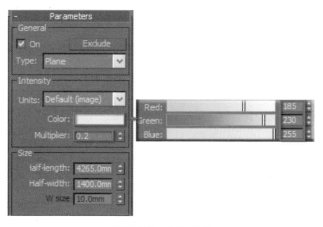

图19-105　参数设置

Step19 在左视图中创建一盏VRayLight，命名为"室内补光B"，调整灯光的方向和位置，如图19-106所示。

Step20 单击 （灯光）/ Standard / Omni 按钮，在顶视图中创建一盏Omni，命名为"室内补光C"，设置其参数，如图19-107所示。

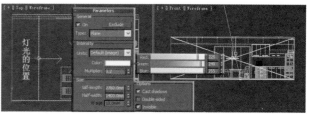

图19-106　参数设置

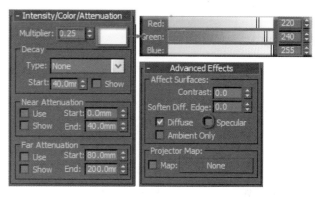

图19-107　参数设置

Step21 在视图中调整灯光的位置，如图19-108所示。

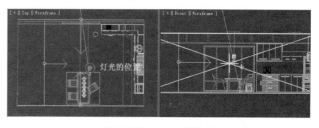

图19-108　灯光的位置

Step22 单击工具栏中 （渲染）按钮，渲染观察设置室内补光后的效果，如图19-109所示。

图19-109　渲染效果

Step23 单击标题工具栏 （保存）按钮，将文件保存。

19.7 渲染输出

本章也采用渲染光子图的方式出图，从而节省渲染时间。在渲染器中调整参数，使渲染的效果图更加精细。

Step01 打开材质编辑器，选中地面材质，重新调整材质的反射参数，如图 19-110 所示。

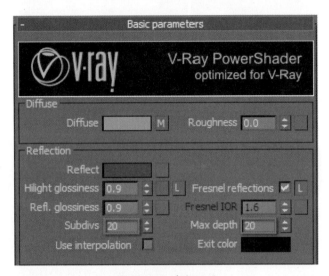

图19-110　参数设置

Step02 使用同样的方法处理金属材质、玻璃等反射效果较为明显的材质，在此不做赘述。

Step03 在 V-Ray 选项卡下设置一个精度较高的抗锯齿方式，如图 19-111 所示。

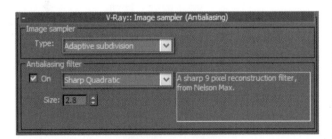

图19-111　参数设置

Step04 在 Indirect illumination 选项卡下设置光子图的质量，此处的参数设置要以质量为优先考虑的因素，如图 19-112 所示。

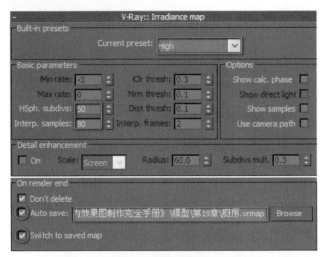

图19-112　保存光子图

Step05 单击对话框中的 Render 按钮渲染卧室视图，渲染结束后系统自动保存光子图文件。然后调用光子图文件，如图 19-113 所示。

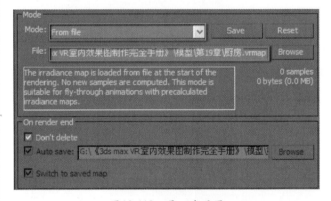

图19-113　导入光子图

Step06 在 Common 选项卡下设置一个较大的渲染尺寸，例如 3000×2250。单击对话框中的 Render 按钮渲染卧室，得到的便是最终效果。

Step07 渲染结束后，单击渲染对话框中 按钮保存文件，选择 TIF 文件格式，如图 19-114 所示。

图19-114 保存效果图

Step08 至此，效果图的前期制作全部完成，最终渲染
效果如图 19-115 所示。

图19-115 渲染效果

19.8 后期处理

后期处理中可为厨房效果图添加窗外背景以及插
花，使画面更丰富，并对画面的整体亮度及色彩进行
调整。

Step01 在桌面上双击 Ps 图标，启动 Photoshop CS4。

Step02 单击"文件 > 打开"命令，打开前面渲染保存
的"厨房 .tif"文件，如图 19-116 所示。

图19-117 转换"图层0"

Step04 打开"通道"面板，按住 Ctrl 键，单击 Alpha1
通道，如图 19-118 所示。

图19-116 打开文件

Step03 在"图层"面板中双击"背景"图层，将其转
换为"图层 0"，如图 19-117 所示。

图19-118 按住Ctrl键单击Alpha1通道

Step05 选择"选择 > 反向"命令，按下 Delete 键，删
除被选中的区域，然后按下 Ctrl+D 键取消选
区，效果如图 19-119 所示。

图19-119 删除所选区域

图19-121 "背景"的位置

(Step06) 选择菜单栏中"文件＞打开"命令，打开随书光盘中"调用图片／背景.jpg"文件，将其拖至"厨房"效果图中，命名为"背景"，在图层面板中将"背景"图层拖至"图层0"的下方，如图19-120所示。

图19-120 图层的位置

(Step07) 选择"编辑＞变换＞缩放"命令，调整其大小，并在效果图中调整图像的位置，如图19-121所示。

(Step08) 选择菜单栏中"文件＞打开"命令，打开随书光盘中"调用图片／插花.psd"文件，将其拖至"厨房"效果图中，命名为"插花"，调整图片的位置，如图19-122所示。

图19-122 "插花"的位置

(Step09) 选择"插花"图层，关闭前面的 👁 （可视图层）按钮，单击工具箱中 ✏ （多边形套索工具），在场景中勾选出椅子部分，如图19-123所示。

图19-123 勾选的区域

Step10 打开👁（可视图层）按钮，按下 Delete 键，删除所选区域，按下 Ctrl+D 键取消选择，效果如图 19-124 所示。

图19-124　删除后的效果

Step11 按下 Ctrl+Shift+E 键，将所有图层合并为一个图层。

Step12 单击菜单栏中"图像 > 调整 > 亮度 / 对比度"命令，在弹出的"亮度 / 对比度"对话框中设置参数，单击 确定 按钮，关闭对话框，如图 19-125 所示。

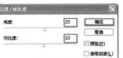

图19-125　参数设置

Step13 单击菜单栏中"滤镜 > 锐化 >USM 锐化"命令，在弹出的"USM 锐化"对话框中设置参数，单击 确定 按钮，关闭对话框，如图19-126 所示。

图19-126　参数设置

Step14 厨房效果图的后期处理全部完成，最终效果如图 19-127 所示。

图19-127　最终效果

19.9　本章小结

　　本章介绍了厨房效果图的制作过程，采用了厨餐两用式的厨房设计，整体空间宽敞明亮。橱柜采用了红色，给人的视觉感更活泼，一扫厨房单一格调的沉闷。整个效果图的制作在 3ds Max 和 Photoshop 两个软件中完成。在 3ds Max 中制作场景的模型、材质、灯光并渲染输出，在 Photoshop 中为效果图添加了背景和插花。

第 20 章
制作卫生间效果图

本章内容

- 设计理念
- 制作流程分析
- 搭建空间模型
- 调制细节材质
- 调入模型丰富空间
- 设置灯光
- 渲染输出
- 后期处理

卫生间在家庭居室中占有重要的地位，它与人的联系是最直接的，可以说最"人性"的一面都会在这里体现。卫生间的设计要考虑人的情感因素，讲究使用的材料质量，最起码应该避免使用一些有毒有辐射的材料，色调应该是舒适宜人的，设备更应该选好，因为卫生间是居家环境的隐患点。总之，卫生间设计要达到这种目的：进卫生间时感到非常舒适、放松，出卫生间时就像穿"新衣服"一样，精神焕发。本章卫生间效果图如图20-1所示。

图20-1　卫生间效果图

20.1 设计理念

随着时代的发展和人们需求的多元化，卫生间的设计从过去单一的功能及格调正一步步发展为人性化、多元化的风格。现代卫生间的设计具有空间大、功能细化、环境舒适等特点，具体介绍如下。

一是功能细化，洗漱、化妆、沐浴、排泄等功能，不以干湿分区，而是根据功能基础和舒适性分区。

二是室内外沟通。光线、视觉、空气透畅，出现诸如阳光浴室、透明天棚、露天浴室等空间形态。

三是舒适度、休闲性大幅度提高。引进了音乐影视以及家具和绿化，其中有小型更衣空间、化妆空间，甚至小书房、小酒吧等。如墙面、顶面、窗户等做趣味变化，局部用木材，用玻璃台盆以增加通透感，或者做点小品，在墙上挂画，在化妆台、窗台等地方放置观花植物和观叶、观茎植物等，在周围一片绿色中形成一种身处自然界的感觉。

四是卫浴功能分拆，满足个性要求。如坐厕相对独立一间，沐浴相对独立一间，这些空间围绕或围合着更衣、化妆空间。

五是将沐浴功能与卧室有机结合。卫浴间的功能不仅是满足生理需要，而且与休息、睡眠有非常密切的关联，将沐浴功能与卧室合为一个大空间进行处理，可给主人心理上带来非常多的愉悦。

本章制作的卫生间，布局虽然简单，但清楚地划分了洗漱、化妆、沐浴和排泄功能区。整体采用了黄色瓷砖，黄色在室外光和室内筒灯的照射下显得温馨舒适，使用者在此环境下会感到舒畅和安静，如图20-2所示。

图20-2 卫生间一角

20.2 制作流程分析

本章对卫生间空间进行设计表现，首先在 3ds Max 中制作模型，并赋予材质，对于一些复杂的模型，通过调用模型库中的模型来完成，然后为场景设置灯光，最后渲染输出，在 Photoshop 中进行色彩及亮度的调整。本章的制作流程如图 20-3 所示。

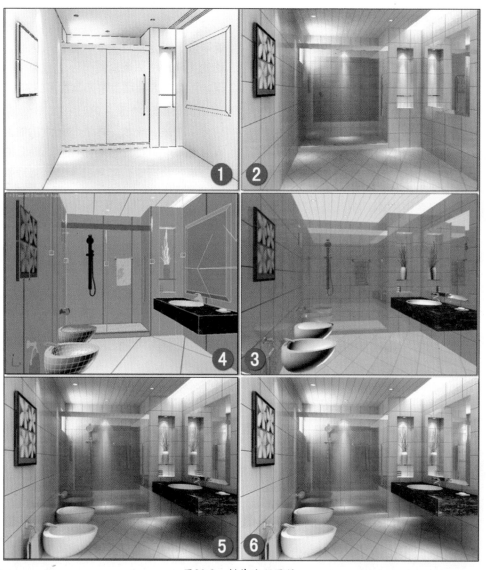

图20-3　制作流程图释

❶ 搭建模型，设置摄影机。首先创建出整体空间墙体，设置摄影机固定视角，然后创建空间内的基本模型。

❷ 调制材质。由于使用 VRay 渲染器渲染，因此在材质调制时运用了较多的 VRay 材质。此处主要调制整体空间模型的材质。

❸ 合并模型。空间中的浴具模型以合并的方式调入场景中，从而得到一个完整的模型空间。此处合并的模型包括"座便器"、"洗手台"等。

❹ 设置灯光。根据效果图要表现的光照效果设计灯光照明，包括室外光和室内光。

❺ 使用 VRay 渲染效果图。计算模型、材质和灯光的设置数据，输出整体空间的效果图。

❻ 后期处理。对效果图进行最终的润色和修改。

20.3 搭建空间模型

在模型的搭建中，首先要搭建出整体空间，也就是创建主墙体，然后在空间内设置摄影机，固定效果图的视角，然后在空间内创建基本模型，包括玻璃门、镜子、装饰画等。本例的空间模型效果如图 20-4 所示。

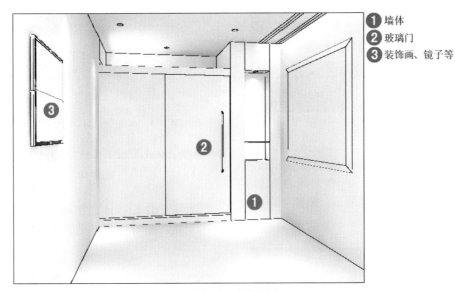

❶ 墙体
❷ 玻璃门
❸ 装饰画、镜子等

图20-4 空间模型

20.3.1 创建墙体

本例中墙体通过编辑多边形的方法来创建。编辑多边形命令可以创建出墙体的凹凸面，只利用一个长方体模型即可完成。本例卫生间墙体如图 20-5 所示。

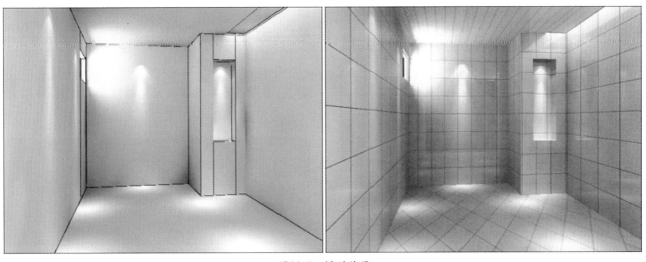

图20-5 模型效果

Step01 双击桌面上的⑤按钮，启动 3ds Max 2010，并将单位设置为毫米。

Step02 单击🔆（创建）/ 🗠（图形）/ Rectangle 按钮，在顶视图中绘制两个参考矩形，调整图形的位置，如图 20-6 所示。

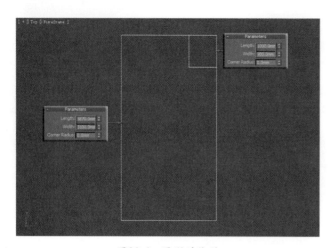

图20-6 图形的位置

Step03 单击 ![icon]（创建）/ ![icon]（图形）/ Line 按钮，在顶视图中参照矩形轮廓绘制一条封闭的曲线，命名为"墙体"，如图 20-7 所示，删除参考矩形。

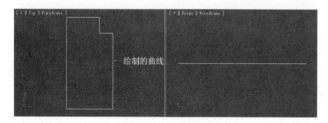

图20-7 绘制的曲线

Step04 选中绘制的曲线，在 Modifier List 下拉列表中选择 Extrude 命令，设置 Amount 为 3000，挤出后的模型如图 20-8 所示。

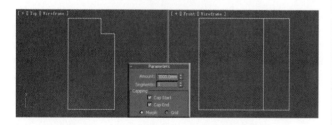

图20-8 参数设置

Step05 选中"墙体"，单击鼠标右键，在弹出的右键菜单中选择"Convert To>Convert to Editable Poly"命令，将其转换为可编辑多边形，如图 20-9 所示。

Step06 在修改器堆栈中激活 Edge 子对象，在顶视图中选中如图 20-10 所示的两条边。

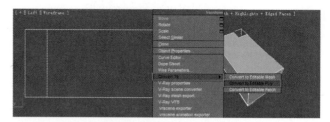

图20-9 转为可编辑多边形

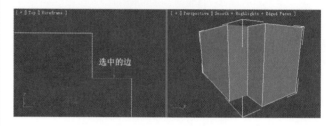

图20-10 选中的边

Step07 在 Edit Edges 卷展栏下单击 Connect 后的 ![icon] 按钮，在弹出的对话框中设置参数，如图 20-11 所示。

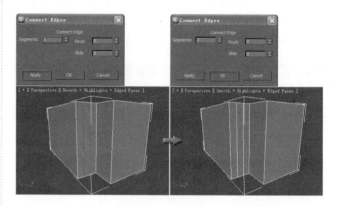

图20-11 参数设置

Step08 在前视图中移动调整边的位置，如图 20-12 所示。

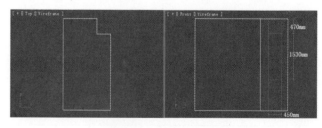

图20-12 调整边的位置

Step09 在堆栈中激活 Polygon 子对象，在前视图中选中分割出的多边形，单击 Edit Polygons 卷展栏下 Extrude 后的 ![icon] 按钮，在弹出的对话框中设置参数，如图 20-13 所示。

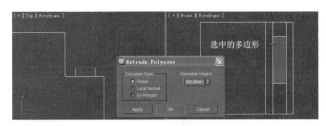

图20-13　选中的多边形

Step10 在修改器堆栈中激活 Edge 子对象，在顶视图中选中如图 20-14 所示的边。

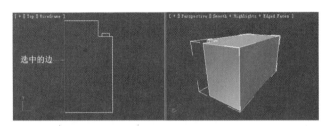

图20-14　选中的边

Step11 在 Edit Edges 卷展栏下单击 Connect 后的 ◻ 按钮，在弹出的对话框中设置参数，如图 20-15 所示。

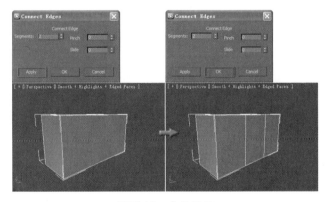

图20-15　参数设置

Step12 在左视图中移动调整边的位置，如图 20-16 所示。

Step13 在抠出了窗户的位置后，一些边就没用了，在视图中选中多余的边，在 Edit Edges 卷展栏下单击 Remove 按钮，将其移除，如图 20-17 所示。

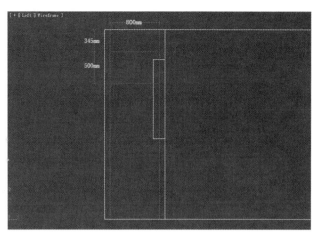

图20-16　调整边的位置

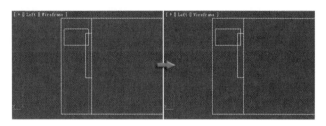

图20-17　移除多余的边

> 提示
>
> 　　在这里将多余的边移除，是为了使视口画面更清楚，也减少模型的面数，节省文件占用的内存空间，关键是被移除的边并不影响模型的表现。要注意的是，移除并不等于删除，如果将边删除，将会严重影模型的表现。

Step14 激活 Polygon 子对象，在左视图中选中分割出的多边形，单击 Edit Polygons 卷展栏下 Extrude 后的 ◻ 按钮，在弹出的对话框中设置参数，如图 20-18 所示。

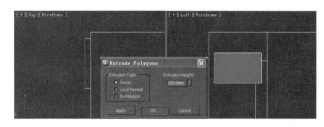

图20-18　参数设置

Step15 确认多边形仍处于选中状态，按下 Delete 键将其删除，如图 20-19 所示。

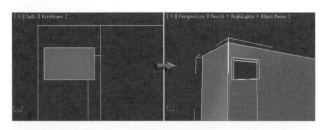

图20-19　删除多边形

Step16 激活 Edge 子对象，在顶视图中选顶部的两条边，在 Edit Edges 卷展栏下单击 Connect 后的■按钮，在弹出的对话框中设置参数，如图20-20 所示。

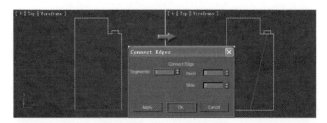

图20-20　参数设置

Step17 在堆栈中激活 Vertex 子对象，在顶视图中调整顶点的位置，使创建的边为一条直线，如图20-21 所示。

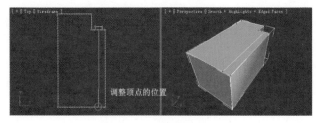

图20-21　调整顶点的位置

Step18 在堆栈中激活 Polygon 子对象，在顶视图中选中分割出的多边形，单击 Edit Polygons 卷展栏下 Extrude 后的■按钮，在弹出的对话框中设置参数，如图20-22 所示。

图20-22　参数设置

Step19 在修改命令面板的 Modifier List 下拉列表中选择 Normal（法线）命令。

Step20 单击创建命令面板中的 （摄影机）/ Target 按钮，在顶视图中创建一架摄影机，调整它在视图中的位置，如图20-23 所示。

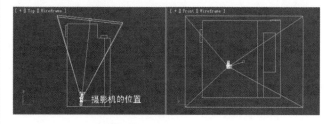

图20-23　摄影机的位置

Step21 选中摄影机，在 Parameters 卷展栏下设置参数，如图20-24 所示。

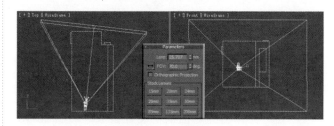

图20-24　参数设置

Step22 激活透视视图，按下 C 键，将其转换为摄影机视图，效果如图20-25 所示。

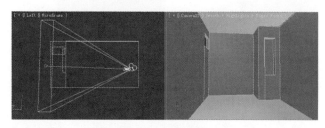

图20-25　转换摄影机视图

Step23 选中摄影机，单击菜单栏中的"Modifiers> Cameras>Camera Correction"命令，校正摄影机，如图20-26 所示。

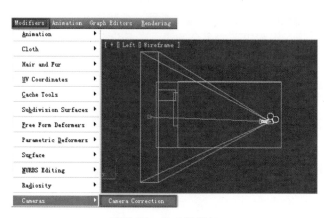

图20-26　校正摄影机

Step24 在创建面板中单击 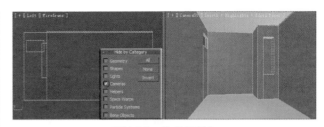 （显示）按钮，在 Hide by Category 卷展栏下勾选 Cameras 复选框，将摄影机隐藏，如图 20-27 所示。

Step25 至此，卫生间主墙体已经创建完成，如图 20-28 所示。

图20-27 隐藏摄影机

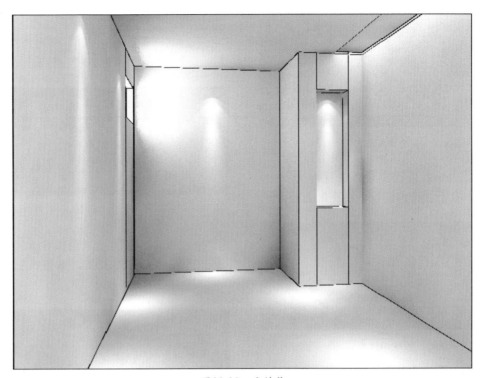

图20-28 主墙体

20.3.2 创建玻璃门、窗户等

卫生间的主墙体创建完成，并规划出了物品墙和窗的位置，下面开始创建窗框及洗浴区拉门模型，如图 20-29 所示。

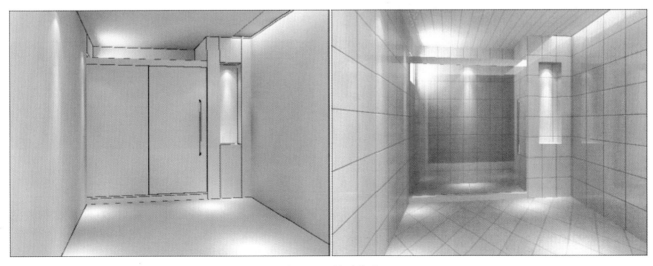

图20-29 模型效果

Step26 单击 (创建)/ (图形)/ Rectangle 按钮，在左视图中绘制一个 500×800 的矩形，命名为"窗框"。

Step27 选中绘制的矩形，将其转换为可编辑样条线，在修改命令面板的 Geometry 卷展栏下 Outline 数值框中输入 30，按下回车键，创建曲线的轮廓线，如图 20-30 所示。

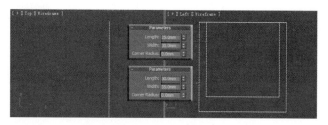

图20-33　图形的位置

Step31 单击 Line 按钮，在左视图中参照矩形轮廓绘制一条封闭的曲线，命名为"凹槽"，将参考矩形删除，如图 20-34 所示。

图20-30　轮廓后的图形

Step28 为其添加 Extrude 修改命令，设置 Amount 为 20，调整挤出后模型的位置，如图 20-31 所示。

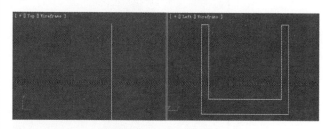

图20-34　绘制的图形

Step32 选中"凹槽"，为其添加 Extrude 修改命令，设置 Amount 为 2200，调整挤出后模型的位置，如图 20-35 所示。

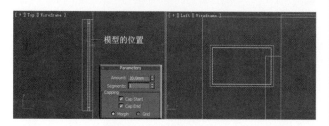

图20-31　模型的位置

Step29 单击 (创建)/ (几何体)/ Box 按钮，在顶视图中创建一个长方体，命名为"地台"，调整模型的位置，如图 20-32 所示。

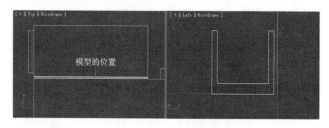

图20-35　模型的位置

Step33 在左视图中选中"凹槽"，单击工具栏中 (镜像) 按钮，在弹出的对话框中设置沿 y 轴复制，调整复制后模型的位置，如图 20-36 所示。

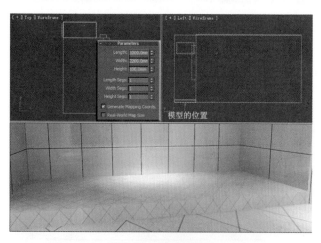

图20-32　模型的位置

Step30 单击 (创建)/ (图形)/ Rectangle 按钮，在左视图中绘制两个参考矩形，调整图形的位置，如图 20-33 所示。

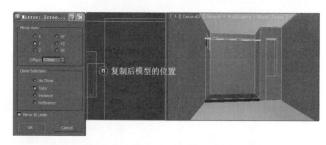

图20-36　镜像复制后模型的位置

Step34 选中复制后的凹槽，在修改器堆栈中激活 Vertex 子对象，在左视图中调整顶点的位置，如图 20-37 所示。

图20-37 调整顶点的位置

Step35 单击 ■（创建）/ ○（几何体）/ Box 按钮，在前视图中创建一个长方体，命名为"拉门"，将其复制一个，在视图中调整模型的位置，如图20-38所示。

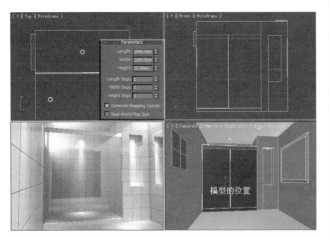

图20-38 模型的位置

Step36 单击 ■（创建）/ ■（图形）/ Line 按钮，在左视图中绘制一条开放的曲线，命名为"把

手"，如图20-39所示。

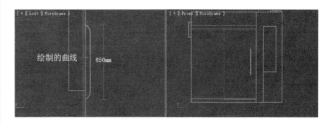

图20-39 绘制的曲线

Step37 在 Rendering 卷展栏下勾选 Enable In Renderer 和 Enable In Viewport 复选框，并设置参数，在视图中调整模型的位置，如图20-40所示。

图20-40 模型的位置

20.3.3 创建辅助模型

空间中的主要模型已经创建完成，下面开始创建装饰画、镜子、筒灯等一些辅助模型，如图20-41所示。

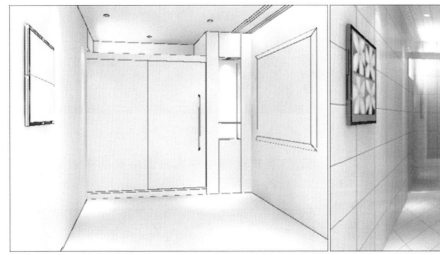

图20-41 模型效果

(Step38) 单击 ⚙ （创建）/ ◯ （几何体）/ [Box] 按钮，在顶视图中创建一个长方体，命名为"玻璃板"，调整模型的位置，如图 20-42 所示。

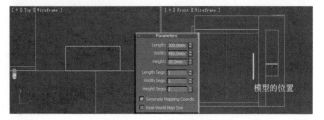

图20-42 模型的位置

(Step39) 在左视图中绘制一个 1300×1500 的矩形，命名为"镜子"。

(Step40) 为其添加 Bevel 修改命令，并设置参数，如图 20-43 所示。

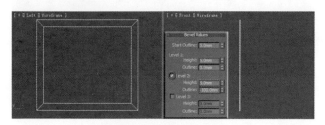

图20-43 参数设置

(Step41) 在视图中调整"镜子"的位置，如图 20-44 所示。

图20-44 模型的位置

(Step42) 在左视图中创建一个长方体，命名为"装饰画"，设置其参数，如图 20-45 所示。

(Step43) 选中"装饰画"，单击鼠标右键，在弹出的右键菜单中选择"Convert To>Convert to Editable Poly"命令，将其转换为可编辑多边形。

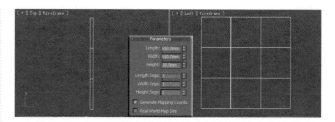

图20-45 参数设置

(Step44) 在修改器堆栈中激活 Polygon 子对象，在透视视图中选中正面的 4 个多边形，如图 20-46 所示。

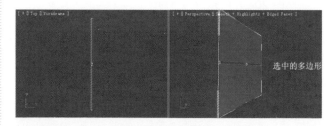

图20-46 选中的多边形

🐰 提示　　在制作模型的过程中，可以在摄影机视图中按下 P 键转换为透视视图，从而更方便地观察和选择模型。

(Step45) 在 Edit Polygons 卷展栏下单击 [Extrude] 后的 ▢ 按钮，在弹出的对话框中设置参数，如图 20-47 所示。

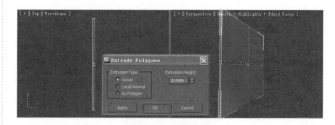

图20-47 参数设置

(Step46) 在顶视图中框选左边所有的多边形，如图 20-48 所示。

图20-48 选中的多边形

Step47 在 Edit Polygons 卷展栏下单击 Bevel 后的
 按钮，在弹出的对话框中设置参数，并单击
 Apply 按钮，确认参数设置，如图 20-49 所
示。

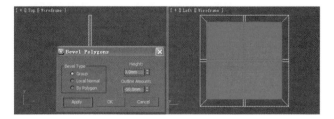

图20-49　参数设置

Step48 在对话框中再次设置参数，单击 OK 按钮，
关闭对话框，如图 20-50 所示。

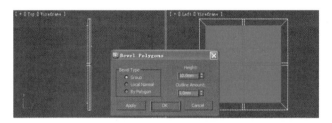

图20-50　参数设置

Step49 在视图中调整"装饰画"的位置，如图 20-51
所示。

图20-51　模型的位置

Step50 单击 （创建）/ （几何体）/ Box 按钮，
在顶视图中创建一个长方体，命名为"荧光灯
罩"，调整模型的位置，如图 20-52 所示。

Step51 单击 （创建）/ （几何体）/ Tube 按
钮，在顶视图中创建一个管状体，命名为"筒
灯座"，调整模型的位置，如图 20-53 所示。

Step52 单击 Cylinder 按钮，在顶视图中创建一个圆柱
体，命名为"筒灯"，调整模型的位置，如图
20-54 所示。

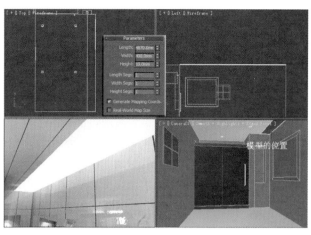

图20-52　模型的参数及位置

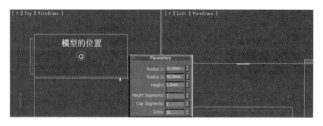

图20-53　模型的位置

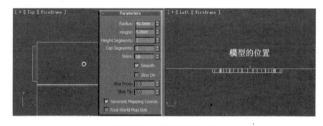

图20-54　模型的位置

Step53 在顶视图中同时选中"筒灯座"和"筒灯"，将
其复制5组，调整复制后模型的位置，如图
20-55 所示。

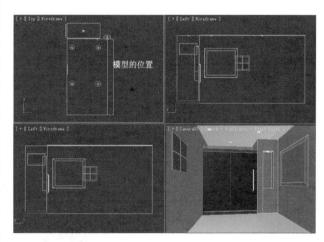

图20-55　复制后模型的位置

20.4 调制细节材质

卫浴室的色彩应充分体现明快的风格，除豪华型卫浴室外，一般卫浴室的色彩应选择浅色调和暖色调，以增加空间的明亮度。卫浴室的色彩是由墙面、地面材料、灯光照明等融合而成的，并且受到洗面台、洁具、橱柜等物品色调的影响，这一切要综合考虑，使整体色调统一。

卫生间的主要材质是地砖和墙砖，瓷砖色彩的选择直接关系到空间表现的氛围。本例中地砖和墙砖采用了同一材质，但纹理平铺不一样，就将两区域区分开来；卫生间中玻璃和镜子材质的制作也是关键，制作好这两种材质，会使效果图表现更加真实美观，如图20-56所示。

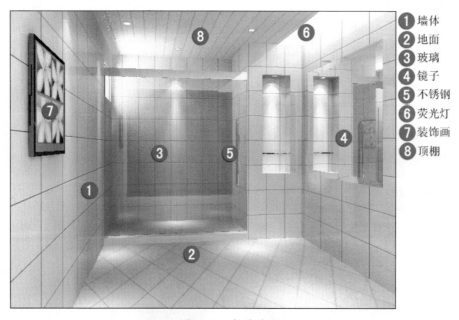

① 墙体
② 地面
③ 玻璃
④ 镜子
⑤ 不锈钢
⑥ 荧光灯
⑦ 装饰画
⑧ 顶棚

图20-56 材质效果

(Step01) 继续前面的操作，按下F10键，打开Render Setup对话框，然后将VRay指定为当前渲染器。

(Step02) 单击工具栏中■（材质编辑器）按钮，打开Material Editor对话框，选择一个空白示例球，将材质命名为"墙体"，如图20-57所示。

(Step03) 单击 Standard 按钮，在弹出的Material/Map Browser对话框中双击选择VRayMtl材质类型，将其指定为VRayMtl材质。

(Step04) 然后在Basic parameters卷展栏下设置Reflection组中的参数，如图20-58所示。

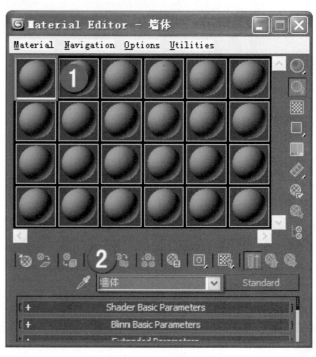

图20-57 命名材质球

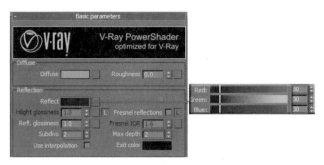

图20-58 参数设置

Step05 在 Maps 卷展栏下单击 Diffuse 后的长贴图按钮，在弹出的 Material/Map Browser 对话框中双击选择 Tiles 贴图类型，如图 20-59 所示。

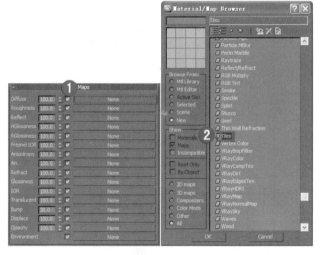

图20-59 选择Tiles贴图类型

Step06 在 Advanced Controls 卷展栏下设置平铺参数，如图 20-60 所示。

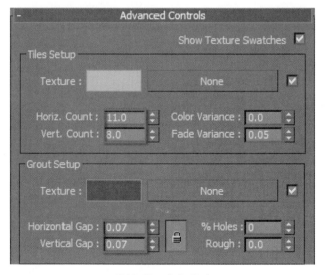

图20-60 参数设置

Step07 单击 Tiles Setup 组中的 None 按钮，在弹出的 Material/Map Browser 对话框中双击选择 Bitmap 贴图类型，然后选择随书光盘中"贴图 / 大理石 G.jpg"贴图文件，如图 20-61 所示。

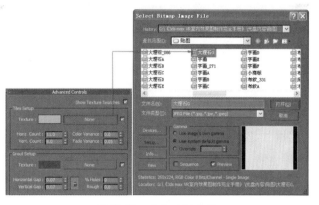

图20-61 选中贴图文件

Step08 单击 按钮，返回父级。在 Maps 卷展栏下将 Diffuse 后的贴图拖动复制到 Bump 贴图通道中，如图 20-62 所示。

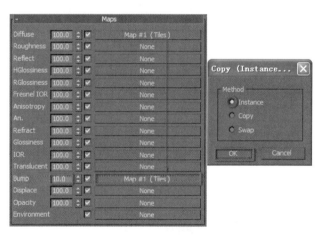

图20-62 复制贴图通道

Step09 在视图中选中墙体，单击 按钮，将材质赋予选中的模型，添加 UVW Map 修改命令，使用默认参数即可，如图 20-63 所示。

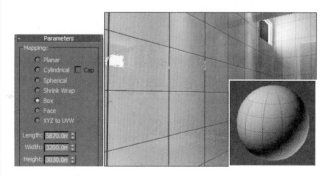

图20-63 参数设置

Step10 选择第二个材质球，命名为"地面"，将其指定为 VRayMtl 材质类型，参数设置如图 20-64 所示。

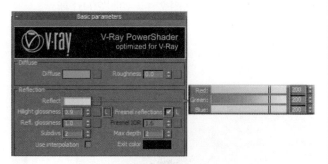

图20-64 参数设置

Step11 单击 Diffuse 后的 ■ 按钮，在弹出的 Material/Map Browser 对话框中双击选择 Tiles 贴图类型，在 Coordinates 和 Advanced Controls 卷展栏下设置各项参数，如图 20-65 所示。

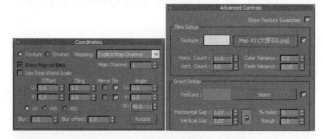

图20-65 参数设置

Step12 单击 ■ 按钮，返回父级。单击 Reflect 后的 ■ 按钮，在弹出的 Material/Map Browser 对话框中双击选择 Falloff 贴图类型，在 Falloff Parameters 卷展栏下设置 Falloff Type 为 Fresnel，如图 20-66 所示。

图20-66 选择衰减类型

Step13 单击 ■ 按钮，返回父级。在 Maps 卷展栏下设置 Reflect 参数，如图 20-67 所示。

Step14 在视图中选中"墙体"，在堆栈中激活 Polygon 子对象，在摄影机视图中选中地面多边形，在 Edit Geometry 卷展栏下单击 Detach 后的 ■ 按钮，将地面多边形分离出来，如图 20-68 所示。

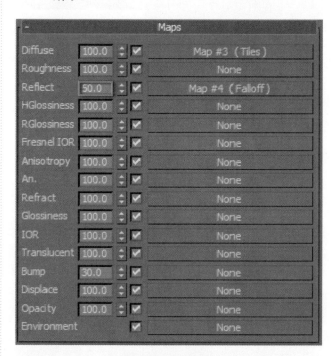

图20-67 参数设置

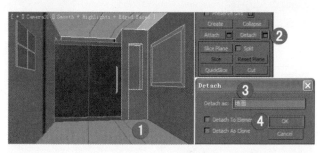

图20-68 分离多边形

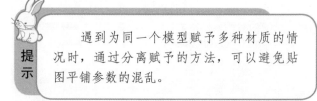

遇到为同一个模型赋予多种材质的情况时，通过分离赋予的方法，可以避免贴图平铺参数的混乱。

Step15 选中分离出的地面和"地台"模型，单击 ■ 按钮，将地面材质赋予选中的模型，添加 UVW Map 修改命令，设置参数，如图 20-69 所示。

图20-69　参数设置

Step16 选择第三个材质球，命名为"顶棚"，将其指定为 VRayMtl 材质类型，设置参数，如图 20-70 所示。

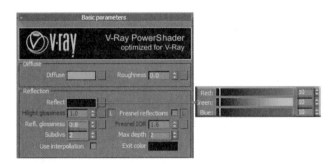

图20-70　参数设置

Step17 单击 Diffuse 后的 ■ 按钮，选择 Tile 贴图类型，在 Advanced Controls 卷展栏下设置参数，如图 20-71 所示。

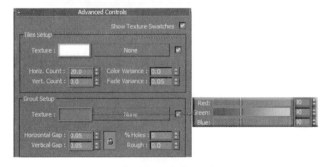

图20-71　参数设置

Step18 在视图中选中"墙体"，激活 Polygon 子对象，在摄影机视图中选中顶面的多边形，按照前面介绍的方法将其分离出来，单击 ▣ 按钮，将材质赋予它，添加 UVW Map 修改命令，如图 20-72 所示。

图20-72　赋予材质后的效果

Step19 选择第四个材质球，命名为"玻璃"，将其指定为 VRayMtl 材质类型，设置参数，如图 20-73 所示。

Step20 在视图中选中两个拉门和玻璃板，将材质赋予它们，赋予材质后的效果如图 20-74 所示。

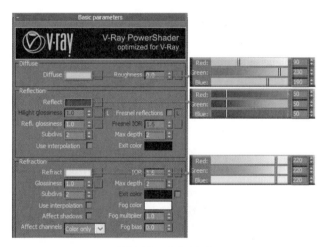

图20-73　参数设置

图20-74　"玻璃"材质效果

Step21 选择第五个材质球，命名为"镜子"，将其指定为 VRayMtl 材质类型，设置其参数，如图 20-75 所示。

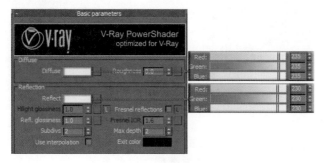

图20-75　参数设置

Step22 在视图中选中镜子，单击 按钮，将材质赋予选中的模型，如图 20-76 所示。

图20-76　"镜子"材质效果

Step23 选择第六个材质球，命名为"不锈钢"，将其指定为 VRayMtl 材质类型，参数设置如图 20-77 所示。

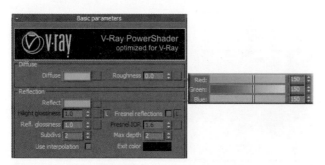

图20-77　参数设置

Step24 在视图中选中所有的凹槽、把手和筒灯座，将材质赋予它们，赋予材质后的效果如图 20-78 所示。

图20-78　材质效果

Step25 选择一个未用的材质球，命名为"荧光灯"，使用默认材质，设置参数，如图 20-79 所示。

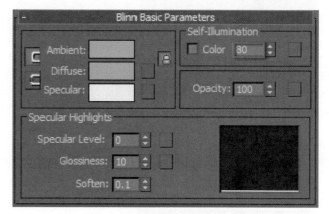

图20-79　参数设置

Step26 单击 Diffuse 后的 按钮，在 Material/Map Browser 对话框中双击选择 Gradient Ramp 贴图类型，在 Gradient Ramp Parameters 卷展栏下设置颜色参数，如图 20-80 所示。

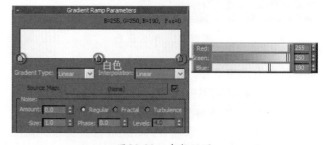

图20-80　参数设置

Step27 在视图中选中"荧光灯罩"，单击 按钮，将材质赋予选中的模型，赋予材质后的效果如图 20-81 所示。

图20-81　材质效果

(Step28) 选择一个未用的材质球，命名为"装饰画"，单击 [Standard] 按钮，在弹出的 Material/Map Browser 对话框中双击选择 Multi/Sub-Object，如图 20-82 所示。

图20-82　调制材质

(Step29) 在弹出的 Replace Material 对话框中使用默认设置，单击 [OK] 按钮，如图 20-83 所示。

图20-83　参数设置

(Step30) 在 Multi/Sub-Object Basic Parameters 卷展栏下单击 [Set Number] 按钮，在弹出的对话框中设置参数，如图 20-84 所示。

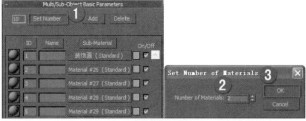

图20-84　参数设置

(Step31) 在视图中选中"装饰画"，在堆栈中激活 Polygon 子对象，在透视视图中选中正面的 4 个多边形，在 Polygon:Material IDs 卷展栏下设置 ID，如图 20-85 所示。

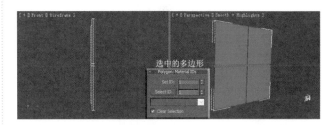

图20-85　设置ID

(Step32) 按下 Ctrl+I 键，进行多边形反选，将反选的所有多边形设置 ID 值为 2，如图 20-86 所示。

图20-86　参数设置

(Step33) 在材质编辑器中 Multi/Sub-Object Basic Parameters 卷展栏下单击材质 ID1 后的 [装饰画（Standard）] 按钮，进入 ID1 材质编辑面板，并将其指定为 VRayMtl 材质类型，设置参数，如图 20-87 所示。

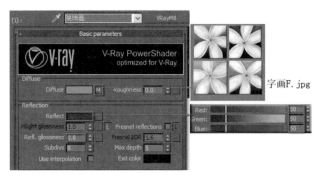

图20-87　参数设置

(Step34) 单击 按钮，返回父级。单击材质 ID2 后面的材质设置按钮，并将其指定为 VRayMtl 材质类型，设置参数，如图 20-88 所示。

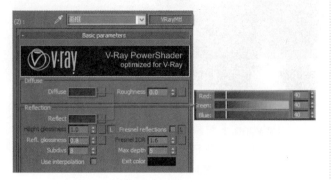

图20-88 参数设置

(Step35) 设置完成后，材质的父级面板如图 20-89 所示。

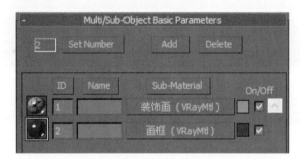

图20-89 材质面板

(Step36) 在视图中选中"装饰画"，单击 按钮，将材质赋予选中的模型，添加 UVW Map 修改命令，使用默认参数，如图 20-90 所示。

图20-90 材质效果

(Step37) 选择一个未用的材质球，命名为"筒灯"，设置其参数，如图 20-91 所示。

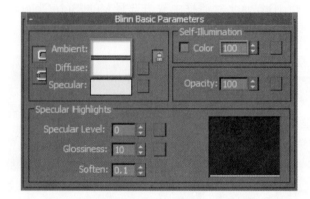

图20-91 参数设置

(Step38) 在视图中选中所有的筒灯，将材质赋予它们。

20.5 调入模型丰富空间

卫生间中需要调入的模型有淋浴、便池、洗手台和卫生间装饰等。调入模型后的效果如图 20-92 所示。

(Step01) 继续前面的操作，单击菜单栏左端 按钮，选择"Import>Merge"命令，在弹出的 Merge File 对话框中，选择并打开随书光盘中模型/第 20 章/便池及浴具.max"文件，如图 20-93 所示。

图20-92 调入模型后的效果

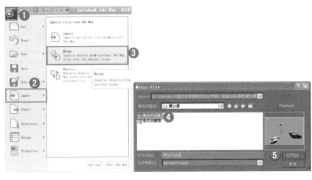

图20-93 合并命令

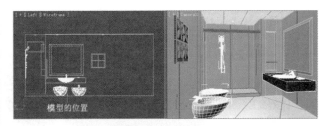

图20-94 模型的位置

Step02 在弹出的对话框中取消灯光和摄影机的显示，然后单击 **All** 按钮，选中所有的模型部分，将它们合并到场景中，调整模型的位置，如图20-94 所示。

Step03 将模型调入后的效果如图 20-95 所示。

Step04 单击菜单栏中 按钮，选择 Import>Merge "命令，打开随书光盘中 "模型/第20章/毛巾及装饰.max" 文件，将模型合并到场景中，如图20-96 所示。

图20-95 模型调入后的效果

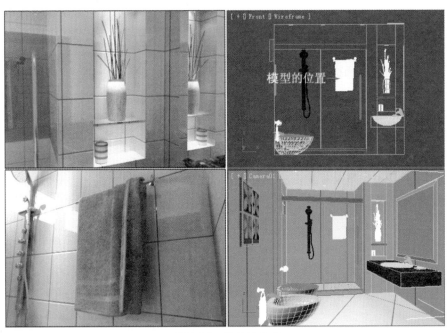

图20-96 模型的位置

20.6 设置灯光

本例中的灯光主要模拟室外日光、室内筒灯光，在设置完成主光源后，根据场景中亮度的需要再设置补光，制作良好的光照效果，如图 20-97 所示。

图20-97　灯光效果

20.6.1 设置渲染参数

在设置灯光前，首先在渲染器面板中设置初始的渲染参数。

Step01 按下 F10 键，打开 Render Setup 对话框，在 Common 选项卡下设置一个较小的渲染尺寸，例如 640×480。

Step02 在 V-Ray 选项卡下设置一个渲染速度较快、画面质量较低的抗锯齿方式，然后设置曝光方式，如图 20-98 所示。

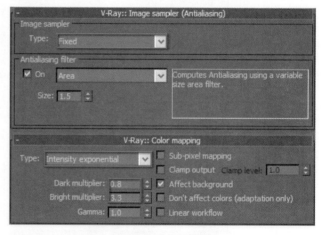

图20-98　参数设置

Step03 在 Indirect illumination 选项卡下打开 GI，设置光子图的质量，此处的参数设置以速度为优先考虑的因素，如图 20-99 所示。

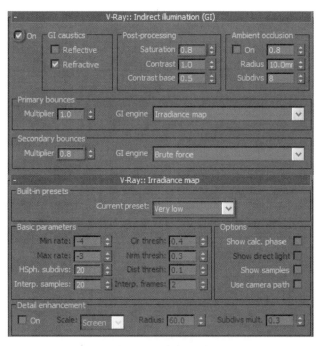

图20-99 参数设置

Step04 至此，渲染参数设置完成，激活摄影机视图，单击 按钮进行渲染，渲染效果如图 20-100 所示。

图20-100 渲染效果

20.6.2 设置场景灯光

灯光的设置包括室外日光、室内人工光以及补光。

Step05 单击 （灯光）/ VRay / VRayLight 按钮，在左视图中创建一盏 VRayLight，命名为"模拟日光"，设置其参数，如图 20-101 所示。

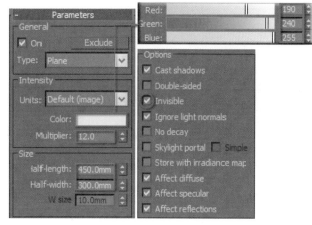

图20-101 参数设置

Step06 在视图中调整"模拟日光"的方向和位置，如图 20-102 所示。

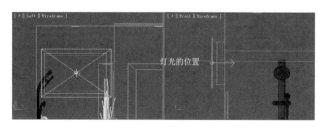

图20-102 灯光的位置

Step07 单击工具栏中 （渲染）按钮，渲染观察设置"模拟日光"后的效果，如图 20-103 所示。

图20-103 渲染效果

Step08 单击 （灯光）/ VRay / VRayLight 按钮，在顶视图中创建一盏 VRayLight，命名为"灯带"，设置其参数，如图 20-104 所示。

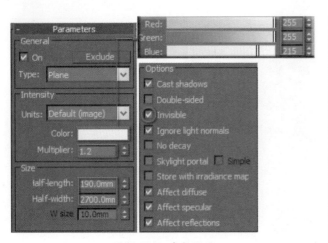

图20-104　参数设置

Step09 在视图中调整"灯带"的位置，如图 20-105 所示。

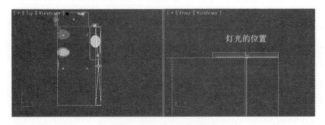

图20-105　灯光的位置

Step10 单击 （灯光）/ Photometric / Target Light 按钮，在左视图中创建一盏 Target Light，命名为"筒

灯"，设置其参数，如图 20-106 所示。

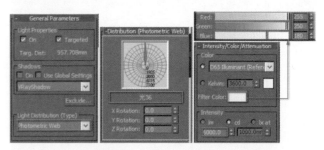

图20-106　参数设置

Step11 将"筒灯"复制 5 个，在视图中调整灯光的位置，如图 20-107 所示。

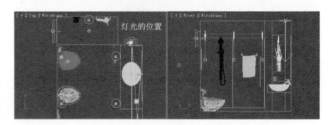

图20-107　灯光的位置

Step12 单击工具栏中 （渲染）按钮，渲染观察设置"筒灯"和"灯带"后的效果，如图 20-108 所示。

图20-108　渲染效果

Step13 场景中的主要光源已经设置完成，但场景的照明并不理想，这就需要再设置一下补光。在前视图中创建一盏 VRayLight，给正面做个补光，设置参数，如图 20-109 所示。

Step14 在视图中调整灯光的方向与位置，如图 20-110 所示。

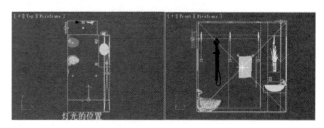

图20-110　灯光的位置

Step15 单击工具栏中 ☕（渲染）按钮，渲染观察设置补光后的效果，如图 20-111 所示。

Step16 单击标题工具栏 🖫（保存）按钮，将文件保存。

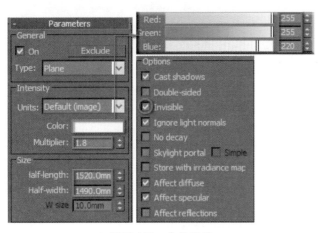

图20-109　参数设置

图20-111　渲染效果

20.7 渲染输出

材质和灯光设置完成后，需要进行渲染输出。首先调整各种反射明显的材质的参数，使其渲染出来更精细，然后设置渲染参数，渲染光子图，通过光子图出大图，从而节省渲染时间。

Step01 打开材质编辑器，选中卫生间墙体材质，重新调整材质的反射参数，如图 20-112 所示。

Step02 使用同样的方法处理金属材质、玻璃材质等反射效果较为明显的材质，在此不做赘述。

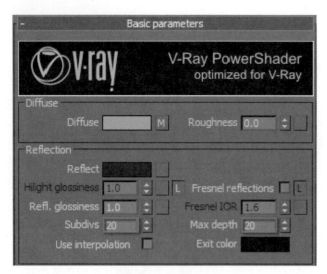

图20-112 参数设置

Step03 在 V-Ray 选项卡下设置一个精度较高的抗锯齿方式，如图 20-113 所示。

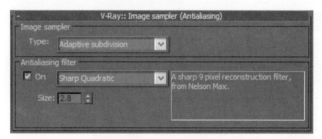

20-113 参数设置

Step04 在 Indirect illumination 选项卡下设置光子图的质量，此处的参数设置要以质量为优先考虑的因素，如图 20-114 所示。

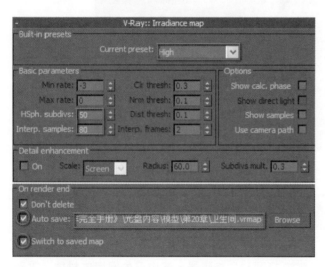

图20-114 保存光子图

Step05 单击对话框中的 Render 按钮，渲染卫生间视图，渲染结束后系统自动保存光子图文件。然后调用光子图文件，如图 20-115 所示。

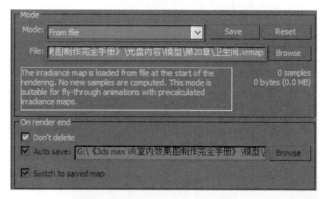

图20-115 导入光子图

Step06 在 Common 选项卡下设置一个较大的渲染尺寸，例如 3000×2250。单击对话框中的 Render 按钮渲染卫生间，得到的便是最终效果。

Step07 渲染结束后，单击渲染对话框中 按钮保存文件，选择 TIF 文件格式，如图 20-116 所示。

图20-116 保存效果图

Step08 至此，效果图的前期制作全部完成，最终渲染效果如图 20-117 所示。

图20-117 渲染效果

20.8 后期处理

卫生间效果图的后期处理主要对画面亮度、对比度进行调整。

Step01 在桌面上双击 **Ps** 图标，启动 Photoshop CS4。

Step02 单击"文件 > 打开"命令，打开前面渲染保存的"卫生间 .tif"文件，如图 20-118 所示。

图20-118 打开文件

Step03 单击菜单栏中"图像 > 调整 > 亮度 / 对比度"

命令，在弹出的"亮度 / 对比度"对话框中设置参数，单击 确定 按钮，关闭对话框，如图 20-119 所示。

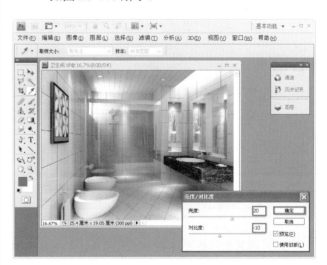

图20-119 参数设置

Step04 单击菜单栏中"滤镜 > 锐化 >USM 锐化"命令，在弹出的"USM 锐化"对话框中设置参数，单击 确定 按钮，关闭对话框，如图 20-120 所示。

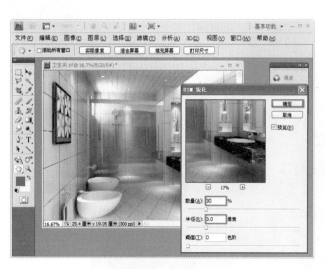

图20-120 参数设置

Step05 卫生间效果图的后期处理全部完成,最终效果如图 20-121 所示。

图20-121 最终效果图

20.9 本章小结

人们对卫生间的整体要求越来越高,卫生间必须强调功能的细化,可区分为洗漱、化妆、沐浴、排泄等区域。室内外要有良好的沟通,采光通风都要照顾到。本章卫生间效果图的制作首先确定卫生间风格和制作思路,在 3ds Max 中完成模型的制作,材质的调制,灯光的设置,然后渲染出图,在 Photoshop 中进行效果图的润色与修改。

第 21 章
制作茶室效果图

本章内容

- 设计理念
- 制作流程分析
- 搭建空间模型
- 调制细节材质
- 调入模型丰富空间
- 设置灯光
- 渲染输出
- 后期处理

受传统文化的影响，中国的知识分子多多少少都有些古代文人雅士的情怀，请客会友时也喜爱一些环境清幽、文化氛围浓厚之地。而传统的中式窗棂，情趣盎然的竹影摇曳，古朴自然的装饰为茶艺馆注入了丰富的传统元素，自然吸引了崇尚回归自然的时尚人士。同时，中式元素的高贵典雅与内敛含蓄也成为了流行时尚的理念。本章将制作茶室包间效果图，如图21-1所示。

图21-1 茶室效果图

21.1 设计理念

随着时代的发展和人们生活的需要，茶室从传统的饮茶、听戏、聊天的场地慢慢融入了棋牌、娱乐等功能，但在装修设计上，仍延用了传统的设计理念，使其在现代发展迅速的社会潮流中，给人一处宁静、惬意的休闲场所。

为了延续并发扬民俗风情，本章茶室的设计采用了大量的中国传统元素，深色胡桃木的博古架和传统的门窗格，直接体现了中国情愫；毛笔字画、中式瓷器和中式吊灯，将中式茶室表现得淋漓尽致；大窗户的设计和亮顶设计，提供了良好的采光效果，与深色家具产生了明确的对比，使得深色家具毫不影响室内的整体色彩和光亮；大空间的设计使人心情舒畅，整体设计体现宁静、文雅，如图 21-2 所示。

图21-2　茶室一角

21.2 制作流程分析

本章对茶室空间进行设计表现，在 3ds Max 中创建空间的主要模型，包括木柜、博古架、吊顶等，然后赋予模型材质，并设置场景灯光，渲染输出后，在 Photoshop 中进行整体画面的润色与调整，制作流程如图 21-3 所示。

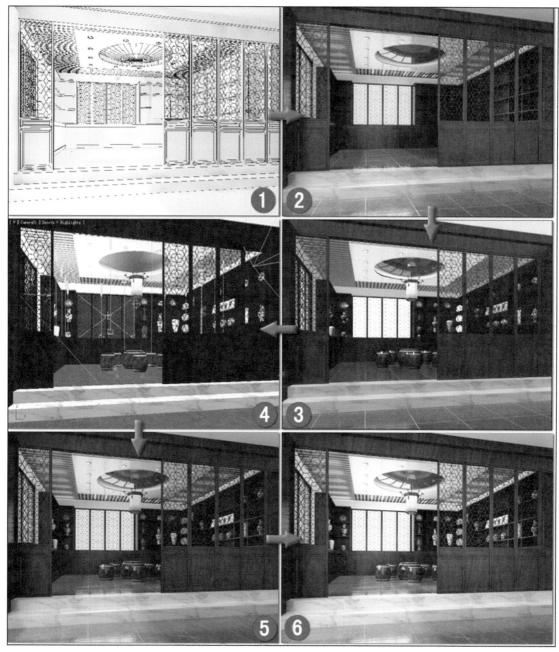

图21-3 制作流程图释

❶ 搭建模型，设置摄影机。在 3ds Max 中创建场景模型，包括墙体、吊顶、博古架等，并设置摄影机固定视角。

❷ 调制材质。由于使用 VRay 渲染器渲染，所以在材质调制时运用了较多的 VRay 材质。此处主要调制整体空间模型的材质。

❸ 合并模型。采用合并的方式将模型库中的家具模型合并到整体空间中，从而得到一个完整的模型空间。此处合并的模型包括"石桌凳"、"瓷器"等。

❹ 设置灯光。根据效果图要表现的光照效果设计灯光照明，包括室外光和室内光。

❺ 使用 VRay 渲染效果图。计算模型、材质和灯光的设置数据，输出整体空间的效果图。

❻ 后期处理。对效果图进行最终的润色和修改。

21.3 搭建空间模型

在模型的搭建中，首先要搭建出整体空间，茶室中门窗、吊顶的模型比较复杂，但能充分体现出中式特色。本例的空间模型效果如图 21-4 所示。

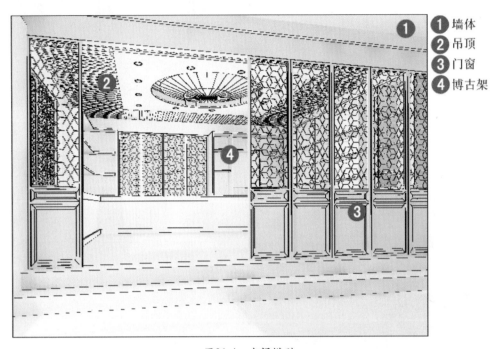

① 墙体
② 吊顶
③ 门窗
④ 博古架

图21-4　空间模型

21.3.1　创建整体空间

本例中整体空间的创建主要应用了编辑多边形命令，空间模型如图 21-5 所示。

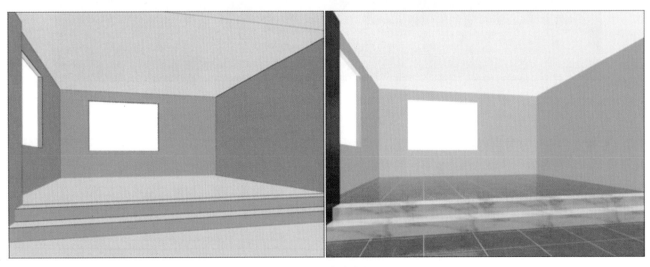

图21-5　模型效果

Step01 双击桌面上的 ⑤ 按钮，启动 3ds Max 2010，并将单位设置为毫米。

Step02 单击 ⊕（创建）/ ◯（几何体）/ Box 按钮，在顶视图中创建一个长方体，命名为"墙体"，设置参数，如图 21-6 所示。

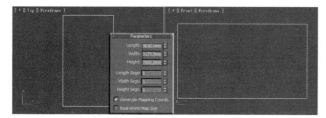

图21-6　参数设置

Step03 在修改命令面板的 Modifier List 下拉列表中选择 Normal（法线）命令。

Step04 单击创建命令面板中的 ⚑（摄影机）/ Target 按钮，在顶视图中创建一架摄影机，调整它在视图中的位置，如图 21-7 所示。

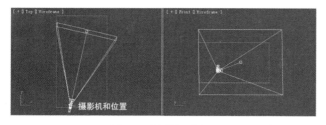

图21-7　摄影机的位置

Step05 选中摄影机，在 Parameters 卷展栏下设置参数，如图 21-8 所示。

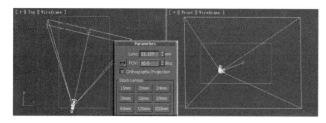

图21-8　参数设置

Step06 激活透视视图，按下 C 键，将其转换为摄影机视图，效果如图 21-9 所示。

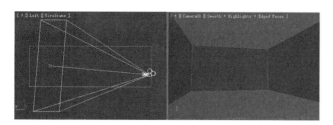

图21-9　转换摄影机视图

Step07 选中摄影机，单击菜单栏中"Modifiers>Cameras>Camera Correction"命令，校正摄影机。

Step08 在创建面板中单击 ▣（显示）按钮，在 Hide by Category 卷展栏下勾选 Cameras 复选框，将摄影机隐藏，如图 21-10 所示。

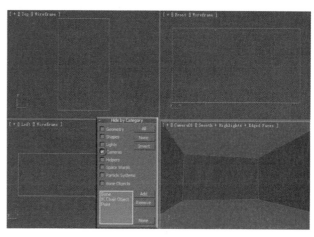

图21-10　隐藏摄影机

Step09 选中"墙体"，单击鼠标右键，在弹出的右键菜单中选择"Convert To>Convert to Editable Poly"命令，将其转换为可编辑多边形。

Step10 在修改器堆栈中激活 Polygon 子对象，在摄影机视图中选中前、左和顶面的多边形，按下 Delete 键将其删除，如图 21-11 所示。

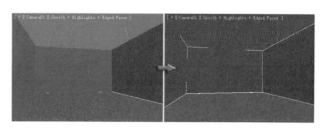

图21-11　删除多边形

Step11 单击 ⊕（创建）/ ⬚（图形）/ Rectangle 按钮，在左视图中绘制两个参考矩形，调整图形的位置，如图 21-12 所示。

Step12 选中任意一个矩形，将其转换为可编辑样条线，与另一个矩形附加为一体，命名为"左墙"。

Step13 在修改器堆栈中激活 Spline 子对象，在视图中选中大矩形，在 Geometry 卷展栏下选择 ◉ 布尔选项，单击 Boolean 按钮，在视图中单击选取小矩形，如图 21-13 所示。

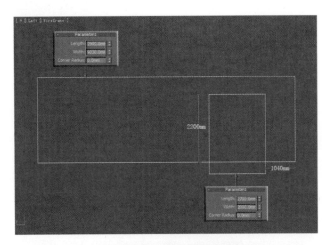

图21-12　图形的位置

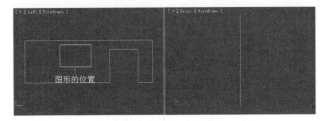

图21-13　进行布尔运算

Step14 在左视图中绘制一个1500×2200矩形，调整图形的位置，如图21-14所示。

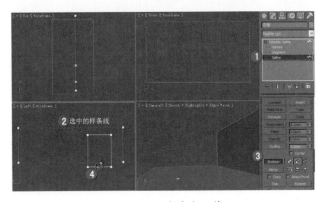

图21-14　图形的位置

Step15 在视图中选中"左墙"，单击Geometry卷展栏下的 Attach 按钮，在视图中单击拾取小矩形，将其附加为一体。

Step16 为其添加Extrude修改命令，设置Amount为100，调整挤出后模型的位置，如图21-15所示。

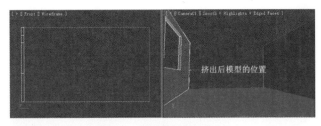

图21-15　挤出后模型的位置

Step17 在前视图中绘制两个矩形，调整图形的位置，如图21-16所示。

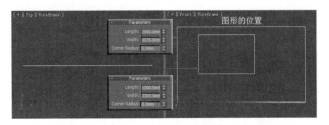

图21-16　图形的位置

Step18 将两个矩形附加为一体，命名为"前墙"，添加Extrude修改命令，设置Amount为100，调整挤出后模型的位置，如图21-17所示。

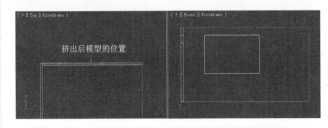

图21-17　挤出后模型的位置

Step19 单击 （创建）/ （几何体）/ Box 按钮，在顶视图中创建一个长方体，命名为"地"，调整模型的位置，如图21-18所示。

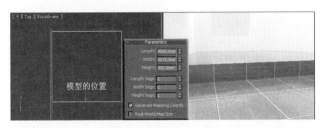

图21-18　模型的位置

Step20 在顶视图中再创建一个长方体，命名为"边墙"，调整模型的位置，如图21-19所示。

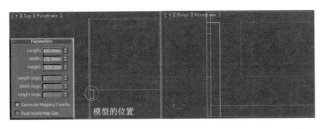

图21-19 模型的位置

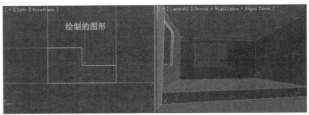

图21-21 绘制的图形

(Step21) 单击 ❋（创建）/ ⊡（图形）/ Rectangle 按钮，在左视图中绘制两个 150×300 的参考矩形，调整图形位置，如图 21-20 所示。

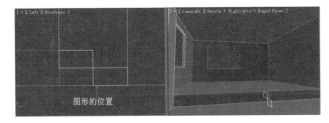

图21-20 图形的位置

(Step22) 单击 ❋（创建）/ ⊡（图形）/ Line 按钮，在左视图中参照矩形轮廓绘制一条封闭的曲线，命名为"阶梯"，并将参考矩形删除，如图 21-21 所示。

(Step23) 为"阶梯"添加 Extrude 修改命令，设置 Amount 为 4800，调整挤出后模型的位置，如图 21-22 所示。

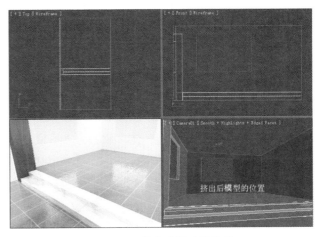

图21-22 挤出后模型的位置

21.3.2 创建吊顶

茶室吊顶的制作应用了球体、方体等创建命令，吊顶模型如图 21-23 所示。

(Step24) 单击 ❋（创建）/ ⊡（图形）/ Rectangle 按钮，在顶视图中绘制 3 个矩形，调整图形的位置，如图 21-24 所示。

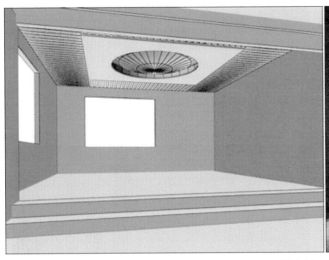

图21-23 模型效果

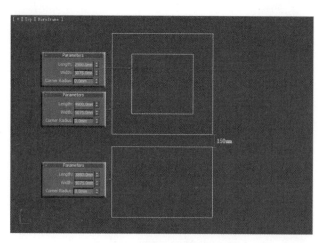

图21-24 图形的参数及位置

Step25 选中任意一个矩形，将其转换为可编辑样条线与另一个矩形附加为一体，命名为"吊顶A"，并添加Extrude修改命令，设置Amount为10，调整挤出后模型的位置，如图21-25所示。

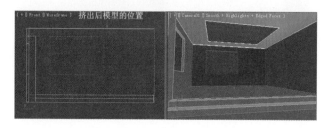

图21-25 挤出后模型的位置

Step26 在顶视图中绘制一个矩形和一个圆形，调整图形的位置，如图21-26所示。

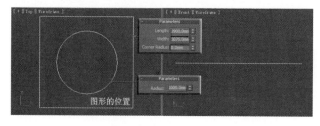

图21-26 图形的参数及位置

Step27 将两个图形附加为一体，命名为"吊顶B"，并添加Extrude修改命令，设置Amount为30，调整挤出后模型的位置，如图21-27所示。

图21-27 挤出后模型的位置

Step28 单击 ⚙（创建）/ ⚪（几何体）/ Tube 按钮，在顶视图中创建一个管状体，命名为"圆边"，调整模型的位置，如图21-28所示。

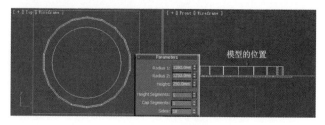

图21-28 参数设置

Step29 单击 ⚙（创建）/ ⚪（几何体）/ Sphere 按钮，在顶视图中创建一个球体，命名为"圆顶"，设置其参数，如图21-29所示。

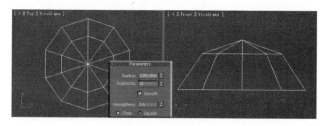

图21-29 参数设置

Step30 在前视图中选中模型，单击工具栏中的 ⊞（镜像）按钮，沿Y轴镜像调整模型的方向，如图21-30所示。

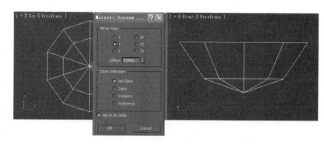

图21-30 镜像调整

Step31 在视图中调整镜像后模型的位置，如图21-31所示。

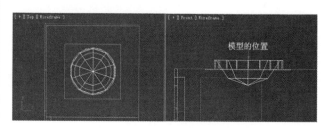

图21-31 模型的位置

Step32 激活工具栏中 ■（缩放）按钮，在前视图中沿 Y 轴缩放调整模型，如图 21-32 所示。

图21-32 缩放调整模型

Step33 单击 ◈（创建）/ ◻（图形）/ Line 按钮，在左视图中绘制一条封闭的曲线，命名为"顶隔板"，如图 21-33 所示。

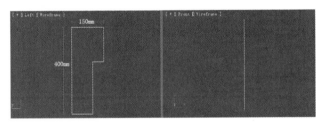

图21-33 绘制的图形

Step34 在修改器下拉列表中选择 Extrude 命令，设置 Amount 为 4800，调整挤出后模型的位置，如图 21-34 所示。

图21-34 挤出后模型的位置

Step35 在顶视图中绘制一个 70×1000 的矩形，将其复制多个，排列调整图形的位置，如图 21-35 所示。

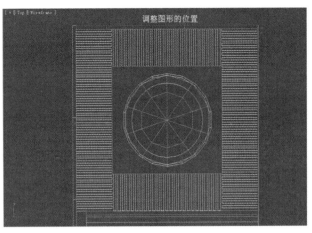

图21-35 图形的位置

> 提示 在旋转调整图形的时候，可以应用 ▲（角度）命令设置旋转 90°或 90°的整倍数，使图形旋转的角度更精确。

Step36 选中任意一个图形，将其转换为可编辑样条线，与其他矩形附加为一体，命名为"吊顶 C"，添加 Extrude 修改命令，设置 Amount 为 10，调整挤出后模型的位置，如图 21-36 所示。

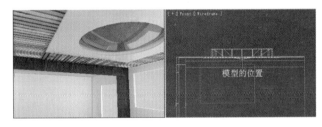

图21-36 模型的位置

21.3.3 创建门窗

中式门窗的造型比较复杂，在这里主要应用了布尔命令和倒角命令，模型效果如图 21-37 所示。

Step37 单击 ◈（创建）/ ◻（图形）/ Rectangle 按钮，在前视图中绘制一个 1500×2200 的矩形，命名为"窗框"。

Step38 选中绘制的矩形，将其转换为可编辑样条线，进行轮廓处理，设置 Outline 为 5，添加 Extrude 修改命令，设置 Amount 为 100，调整挤出后模型的位置，如图 21-38 所示。

图21-37　模型效果

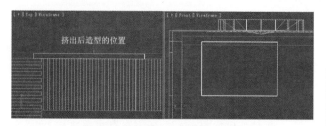

图21-38　挤出后模型的位置

(Step39) 在前视图中绘制一个 1490×547 的矩形，命名为"小窗框"，将其转换为可编辑样条线，进行轮廓处理，设置 Outline 为 5，如图 21-39 所示。

图21-39　轮廓后的图形

(Step40) 为其添加 Extrude 修改命令，设置 Amount 为 20，调整挤出后模型的位置，如图 21-40 所示。

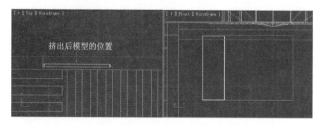

图21-40　挤出后模型的位置

(Step41) 单击 （创建）/ （图形）/ NGon 按钮，

在前视图中绘制一个多边形，设置其参数，如图 21-41 所示。

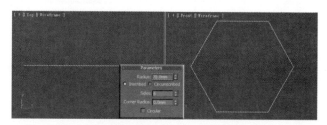

图21-41　参数设置

(Step42) 将图形转换为可编辑样条线，进行轮廓处理，设置 Outline 为 5，添加 Extrude 修改命令，设置 Amount 为 5，挤出后的模型如图 21-42 所示。

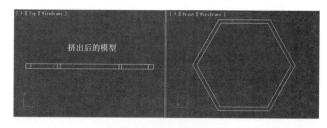

图21-42　挤出后的模型

(Step43) 将挤出后的模型复制 5 个，在前视图中调整模型的位置，如图 21-43 所示。

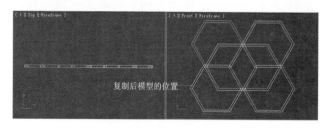

图21-43　复制后模型的位置

Step44 选中所有的多边形模型，复制20组，调整复制后模型的位置，如图21-44所示。

图21-44 复制后模型的位置

Step45 选中任意一个模型，将其转换为可编辑多边形，与其他所有模型附加为一体，命名为"窗格"。

Step46 在前视图中绘制一个1490×547的矩形，命名为"布尔造型"，并进行轮廓处理，设置Outline为-200，轮廓后的图形如图21-45所示。

图21-45 轮廓后的图形

Step47 为其添加Extrude修改命令，设置Amount为50，调整挤出后模型的位置，如图21-46所示。

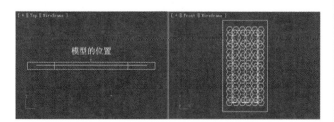

图21-46 模型的位置

Step48 在视图中选中"窗格"，在几何体创建面板的 Standard Primitives 下拉列表中选择 Compound Objects 选项，单击 ProBoolean 按钮，在Pick Boolean卷展栏下单击 Start Picking 按钮，在视图中单击拾取"布尔造型"，在视图中调整布尔后模型的位置，如图21-47所示。

图21-47 布尔后模型的位置

Step49 在前视图中选中"窗格"和"小窗框"，将其沿X轴向右移动复制3组，调整复制后模型的位置，如图21-48所示。

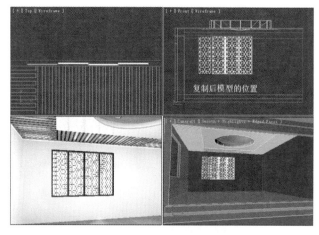

图21-48 复制后模型的位置

Step50 在顶视图中同时选中所有的窗框、小窗框和窗格，将其旋转复制90°，调整复制后模型的位置，如图21-49所示。

Step51 在前视图中绘制4个矩形，调整图形的位置，如图21-50所示。

图21-49 旋转复制后模型的位置

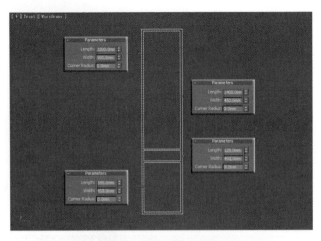

图21-50 图形的参数及位置

(Step52) 选中任意一个矩形，将其转换为可编辑样条线，与其他矩形附加为一体，命名为"门框"。

(Step53) 为其添加 Extrude 修改命令，设置 Amount 为 20，调整挤出后模型的位置，如图 21-51 所示。

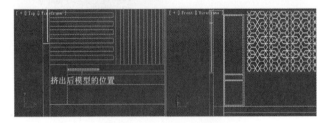

图21-51 挤出后模型的位置

(Step54) 在前视图中绘制两个矩形，大小分别为 125×450 和 590×450，调整图形的位置，如图 21-52 所示。

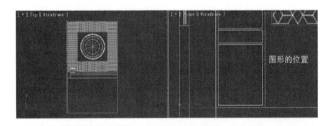

图21-52 图形的位置

(Step55) 将两个图形附加为一体，命名为"门板"，在 [Modifier List ▼] 下拉列表中选择 Bevel 命令，设置其参数，调整倒角后模型的位置，如图 21-53 所示。

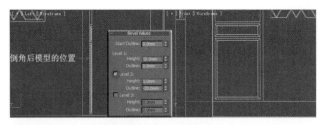

图21-53 倒角后模型的位置

(Step56) 按照前面介绍的方法创建"门格"，调整模型的位置，如图 21-54 所示。

图21-54 模型的位置

(Step57) 在视图中选中门框、门板和门格，将其复制5组，调整复制后模型的位置，如图 21-55 所示。

图21-55 复制后模型的位置

(Step58) 在顶视图中选中一组门，将其旋转复制90°，调整复制后模型的位置，如图 21-56 所示。

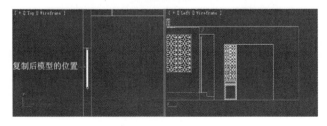

图21-56 复制后模型的位置

(Step59) 将旋转后的门再复制一组，调整复制后模型的位置，如图 21-57 所示。

图21-57　复制后模型的位置

　　前面已经创建完成了茶室的整体空间以及门窗，下面开始创建茶室内的主要家具博古架，模型如图21-58所示。

图21-58　模型效果

(Step60) 单击■（创建）/■（图形）/ Line 按钮，在顶视图中参照墙体轮廓绘制一条开放的曲线，命名为"底柜"，如图21-59所示。

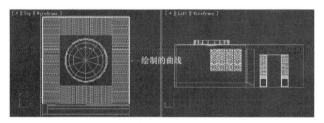

图21-59　绘制的曲线

(Step61) 在修改器堆栈中激活 Spline 子对象，在修改命令面板的 Geometry 卷展栏下 Outline 数值框中输入 -600，按下回车键，创建曲线的轮廓线，如图21-60所示。

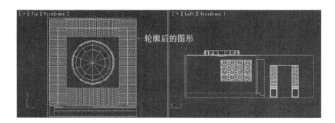

图21-60　轮廓后的图形

(Step62) 为其添加 Extrude 修改命令，设置 Amount 为 700，调整挤出后模型的位置，如图21-61所示。

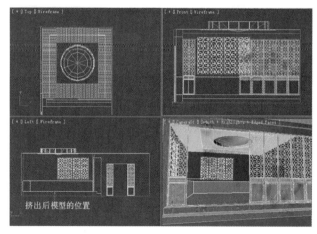

图21-61　挤出后模型的位置

(Step63) 单击■（创建）/■（几何体）/ Box 按钮，在前视图中创建 3 个长方体，调整模型的位置，如图21-62所示。

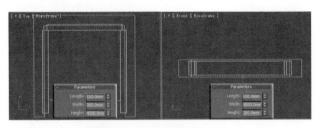

图21-62　模型的参数及位置

(Step64) 选中"地柜",单击 ✦（创建）/ ◎（几何体）/ Compound Objects （复合对象）/ ProBoolean 按钮,在 Pick Boolean 卷展栏下单击 Start Picking 按钮,在视图中依次单击拾取 3 个长方体,布尔后的模型如图 21-63 所示。

图21-63　布尔后的模型

(Step65) 在顶视图中绘制一条封闭的曲线,命名为"橱柜 A",如图 21-64 所示。

图21-64　绘制的图形

(Step66) 为其添加 Extrude 修改命令,设置 Amount 为 1600,并设置分段为 3,如图 21-65 所示。

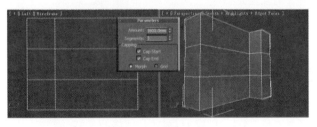

图21-65　参数设置

(Step67) 选中"橱柜 A",单击鼠标右键,在弹出的右键菜单中选择"Convert To>Convert to Editable Poly"命令,将其转换为可编辑多边形。

(Step68) 在修改器堆栈中激活 Edge 子对象,在左视图中调整边的位置,如图 21-66 所示。

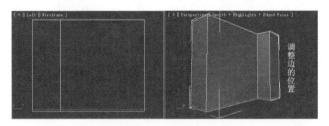

图21-66　调整边的位置

(Step69) 在透视视图中选中如图 21-67 所示的 4 条边。

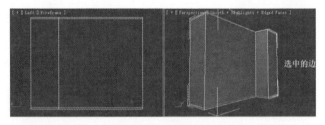

图21-67　选中的边

(Step70) 在 Edit Edges 卷展栏下单击 Connect 按钮,连接边,如图 21-68 所示。

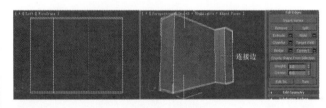

图21-68　连接边

(Step71) 分别在前视图和左视图中调整边的位置,如图 21-69 所示。

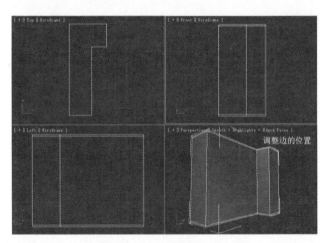

图21-69　调整边的位置

Step72 在修改器堆栈中激活 Polygon 子对象，在透视视图中选中分割出的两个多边形，在 Edit Polygons 卷展栏下单击 Extrude 后的 ⬛ 按钮，在弹出的对话框中设置参数，如图 21-70 所示。

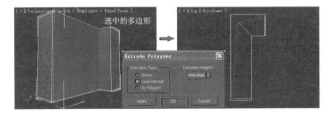

图21-70 参数设置

Step73 在堆栈中激活 Vertex 子对象，在顶视图中调整顶点的位置，如图 21-71 所示。

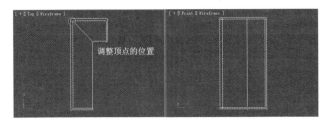

图21-71 调整顶点的位置

Step74 单击 ⚙（创建）/ ⬡（图形）/ Line 按钮，在顶视图中参照橱柜内轮廓绘制一条封闭的曲线，命名为"隔板"，如图 21-72 所示。

图21-72 绘制的曲线

Step75 为其添加 Extrude 修改命令，设置 Amount 为 40，并复制一个，调整模型的位置，如图 21-73 所示。

Step76 按照前面介绍的方法，再创建一组橱柜，模型的位置如图 21-74 所示。

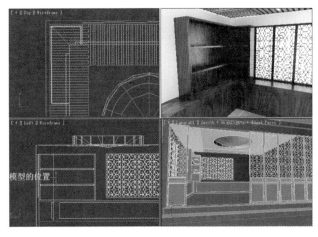

图21-73 模型的位置

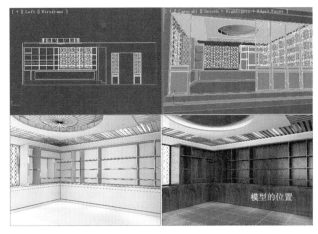

图21-74 模型的位置

Step77 单击 ⚙（创建）/ ⬡（几何体）/ Tube 按钮，在顶视图中创建一个管状体，命名为"筒灯座"，调整模型的位置，如图 21-75 所示。

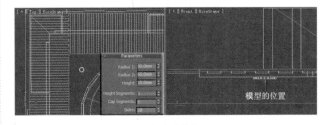

图21-75 模型的参数及位置

Step78 单击 Cylinder 按钮，在顶视图中创建一个圆柱体，命名为"筒灯"，调整模型的位置，如图 21-76 所示。

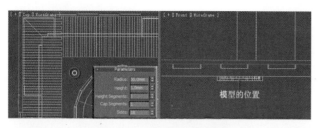

图21-76　模型的参数及位置

Step79 在顶视图中同时选中"筒灯座"和"筒灯",将其复制11组,调整复制后模型的位置,如图21-77所示。

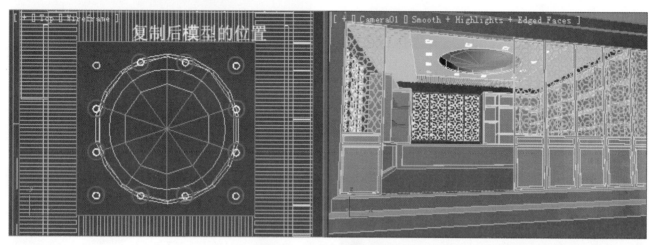

图21-77　复制后模型的位置

21.4 调制细节材质

在本例中,茶室的材料结合了传统的木质材质和现代的金属材质,空间的整体色调虽为深色,但吊顶色彩的大胆运用及材质的表现,把整体空间感提亮了,不再显得沉闷,下面介绍空间模型材质的制作,如图21-78所示。

① 墙体
② 地面
③ 大理石
④ 木纹
⑤ 光泽吊顶
⑥ 绿格吊顶
⑦ 圆顶

图21-78　材质效果

Step01 继续前面的操作，按下 F10 键，打开 Render Setup 对话框，然后将 VRay 指定为当前渲染器。

Step02 单击工具栏中 （材质编辑器）按钮，打开 Material Editor 对话框，选择一个空白示例球，将材质命名为"墙体"，设置其参数，如图 21-79 所示。

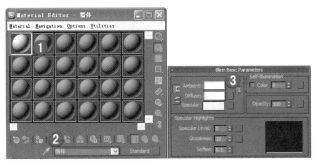

图21-79 参数设置

Step03 在视图选中"墙体"、"吊顶 A"、"前墙"和"左墙"，单击 （将材质指定给选定对象）按钮，将材质赋予选中的模型。

Step04 选择第二个空白示例球，将其命名为"地面"并指定为 VRayMtl 材质类型，然后在 Basic parameters 卷展栏下设置 Reflection 组中的参数，如图 21-80 所示。

图21-80 参数设置

Step05 单 击 Diffuse 后 的 按 钮， 在 Material/Map Browser 对话框中选择 Tiles 贴图类型，在 Advanced Controls 卷展栏下设置参数，如图 21-81 所示。

Step06 单击 Tiles Setup 组中 Texture 后的 None 按钮，在弹出的 Material/Map Browser 对话框中选择 Bitmap 贴图类型，选择随书光盘中"贴图 / 大理石 A.jpg"文件，如图 21-82 所示。

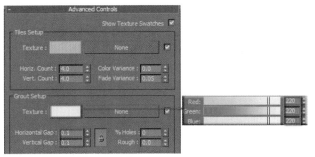

图21-81 参数设置

图21-82 选择贴图

Step07 在视图中选中"墙体"，在堆栈中激活 Polygon 子对象，在摄影机视图中选中地面的多边形，单击 按钮，将材质赋予选中的多边形，并用同样的材质赋予"地"，为其添加 UVW Map 修改命令，设置参数，如图 21-83 所示。

图21-83 参数设置

Step08 选择第三个材质球，命名为"大理石"，将其指定为 VRayMtl 材质类型，设置其参数，如图 21-84 所示。

大理石I.jpg

图21-84 参数设置

(Step09) 在视图中选中"阶梯",单击■按钮,将材质赋予选中的模型,添加 UVW Map 修改命令,设置参数,如图 21-85 所示。

图21-85 参数设置

(Step10) 选择第四个材质球,命名为"木纹",将其指定为 VRayMtl 材质类型,设置其参数,如图 21-86 所示。

图21-86 参数设置

(Step11) 在视图中选中"吊顶 A",将其转换为可编辑多边形,选中如图 21-87 所示的多边形,单击■按钮,将材质赋予选中的模型。

图21-87 选中的多边形

(Step12) 在视图中选中所有的门框、门板、门格、窗框、窗格、地橱和博古架等,将木纹材质赋予它们,并添加 UVW Map 修改命令,设置参数,如图 21-88 所示。

图21-88 参数设置

(Step13) 选择第五个材质球,命名为"白色吊顶",将其指定为 VRayMtl 材质类型,设置其参数,如图 21-89 所示。

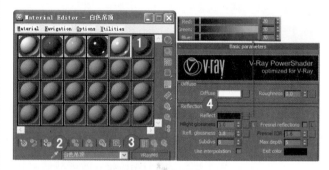

图21-89 参数设置

(Step14) 在视图中选中"吊顶 B",单击■按钮,将材质赋予选中的模型,如图 21-90 所示。

图21-90 材质效果

(Step15) 在材质编辑器中选择第六个材质球,命名为"圆吊顶",将其指定为 VRayMtl 材质类型,设置其参数,如图 21-91 所示。

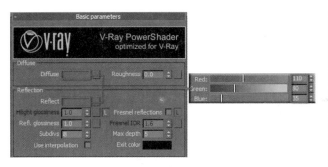

图21-91 参数设置

Step16 在视图中选中"圆吊顶"，单击 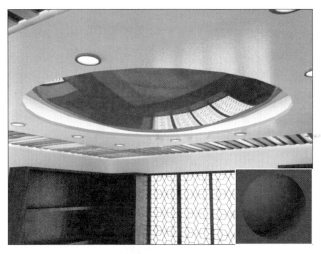 按钮，将材质赋予选中的模型，如图 21-92 所示。

图21-92 材质效果

Step17 选择一个未用的材质球，命名为"圆边"，使用默认材质。在 Blinn Basic Parameters 卷展栏下设置自发光值为 100，单击 Diffuse 后的 ■ 按钮，在弹出的 Material/Map Browser 对话框中选择 Gradient 贴图类型，如图 21-93 所示。

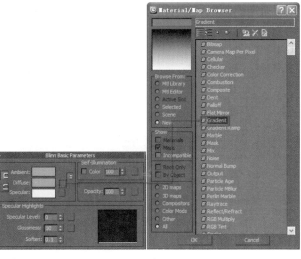

图21-93 参数设置

Step18 在 Gradient Parameters 卷展栏下设置渐变颜色，如图 21-94 所示。

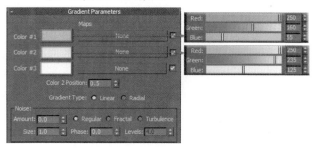

图21-94 参数设置

Step19 在视图中选中"圆边"，单击 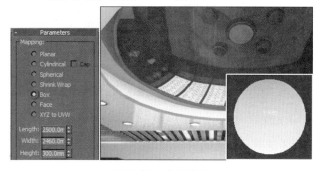 按钮，将材质赋予选中的模型，添加 UVW Map 修改命令，设置参数，如图 21-95 所示。

图21-95 参数设置

Step20 选择一个未用的材质球，命名为"绿吊顶"，将其指定为 VRayMtl 材质类型，设置其参数，如图 21-96 所示。

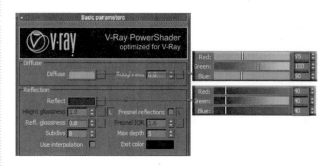

图21-96 参数设置

Step21 在视图中选中"吊顶 C"，单击 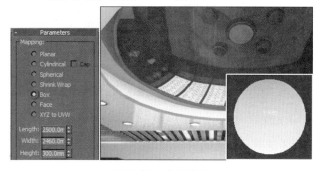 按钮，将材质赋予选中的模型，如图 21-97 所示。

图21-97　材质效果

Step22 选择一个未用的材质球，命名为"筒灯"，使用
默认材质，设置参数，如图 21-98 所示。

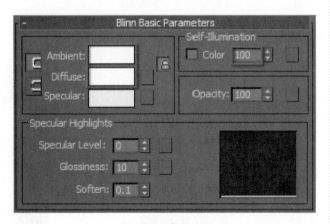

图21-98　参数设置

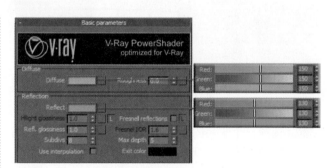

图21-99　参数设置

Step23 在视图中选中所有的"筒灯"，单击■按钮，
将材质赋予选中的模型。

Step24 选择一个未用的材质球，命名为"金属"，将
其指定为 VRayMtl 材质类型，参数设置如图
21-99 所示。

Step25 在视图中选中所有的"筒灯座"，单击■按钮，
将材质赋予选中的模型，赋予材质后的效果如图
21-100 所示。

图21-100　材质效果

21.5 调入模型丰富空间

茶室场景中调入的模型包括吊灯、装饰品和石桌凳，每个模型和材质都富含中式传统元素，在场景中更体现了中式茶室的氛围，效果如图 21-101 所示。

图21-101　调入模型效果

Step01 继续前面的操作，单击菜单栏左端⑥按钮，选择"Import>Merge"命令，在弹出的 Merge File 对话框中，选择并打开随书光盘中"模型 / 第21章 / 吊灯 .max"文件，如图 21-102 所示。

Step02 在弹出的对话框中取消灯光和摄影机的显示，然后单击 All 按钮，选中所有的模型部分，将它们合并到场景中来，调整模型的位置，如图 21-103 所示。

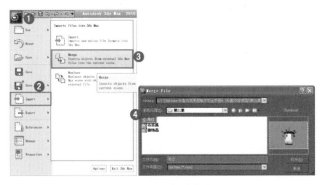

图21-102　合并命令

图21-103　模型的位置

Step03 单击菜单栏中 ⑤ 按钮，选择 Import>Merge" 命令，打开随书光盘中"模型 / 第21章 / 石茶桌 .max"文件，并将模型合并到场景中，如图 21-104 所示。

Step04 单击菜单栏中 ⑤ 按钮，选择 Import>Merge" 命令，打开随书光盘中"模型 / 第21章 / 装饰品 .max"文件，并将模型合并到场景中，如图 21-105 所示。

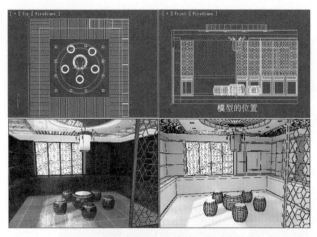

图21-104 模型的位置

图21-105 模型的位置

21.6 设置灯光

茶室灯光的设置包括室外日光和室内的筒灯及灯带，在主要灯光设置完成后，根据场景光照度的要求设置补光，特别是本例场景中材质颜色较深，补光在场景的灯光效果中起到非常重要的作用，设置灯光后的效果如图 21-106 所示。

图21-106 灯光效果

21.6.1　设置渲染参数

首先在 VRay 渲染器中设置初始的渲染参数，在预览渲染时需要节省时间，其灯光和材质能够体现出来就可以了。

Step01 选择菜单栏中"Rendering>Environment"命令，在弹出的 Environment and Effects 对话框中调整背景的颜色为白色，如图 21-107 所示。

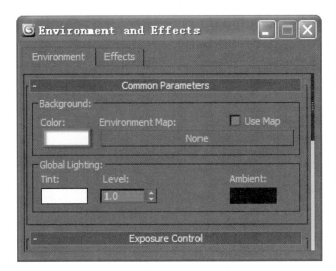

图21-107　设置背景色

Step02 按下 F10 键，打开 Render Setup 对话框，在 Common 选项卡下设置一个较小的渲染尺寸，例如 640×480。

Step03 在 V-Ray 选项卡下设置一个渲染速度较快、画面质量较低的抗锯齿方式，然后设置曝光方式，如图 21-108 所示。

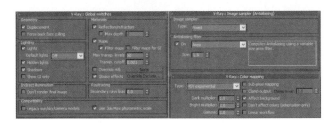

图21-108　参数设置

Step04 在 Indirect illumination 选项卡下打开 GI，并设置光子图的质量，此处的参数设置以速度为优先考虑的因素，如图 21-109 所示。

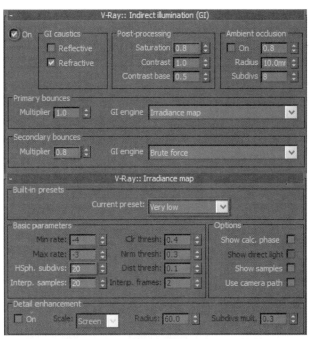

图21-109　参数设置

Step05 至此，渲染参数设置完成，激活摄影机视图，单击 按钮进行渲染，渲染效果如图 21-110 所示。

图21-110　渲染效果

21.6.2　设置场景灯光

本例所模拟的是白天的光线效果，主要是太阳光光照效果以及室内人工光，并利用补光完善空间的光照亮度。

Step06 单击 （灯光）/ Standard / Target Direct 按钮，在顶视图中创建一盏 Target Direct，命名为"模拟太阳光"，设置其参数，

如图 21-111 所示。

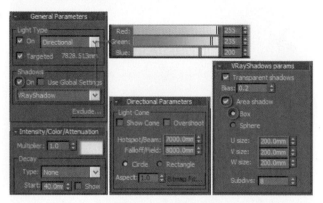

图21-111 参数设置

Step07 在视图中调整"模拟太阳光"的位置，使其从窗户的位置投射到室内，如图 21-112 所示。

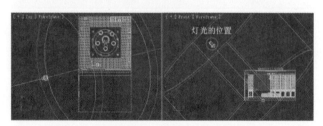

图21-112 灯光的位置

Step08 单击工具栏中 （渲染）按钮，渲染观察设置"模拟太阳光"后的效果，如图 21-113 所示。

图21-113 渲染效果

Step09 单击 （灯光）/ VRay / VRayLight 按钮，在前视图中创建一盏 VRayLight，命名为"模拟天光"，设置其参数，如图 21-114 所示。

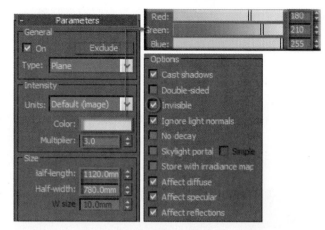

图21-114 参数设置

Step10 在视图中调整灯光的方向和位置，如图 21-115 所示。

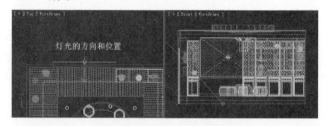

图21-115 灯光的方向和位置

Step11 激活工具栏中 按钮，在顶视图中选中"模拟天光"，将其以 90°旋转复制一个，调整旋转复制后灯光的位置，如图 21-116 所示。

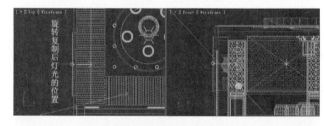

图21-116 旋转复制后灯光的位置

Step12 将复制后的灯光再复制一个，在修改命令面板中重新设置其参数，调整灯光的位置，如图 21-117 所示。

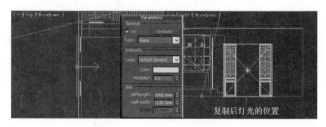

图21-117 复制后灯光的位置

Step13 单击工具栏中 ![icon]（渲染）按钮，渲染观察设置"模拟天光"后的效果，如图 21-118 所示。

图21-118　渲染效果

Step14 单 击 ![icon]（灯 光）/ `Photometric` / `Target Light` 按钮，在左视图中创建一盏 Target Light，命名为"筒灯"，设置其参数，如图 21-119 所示。

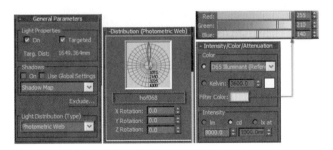

图21-119　参数设置

Step15 将"筒灯"复制 11 个，调整复制后灯光的位置，如图 21-120 所示。

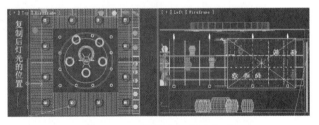

图21-120　复制后灯光的位置

Step16 在左视图中再创建一盏 Target Light，命名为"灯带"，设置其参数，如图 21-121 所示。

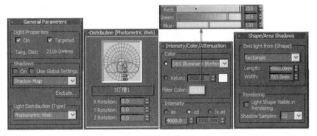

图21-121　参数设置

Step17 将"灯带"复制一个，在视图中调整灯带的位置，如图 21-122 所示。

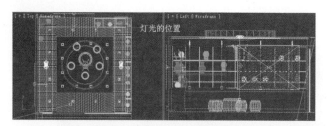

图21-122　灯光的位置

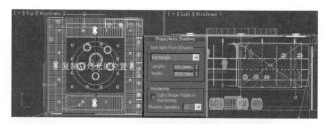

图21-123　旋转复制后灯光的位置

Step18 在顶视图中选中"灯带",将其以90°旋转复制两个,调整旋转复制后灯光的位置,如图21-123 所示。

Step19 单击工具栏中 （渲染）按钮,渲染观察设置"筒灯"和"灯带"后的效果,如图21-124 所示。

图21-124　渲染效果

Step20 场景中的主要灯光已经设置完成,但整体场景亮度还不够,下面开始打补光。单击 （灯光）/ Standard / Omni 按钮,在顶视图中创建一盏Omni,命名为"补光A",设置其参数,如图21-125 所示。

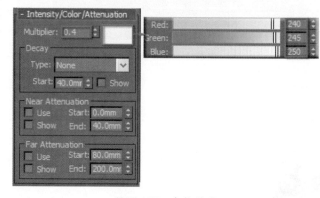

图21-125　参数设置

Step21 在视图中调整"补光 A"的位置，如图 21-126 所示。

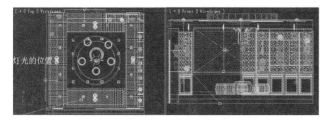

图21-126 灯光的位置

Step22 单击 ◢（灯光）/ [VRay] / [VRayLight] 按钮，在前视图中创建一盏 VRayLight，命名为"补光 B"，设置其参数，如图 21-127 所示。

Step23 在视图中调整灯光的位置，如图 21-128 所示。

Step24 单击工具栏中 ◷（渲染）按钮，渲染观察设置补光后的效果，如图 21-129 所示。

Step25 单击标题工具栏 ◳（保存）按钮，将文件保存。

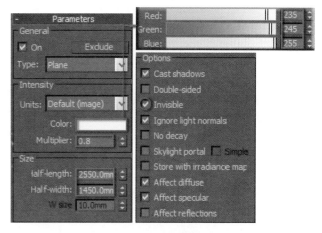

图21-127 参数设置

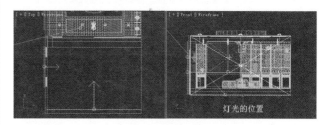

图21-128 灯光的位置

图21-129 渲染效果

21.7 渲染输出

材质和灯光设置完成后，需要进行渲染输出。使用 VRay 渲染器渲染最终效果图需要在材质、灯光以及渲染器方面做相应的设置。

Step01 打开材质编辑器，选中茶室地面材质，重新调整材质的反射参数，如图 21-130 所示。

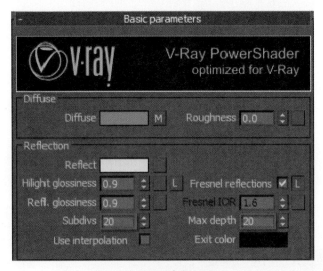

图21-130　参数设置

Step02 使用同样的方法处理金属材质、木纹材质等反射效果较为明显的材质，在此不做赘述。

Step03 按下 F10 键，打开 Render Setup 对话框，在 Common 选项卡下设置一个较小的渲染尺寸，例如 640×480。

Step04 在 V-Ray 选项卡下设置一个精度较高的抗锯齿方式，如图 21-131 所示。

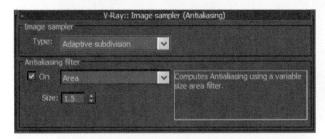

图21-131　参数设置

Step05 在 Indirect illumination 选项卡下设置光子图的质量，此处的参数设置要以质量为优先考虑的因素，如图 21-132 所示。

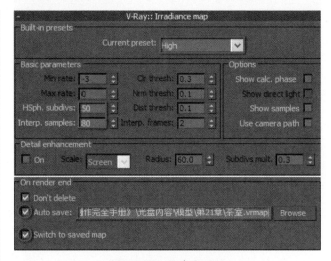

图21-132　保存光子图

Step06 单击对话框中的 按钮渲染摄影机视图，渲染结束后系统自动保存光子图文件。然后调用光子图文件，如图 21-133 所示。

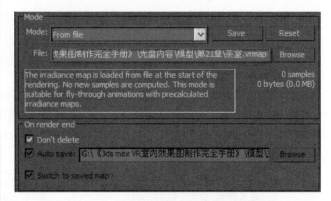

图21-133　调用光子图

Step07 在 Common 选项卡下设置一个较大的渲染尺寸，例如 3000×2250。单击对话框中的 按钮渲染场景，得到的便是最终效果。

Step08 渲染结束后，单击渲染对话框中 按钮保存文件，选择 TIF 文件格式，如图 21-134 所示。

Step09 至此，效果图的前期制作全部完成，最终渲染效果如图 21-135 所示。

图21-134　保存效果图

图21-135　最终渲染效果

21.8 后期处理

茶室效果图的后期处理主要对画面亮度、对比度进行调整，并添加室内绿色植物以丰富空间。

Step01 在桌面上双击 Ps 图标，启动 Photoshop CS4。

Step02 单击"文件 > 打开"命令，打开前面渲染保存的"茶室 .tif"文件，如图 21-136 所示。

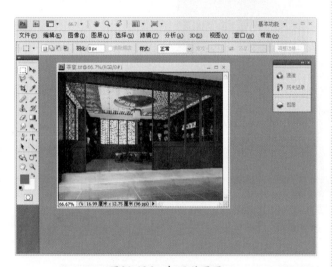

图21-136 打开效果图

Step03 单击菜单栏中"图像 > 调整 > 色相 / 饱和度"命令，在弹出的"色相 / 饱和度"对话框中设置参数，单击 确定 按钮，关闭对话框，如图 21-137 所示。

图21-137 参数设置

Step04 选择"文件 > 打开"命令，打开随书光盘中"调用贴图 / 绿植 A.psd"图片文件，将其拖至

效果图中，命名为"绿植"，调整图像的位置，如图 21-138 所示。

图21-138 "绿植"的位置

Step05 按下 Ctrl+Shift+E 键，将所有图层合并为一个图层。然后单击菜单栏中"滤镜 > 锐化 >USM 锐化"命令，设置图像的锐化，如图 21-139 所示。

图21-139 参数设置

Step06 茶室效果图的后期处理全部完成，最终效果如图 21-140 所示。

图21-140　最终效果图

21.9　本章小结

　　茶室的设计为中式风格，在装修方面有大气、稳重的感觉。室内良好的采光和亮顶设计，很好地避免了室内深色调所带来的压抑感。室内的家具及摆件更为茶室的文雅增添了浓重的一笔。灯光方面设置了太阳光、天光以及灯带、筒灯和补光。在后期处理中，对图像的饱和度进行了调整，读者也可以根据学到的知识按照自己的思路进行后期制作。

第 22 章
制作经理办公室效果图

本章内容

- 设计理念
- 制作流程分析
- 搭建空间模型
- 调制细节材质
- 调入模型丰富空间
- 设置灯光
- 渲染输出
- 后期处理

办公空间是人们的行政工作的环境空间，办公空间设计，是室内设计的一种。办公室设计种类繁多，机关、学校、团体办公室中多数采用小空间的全间断设计，而现代企业办公室，从环境空间来看，是一种集体和个人空间的综合体。本章制作的是经理办公室的效果图，在设计中将空间划分为办公区和洽谈区，每部分既有其独立性，又相互关联，效果如图22-1所示。

图22-1 办公室效果图

22.1 设计理念

总经理、副经理办公室中，分别设计配有经理室办公区、接待室、休息室、卫生间等。经理室主要是突出稳重、明快、大方、简洁、有文化气息。地面主要铺舒心的浅灰蓝色的地毯，而墙身采用色块拼接组合，天花照明采用间接光，这是新世纪国际潮流的办公室装饰。在适当的地方放置些艺术品、装饰画等，增加几分文化氛围。经理室的设计特点有以下几点。

第一，相对封闭：一般是一人一间单独的办公室，有不少企业都将高层领导的办公室安排在办公大楼的最高层或平面结构最深处，目的就是创造一个安静、安全、不受打扰的环境。

第二，相对宽敞：除了使用面积略大之外，一般采用较矮的办公家具设计，目的是为了扩大视觉空间，因为过于拥挤的环境会束缚人的思维，带来心理上的焦虑。

第三，方便工作：一般要把接待室、会议室、秘书办公室等是在靠近决策层人员办公室的位置，有不少企业的厂长（经理）办公室都建成套间，外间就是接待室或秘书办公室。

第四，特色鲜明：企业领导的办公室要反映企业形象，具有企业特色，例如墙面色彩采用企业标准色，办公桌上摆放国旗、企业旗帜以及企业标志、墙角安置企业吉祥物等。另外，办公室设计布置要追求高雅而非豪华，切勿给人留下俗气的印象。

本章设计制作的经理办公室整体色彩感精简明快，空间宽敞，包括了经理办公区、接待区等。办公家具和接待区域的沙发桌子，体现了极富现代感的办公环境。经理办公室设计效果如图22-2所示。

图22-2 办公室一角

22.2 制作流程分析

本章对办公室空间进行设计表现，在 3ds Max 中创建空间的主要模型，包括书柜、吊顶等，然后赋予模型材质，并设置场景灯光，渲染输出后，在 Photoshop 中进行整体的润色与调整，制作流程如图 22-3 所示。

图22-3 制作流程图释

❶ 搭建模型，设置摄影机。在 3ds Max 中创建场景模型，包括墙体、吊顶、书柜等，并设置摄影机固定视角。

❷ 调制材质。由于使用 VRay 渲染器渲染，因此在材质调制时运用了较多的 VRay 材质。此处主要调制整体空间模型的材质。

❸ 合并模型。采用合并的方式将模型库中的家具模型合并到整体空间中，从而得到一个完整的模型空间。此处合并的模型包括"办公桌"、"沙发组合"等。

❹ 设置灯光。根据效果图要表现的光照效果设计灯光照明，包括室外光和室内光。

❺ 使用 V-Ray 渲染效果图。计算模型、材质和灯光的设置数据，输出整体空间的效果图。

❻ 后期处理。对效果图进行最终的润色和修改。

22.3 搭建空间模型

在基本模型的制作中，首先要创建空间墙体，然后创建摄影机固定视角，在空间内创建书柜、落地窗和吊顶等模型。本例的空间模型效果如图22-4所示。

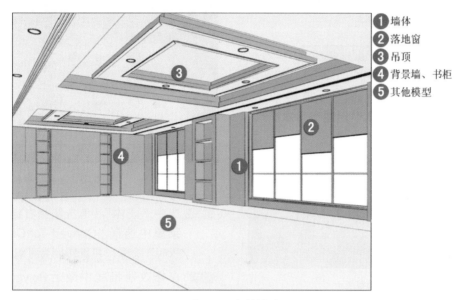

❶ 墙体
❷ 落地窗
❸ 吊顶
❹ 背景墙、书柜
❺ 其他模型

图22-4 空间模型

22.3.1 创建整体空间

本章介绍的整体空间只需要一个立方体即可完成，在后面的制作中，根据墙体创建窗户和书柜，整体空间模型如图22-5所示。

图22-5 模型效果

Step01 双击桌面上的 ⑤ 按钮，启动 3ds Max 2010，并将单位设置为毫米。

Step02 单击 ❋（创建）/ ◎（几何体）/ ▐ Box ▐ 按钮，在顶视图中创建一个长方体，命名为"墙体"，设置参数，如图22-6所示。

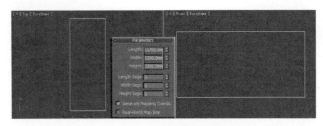

图22-6　参数设置

（Step03）在修改命令面板的 `Modifier List` 下拉列表中选择 Normal（法线）命令。

（Step04）单击创建命令面板中的 ⬛（摄影机）/ `Target` 按钮，在顶视图中创建一架摄影机，调整它在视图中的位置，如图 22-7 所示。

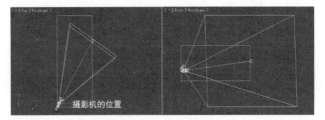

图22-7　摄影机的位置

（Step05）选中摄影机，在 Parameters 卷展栏下设置参数，如图 22-8 所示。

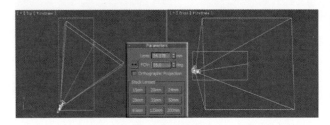

图22-8　参数设置

（Step06）激活透视视图，按下 C 键，将其转换为摄影机视图，效果如图 22-9 所示。

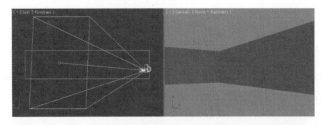

图22-9　转换摄影机视图

（Step07）选中摄影机，单击菜单栏中的"Modifiers>Cameras>Camera Correction"命令，校正摄影机。

（Step08）在创建面板中单击 ▣（显示）按钮，在 Hide

by Category 卷展栏下勾选 Cameras 复选框，将摄影机隐藏，如图 22-10 所示。

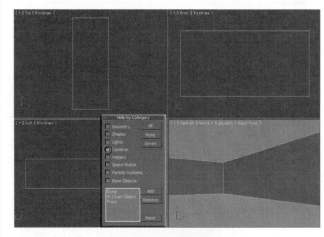

图22-10　隐藏摄影机

（Step09）选中"墙体"，单击鼠标右键，在弹出的右键菜单中选择"Convert To>Convert to Editable Poly"命令，将其转换为可编辑多边形。

（Step10）在修改器堆栈中激活 Polygon 子对象，在摄影机视图中选中前、左和顶面的多边形，按下 Delete 键将其删除，如图 22-11 所示。

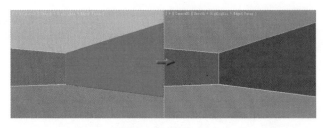

图22-11　删除多边形

（Step11）单击 ⬙（创建）/ ⬚（图形）/ `Rectangle` 按钮，在左视图中绘制 3 个矩形，调整图形的位置，如图 22-12 所示。

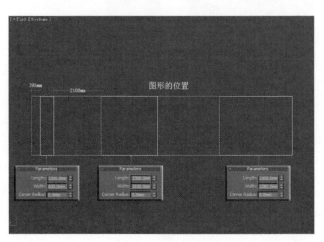

图22-12　图形的位置

Step12 选中任意一个矩形，将其转换为可编辑样条线，与其他矩形附加为一体，命名为"右墙"。

Step13 为其添加 Extrude 修改命令，设置 Amount 为 100，调整挤出后模型的位置，如图 22-13 所示。

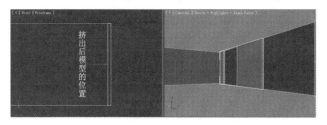

图22-13　挤出后模型的位置

Step14 在顶视图中绘制两个矩形，调整图形的位置，如图 22-14 所示。

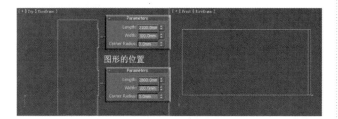

图22-14　图形的位置

Step15 选中任意一个矩形，将其转换为可编辑样条线，与另一个矩形附加为一体，命名为"底沿"。

Step16 为其添加 Extrude 修改命令，设置 Amount 为 150，调整挤出后模型的位置，如图 22-15 所示。

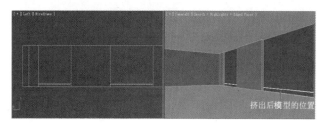

图22-15　挤出后模型的位置

22.3.2　创建落地窗

创建完成整体空间后，下面开始创建空间中落地窗的模型，模型效果如图 22-16 所示。

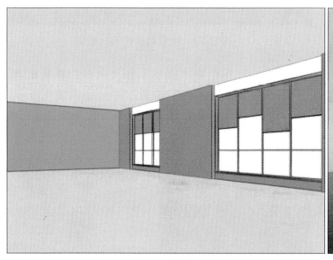

图22-16　模型效果

Step17 在左视图中绘制一个 1850×2100 的矩形，命名为"窗框"，将其转换为可编辑样条线后，在修改器堆栈中激活 Spline 子对象，在修改命令面板的 Geometry 卷展栏下 Outline 数值框中输入 20，按下回车键确认轮廓线，如图 22-17 所示。

图22-17　轮廓后的图形

Step18 为其添加 Extrude 修改命令，设置 Amount 为 100，调整挤出后模型的位置，如图 22-18 所示。

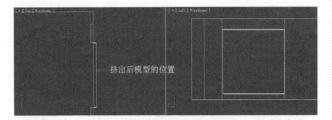

图22-18 挤出后模型的位置

Step19 在左视图中绘制 3 个矩形，将其中两个小矩形各复制两个，调整图形的位置，如图 22-19 所示。

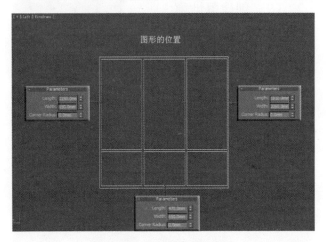

图22-19 矩形的参数及位置

Step20 选中任意一个矩形，将其转换为可编辑样条线，与其他矩形附加为一体，命名为"小窗框"，添加 Extrude 修改命令，设置 Amount 为 30，调整挤出后模型的位置，如图 22-20 所示。

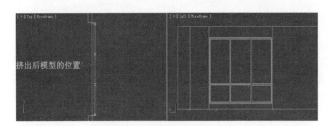

图22-20 挤出后模型的位置

Step21 按照同样的方法创建另一个窗框，效果如图 22-21 所示。

Step22 单击 （创建）/ （几何体）/ Box 按钮，在左视图中创建一个长方体，命名为"帘子"，在视图中调整模型的位置，如图 22-22 所示。

图22-21 模型的位置

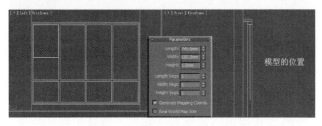

图22-22 模型的参数及位置

Step23 单击 （创建）/ （几何体）/ Cylinder 按钮，在前视图中创建一个圆柱体，命名为"帘杆"，调整模型的位置，如图 22-23 所示。

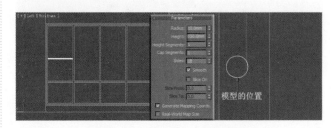

图22-23 模型的参数及位置

Step24 在左视图中将"帘子"和"帘杆"复制 6 组，调整复制后模型的位置，并分别调整"帘子"的长度，使其显得有层次感，效果如图 22-24 所示。

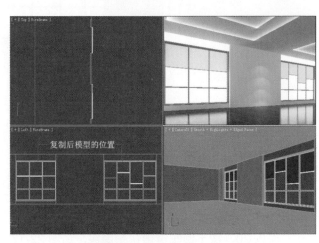

图22-24 复制后模型的位置

22.3.3 创建吊顶

经理办公室的吊顶设计采用了镂空复合式，造型整洁大气，主要通过编辑多边形的方法创建模型，模型如图 22-25 所示。

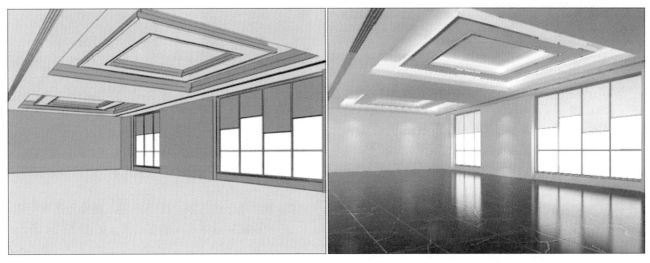

图22-25 模型效果

Step25 单击 ◈（创建）/ ⬚（图形）/ Rectangle 按钮，在顶视图中绘制 3 个矩形，调整图形的位置，如图 22-26 所示。

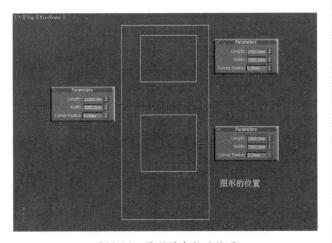

图22-26 图形的参数及位置

Step26 选中任意一个矩形，将其转换为可编辑样条线，与其他两个矩形附加为一体，命名为"吊顶 A"，添加 Extrude 修改命令，设置 Amount 为 200，调整挤出后模型的位置，如图 22-27 所示。

Step27 在顶视图中绘制 3 个矩形，调整图形的位置，如图 22-28 所示。

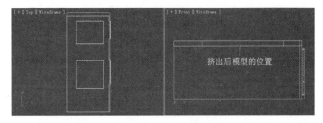

图22-27 挤出后模型的位置

Step28 选中任意一个图形，将其转换为可编辑样条线，与其他矩形附加为一体，命名为"吊顶 B"，添加 Extrude 修改命令，设置 Amount 为 100，调整挤出后模型的位置，如图 22-29 所示。

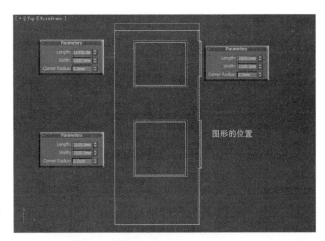

图22-28 图形的位置

图22-29　挤出后模型的位置

Step29 在顶视图中绘制一个 2300×2300 的矩形，命名为"中间吊顶"，将其转换为可编辑样条线，激活 Spline 子对象，在修改命令面板的 Geometry 卷展栏下 Outline 数值框中输入 400，按下回车键确认轮廓线，如图 22-30 所示。

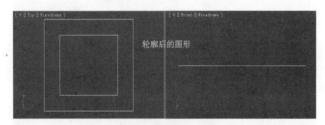

图22-30　轮廓后的图形

Step30 为其添加 Extrude 修改命令，设置 Amount 为 60，挤出后的模型如图 22-31 所示。

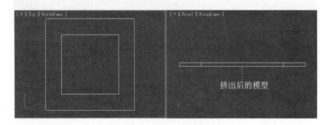

图22-31　挤出后的模型

Step31 选中"中间吊顶"，单击鼠标右键，在弹出的右键菜单中选择"Convert To>Convert to Editable Poly"命令，将其转换为可编辑多边形。

Step32 在修改器堆栈中激活 Polygon 子对象，在顶视图中选中顶面的多边形，被选中的多边形呈红色显示，如图 22-32 所示。

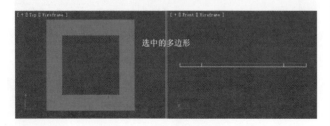

图22-32　选中的多边形

Step33 在 Edit Polygons 卷展栏下单击 Bevel 后的 ■按钮，在弹出的对话框中设置参数，如图 22-33 所示。

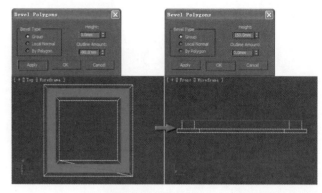

图22-33　参数设置

Step34 激活摄影机视图，按下 P 键，转换为透视视图，在视图中选中底面的多边形，如图 22-34 所示。

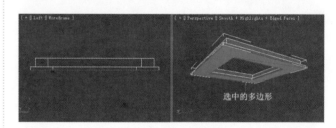

图22-34　选中的多边形

Step35 在 Edit Polygons 卷展栏下单击 Bevel 后的 ■按钮，在弹出的对话框中设置参数，如图 22-35 所示。

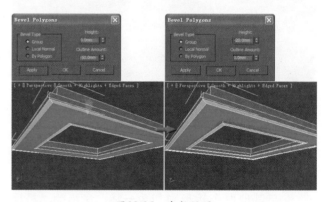

图22-35　参数设置

Step36 关闭 Polygon 子对象，在视图中调整"中间吊顶"的位置，如图 22-36 所示。

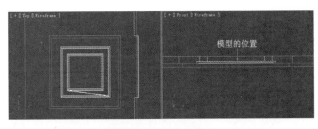

图22-36　模型的位置

Step37 在顶视图中将"中间吊顶"沿 Y 轴移动复制一个，调整复制后模型的位置，如图 22-37 所示。

图22-37　复制后模型的位置

Step38 单击 ❋（创建）/ ◎（几何体）/ Box 按钮，在顶视图中创建一个长方体，命名为"金条"，将其复制 7 个，调整模型的位置，如图 22-38 所示。

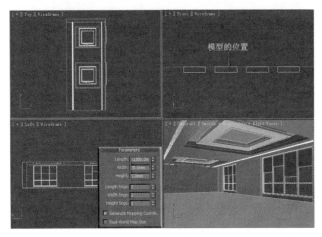

图22-38　模型的位置

22.3.4　创建书柜

整体空间及吊顶已经创建完成，下面开始创建空间内的基本家具，主要包括书柜和背景墙，模型效果如图 22-39 所示。

图22-39　模型效果

Step39 在前视图中绘制 3 个矩形，调整图形的位置，如图 22-40 所示。

Step40 选中任意一个矩形，将其转换为可编辑样条线，与其他两个矩形附加为一体，命名为"背景墙"。为其添加 Extrude 修改命令，设置 Amount 为 400，调整挤出后模型的位置，如图 22-41 所示。

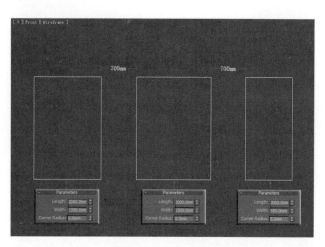

图22-40 图形的位置

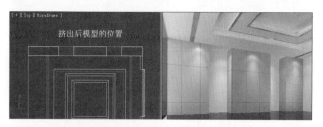

图22-41 挤出后模型的位置

(Step41) 单击 ✿（创建）/ ◯（几何体）/ Box 按钮，在前视图中创建一个长方体，命名为"玻璃"，调整模型的位置，如图 22-42 所示。

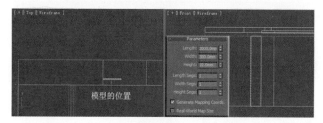

图22-42 模型的参数及位置

(Step42) 单击 ✿（创建）/ ⚎（图形）/ Rectangle 按钮，在前视图中绘制两个矩形，将小矩形复制 5 个，调整图形的位置，如图 22-43 所示。

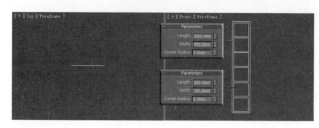

图22-43 图形的参数及位置

(Step43) 选中任意一个矩形，将其转换为可编辑样条线，与其他矩形附加为一体，命名为"书柜"，为其

添加 Extrude 修改命令，设置 Amount 为 300，调整挤出后模型的位置，如图 22-44 所示。

图22-44 挤出后模型的位置

(Step44) 在前视图中选中"玻璃"和"书柜"，将其沿 X 轴相右移动复制一组，调整复制后模型的位置，如图 22-45 所示。

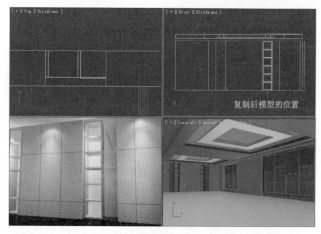

图22-45 复制后模型的位置

(Step45) 单击 ✿（创建）/ ◯（几何体）/ Box 按钮，在左视图中创建一个 2000×990×400 的长方体，命名为"物品柜"。

(Step46) 选中"物品柜"，为其添加 Edit Poly 修改命令，激活 Edge 子对象，选中左视图中如图 22-46 所示的两条边。

图22-46 选中的边

(Step47) 在 Edit Edges 卷展栏下单击 Connect 后的 ▣ 按钮，在弹出的对话框中设置参数，如图 22-47 所示。

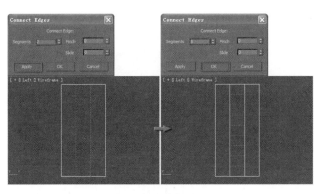

图22-47　参数设置

Step48 在左视图中调整边的位置，如图 22-48 所示。

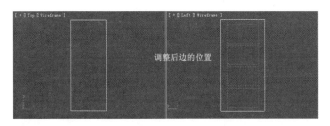

图22-48　调整后边的位置

Step49 激活 Polygon 子对象，在左视图中选中分割出的 4 个多边形，在 Edit Polygons 卷展栏下单击 Extrude 后的■按钮，在弹出的对话框中设置参数，如图 22-49 所示。

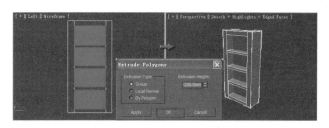

图22-49　参数设置

Step50 在视图中调整模型的位置，如图 22-50 所示。

图22-50　模型的位置

22.3.5　创建其他模型

空间中主要办公家具和模型已经创建完成，下面开始创建空间中的筒灯、地毯等模型，效果如图 22-51 所示。

图22-51　模型效果

Step51 单击 ■（创建）/ ■（几何体）/ Tube 按钮，在顶视图中创建一个管状体，命名为"筒灯座"，调整模型的位置，如图 22-52 所示。

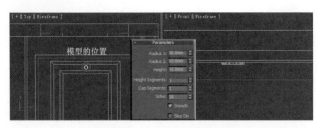

图22-52 模型的参数及位置

(Step52) 单击 Cylinder 按钮，在顶视图中创建一个圆柱体，命名为"筒灯"，调整模型的位置，如图22-53所示。

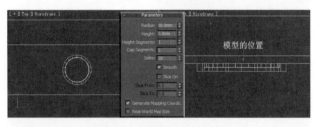

图22-53 模型的参数及位置

(Step53) 在顶视图中同时选中"筒灯座"和"筒灯"，将其复制14组，调整复制后模型的位置，如图22-54所示。

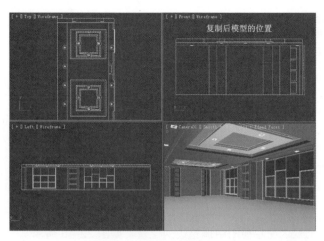

图22-54 复制后模型的位置

(Step54) 单击 ✦（创建）/ ◯（几何体）/ Plane 按钮，在顶视图中创建一个平面，命名为"地毯"，调整模型的位置，如图22-55所示。

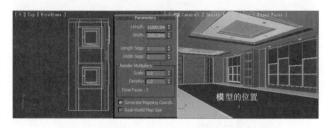

图22-55 模型的参数及位置

22.4 调制细节材质

办公室的整体色调以浅色系为主，地面为深色大理石材质，空间色彩对比强烈。清新的木纹和金属镶边等细节体现出现代感，材质效果如图22-56所示。

① 墙体
② 地面
③ 木纹
④ 不锈钢
⑤ 帘子
⑥ 玻璃
⑦ 地毯

图22-56 材质效果

Step01 继续前面的操作，按下 F10 键，打开 Render Setup 对话框，然后将 VRay 指定为当前渲染器。

Step02 单击工具栏中 ![icon]（材质编辑器）按钮，打开 Material Editor 窗口，选择一个空白示例球，将材质命名为"墙体"，如图 22-57 所示。

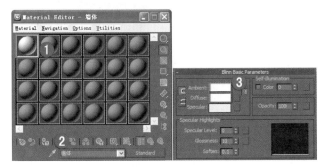

图22-57 参数设置

Step03 在视图中选中"墙体"、"右墙"、"底沿"、"吊顶 A"、"吊顶 B"和"中间吊顶"，单击 ![icon]（将材质指定给选定对象）按钮，将材质赋予选中的模型。赋予材质后的效果如图 22-58 所示。

图22-58 材质效果

Step04 在材质编辑器中选择第二个材质球，命名为"地面"，将其指定为 VRayMtl 材质类型，然后在 Basic parameters 卷展栏下设置 Reflection 组中的参数，如图 22-59 所示。

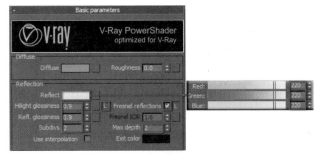

图22-59 参数设置

Step05 单击 Diffuse 后的 ![icon] 按钮，在 Material/Map Browser 对话框中选择 Tiles 贴图类型，在 Advanced Controls 卷展栏中设置参数，如图 22-60 所示。

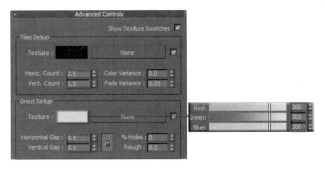

图22-60 参数设置

Step06 单击 Tiles Setup 组中 Texture 后的 None 按钮，在弹出的 Material/Map Browser 对话框中选择 Bitmap 贴图类型，选择随书光盘中"贴图 / 大理石 _054.jpg"图片文件，如图 22-61 所示。

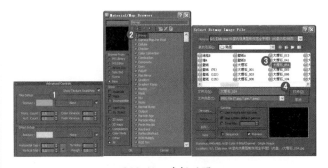

图22-61 选择贴图

Step07 在视图中选中"墙体"，在堆栈中激活 Polygon 子对象，在摄影机视图中选中地面的多边形，单击 ![icon] 按钮，将材质赋予选中的多边形，在修改器下拉列表中选择 UVW Map 命令，设置参数，如图 22-62 所示。

图22-62 参数设置

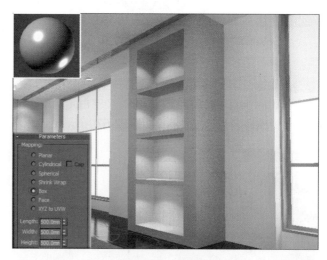

图22-65 参数设置

Step08 选择第三个材质球，命名为"木纹"，将其指定为 VRayMtl 材质类型，设置其参数，如图 22-63 所示。

图22-63 参数设置

Step09 单击 Diffuse 后的 ■按钮，在弹出的 Material/Map Browser 对话框中选择 Bitmap 贴图类型，选择随书光盘中"贴图/木纹 10.jpg"图片文件，如图 22-64 所示。

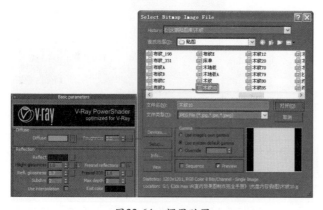

图22-64 调用贴图

Step10 在视图中选中"物品柜"和"书柜"，单击 ■按钮，将材质赋予选中的模型，并添加 UVW Map 修改命令，设置参数，如图 22-65 所示。

Step11 选择第四个材质球，命名为"背景墙"，将其指定为 VRayMtl 材质类型，设置其参数与"木纹"相同，单击 Diffuse 后的 ■按钮，在弹出的 Material/Map Browser 对话框中选择 Tiles 贴图类型，如图 22-66 所示。

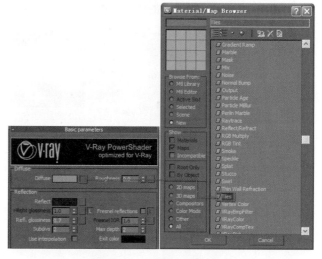

图22-66 选择Tiles贴图类型

Step12 在 Advanced Controls 卷展栏下设置参数，如图 22-67 所示。

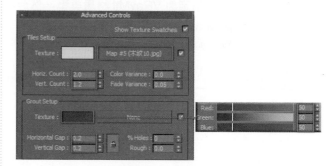

图22-67 参数设置

Step13 在视图中选中"背景墙",单击 [icon] 按钮,将材质赋予选中的模型,并添加 UVW Map 修改命令,设置参数,如图 22-68 所示。

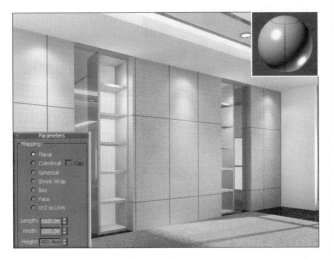

图22-68 参数设置

Step14 选择第五个材质球,命名为"不锈钢",将其指定为 VRayMtl 材质类型,设置其参数,如图22-69 所示。

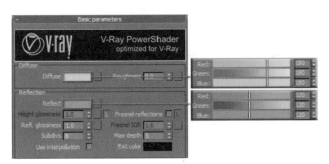

图22-69 参数设置

Step15 在视图中选中"中间吊顶",激活 Polygon 子对象,在透视视图中选中分割出的边,将材质赋予它们,如图 22-70 所示。以同样的材质赋予筒灯座、帘杆和窗框。

图22-70 选中的多边形

Step16 选择第六个材质球,命名为"金条",将其指定为 VRayMtl 材质类型,设置其参数,如图22-71 所示。

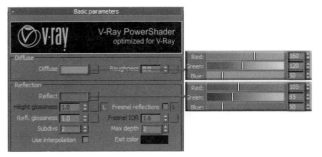

图22-71 参数设置

Step17 在视图中选中所有的金条,单击 [icon] 按钮,将材质赋予选中的模型。赋予材质后的效果如图22-72 所示。

图22-72 材质效果

Step18 选择一个未用的材质球,命名为"帘子",将其指定为 VRayMtl 材质类型,设置其参数,如图22-73 所示。

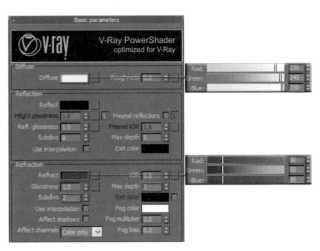

图22-73 参数设置

Step19 在视图中选中所有的帘子，单击 按钮，将材质赋予选中的模型。赋予材质后的效果如图 22-74 所示。

为"玻璃"，将其指定为 VRayMtl 材质类型，设置其参数，如图 22-75 所示。

图22-74 材质效果

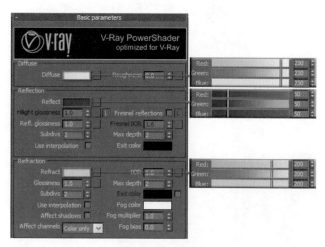

图22-75 参数设置

Step20 子材质编辑器中选择一个未用的材质球，命名

Step21 在视图中选中所有的玻璃，将材质赋予它们，赋予材质后的效果如图 22-76 所示。

图22-76 材质效果

Step22 选择一个未用的材质球，命名为"地毯"，使用默认材质，在 Blinn Basic Parameters 卷展栏下单击 Diffuse 后的 按钮，在弹出的 Material/Map Browser 对话框中双击选择 Bitmap 贴图类型，选择随书光盘中"贴图 / 布纹 _102.jpg"图片文件，设置其参数，如图 22-77 所示。

Step23 在视图中选中"地毯"，单击 按钮，将材质赋予选中的模型，并添加 UVW Map 修改命令，设置参数，如图 22-78 所示。

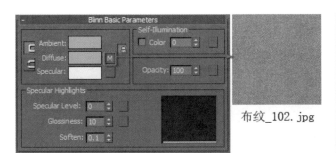

布纹_102.jpg

图22-77　调用贴图

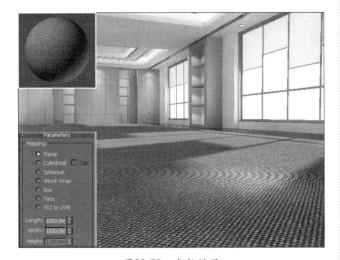

图22-78　参数设置

Step24 在材质编辑器中选择一个未用的材质球，命名为"筒灯"，使用默认材质，设置参数，如图22-79所示。

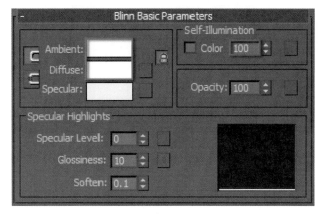

图22-79　参数设置

Step25 在视图中选中所有的筒灯，将材质赋予它们。

22.5　调入模型丰富空间

　　本章中主要调入经理办公桌、接待区域的沙发组合以及灯具和装饰品等模型，调入模型后的场景效果如图22-80所示。

图22-80　调入模型后的效果

Step01 继续前面的操作，单击菜单栏左端 ⑤ 按钮，选择 "Import>Merge" 命令，在弹出的 Merge File 对话框中，选择并打开随书光盘中 "模型 / 第 22 章 / 沙发组合 .max" 文件，如图 22-81 所示。

将它们合并到场景中，调整模型的位置，如图 22-82 所示。

图22-81　参数设置

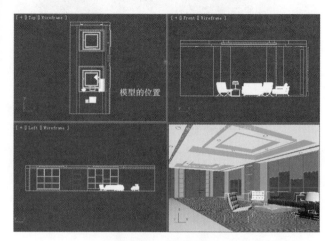

图22-82　模型的位置

Step02 在弹出的对话框中取消灯光和摄影机的显示，然后单击 ■All■ 按钮，选中所有的模型部分，

Step03 调入 "沙发组合" 后的场景效果如图 22-83 所示。

图22-83　调入模型后的效果

Step04 单击菜单栏中 ⑤ 按钮，选择 "Import>Merge" 命令，打开随书光盘中 "模型 / 第 22 章 / 经理桌组合 .max" 文件，并将模型合并到场景中，如图 22-84 所示。

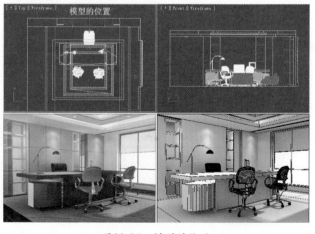

图22-84　模型的位置

Step05 单击菜单栏中⑥按钮，选择"Import>Merge"命令，打开随书光盘中"模型 / 第 22 章 / 装饰品 .max"文件，将模型合并到场景中，如图 22-85 所示。

图22-85 模型的位置

22.6 设置灯光

本例中利用灯光模拟白天的光照效果，灯光设置分为室外光、室内光和补光，灯光效果如图 22-86 所示。

图22-86 灯光效果

22.6.1 设置渲染参数

在设置灯光前，首先在渲染设置窗口中设置 VRay 的基本渲染参数。

Step01 选择菜单栏中"Rendering>Environment"命令，在弹出的 Environment and Effects 对话框中调整背景的颜色为白色，如图 22-87 所示。

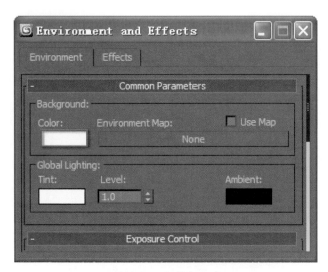

图22-87　背景色设置

按下 F10 键，打开 Render Setup 对话框，在 Common 选项卡下设置一个较小的渲染尺寸，例如 640×480，如图 22-88 所示。

图22-88　参数设置

在 V-Ray 选项卡下设置一个渲染速度较快、画面质量较低的抗锯齿方式，如图 22-89 所示。

在 Indirect illumination 选项卡下打开 GI，并设置光子图的质量，此处的参数设置以速度为优先考虑的因素，如图 22-90 所示。

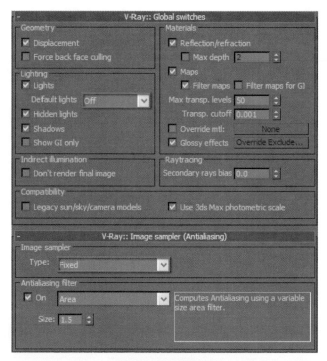

图22-89　参数设置

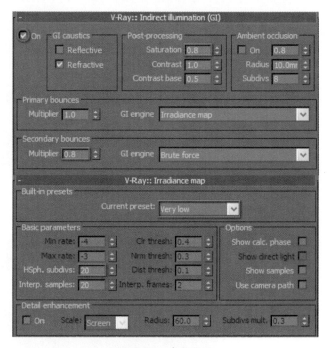

图22-90　参数设置

至此，渲染参数设置完成，激活摄影机视图，单击 按钮进行渲染，此时关闭了默认灯光，但是打开了环境光，渲染效果如图 22-91 所示。

图22-91 渲染效果

22.6.2 设置场景灯光

本例利用目标平行光模拟室外日光，VRay 灯光模拟室内灯带及补光，目标点光源模拟室内筒灯效果，下面开始介绍具体的灯光设置操作。

Step06 单击 ◀（灯光）/ Standard / Target Direct 按钮，在顶视图中创建一盏 Target Direct，命名为"模拟太阳光"，设置其参数，如图 22-92 所示。

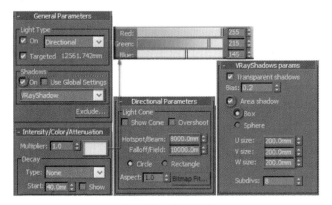

图22-92 参数设置

Step07 在视图中调整"模拟太阳光"的位置，使其从窗户的位置投射到室内，如图 22-93 所示。

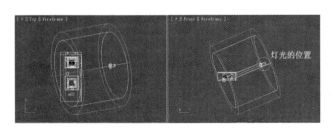

图22-93 灯光的位置

Step08 单击工具栏中 ▨（渲染）按钮，渲染观察设置"模拟太阳光"后的效果，如图 22-94 所示。

图22-94 灯光效果

Step09 单击 ◀（灯光）/ VRay / VRayLight 按钮，在左视图中创建一盏 VRayLight，命名为"模拟天光"，设置其参数，如图 22-95 所示。

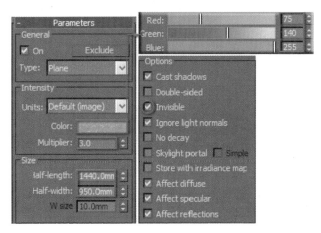

图22-95 参数设置

Step10 将"模拟天光"复制一个，在视图中调整灯光的方向和位置，如图 22-96 所示。

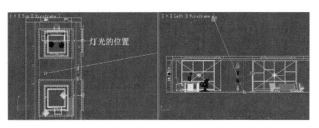

图22-96 灯光的位置

Step11 单击工具栏中 ▨（渲染）按钮，渲染观察设置"模拟天光"后的效果，如图 22-97 所示。

图22-97　灯光效果

(Step12) 单击 🔅（灯光）/ VRay ▼ / VRayLight 按
钮，在前视图中创建一盏 VRayLight，命名为
"灯带"，设置其参数，如图 22-98 所示。

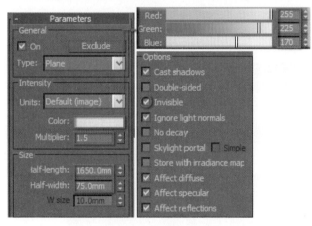

图22-98　参数设置

(Step13) 在视图中调整灯光的位置，将其放置在"吊顶
A"的内侧，如图 22-99 所示。

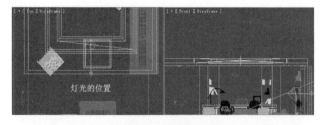

图22-99　灯光的位置

(Step14) 激活工具栏中 ⟳（旋转）按钮，在顶视图中选
中"灯带"，将其旋转复制 3 个，调整复制后灯
光的位置，如图 22-100 所示。

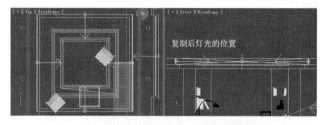

图22-100　复制后灯光的位置

(Step15) 将"灯带"复制 4 个，在修改命令面板中重新
设置它们的尺寸，在视图中调整灯光的位置，
将其放置在"中间吊顶"的内侧，如图 22-101
所示。

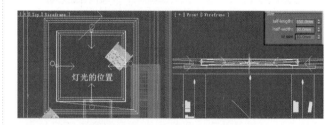

图22-101　复制后灯光的位置

(Step16) 将创建的所有灯带光复制一组，调整复制后灯
光的位置，如图 22-102 所示。

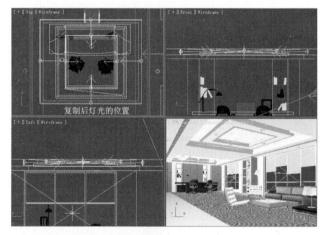

图22-102　复制后灯光的位置

提
示　　复制后灯带的尺寸需要根据模型进行
重新设置。

(Step17) 单击工具栏中 🖼（渲染）按钮，渲染观察设置
"灯带"后的效果，如图 22-103 所示。

图22-103　灯光效果

Step18 单击 （灯光）/ Photometric / Target Light 按钮，在左视图中创建一盏 TargetLight，命名为"筒灯"，设置其参数，如图 22-104 所示。

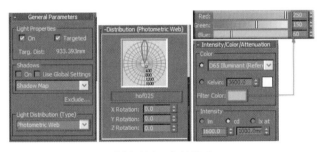

图22-104　参数设置

Step19 在视图中将"筒灯"复制 8 个，调整灯光的位置，如图 22-105 所示。

图22-105　复制后灯光的位置

Step20 单击 （灯光）/ Photometric / Target Light 按钮，在左视图中创建一盏 TargetLight，命名为"射灯"，设置其参数，如图 22-106 所示。

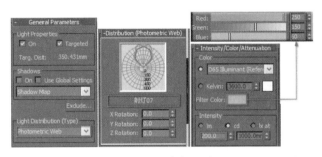

图22-106　参数设置

Step21 将"射灯"复制 3 个，调整灯光的位置，如图 22-107 所示。

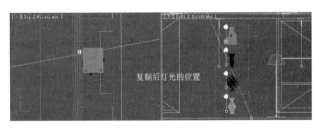

图22-107　复制后灯光的位置

Step22 单击工具栏中 （渲染）按钮，渲染观察设置"筒灯"和"射灯"后的效果，如图 22-108 所示。

Step23 单击 （灯光）/ Standard / Omni 按钮，在顶视图中创建一盏 Omni，命名为"台灯 A"，设置其参数，如图 22-109 所示。

图22-108　渲染效果

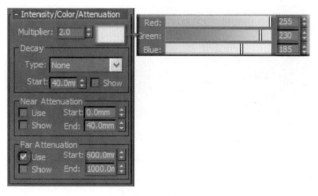

图22-109　参数设置

Step24 在视图中调整"台灯A"的位置，如图22-110
所示。

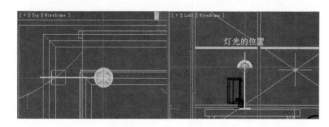

图22-110　灯光的位置

Step25 在顶视图中再创建一个泛光灯，命名为"台灯
B"，设置其参数如图22-111所示。

Step26 将"台灯B"复制一个，在视图中调整灯光的
位置，如图22-112所示。

图22-111　参数设置

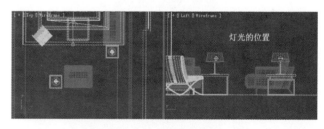

图22-112　灯光的位置

Step27 单击工具栏中 （渲染）按钮，渲染观察设置
台灯后的效果，如图22-113所示。

图22-113　渲染效果

Step28 至此，场景中的用于模拟现实光照的灯光已经设置完成，但整体画面亮度并不理想，下面开始设置补光。单击 ☀（灯光）/ VRay ▾ / VRayLight 按钮，在左视图中创建一盏 VRayLight，命名为"补光"，设置其参数，如图 22-114 所示。

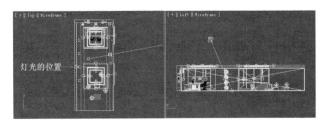

图22-115　灯光的位置

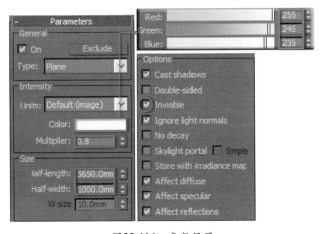

图22-114　参数设置

Step29 在视图中调整"补光"的位置，如图 22-115 所示。

Step30 单击工具栏中 ☀（渲染）按钮，渲染观察设置"补光"后的效果，如图 22-116 所示。

图22-116　渲染效果

Step31 单击标题工具栏 ☐（保存）按钮，将文件保存。

22.7 渲染输出

设置完成场景中的灯光与材质后，需要进行图像的渲染输出，得到最终的渲染效果图。

Step01 打开材质编辑器，选中办公室地面材质，重新调整材质的反射参数，如图 22-117 所示。

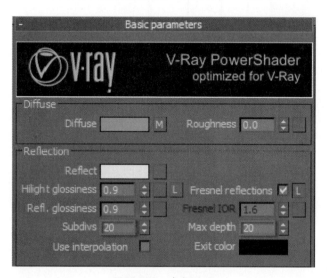

图22-117　参数设置

Step02 使用同样的方法处理金属材质、木纹材质等反射效果较为明显的材质，在此不做赘述。

Step03 按下 F10 键，打开 Render Setup 对话框，在 Common 选项卡下设置一个较小的渲染尺寸，例如 640×480。

Step04 在 V-Ray 选项卡下设置一个精度较高的抗锯齿方式，如图 22-118 所示。

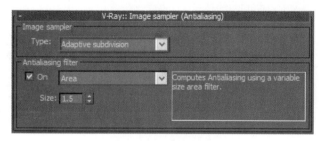

图22-118　参数设置

Step05 在 Indirect illumination 选项卡下设置光子图的

质量，此处的参数设置要以质量为优先考虑的因素，如图 22-119 所示。

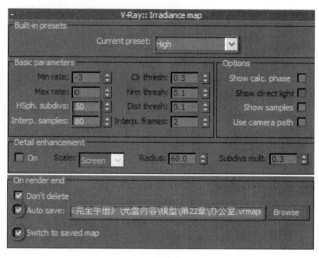

图22-119　保存光子图

Step06 单击对话框中的 Render 按钮，渲染摄影机视图，渲染结束后系统自动保存光子图文件。然后调用光子图文件，如图 22-120 所示。

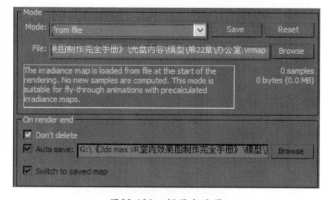

图22-120　调用光子图

Step07 在 Common 选项卡下设置一个较大的渲染尺寸，例如 3000×2250。单击对话框中的 Render 按钮渲染场景，得到的便是最终效果。

Step08 渲染结束后，单击渲染对话框中 🖫 按钮保存文件，选择 TIF 文件格式，如图 22-121 所示。

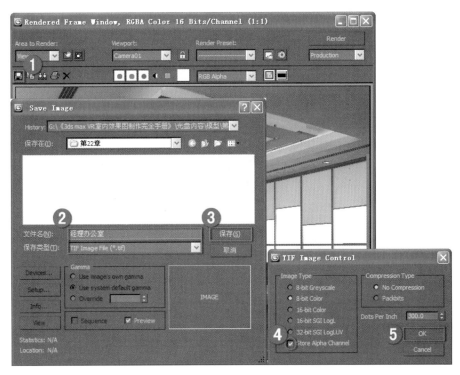

图22-121　保存效果图

Step09 至此，效果图的前期制作全部完成，最终渲染效果如图 22-122 所示。

图22-122　最终渲染效果

22.8　后期处理

在效果图的后期处理中，将为其添加背景和室内绿植，使场景真实自然，并对整体效果图进行亮度和色彩的调整。

Step01 在桌面上双击 Ps 图标，启动 Photoshop CS4。

(Step02) 单击"文件 > 打开"命令,打开前面渲染保存的"经理办公室.tif"文件,如图 22-123 所示。

(Step03) 单击菜单栏中"图像 > 调整 > 亮度 / 对比度"命令,在弹出的"亮度 / 对比度"对话框中设置参数,单击 ☐ 确定 ☐ 按钮,关闭对话框,如图 22-124 所示。

图22-123 打开文件

图22-124 参数设置

(Step04) 在"图层"面板中双击"背景"图层,将其转换为"图层 0",如图 22-125 所示。

图22-125　转换图层

Step05 打开"通道"面板，按住 Ctrl 键，单击 Alpha1 通道，如图 22-126 所示。

图22-126　按住Ctrl键单击Alpha1通道

Step06 选择"选择 > 反向"命令，按下 Delete 键，删除选中的区域，然后按下 Ctrl+D 键取消选区，效果如图 22-127 所示。

图22-127　删除所选区域

Step07 选择菜单栏中"文件 > 打开"命令，打开随书光盘中"调用图片 / 背景 A.jpg"文件，将其拖至"经理办公室"效果图中，命名为"背景"，在"图层"面板中将"背景"图层拖至"图层 0"的下方，如图 22-128 所示。

图22-128　图层的位置

Step08 选择"编辑 > 变换 > 缩放"命令，调整其大小，并在效果图中调整图片的大小和位置，如图 22-129 所示。

图22-129　"背景"的位置

Step09 在"图层"面板中设置"背景"的不透明度，单击 按钮，创建图层蒙版，激活工具箱中 按钮，在效果图中由上至下创建渐变效果，如图 22-130 所示。

图22-130　创建渐变效果

Step10 在"图层"面板中单击 🔲 按钮，创建一个新图层，命名为"底色"，调整图层的位置，如图 22-131 所示。

Step11 在工具箱中将前景色设置为淡蓝色，单击 Alt+Delete 键，将"底色"填充为淡蓝色，如图 22-132 所示。

图22-131　图层的位置

图22-132　填充底色

Step12 选择菜单栏中"文件 > 打开"命令，打开随书光盘中"调用图片 / 盆植 .psd"文件，将其拖至"经理办公室"效果图中，命名为"盆植"，调整图层及图片的大小和位置，如图 22-133 所示。

图22-133　"盆植"的位置

Step13 在"图层"面板中将"盆植"拖至 🔲 按钮，创建图层副本，如图 22-134 所示。

Step14 在"图层"面板中调整"盆植副本"的位置，在效果图中单击鼠标右键，选择"垂直翻转"命令，调整翻转后图片的位置，如图 22-135 所示。

图22-134　创建图层副本

图22-135　翻转后图片的位置

Step15 单击 按钮，创建图层蒙版，激活工具箱中 按钮，在效果图中由上至下创建渐变效果，如图 22-136 所示。

图22-136　创建渐变效果

Step16 选择菜单栏中"文件 > 打开"命令，打开随书光盘中"调用图片 / 绿植 .psd"文件，将其拖至"经理办公室"效果图中，将图层命名为"绿植"。

Step17 单击鼠标右键，在右键菜单中选择"水平翻转"命令，调整翻转后图片的位置，如图 22-137 所示。

图22-137 "绿植"的位置

Step18 按下 Ctrl+Shift+E 键，将所有图层合并为一个图层，如图 22-138 所示。

图22-138 合并图层

Step19 选择"图像 > 调整 > 曲线"命令，在弹出的对话框中设置参数，如图 22-139 所示。

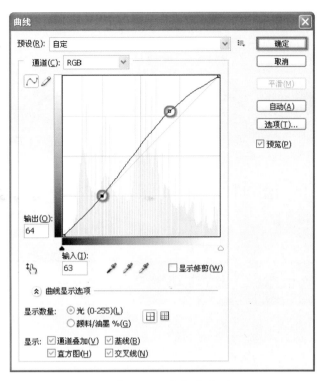

图22-139 参数设置

Step20 选择"图像 > 调整 > 照片滤镜"命令，在弹出的对话框中设置参数，如图 22-140 所示。

Step21 选择"滤镜 > 锐化 >USM 锐化"命令，在弹出的对话框中设置参数，如图 22-141 所示。

图22-140 参数设置

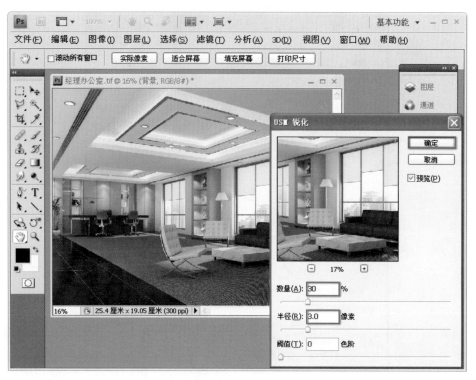

图22-141 参数设置

Step22 选择"图像 > 调整 > 曝光度"命令，在弹出的对话框中设置参数，如图 22-142 所示。

图22-142 参数设置

Step23 至此，效果图的后期处理已经全部完成，最终效果图如图 22-143 所示。

图22-143 最终效果

22.9 本章小结

　　本章介绍了经理办公室效果图的制作。首先确定经理办公室的设计方向为稳重、明快、大方、简洁，在模型、材质和灯光的选择和设置上都围绕着这一主体，打造现代感的办公室氛围，在后期的处理中，突出效果图的真实自然。

第 23 章
制作大堂效果图

本章内容

- 设计理念
- 制作流程分析
- 搭建空间模型
- 调制细节材质
- 调入模型丰富空间
- 设置灯光
- 渲染输出
- 后期处理

酒店的大堂是酒店接待客人的第一个空间，也是客人对酒店产生第一印象的地方。在这里，接待、登记、结算、寄存、咨询等各项功能齐全，甚至连客房的管理、清洁工作都要在这里办理手续。本章将制作大堂效果图，如图23-1所示。

图23-1　大堂效果图

23.1 设计理念

酒店大堂设计的理念，应当遵循酒店的经营理念。在"以客人为中心"的经营理念下，酒店大堂设计注重给客人带来美的享受，创造出宽敞、华丽、轻松的气氛。而在"力求在酒店的每寸土地上都要挖金"的经营理念下，酒店开始注意充分利用大堂宽敞的空间，开展各种经营活动，比如，曾作为酒店业典范的北京建国酒店，充分利用大堂空间，开展餐饮经营活动，并取得了良好的经济效益。因此，酒店大堂设计理念由酒店的经营理念而定，它将决定大堂的整体风格和效果，其设计原则有以下几点。

第一是满足功能要求：功能是大堂设计中最基本也是最"原始"的层次。大堂设计的目的，就是便于开展对客服务，满足其实用功能，同时又让客人得到心理上的满足，继而获得精神上的愉悦。

第二是充分利用空间：酒店大堂的空间就其功能来说，既可作为酒店前厅部各主要机构的工作场所，又能当成过厅、餐饮、会议及中庭等来使用。这些功能不同的场所往往为大堂空间的充分利用及其氛围的营造，提供了良好的客观条件，因此，大堂设计时，应充分利用空间。由波特曼设计的新加坡泛太平洋大酒店，其中庭就是充分利用建筑提供的空间，在装饰、陈设上精心设计，层层穿插，错落有致的红纱灯笼串似从天而降，加上暗红色织物盘旋而上的抽象造型，构成了一幅绚丽壮观的立体画面，令人叹为观止。

第三是注重整体感的形成：酒店大堂被分隔的各个空间，应满足各自不同的使用功能。但设计时，若只求多样而不求统一，或只注重细部和局部装饰而不注重整体要求，将会破坏大堂空间的整体效果，显得松散、零乱。所以，大堂设计应遵循"多样而有机统一"的要求，注重整体感的形成。

第四是力求形成自己的风格与特色：大堂作为客人和酒店活动的主要场所，设计要细致、复杂。如何在大堂设计中做到统一而不单调，丰富而不散乱，应遵循的另一原则就是，力求形成自己的风格与特色。

本章设计的大堂空间包含了柜台接待区和休息区等区域，装修设计体现了低调、奢华的风格。大堂设计效果如图23-2所示。

图23-2　大堂一角

23.2 制作流程分析

　　本章对酒店大堂空间进行设计表现，在 3ds Max 中创建空间的主要模型，包括墙体、吊顶等，然后赋予模型材质，并设置场景灯光，渲染输出后，在 Photoshop 中进行整体的润色与调整，制作流程如图23-3 所示。

图23-3　制作流程图释

　　❶ 搭建模型，设置摄影机。在 3ds Max 中创建场景模型，包括墙体、吊顶等，并设置摄影机固定视角。

　　❷ 调制材质。由于使用 VRay 渲染器渲染，因此在材质调制时运用了较多的 VRay 材质。此处主要调制整体空间模型的材质。

　　❸ 合并模型。采用合并的方式将模型库中的家具模型合并到整体空间中，从而得到一个完整的模型空间。此处合并的模型包括"接待台"、"沙发组合"等。

　　❹ 设置灯光。根据效果图要表现的光照效果设计灯光照明，包括室外光和室内光。

　　❺ 使用 VRay 渲染效果图。计算模型、材质和灯光的设置数据，输出整体空间的效果图。

　　❻ 后期处理。对效果图进行最终的润色和修改。

23.3 搭建空间模型

空间模型的搭建分为墙体、二层、门窗、吊顶和室内其他构造五个部分，最终模型空间如图23-4所示。

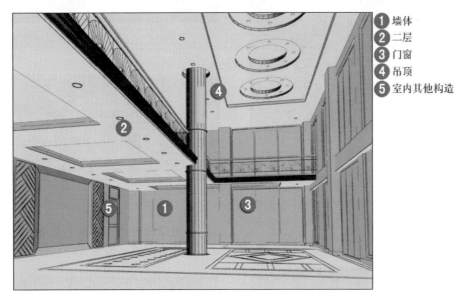

① 墙体
② 二层
③ 门窗
④ 吊顶
⑤ 室内其他构造

图23-4 模型效果

23.3.1 创建墙体

大堂墙体的构造比较复杂，除了搭建出整体空间外，对地面也进行了划分创建，为后面赋予不同的材质做基础，效果如图23-5所示。

图23-5 模型效果

Step01 双击桌面上的 按钮，启动 3ds Max 2010，并将单位设置为毫米。

Step02 单击 （创建）/ （图形）/ Rectangle 按钮，在顶视图中绘制3个参考矩形，调整图形的位置，如图23-6所示。

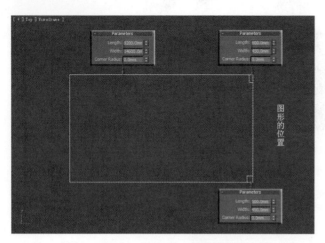

图23-6 图形的尺寸和位置

Step03 单击 ⚙（创建）/ ⬡（图形）/ ▭ Line ▭ 按钮，在顶视图中参照图形的轮廓绘制一条封闭的曲线，命名为"墙体"，如图 23-7 所示，将参考矩形删除。

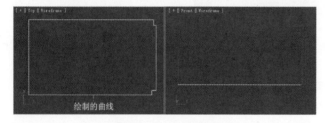

图23-7 绘制的曲线

Step04 选中"墙体"，在 ▭ Modifier List ▭ 下拉列表中选择 Extrude 修改命令，设置 Amount 为 5000，挤出后的模型如图 23-8 所示。

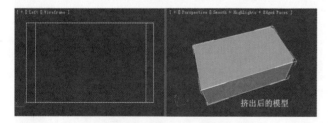

图23-8 挤出后的模型

Step05 在修改命令面板的 ▭ Modifier List ▭ 下拉列表中选择 Normal（法线）命令。

Step06 单击创建命令面板中的 📷（摄影机）/ ▭ Target ▭ 按钮，在顶视图中创建一架摄影机，调整它在视图中的位置，如图 23-9 所示。

Step07 选中摄影机，在 Parameters 卷展栏下设置参数，如图 23-10 所示。

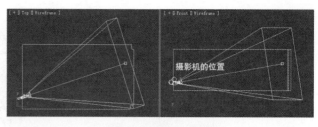

图23-9 摄影机的位置

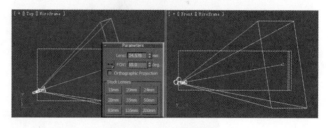

图23-10 参数设置

Step08 激活透视视图，按下 C 键，将其转换为摄影机视图，效果如图 23-11 所示。

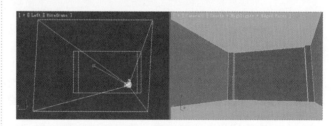

图23-11 转换摄影机视图

Step09 选中摄影机，单击菜单栏中的"Modifiers>Cameras>Camera Correction"命令，校正摄影机。

Step10 在创建面板中单击 🖥（显示）按钮，在 Hide by Category 卷展栏下勾选 Cameras 复选框，将摄影机隐藏，如图 23-12 所示。

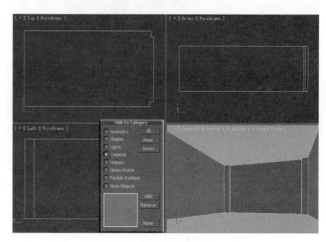

图23-12 隐藏摄影机

Step11 选中"墙体",单击鼠标右键,在弹出的右键菜单中选择"Convert To>Convert to Editable Poly"命令,将其转换为可编辑多边形。

Step12 在修改器堆栈中激活 Polygon 子对象,在摄影机视图中选中前、左、右边和地面的多边形,按下 Delete 键将其删除,如图 23-13 所示。

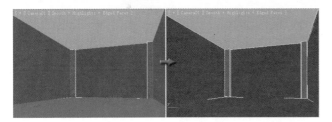

图23-13 删除多边形

Step13 单击 ⚙ (创建) / ⬚ (图形) / Rectangle 按钮,在前视图中绘制两个矩形,调整图形的位置,如图 23-14 所示。

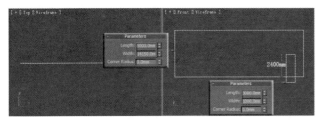

图23-14 图形的位置

Step14 选中任意一个矩形,将其转换为可编辑样条线,与另一个矩形附加为一体,命名为"左墙"。

Step15 激活 Spline 子对象,选中大矩形,在 Geometry 卷展栏下激活 ⬚ 选项,单击 Boolean 按钮,在视图中单击小矩形,进行布尔运算,如图 23-15 所示。

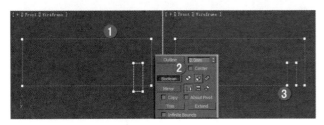

图23-15 布尔运算

Step16 选中"左墙",为其添加 Extrude 修改命令,设置 Amount 为 100,调整挤出后模型的位置,如图 23-16 所示。

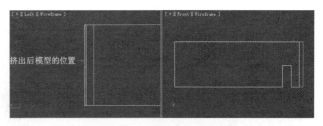

图23-16 挤出后模型的位置

Step17 在前视图中绘制一条封闭的曲线和两个矩形,调整图形的位置,如图 23-17 所示。

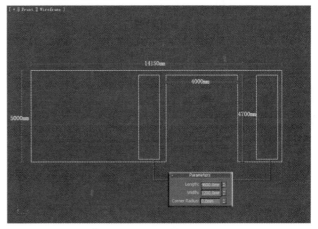

图23-17 图形的参数及位置

Step18 选中绘制的曲线,与其他两个矩形附加为一体,命名为"右墙",添加 Extrude 修改命令,设置 Amount 为 100,调整挤出后模型的位置,如图 23-18 所示。

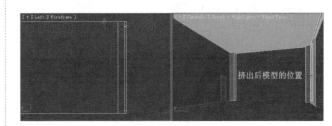

图23-18 挤出后模型的位置

Step19 单击 ⚙ (创建) / ⬚ (图形) / Line 按钮,在左视图中绘制一条封闭的曲线,命名为"前墙",如图 23-19 所示。

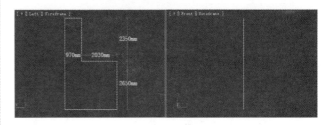

图23-19 绘制的曲线

(Step20) 为其添加 Extrude 修改命令，设置 Amount 为 50，调整挤出后模型的位置，如图 23-20 所示。

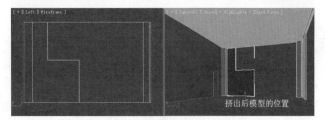

图23-20　挤出后模型的位置

(Step21) 单击❖（创建）/ ◎（几何体）/ ■Box■ 按钮，在顶视图中创建一个长方体，命名为"墙柱"，将其复制一个，调整模型的方向和位置，如图 23-21 所示。

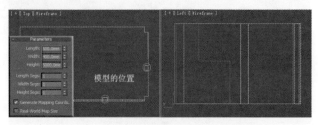

图23-21　模型的参数及位置

(Step22) 单击❖（创建）/ ◎（几何体）/ ■Box■ 按钮，在前视图中创建一个长方体，命名为"中墙"，调整模型的位置，如图 23-22 所示。

图23-22　模型的参数及位置

(Step23) 单击❖（创建）/ ▣（图形）/ ■Line■ 按钮，在顶视图中参照墙体轮廓绘制一条封闭的曲线，命名为"地面A"，如图 23-23 所示。

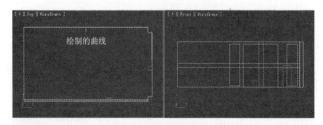

图23-23　绘制的曲线

(Step24) 通过图形创建命令，在顶视图中绘制的曲线

内，再绘制多个图形，调整它们的位置，如图 23-24 所示。

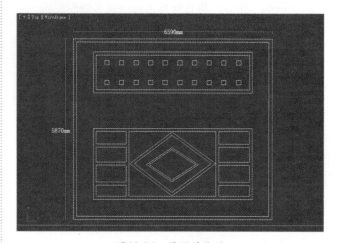

图23-24　图形的位置

> 提示　图形的形态就是大理石地面的图案，在模型制作过程中，分割出要应用不同材质的造型，在制作材质时分别赋予就可以了，这里图形的参数就不做具体介绍了，读者也可以根据自己的设计来进行图形的绘制。

(Step25) 选中"地面A"，将其与其他图形附加为一体，并添加 Extrude 修改命令，设置 Amount 为 10，调整挤出后模型的位置，如图 23-25 所示。

图23-25　挤出后模型的位置

(Step26) 在顶视图中利用图形创建命令，参照"地面A"中间的模型轮廓绘制多个图形，如图 23-26 所示。

图23-26　绘制的图形

Step27 将绘制的图形附加为一体，命名为"地面B"，并添加 Extrude 修改命令，设置 Amount 为 10，调整挤出后模型的位置，如图 23-27 所示。

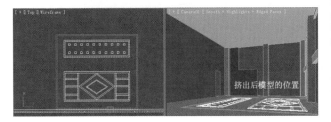

图23-27 挤出后模型的位置

Step28 用同样的方法，参照"地面A"的轮廓绘制图形，并附加为一体，命名为"地面C"，添加 Extrude 修改命令，设置 Amount 为 10，挤出后的模型如图 23-28 所示。

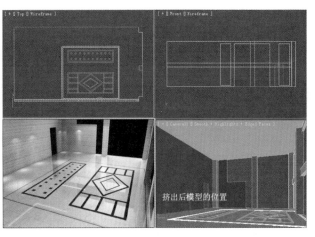

图23-28 挤出后模型的位置

23.3.2 创建二层

本章介绍的大堂主结构为双双层结构，在创建完成整体构造后，下面开始创建大堂的二层模型，效果如图 23-29 所示。

图23-29 模型效果

Step29 单击 ☀（创建）/ 🔲（图形）/ ▬Line▬ 按钮，在顶视图中绘制一条封闭的曲线，命名为"二层"，如图 23-30 所示。

Step30 为其添加 Extrude 修改命令，设置 Amount 为 50，调整挤出后模型的位置，如图 23-31 所示。

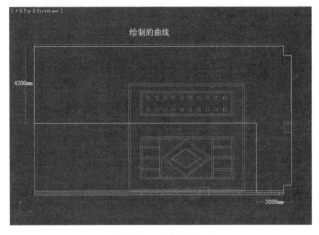

图23-30 绘制的曲线

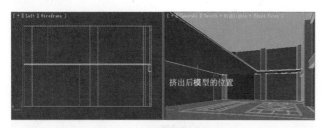

图23-31　挤出后模型的位置

Step31 在顶视图中参照"二层"绘制一条封闭的曲线，在曲线内绘制 4 个矩形，调整图形的位置，如图 23-32 所示。

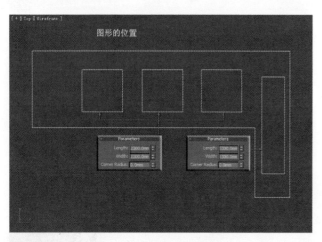

图23-32　图形的位置

Step32 选中曲线，将其与其他 4 个矩形附加为一体，命名为"二层吊顶"，并添加 Extrude 修改命令，设置 Amount 为 50，挤出后的模型如图 23-33 所示。

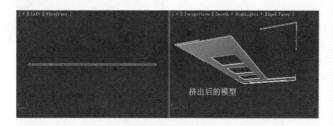

图23-33　挤出后的模型

Step33 选中"二层吊顶"，为其添加 Edit Poly 修改命令，激活 Polygon 子对象，在顶视图中选中顶面的多边形，如图 23-34 所示。

Step34 在 Edit Polygons 卷展栏下单击 [Bevel] 后的 □ 按钮，在弹出的对话框中设置参数，如图 23-35 所示。

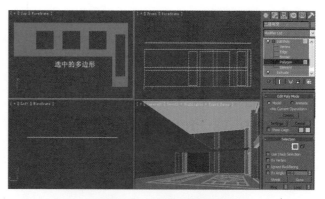

图23-34　选中的多边形

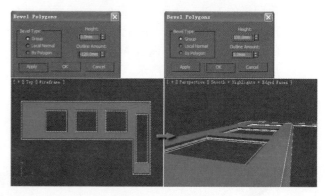

图23-35　参数设置

Step35 在视图中调整"二层吊顶"的位置，如图 23-36 所示。

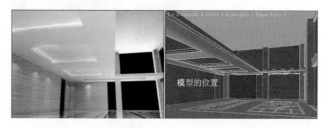

图23-36　模型的位置

Step36 单击 ✸（创建）/ ▣（图形）/ [Line] 按钮，在顶视图中参照"二层"边缘绘制一条开放的曲线，命名为"路径"，如图 23-37 所示。

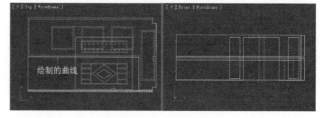

图23-37　绘制的曲线

Step37 在左视图中绘制一条封闭的曲线，命名为"剖面"，如图 23-38 所示。

图23-38 绘制的曲线

Step38 选中"路径"，在 Modifier List 下拉列表中选择 Bevel Profile 命令，在 Parameters 卷展栏下单击 Pick Profile 按钮，在视图中单击拾取"剖面"，将拾取剖面后的模型命名为"二层边"，如图 23-39 所示。

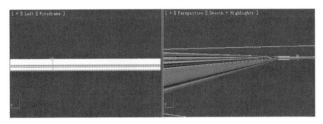

图23-39 拾取剖面后的模型

Step39 在视图中调整"二层边"的位置，如图 23-40 所示。

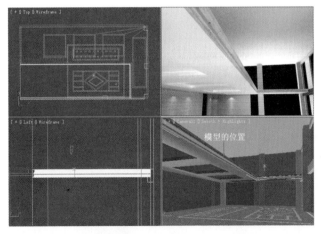

图23-40 模型的位置

提示 在调整模型位置的时候，与"二层"可能会出现不贴合的情况，需要在修改器堆栈中调整路径的顶点。

Step40 单击 （创建）/ （图形）/ Line 按钮，

在顶视图中参照"二层"内轮廓绘制一条开放的曲线，命名为"横栏"，如图 23-41 所示。

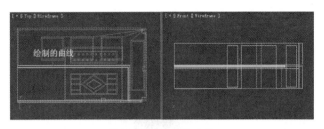

图23-41 绘制的曲线

Step41 在 Rendering 卷 展 栏 下 勾 选 Enable In Renderer 和 Enable In Viewport 复选框，设置其参数，并复制一个，调整模型的位置，如图 23-42 所示。

图23-42 模型的位置

Step42 将"横栏"再复制一个，命名为"木扶手"，在修改器堆栈中激活 Spline 子对象，在修改命令面板的 Geometry 卷展栏下 Outline 数值框中输入 60，按下回车键，创建曲线的轮廓线，如图 23-43 所示。

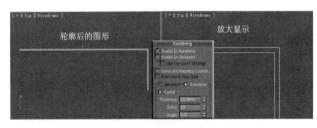

图23-43 轮廓后的图形

Step43 为其添加 Extrude 修改命令，设置 Amount 为 50，调整挤出后模型的位置，如图 23-44 所示。

图23-44 挤出后模型的位置

Step44 利用图形工具，在左视图中参照"横栏"之间的距离绘制图形，如图23-45所示。

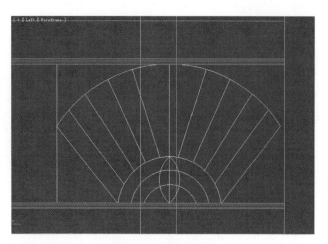

图23-45　绘制的图形

Step45 将绘制的图形附加为一体，命名为"花纹铁栏"，在Rendering卷展栏下勾选Enable In Renderer和Enable In Viewport复选框，设置其参数，如图23-46所示。

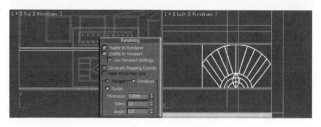

图23-46　参数设置

Step46 在视图中将"花纹铁栏"复制多组，在视图中调整调整复制后模型的方向和位置，如图23-47所示。

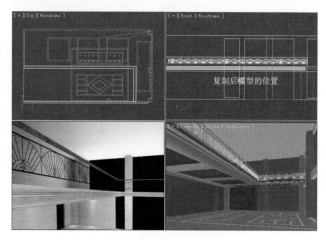

图23-47　复制后模型的位置

23.3.3　创建门窗

大堂的门窗简单大方，结构采用了落地式，本例将创建玻璃模型，是为了通过玻璃的反射体现大堂的宽敞明亮，门窗模型效果如图23-48所示。

图23-48　模型效果

Step47 单击 （创建）/ （图形）/ Line 按钮，在左视图中参照墙体绘制一条封闭的曲线，命名为"玻璃"，如图23-49所示。

图23-49　绘制的曲线

Step48 为其添加 Extrude 修改命令，设置 Amount 为 1，调整挤出后模型的位置，如图 23-50 所示。

图23-50　模型的位置

Step49 单击 ⚙（创建）/ ▢（图形）/ Rectangle 按钮，在前视图中绘制两个矩形，将小矩形复制一个，调整图形的位置，如图 23-51 所示。

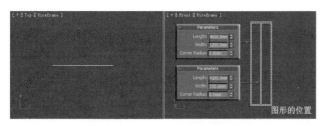

图23-51　图形的参数及位置

Step50 将绘制的矩形附加为一体，命名为"窗框"，并添加 Extrude 修改命令，设置 Amount 为 20，调整挤出后模型的位置，如图 23-52 所示。

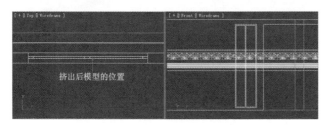

图23-52　挤出后模型的位置

Step51 单击 ⚙（创建）/ ◯（几何体）/ Plane 按钮，在前视图中创建一个 4600×1200 平面，作为玻璃，调整模型的位置，如图 23-53 所示。

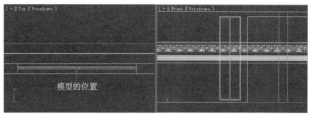

图23-53　模型的位置

Step52 在前视图中同时选中窗框和玻璃，将其沿 X 轴向右移动复制一组，调整复制后模型的位置，如图 23-54 所示。

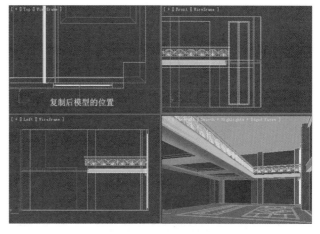

图23-54　复制后模型的位置

Step53 按照同样的方法，参照墙体轮廓创建出其他玻璃门窗及窗框，效果如图 23-55 所示。

图23-55　模型的位置

Step54 在前视图中参照左墙绘制一条开放的曲线，命名为"门框"，如图 23-56 所示。

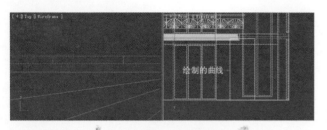

图23-56　绘制的曲线

(Step55) 选中"门框"，设置其向内轮廓线为30，并添加 Extrude 修改命令，设置 Amount 为100，调整挤出后模型的位置，如图23-57所示。

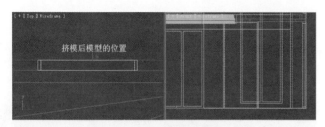

图23-57　挤出后模型的位置

(Step56) 单击 ⊕（创建）/ ○（几何体）/ Box 按钮，在前视图中创建一个 2370×940×100 的长方体，命名为"木门"。

(Step57) 将创建的方体转换为可编辑多边形，激活 Edge 子对象，在前视图中选中两边的边，单击 Edit Edges 卷展栏下 Connect 后的 ■ 按钮，在弹出的对话框中设置参数，如图23-58所示。

图23-58　参数设置

(Step58) 在前视图中调整边的位置，如图23-59所示。

图23-59　边的位置

(Step59) 选中中间的两条边，单击 Edit Edges 卷展栏下 Connect 后的 ■ 按钮，在弹出的对话框中设置参

数，如图23-60所示。

图23-60　参数设置

(Step60) 调整边的位置，如图23-61所示。

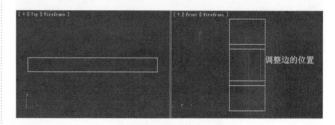

图23-61　调整边的位置

提示　　在这里对门进行了多边形分割，是为了在材质制作时赋予不同的材质。

(Step61) 在视图中调整"木门"的位置，如图23-62所示。

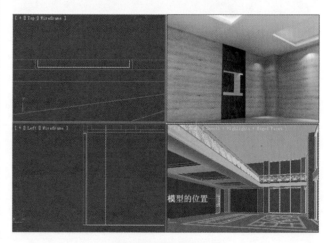

图23-62　模型的位置

23.3.4　创建吊顶

吊顶采用的是层叠式构造，在创建时主要通过图形挤出命令来实现，模型效果如图23-63所示。

图23-63 模型效果

Step62 选中"墙体"，激活 Polygon 子对象，在摄影机视图中选中顶面的多边形，将其删除，如图23-64 所示。

图23-64 删除多边形

Step63 在顶视图中参照墙体轮廓绘制一条封闭的曲线，如图 23-65 所示。

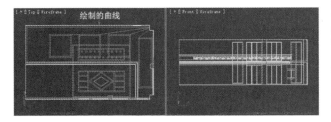

图23-65 绘制的曲线

Step64 在顶视图中曲线内绘制一个矩形和一个圆，调整图形的位置，如图 23-66 所示。

Step65 将绘制的 3 个图形附加为一体，命名为"吊顶A"，并添加 Extrude 修改命令，设置 Amount为 100，调整挤出后模型的位置，如图 23-67所示。

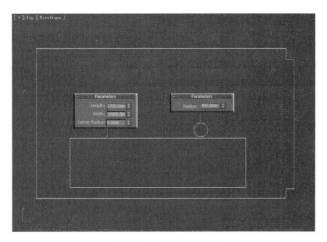

图23-66 图形的位置

图23-67 挤出后模型的位置

Step66 在顶视图中绘制一个 2700×10000 的矩形和5 个半径为 850 的圆，调整图形的位置，如图23-68 所示。

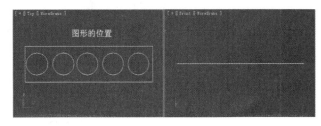

图23-68 图形的位置

381

Step67 将绘制的图形附加为一体，命名为"吊顶B"，并添加 Extrude 修改命令，设置 Amount 为 50，调整挤出后模型的位置，如图 23-69 所示。

Step68 选中"吊顶B"，将其转换为可编辑多边形，激活 Polygon 子对象，在顶视图中选中顶面的多边形，在 Edit Polygons 卷展栏下单击 Bevel 后的■按钮，在弹出的对话框中设置参数，如图 23-70 所示。

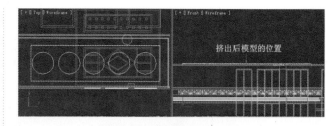

图23-69　挤出后模型的位置

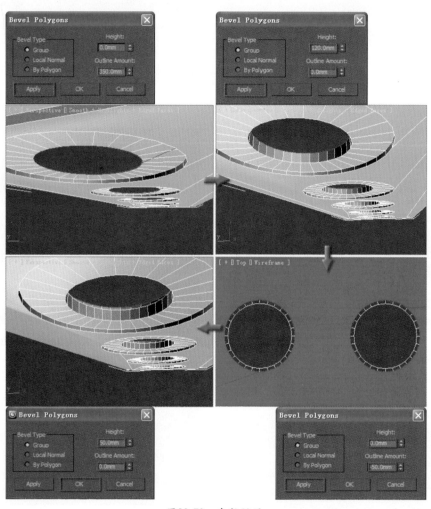

图23-70　参数设置

Step69 单击 ■（创建）/ ○（几何体）/ Cylinder 按钮，在顶视图中创建一个圆柱体，命名为"吊顶C"，调整模型的位置，如图 23-71 所示。

Step70 将"吊顶C"复制4个，调整复制后模型的位置，如图 23-72 所示。

Step71 在顶视图中创建一个 400×10 的圆柱体，命名为"吊顶D"，调整模型的位置，如图 23-73 所示。

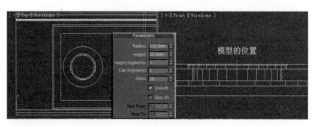

图23-71　模型的参数及位置

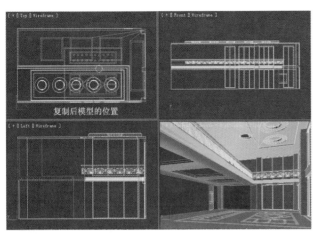

图23-72 复制后模型的位置

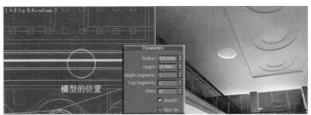

图23-73 模型的位置

23.3.5 创建室内其他构件

前面创建了空间内的主体构造，下面开始创建空间中的其他模型，包括装饰墙、圆柱和筒灯等，效果如图 23-74 所示。

图23-74 模型效果

Step72 单击 （创建）/ （几何体）/ Cylinder 按钮，在顶视图中创建一个圆柱体，命名为"柱子"，设置其参数，如图 23-75 所示。

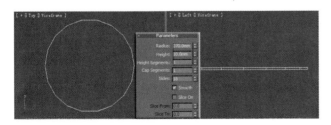

图23-75 参数设置

Step73 选中"柱子"，将其转换为可编辑多边形，激活 Polygon 子对象，在顶视图中选中顶面的多边形，如图 23-76 所示。

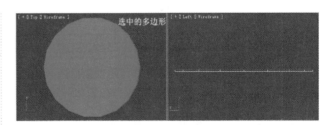

图23-76 选中的多边形

Step74 在 Edit Polygons 卷展栏下单击 Bevel 后的 按钮，在弹出的对话框中设置参数，如图 23-77 所示。

Step75 在对话框中继续设置参数，创建柱子模型，如图 23-78 所示。

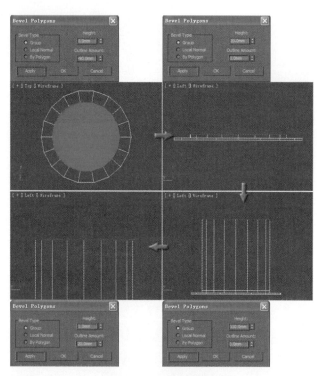

图23-77　参数设置

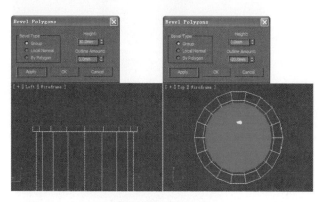

图23-78　参数设置

Step76 按照同样的方法和顺序继续创建模型，使其每隔一段距离即出来一圈，最终模型如图 **23-79** 所示。

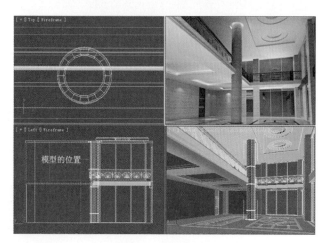

图23-79　模型的位置

Step77 在顶视图中参照墙体的内轮廓绘制多条曲线，如图 **23-80** 所示。

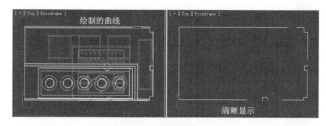

图23-80　绘制的曲线

Step78 将绘制的曲线附加为一体，命名为"踢脚线"，并将其设置向内的轮廓线，轮廓值为 5，轮廓后的图形如图 **23-81** 所示。

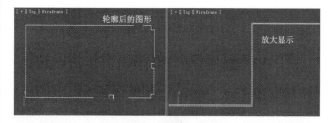

图23-81　轮廓后的图形

Step79 为其添加 Extrude 修改命令，设置 Amount 为 100，调整挤出后模型的位置，如图 **23-82** 所示。

图23-82　挤出后模型的位置

Step80 在前视图中创建一个 2400×3000×50 的长方体，命名为"浮雕墙"。

Step81 将方体转换为可编辑多边形，在前视图中选中正面的多边形，在 Edit Polygons 卷展栏下单击 Bevel 后的 □ 按钮，在弹出的对话框中设置参数，如图 **23-83** 所示。

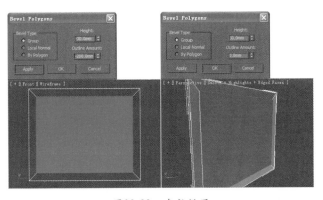

图23-83 参数设置

Step82 在视图中调整"浮雕墙"的位置,如图23-84所示。

图23-84 模型的位置

Step83 在前视图中绘制一个2400×800的矩形,命名为"装饰框",将其转换为可编辑样条线,进行轮廓处理,轮廓值为50,轮廓后的图形如图23-85所示。

图23-85 轮廓后的图形

Step84 为其添加Extrude修改命令,设置Amount为100,调整挤出后模型的位置,如图23-86所示。

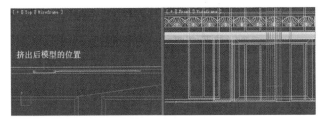

图23-86 挤出后模型的位置

Step85 在前视图中创建一个2300×700的矩形和1000×20×20的长方体,将长方体复制5个,调整模型的方向和位置,如图23-87所示。

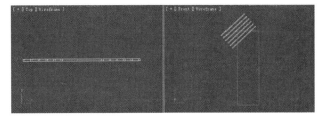

图23-87 模型的位置

Step86 在前视图中选中长方体组,将其复制5组,调整复制后模型的方向和位置,如图23-88所示。

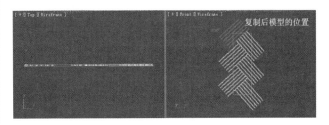

图23-88 复制后模型的位置

Step87 选中一个长方体,将其转换为可编辑多边形,与其他所有方体附加为一体,命名为"方格"。

Step88 选中前面绘制的矩形,将其转换为可编辑样条线,进行轮廓处理,轮廓值为650,并添加Extrude修改命令,设置Amount为100,调整挤出后模型的位置,如图23-89所示。

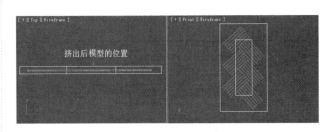

图23-89 挤出后模型的位置

Step89 在视图中选中"方格",在几何体创建面板的 Standard Primitives 下拉列表中选择 Compound Objects 选项,单击 ProBoolean 按钮,在 Pick Boolean 卷展栏下单击 Start Picking 按钮,在视图中单击拾取矩形,进行布尔运算,在视图中调整运算后模型的位置,如图23-90所示。

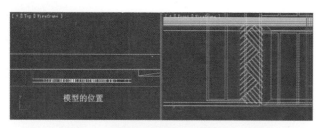

图23-90　模型的位置

Step90 在前视图中创建一个平面，命名为"亮板"，调整模型的位置，如图23-91所示。

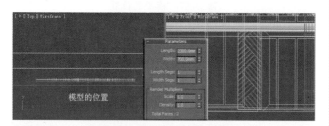

图23-91　模型的参数及位置

Step91 在前视图中同时选中"装饰框"、"亮板"和"方格"，将其向右移动复制一组，调整复制后模型的位置，如图23-92所示。

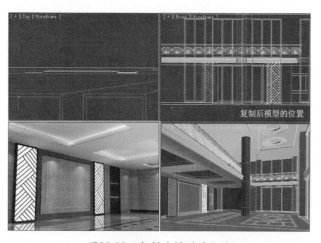

图23-92　复制后模型的位置

Step92 在左视图中创建一个长方体，命名为"装饰画"，调整模型的位置，如图23-93所示。

图23-93　模型的位置

Step93 单击 ✸（创建）/ ◎（几何体）/ Tube 按钮，在顶视图中创建一个管状体，命名为"筒灯座"，调整模型的位置，如图23-94所示。

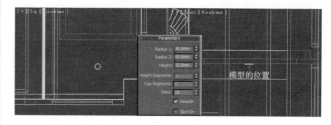

图23-94　模型的参数及位置

Step94 单击 Cylinder 按钮，在顶视图中创建一个圆柱体，命名为"筒灯"，调整模型的位置，如图23-95所示。

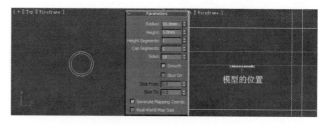

图23-95　模型的参数及位置

Step95 在顶视图中同时选中"筒灯座"和"筒灯"，将其复制69组，调整复制后模型的位置，如图23-96所示。

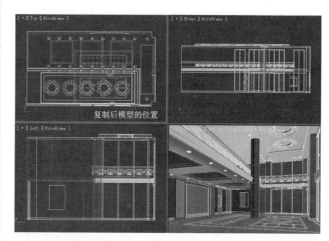

图23-96　复制后模型的位置

23.4 调制细节材质

大堂材质的制作主要包括大理石、浮雕墙、玻璃等材质，通过材质体现大堂的宽敞、明亮等效果，如图23-97所示。

图23-97 材质效果

Step01 继续前面的操作，按下 F10 键，打开 Render Setup 对话框，然后将 VRay 指定为当前渲染器。

Step02 单击工具栏中 ⊙（材质编辑器）按钮，打开 Material Editor 对话框，选择一个空白示例球，将材质命名为"墙体"，如图 23-98 所示。

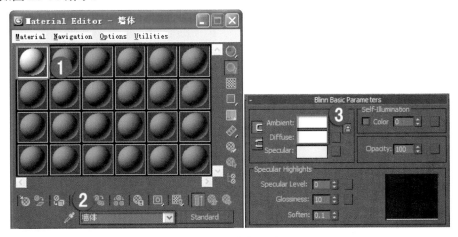

图23-98 参数设置

Step03 在视图中选中"墙体"、"右墙"、"左墙"以及所有的一层吊顶和二层吊顶，单击 ⊟（将材质指定给选定对象）按钮，将材质赋予选中的模型，赋予材质后的效果如图 23-99 所示。

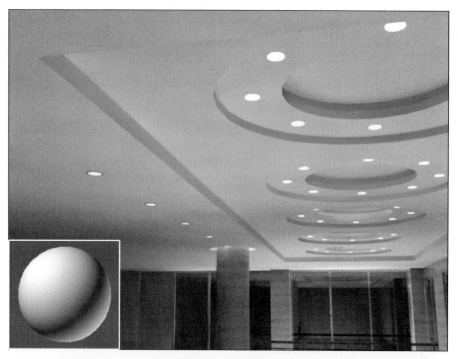

图23-99 材质效果

Step04 在材质编辑器中选择第二个材质球，命名为"大理石A"，将其指定为 VRayMtl 材质类型，然后在 Basic parameters 卷展栏下设置 Reflection 组中的参数，如图 23-100 所示。

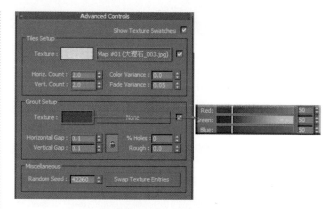

图23-101 参数设置

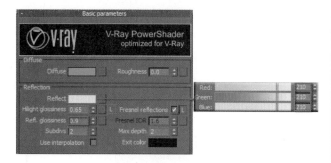

图23-100 参数设置

Step05 单击 Diffuse 后 的 ■ 按钮，在 Material/Map Browser 对话框中选择 Tiles 贴图类型，在 Advanced Controls 卷展栏下设置参数，如图 23-101 所示。

Step06 单击 ■ 按钮，返回父级，单击 Reflect 后的 ■ 按钮，在弹出的对话框中双击选择 Falloff 贴图类型，并设置参数，如图 23-102 所示。

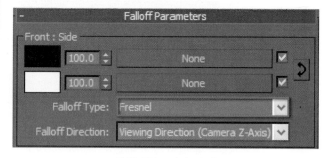

图23-102 参数设置

Step07 在视图中选中"地面A"，单击 ■ 按钮，将材质赋予选中的模型，为其添加 UVW Map 修改命令，设置参数，如图 23-103 所示。

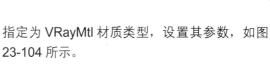

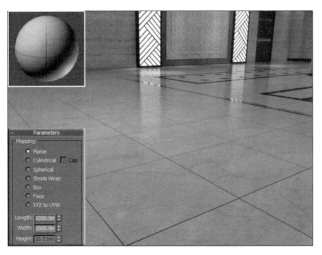

图23-103　参数设置

Step08 选择第三个材质球，命名为"地面B"，将其

指定为 VRayMtl 材质类型，设置其参数，如图 23-104 所示。

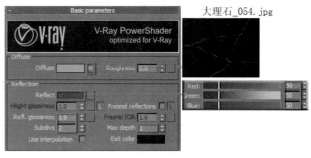

图23-104　参数设置

Step09 在视图中选中"地面B"、"中墙"和"踢脚线"，将材质赋予它们，赋予材质后的效果如图 23-105 所示。

图23-105　材质效果

Step10 按照同样的方法调制"地面C"及大理石墙面材质，效果如图 23-106 所示。

Step11 选择一个未用的材质球，命名为"木纹"，将其指定为 VRayMtl 材质类型，设置其参数，如图 23-107 所示。

Step12 在视图中选中"木扶手"、"装饰框"、"方格"，"门框"和"木门"，将材质赋予它们，赋予材质后的效果如图 23-108 所示。

图23-106　材质效果

图23-107　参数设置

木纹70.jpg

图23-108　材质效果

Step13 在视图中选中"浮雕墙"，激活 Polygon 子对象，设置多边形材质 ID，如图 23-109 所示。

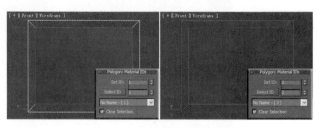

图23-109　参数设置

在使用多维子材质时，首先对要赋予材质的模型进行材质 ID 设置。

提示

Step14 选择一个未用的材质球，命名为"浮雕墙"，将其指定为 Multi/Sub-Object 材质类型，设置参数，如图 23-110 所示。

图23-110 参数设置

Step15 在材质编辑器中单击 ID1 的子材质，在 Maps 卷展栏下设置参数，如图 23-111 所示。

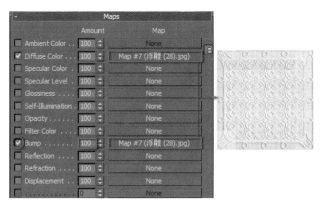

图23-111 参数设置

Step16 单击 按钮，返回父级，打开 ID2 子材质，将其指定为 VRayMtl 材质类型，设置参数，如图 23-112 所示。

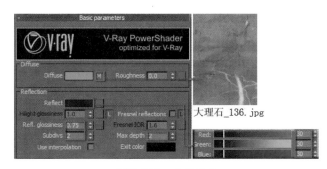

图23-112 参数设置

Step17 在视图中选中"浮雕墙"，单击 按钮，将材质赋予选中的模型，赋予材质后的效果如图 23-113 所示。

Step18 选择一个未用的材质球，命名为"玻璃"，将其指定为 VRayMtl 材质类型，设置参数，如图 23-114 所示。

图23-113 材质效果

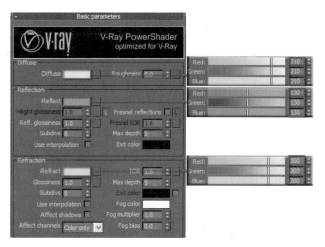

图23-114 参数设置

Step19 在视图中选中所有的玻璃，将材质赋予选中的模型，赋予材质后的效果如图 23-115 所示。

图23-115 材质效果

Step20 选择一个未用的材质球，命名为"铁栏杆"，使用默认材质，设置参数，如图23-116所示。

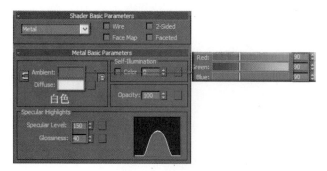

图23-116 参数设置

Step21 在视图中选中所有的横栏和花纹铁栏，将材质赋予它们，赋予材质后的效果如图23-117所示。

图23-117 材质效果

Step22 在材质编辑器中选择一个未用的材质球，命名为"不锈钢"，将其指定为VRayMtl材质类型，设置其参数，如图23-118所示。

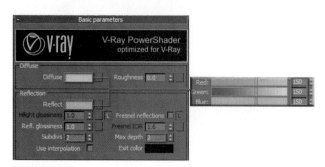

图23-118 参数设置

Step23 在视图中选中所有的筒灯座、大堂窗框和门框，将材质赋予它们，赋予材质后的效果如图23-119所示。

图23-119 材质效果

Step24 选择一个未用的材质球，命名为"亮板"，设置其参数，如图23-120所示。

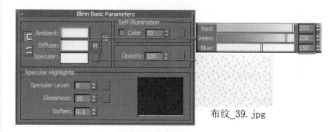

布纹_39.jpg

图23-120 参数设置

Step25 在视图中选中"亮板"，将材质赋予选中的模型，赋予材质后的效果如图23-121所示。

图23-121 材质效果

Step26 场景中主要的材质已经制作完成，根据前面章节学习的方法，调制筒灯、装饰画等材质，效果如图23-122所示。

图23-122　材质效果

23.5　调入模型丰富空间

本例主要调入了沙发组合、前台组合和大堂吊灯，调入模型后的场景效果如图 23-123 所示。

图23-123　调入模型后的效果

Step01 继续前面的操作，单击菜单栏左端⑤按钮，选择"Import>Merge"命令，在弹出的 Merge File 对话框中，选择并打开随书光盘中"模型 / 第 23 章 / 沙发 .max"文件，如图 23-124 所示。

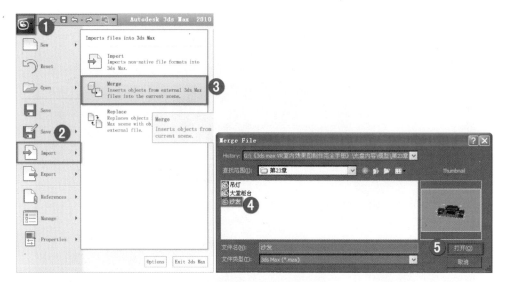

图23-124　打开文件

Step02 在弹出的对话框中取消灯光和摄影机的显示，然后单击 All 按钮，选中所有的模型部分，将它们合并到场景中，调整模型的位置，如图 23-125 所示。

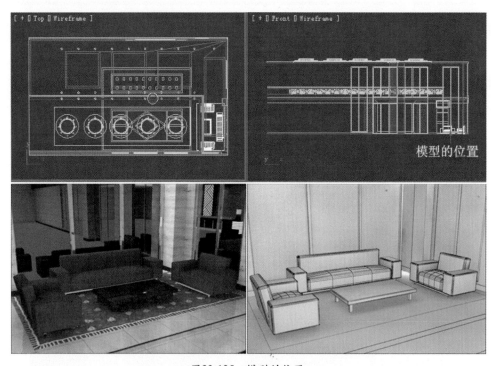

图23-125　模型的位置

Step03 单击菜单栏中⑤按钮，选择"Import>Merge"命令，打开随书光盘中"模型 / 第 23 章 / 大堂柜台 .max"文件，将模型合并到场景中，如图 23-126 所示。

图23-126 模型的位置

Step04 单击菜单栏中 ⑤ 按钮，选择"Import>Merge"命令，打开随书光盘中"模型 / 第23章 / 吊灯 .max"文件，将模型合并到场景中，如图 23-127 所示。

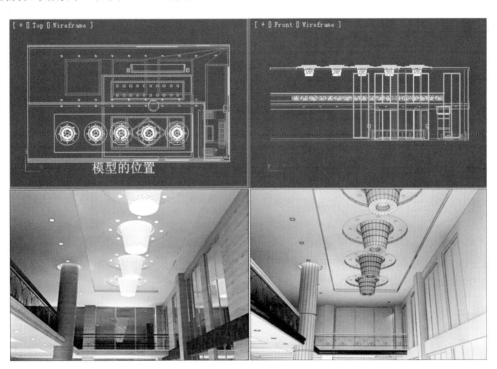

图23-127 模型的位置

23.6 设置灯光

本例中利用灯光模拟夜晚的室内外光照效果，灯光设置分为室外光、室内光和补光，灯光效果如图23-128所示。

图23-128　灯光效果

23.6.1 设置渲染参数

在设置灯光前，首先在渲染设置窗口中设置VRay的基本渲染参数。

Step01 按下F10键，打开Render Setup对话框，在Common选项卡下设置一个较小的渲染尺寸，例如640×480。

Step02 在V-Ray选项卡下设置一个渲染速度较快、画面质量较低的抗锯齿方式，如图23-129所示。

Step03 在Indirect illumination选项卡下打开GI，并设置光子图的质量，此处的参数设置以速度为优先考虑的因素，如图23-130所示。

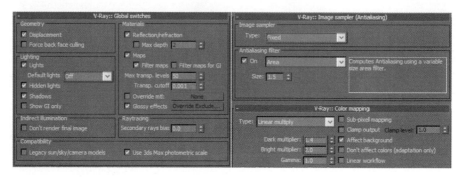

图23-129　参数设置

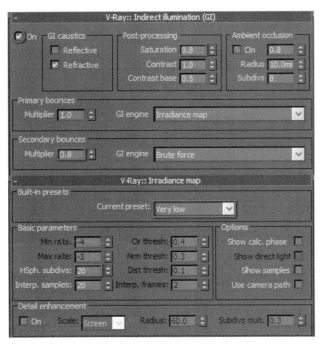

图23-130 参数设置

(Step04) 至此，渲染参数设置完成，激活摄影机视图，单击 Render 按钮进行渲染，渲染效果如图 23-131 所示。

图23-131 渲染效果

23.6.2 设置场景灯光

大堂灯光设置包括室外夜光、室内筒灯、灯带等灯光。

(Step05) 单击 ◎ （灯光）/ VRay / VRayLight 按钮，在左视图中创建一盏 VRayLight，命名为"模拟夜光"，设置其参数，如图 23-132 所示。

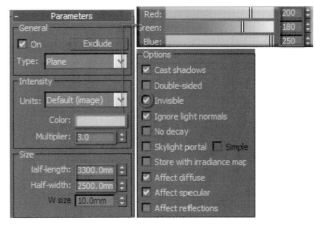

图23-132 灯光的方向和位置

(Step06) 在视图中调整灯光的方向和位置，如图 23-133 所示。

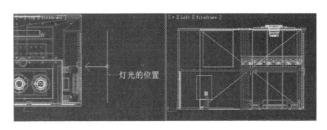

图23-133 灯光的方向和位置

(Step07) 单击工具栏中 ◎ （渲染）按钮，渲染观察设置"模拟夜光"后的效果，如图 23-134 所示。

图23-134 渲染效果

(Step08) 在顶视图中创建一盏 VRayLight，命名为"吊灯光带"，设置其参数，如图 23-135 所示。

(Step09) 将"吊灯光带"复制 5 个，调整灯光的位置，如图 23-136 所示。

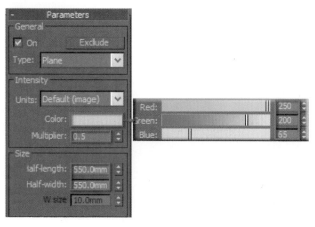

图23-135 参数设置

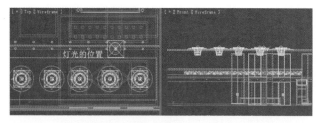

图23-136 灯光的位置

(Step10) 在左视图中创建一盏 VRayLight，命名为"灯带"，设置其参数，如图 23-137 所示。

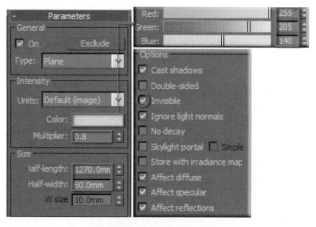

图23-137 参数设置

(Step11) 将"灯带"复制 11 个，调整灯光的方向和位置，如图 23-138 所示。

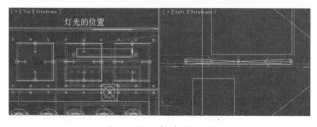

图23-138 灯光的位置

(Step12) 选中其中一组灯带，复制一组，调整灯光的位置，并根据吊顶的长宽，重新设置一下灯带尺寸，如图 23-139 所示。

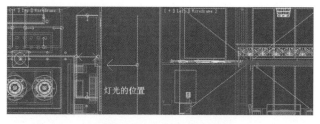

图23-139 灯光的位置

(Step13) 单击工具栏中 （渲染）按钮，渲染观察设置"灯带"后的效果，如图 23-140 所示。

图23-140 渲染效果

(Step14) 单击 （灯光）/ Photometric / Target Light 按钮，在左视图中创建一盏 Target Light，命名为"筒灯"，设置其参数，如图 23-141 所示。

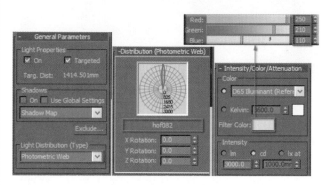

图23-141 参数设置

(Step15) 将灯光复制 6 个，在视图中调整灯光的位置，如图 23-142 所示。

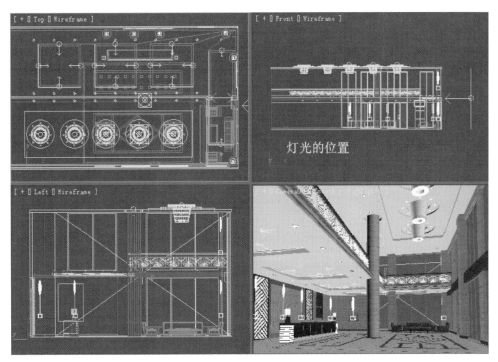

图23-142　灯光的位置

Step16 单击工具栏中  （渲染）按钮，渲染观察设置"筒灯"后的效果，如图 23-143 所示。

图23-143　渲染效果

Step17 单击 （灯光）/ Standard / Omni 按钮，在顶视图中创建一盏 Omni，命名为"台灯"，设置其参数，如图 23-144 所示。

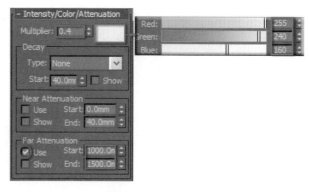

图23-144 参数设置

Step18 将"台灯"复制一个，在视图中调整灯光的位置，如图 23-145 所示。

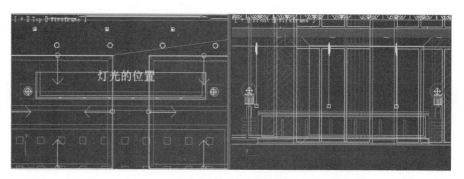

图23-145 灯光的位置

Step19 单击工具栏中（渲染）按钮，渲染观察设置"台灯"后的效果，如图 23-146 所示。

图23-146 渲染效果

Step20 至此，场景中的主要光源已经设置完成，但场景亮度不够，下面开始创建补光。单击（灯光）/
Standard ∨ / Omni 按钮，在顶视图中创建一盏Omni，命名为"补光"，设置其参数，如图
23-147 所示。

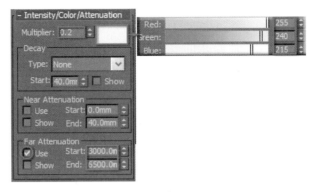

图23-147　参数设置

(Step21) 在视图中将"补光"复制一个，调整灯光的位置，如图 23-148 所示。

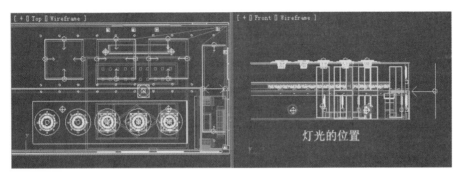

图23-148　灯光的位置

(Step22) 单击工具栏中 （渲染）按钮，渲染观察设置"补光"后的效果，如图 23-149 所示。

图23-149　渲染效果

(Step23) 单击标题工具栏 （保存）按钮，将文件保存。

23.7 渲染输出

与前面章节中所介绍的方法一样，首先保存场景光子图，然后通过光子图渲染最终的大图，以节省工作时间。

Step01 打开材质编辑器，选中地面大理石材质，重新调整材质的反射参数，如图 23-150 所示。

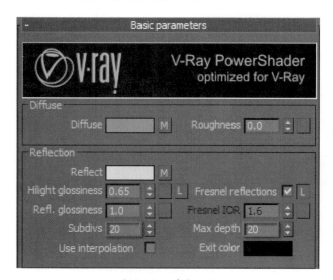

图23-150　参数设置

Step02 使用同样的方法处理金属材质、木纹材质等反射效果较为明显的材质，在此不做赘述。

Step03 按下 F10 键，打开 Render Setup 对话框，在 Common 选项卡下设置一个较小的渲染尺寸，例如 640×480。

Step04 在 V-Ray 选项卡下设置一个精度较高的抗锯齿方式，如图 23-151 所示。

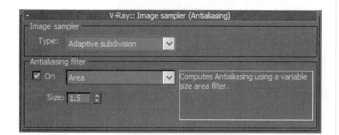

图23-151　参数设置

Step05 在 Indirect illumination 选项卡下设置光子图的质量，此处的参数设置要以质量为优先考虑的因素，如图 23-152 所示。

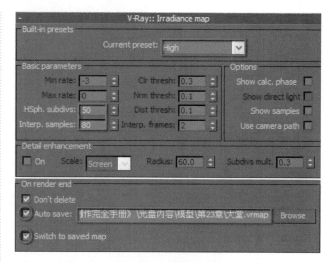

图23-152　保存光子图

Step06 单击对话框中的 Render 按钮，渲染摄影机视图，渲染结束后系统自动保存光子图文件。然后调用光子图文件，如图 23-153 所示。

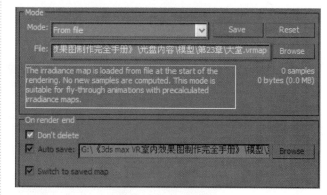

图23-153　调用光子图

Step07 在 Common 选项卡下设置一个较大的渲染尺寸，例如 3000×2250。单击对话框中的 Render 按钮渲染场景，得到的便是最终效果。

Step08 渲染结束后，单击渲染对话框中 🖫 按钮保存文件，选择 TIF 文件格式，如图 23-154 所示。

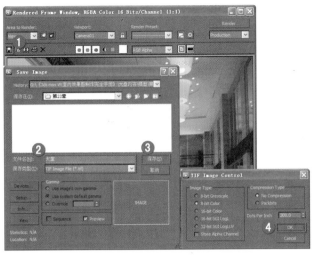

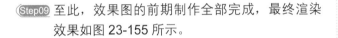

图23-154 保存效果图

图23-155 渲染效果

Step09 至此，效果图的前期制作全部完成，最终渲染
效果如图 23-155 所示。

23.8 后期处理

大堂效果图的后期处理主要对画面亮度、对比度进行调整，并添加人物、绿色植物等。

Step01 在桌面上双击 Ps 图标，启动 Photoshop CS4。

Step02 单击"文件 > 打开"命令，打开前面渲染保存的"大堂 .tif"文件，如图 23-156 所示。

Step03 单击菜单栏中"图像 > 调整 > 亮度 / 对比度"命令，在弹出的"亮度 / 对比度"对话框中设置参数，单击
  确定 按钮，关闭对话框，如图 23-157 所示。

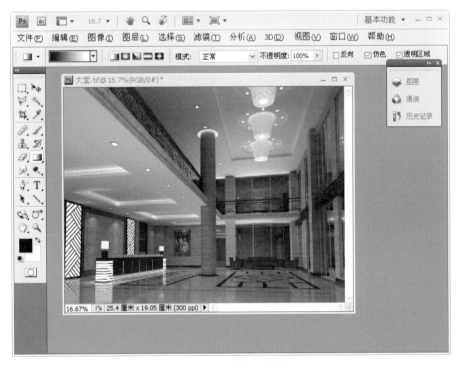

图23-156 打开文件

图23-157　参数设置

Step04 选择菜单栏中"文件 > 打开"命令，打开随书光盘中"调用图片 / 绿植 .psd"文件，将其拖至效果图中，命名为"绿植"，调整图片的大小和位置，如图 23-158 所示。

图23-158　"绿植"的位置

Step05 选择菜单栏中"文件 > 打开"命令，打开随书光盘中"调用图片 / 人 - 平视 C.tif"文件，将其拖至效果图中，命名为"人"，调整图片的大小和位置，如图 23-159 所示。

图23-159 "人"的位置

Step06 按住 Ctrl 键，单击"人"图层，载入图层选区，如图 23-160 所示。

图23-160 载入选区

Step07 确定背景色为白色，按下 Ctrl+Delete 键将选区填充为白色，并设置该图层的不透明度，如图 23-161 所示。

图23-161 参数设置

Step08 激活工具箱中 ⤻ 按钮，在效果图中选中如图 23-162 所示的区域，按下 Delete 键将其删除。

图23-162　删除选中的区域

Step09 按照同样的方法调入"人 - 平视 A"、"人 - 平视 B"、"人 - 平视 D"人物图片，在效果图中调整它们的大小和位置，效果如图 23-163 所示。

图23-163　人物的位置

Step10 选择菜单栏中"文件 > 打开"命令，打开随书光盘中"调用图片 / 插花 .psd"文件，将其拖至效果图中，命名为"插花"，调整图片的大小和位置，如图 23-164 所示。

图23-164　"插花"的位置

Step11 按下 Ctrl+Shift+E 键，将所有图层合并为一个图层。选择"滤镜 > 锐化 >USM 锐化"命令，在弹出的对话框中设置参数，如图 23-165 所示。

图23-165　参数设置

Step12 至此，效果图的后期处理已经全部完成，最终效果如图 23-166 所示。

图23-166 最终效果

23.9 本章小结

　　本章介绍酒店大堂效果图的制作过程。要体现出大堂场景的氛围、气势，材质的调制是很重要的，建模、灯光与材质主要在 3ds Max 中完成，在后期的处理中，为场景添加人物和绿植，增添一份生气。

第24章
制作游泳池效果图

3ds Max 2010 效果图制作完全学习手册

本章内容

- 设计理念
- 制作流程分析
- 搭建空间模型
- 调制细节材质
- 调入模型丰富空间
- 设置灯光
- 渲染输出
- 后期处理

设计中有两点非常重要：一是发明，二是革新。游泳池是娱乐场所的一种，在效果图的制作中可以通过装饰、照明等来营造气氛。室内游泳池不仅可以游泳，更是休息、交友等多能齐全的娱乐场所，本章将制作游泳池效果图，效果如图24-1所示。

图24-1 游泳池效果图

24.1 设计理念

室内游泳池多为高级健身会所或高级酒店内置的休闲设施，制作中应与整体建筑风格保持一致。现代室内设计，也称为室内环境设计，这里的"环境"有多重含义：包括室内空间环境、视觉环境、空气质量环境、声光热等物理环境、心理环境等许多方面，在室内设计时固然需要重视视觉环境的设计，但是不应局限于视觉环境，对室内声、光、热等物理环境，空气质量环境以及心理环境等因素也应极为重视，因为人们对室内环境的感受是综合的。

在设计室内环境时，科学性与艺术性的结合十分紧密。室内设计必须充分重视并积极运用当代科学技术的成果，包括新型的材料、结构构成和施工工艺，以及为创造良好声、光、热环境的设施设备。室内游泳池在服务至上的经营理念下，给客人带来舒适的享受，创造出华丽、愉悦的气氛。

建筑物和室内环境，总是从一个侧面反映当代社会物质生活和精神生活的特征，铭刻着时代的印记，但是现代室内设计更需要强调自觉地在设计中体现时代精神，主动地满足当代社会生活活动和行为模式的需要，分析具有时代精神的价值观和审美观，积极应用当代物质技术手段。

色彩是室内设计中最为生动、最为活跃的因素，室内色彩往往给人留下室内环境的第一印象。色彩最具表现力，通过人们的视觉感受产生生理、心理和类似物理的效应，形成丰富的联想、深刻的寓意和象征。

光和色不能分离，除了色光以外，色彩还必须依附于界面、家具、室内织物、绿化等物体。室内色彩设计需要根据建筑物的性格、空间应用性质、工作活动特点、停留时间长短等因素，确定室内主色调，选择适当的色彩配置。在室内游泳池设计中，应做到舒适又不失典雅，力求风格鲜明。

本章介绍的室内游泳池空间设计中，应对其灯、墙面及水面的反应进行合理的操作，使其体现出清爽、舒适又不失华丽的感觉。游泳池表现效果如图24-2所示。

图24-2 游泳池效果图

24.2 制作流程分析

本章对室内游泳池的空间进行设计表现，先在 3ds Max 中创建空间的主要模型，包括墙体、水池等模型，然后赋予模型材质，并设置场景灯光，渲染输出后，在 Photoshop 中进行整体画面的润色调整，制作流程如图 24-3 所示。

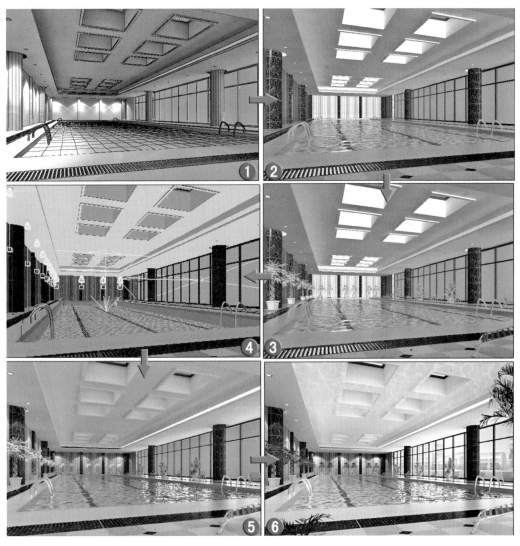

图24-3 制作流程图释

❶ 搭建模型，设置摄影机：在 3ds Max 中创建场景模型，包括墙体、水池等模型，并设置摄影机固定视角。

❷ 调制材质：由于使用 VRay 渲染器渲染，在材质调制时运用了较多的 VRay 材质。此处主要调制整体空间模型的材质。

❸ 合并模型：采用合并的方式将模型库中的家具模型合并到整体空间中，从而得到一个完整的模型空间。此处合并的模型包括树、盆景等，根据需要再对模型的材质进行调整。

❹ 设置灯光：根据效果图要表现的光照效果设计灯光照明。

❺ 使用 VRay 渲染效果图：计算模型、材质和灯光的设置数据，输出整体空间的效果图。

❻ 后期处理：对效果图进行最终的润色和修改。

24.3 搭建空间模型

空间模型的搭建主要分为水池、墙体与柱子、门窗、吊顶和室内其他模型 5 个部分，最终模型空间效果如图 24-4 所示。

❶水池 ❷墙体 ❸窗户 ❹吊顶 ❺其他模型

图24-4　模型效果

24.3.1　创建水池

本节主要介绍水池的创建方法，其中制作水池分为多层，为后面赋予不同的材质做基础，效果如图 24-5 所示。

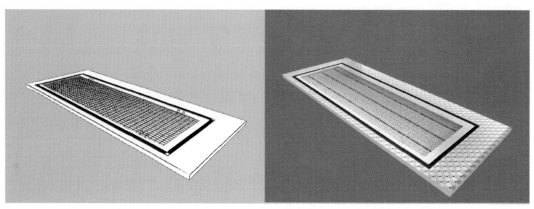

图24-5　模型效果

Step01 双击桌面上的 ⑤ 按钮，启动 3ds Max 2010，并将单位设置为毫米。

Step02 单击 ✿ （创建）/ ⬚ （图形）/ Rectangle 按钮，在顶视图中绘制 4 个矩形，调整图形的位置，其参数如图 24-6 所示。

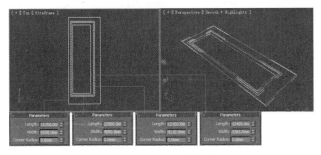

图24-6 图形的尺寸和位置

Step03 选中其中的一个矩形，将其转换为可编辑样条线，将其附加在一起，再为其添加 Extrude 修改命令，设置 Amount 为 300，如图 24-7 所示。

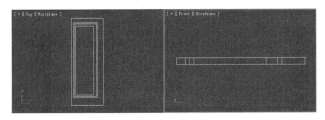

图24-7 绘制的曲线

Step04 将挤出后的模型转换为可编辑网格，激活 ▢ （多边形）子对象，在顶视图中选中如图 24-8 所示的多边形，然后在 Edit Geometry（编辑多边形）卷展栏下，单击 Detach （分离）按钮，命名为"水池地面"。

图24-8 分离多边形

Step05 采用同样的方法，选中如图 24-9 所示的多边形，单击 Detach （分离）按钮将其分离，命名为"水池边地面"。

图24-9 分离多边形

Step06 单击 Rectangle 按钮，在顶视图中根据前面绘制的 4 个矩形中的中间两个矩形的大小再绘制两个矩形，然后将其附加在一起，命名为"边沿"，在 Geometry 卷展栏下设置其 Outline 为 10，如图 24-10 所示。

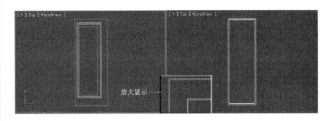

图24-10 绘制的矩形

Step07 为"边沿"添加 Extrude 修改命令，设置 Amount 为 10，调整其位置，如图 24-11 所示。

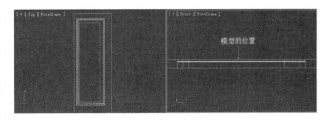

图24-11 调整位置

Step08 单击 ✿ （创建）/ ⭕ （几何体）/ Box （长方体）按钮，在顶视图中创建一个 15700×6000×300 的长方体，命名为"底"，调整其位置，如图 24-12 所示。

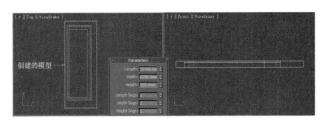

图24-12 创建"底"

Step09 将"底"转换为可编辑网格，激活□（多边形）子对象，在顶视图中选中其上方的多边形，按 Delete 键将其删除，然后在 Edit Geometry 卷展栏下单击 Attach 按钮，将未命名的模型附加在一起，如图 24-13 所示。

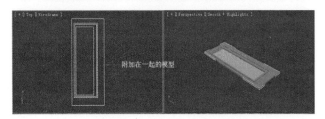

图24-13　附加模型

Step10 单击◆（创建）/○（几何体）/ Plane （平面）按钮，在顶视图中创建一个平面，命名为"游泳池底"，如图 24-14 所示。

图24-14　创建的模型

Step11 选中"游泳池底"，单击鼠标右键，将其转换为可编辑多边形，激活 Vertex 子对象，调整其顶点的位置，如图 24-15 所示。

图24-15　调整顶点的位置

Step12 在视图中调整"游泳池底"的位置，如图 24-16 所示。

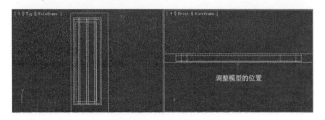

图24-16　调整模型的位置

Step13 单击◆（创建）/○（图形）/ Rectangle 按钮，在顶视图中绘制两个矩形，调整图形的位置，如图 24-17 所示。

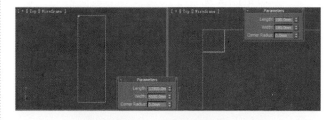

图24-17　图形的位置

Step14 分别选中较小的两个矩形，将相对大的矩形复制一个，并调整其位置，再将最小的矩形复制若干个，调整其位置，如图 24-18 所示。

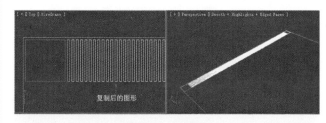

图24-18　复制图形

Step15 在顶视图中选中最小的矩形，将其旋转 90° 复制一个，调整其位置，再将旋转后的图形复制多个，如图 24-19 所示。

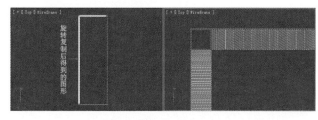

图24-19　复制图形

Step16 将得到的图形参照大矩形的位置复制两组，然后将大矩形删除，再任选一个矩形，将其转换为可编辑样条线，将所有的矩形附加在一起，命名为"排水网"，如图 24-20 所示。

图24-20　附加在一起的图形

(Step17) 为"排水网"添加 Extrude 修改命令,设置 Amount 为 10,调整挤出后模型的位置,如图 24-21 所示。

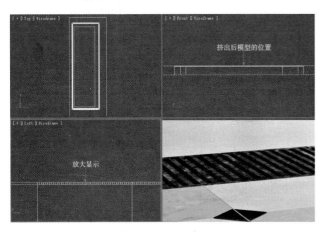

图24-21 挤出后的模型位置

(Step18) 单击 ■(创建)/ ■(图形)/ Line 按钮,在前视图中参照创建的模型的大小绘制一条曲线,命名为"扶手",如图 24-22 所示。

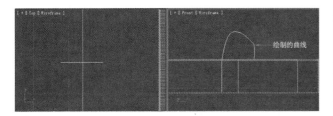

图24-22 绘制的曲线

(Step19) 在修改面板中打开 Rendering 卷展栏,设置参数,调整模型位置,如图 24-23 所示。

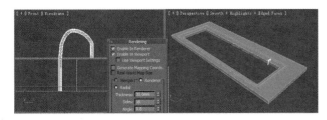

图24-23 调整模型的位置

(Step20) 在视图中选中"扶手",将其复制三个,调整复制后的模型位置,如图 24-24 所示。

图24-24 复制后模型的位置

(Step21) 在视图中选中所有的"扶手",在顶视图中单击菜单栏中的 ■ 按钮,在弹出的对话框中设置参数,调整复制后的模型位置,如图 24-25 所示。

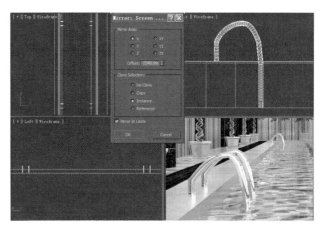

图24-25 模型的位置

(Step22) 单击 ■(创建)/ ■(几何体)/ Plane 按钮,在顶视图中创建一个平面,命名为"水",调整模型的位置,如图 24-26 所示。

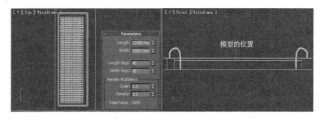

图24-26 创建的模型

(Step23) 为"水"添加 Noise 修改命令,设置参数,如图 24-27 所示。

图24-27 添加噪波修改命令

24.3.2 创建墙体

本节主要制作墙体、支撑柱并创建摄影机,不同墙体的材质不同,柱子不仅起到支撑的作用,还有装饰的作用,效果如图 24-28 所示。

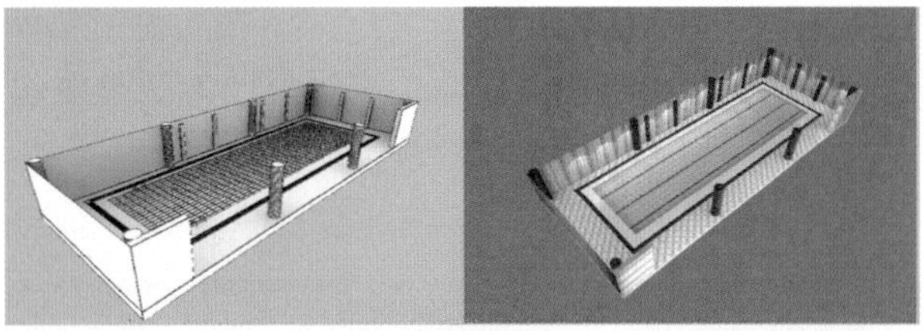

图24-28　模型效果

Step24 单击（创建）/（几何体）/ Box 按钮，在左视图中创建一个2000×1530×200的长方体，命名为“侧墙”，调整其位置，如图24-29所示。

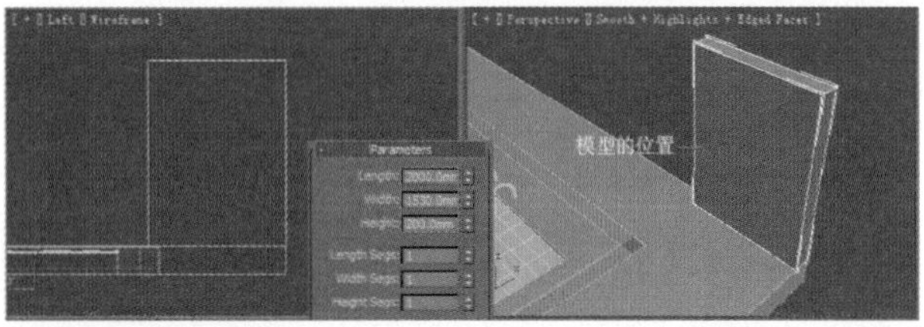

图24-29　创建的模型

Step25 用同样的方法在左视图中创建一个2000×2000×200的长方体，命名为“侧墙1”，调整模型的位置，如图24-30所示。

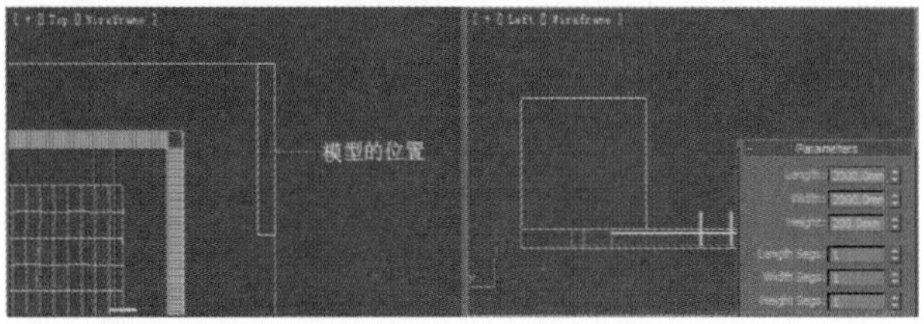

图24-30　模型的位置

Step26 单击（创建）/（几何体）/ Box 按钮，在顶视图中创建一个15700×5800×2000的长方体，命名为“墙体”，调整其位置，如图24-31所示。

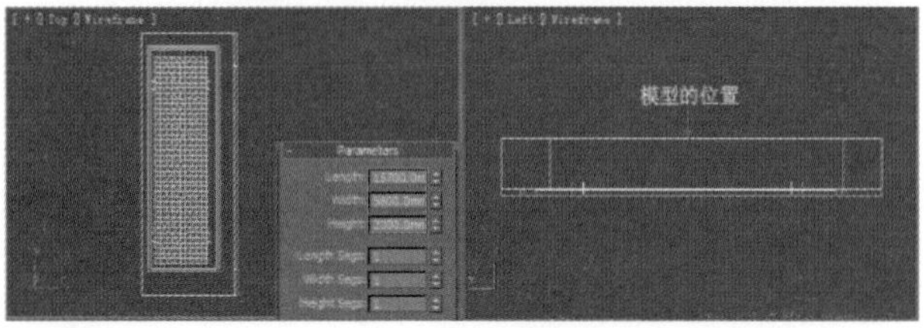

图24-31　创建的模型

Step27 将“墙体”转换为可编辑多边形，激活Polygon子对象，将其顶、底及右侧的多边形删除，如图24-32所示。

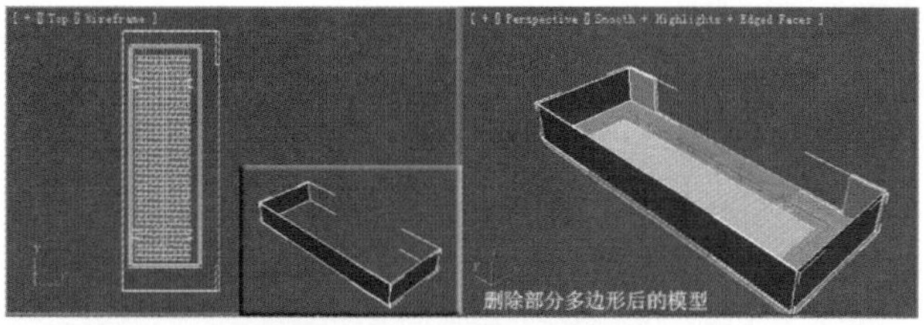

图24-32　删除部分多边形

Step28 在修改命令面板 Modifier List 下拉列表中选择Normal（法线）命令，使“墙体”渲染时可见面相反，然后在创建命令面板中单击（摄影机）/ Target 按钮，在顶视图中创建一架摄影机，调整它在视图中的位置，如图24-33所示。

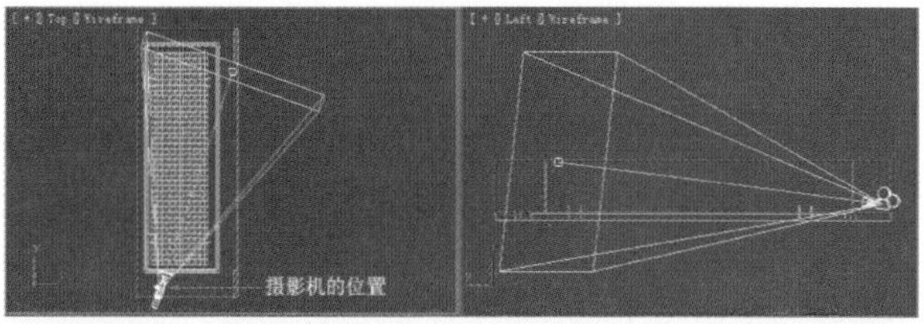

图24-33　摄影机的位置

Step29 选中摄影机，在Parameters卷展栏下设置参数，如图24-34所示。

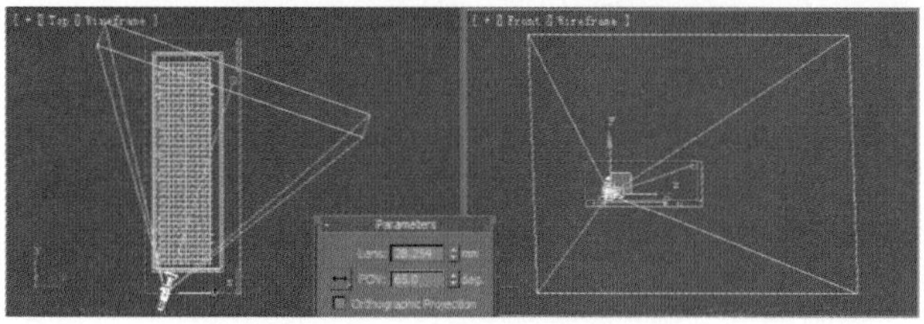

图24-34　设置参数

Step30 选中摄影机，单击菜单栏中的Modifiers/Cameras/Camera Correction命令，校正摄影机，然后再将摄影机隐藏。

Step31 单击（创建）/（几何体）/ Cylinder 按钮，在顶视图中创建一个圆柱体，命名为“柱子”，如图24-35所示。

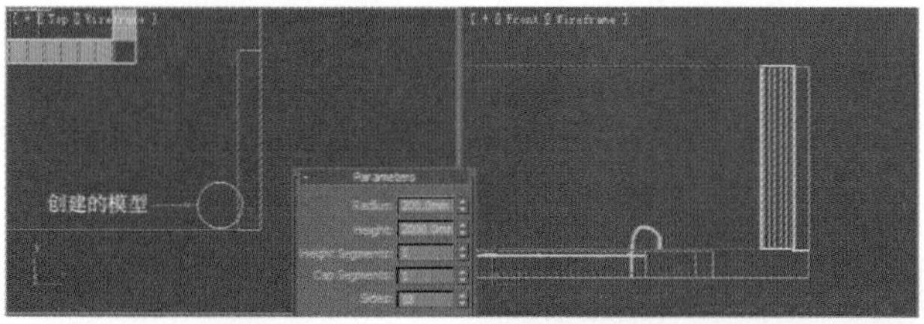

图24-35　创建的模型

Step32 在视图中选中"柱子",将其复制多个,并在视图中调整其位置,如图24-36所示。

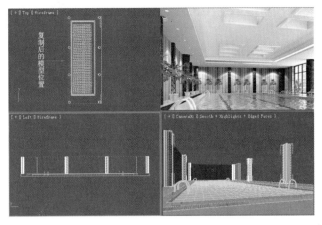

图24-36 复制后的模型位置

Step33 单击 ⚙ (创建)/ ◯ (几何体)/ Box 按钮,在顶视图中创建一个 120×200×1800 的长方体,命名为"墙柱",调整其位置,如图24-37所示。

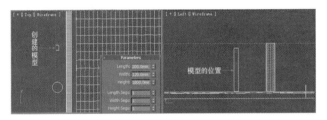

图24-37 创建的模型

Step34 将其复制三个,并调整复制后的模型位置,如图24-38所示。

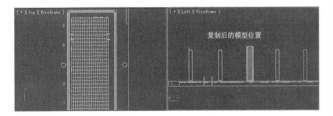

图24-38 复制后的模型位置

Step35 将"墙柱"旋转复制一个,调整其位置,如图24-39所示。

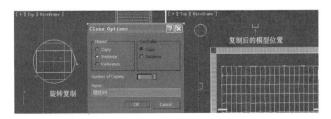

图24-39 旋转复制

Step36 将旋转复制得到的墙柱在前视图中沿X轴向右复制一个,调整其位置,如图24-40所示。

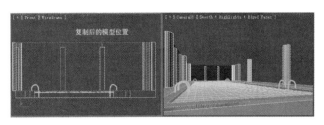

图24-40 复制后的模型位置

24.3.3 创建窗户

本节主要制作室内游泳池的窗户,先在左视图中绘制矩形,再将绘制的矩形附加在一起,然后添加倒角修改命令,效果如图24-41所示。

图24-41 模型效果

Step37 单击 ⚙ (创建)/ ◔ (图形)/ Rectangle 按钮,在左视图中绘制三个矩形,如图24-42所示。

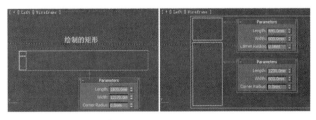

图24-42 绘制的矩形

Step38 选中绘制的两个小矩形,将其在左视图中沿X轴向右复制若干组,然后将所有的矩形附加在一起,命名为"窗框",如图24-43所示。

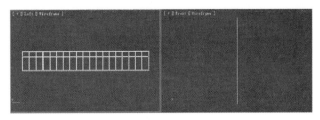

图24-43 复制后的矩形

Step39 为"窗框"添加Bevel(倒角)修改命令,设置参数,并在视图中调整"窗框"的位置,如图 24-44 所示。

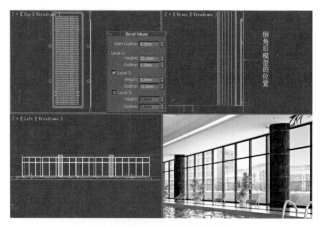

图24-44 倒角后的模型位置

24.3.4 创建吊顶

吊顶采用的是层叠式构造,制作时主要通过绘制图形并添加挤出修改命令来实现,模型效果如图24-45 所示。

图24-45 模型效果

(Step40) 单击 (创建) / (图形) / Line 按钮,在顶视图中参照创建的模型轮廓绘制一条闭合的曲线,如图 24-46 所示。

图24-46 绘制的曲线

(Step41) 用前面介绍的方法,在顶视图中再绘制一个矩形和两个圆形,将绘制的图形附加在一起,命名为"吊顶",如图 24-47 所示。

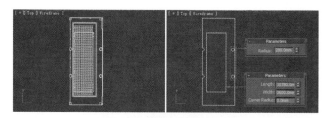

图24-47 将图形附加在一起

(Step42) 为"吊顶"添加 Extrude 修改命令,设置Amount 为 50,调整挤出后的模型位置,如图24-48 所示。

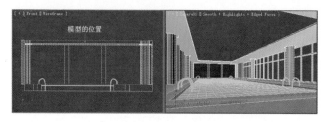

图24-48 挤出后的模型

(Step43) 单击 (创建) / (图形) / Rectangle 按钮,在顶视图中再绘制两个矩形,然后将其附加在一起,命名为"二层吊顶",如图 24-49 所示。

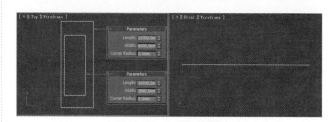

图24-49 附加图形

(Step44) 为"二层吊顶"添加 Extrude 修改命令,设置Amount 为 150,调整挤出后的模型位置,如图24-50 所示。

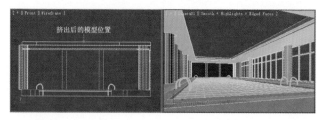

图24-50 挤出后的模型位置

(Step45) 在顶视图中绘制大小为15700×6000和800×800的两个矩形,设置其参数,调整矩形的位置,如图 24-51 所示。

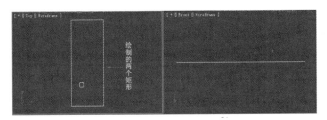

图24-51 绘制的矩形

(Step46) 将绘制的小矩形复制多个，调整复制后的矩形位置，如图24-52所示。

图24-52 复制后矩形的位置

(Step47) 将绘制的所有矩形附加在一起，命名为"顶"，为其添加Extrude修改命令，设置Amount为400，调整其位置，如图24-53所示。

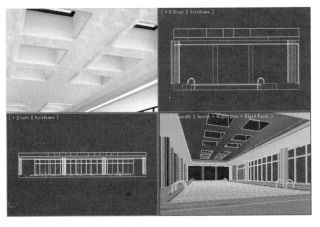

图24-53 挤出后的模型位置

(Step48) 在顶视图中再绘制一个800×800的矩形，命名为"沿"，将其转换为可编辑多边形，设置其Outline为-100，如图24-54所示。

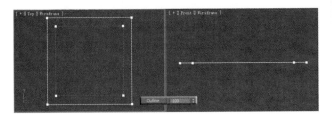

图24-54 设置轮廓

(Step49) 为"沿"添加Bevel修改命令，设置参数，并调整其位置，如图24-55所示。

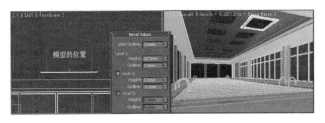

图24-55 添加倒角修改命令

提示

此处添加倒角修改命令后，"沿"的倒角面在上方，因此需要用镜向工具在Y轴上调整其方向。

(Step50) 将"沿"复制多个，调整其位置，如图24-56所示。

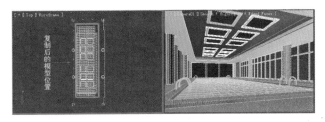

图24-56 调整位置

24.3.5 创建室内其他模型

前面创建了空间中的主要模型，下面开始创建空间中的其他模型，包括柱灯和筒灯模型，效果如图24-57所示。

图24-57 模型效果

(Step51) 单击 ■（创建）/ ■（图形）/ Circle 按钮，在顶视图中绘制一个Radius为280的圆，命名为"柱灯"，如图24-58所示。

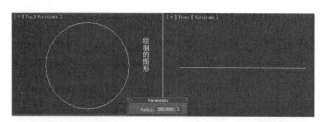

图24-58　绘制圆

Step52 单击 按钮，进行修改命令面板，在 Rendering 卷展栏下设置参数，调整"柱灯"的位置，如图 24-59 所示。

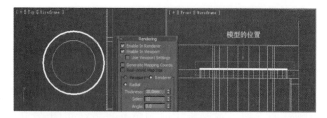

图24-59　调整模型的位置

Step53 将"柱灯"复制三个，调整复制后的模型位置，如图 24-60 所示。

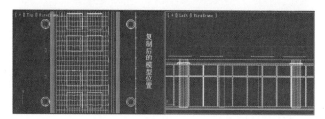

图24-60　复制后的模型位置

Step54 单击 （创建）/ （几何体）/ Tube （管状体）按钮，在顶视图中创建一个管状体，命名为"筒灯座"，如图 24-61 所示。

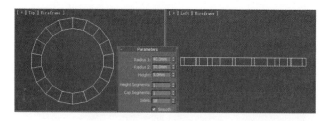

图24-61　创建的模型

Step55 单击 （创建）/ （几何体）/ Cylinder （圆柱体）按钮，在顶视图中创建一个管状体，调整其位置，如图 24-62 所示。

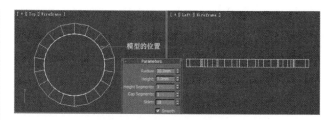

图24-62　创建模型并调整模型的位置

Step56 在视图中选中"筒灯座"和"筒灯"，调整其位置，如图 24-63 所示。

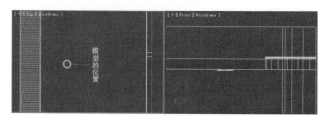

图24-63　调整位置

Step57 在视图中将"筒灯座"和"筒灯"复制多个，调整其位置，如图 24-64 所示。

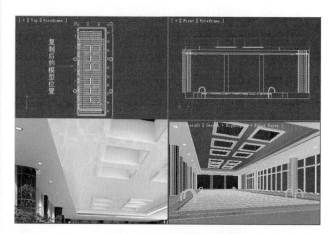

图24-64　复制后模型的位置

Step58 单击 （创建）/ （图形）/ Rectangle 按钮，在顶视图中绘制一个800×800的矩形，命名为"框"，如图 24-65 所示。

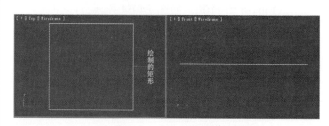

图24-65　绘制的矩形

Step59 单击鼠标右键，将"框"转换为可编辑样条线，设置 Outline 为 50，如图 24-66 所示。

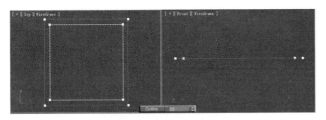

图24-66 设置轮廓

Step60 为"框"添加 Extrude 修改命令，设置 Amount 为 30，在视图中调整其位置，如图 24-67 所示。

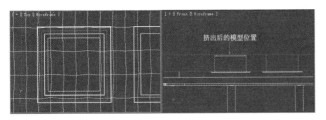

图24-67 调整挤出后模型的位置

Step61 在视图中复制几个"框"，并调整其位置，如图 24-68 所示。

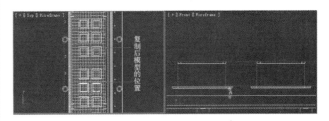

图24-68 调整复制后模型的位置

24.4 调制细节材质

室内游泳池材质的制作主要包括大理石、水、玻璃、不锈钢等材质，通过材质来体现游泳池的宽敞、明亮、水质清澈等特点，效果如图 24-69 所示。

❶ 墙体 ❷ 水面 ❸ 柱子 ❹ 吊顶 ❺ 水底 ❻ 地面
❼ 黑色金属 ❽ 金属 ❾ 边沿 ❿ 筒灯

图24-69 材质效果

Step01 继续前面的操作，按下键盘上的 F10 键，打开 Render Setup 对话框，然后将 VRay 指定为当前渲染器。

Step02 单击工具栏中 ![icon]（材质编辑器）按钮，打开 Material Editor 对话框，选择一个空白示例球，将材质命名为"墙体"，如图 24-70 所示。

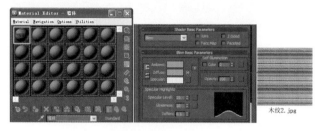

图24-70　参数设置

Step03 在视图中选中"墙体"、"侧墙"、"侧墙 1"，单击 ![icon]（将材质指定给选定对象）按钮，将材质赋予选中的模型，再为其添加 UVW Map 修改命令，赋予材质后的效果如图 24-71 所示。

图24-71　材质效果

Step04 在材质编辑器中选择第二个材质球，命名为"水面"，将其指定为 VRayMtl 材质类型，然后在 Basic parameters 卷展栏下设置参数，如图 24-72 所示。

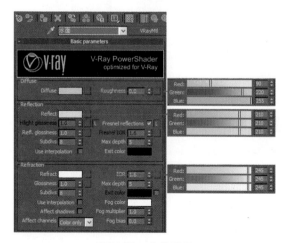

图24-72　参数设置

Step05 单击 Reflection 后的 ![icon] 按钮，在 Material/Map Browser 对话框中选择 Falloff，在 Falloff Parameters 卷展栏下设置参数，如图 24-73 所示。

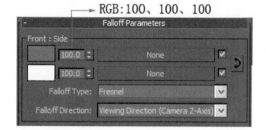

图24-73　参数设置

Step06 单击 ![icon] 按钮，返回父级，在 Maps 卷展栏下单击 Bump 后的 ![icon] 按钮，在弹出的对话框中双击选择 Noise，并设置参数，如图 24-74 所示。

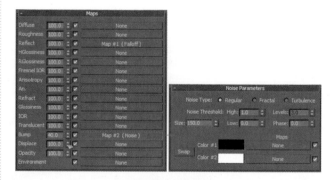

图24-74　参数设置

Step07 在视图中选中"水"，单击 ![icon] 按钮，将材质赋予选中的模型，为其添加 UVW Map 修改命令并设置参数，如图 24-75 所示。

图24-75　水材质效果

Step08 选择第三个材质球，命名为"柱子"，将其指定为 VRayMtl 材质类型，设置其参数，如图

24-76 所示。

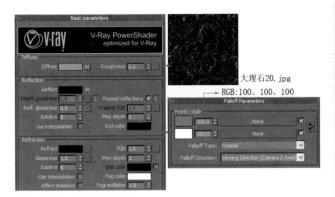

图24-76 参数设置

Step09 在视图中选中所有"墙柱"、"柱子"和"排水网",将材质赋予它们,并为其添加 UVW Map 修改命令,设置参数,赋予材质后的效果如图 24-77 所示。

图24-77 材质效果

Step10 赋予"排水网"材质后的效果如图 24-78 所示。

图24-78 材质效果

Step11 选择一个未用的材质球,命名为"吊顶",使用默认材质即可,设置参数,如图 24-79 所示。

图24-79 参数设置

Step12 在视图中选中"吊顶"、"二层吊顶"、"顶"和所有的"沿",将材质赋予它们,赋予材质后的效果如图 24-80 所示。

图24-80 材质效果

Step13 选择一个未用的材质球,命名为"水底",设置参数,如图 24-81 所示。

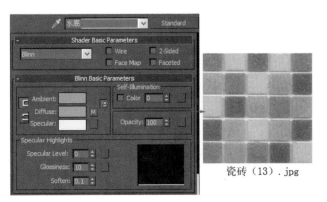

瓷砖(13).jpg

图24-81 参数设置

Step14 在视图中选中"游泳池底",将材质赋予它,为其添加 UVW Map 修改命令,设置 Mapping 为 Box,尺寸为 300×300×1,赋予材质后的效果如图 24-82 所示。

图24-82　材质效果

Step15 选择一个未用的材质球,命名为"地面",将其指定为 VRayMtl 材质类型,设置参数,如图 24-83 所示。

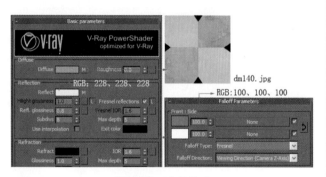

图24-83　参数设置

Step16 在 Maps 卷展栏下将 Diffuse 中的贴图拖动复制到 Bumps 下,设置参数,如图 24-84 所示。

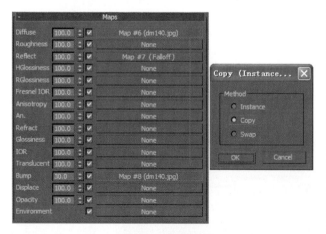

图24-84　参数设置

Step17 在视图中选中"水池地面",单击 按钮,将

材质赋予选中的模型,再为其添加一个 UVW Map 修改命令,设置参数,如图 24-85 所示。

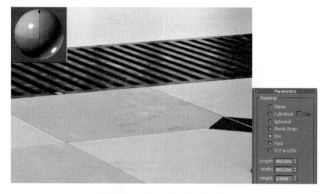

图24-85　赋予材质后的效果

Step18 选择一个未用的材质球,命名为"黑色金属",将其指定为 VRayMtl 材质类型,设置参数,如图 24-86 所示。

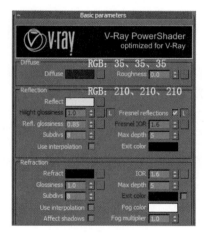

图24-86　参数设置

Step19 在视图中选中所有的"框"和"窗框",将材质赋予选中的模型,赋予材质后的效果如图 24-87 所示。

图24-87　材质效果

Step20 选择一个未用的材质球，命名为"金属"，将其指定为 VRayMtl 材质类型，设置参数，如图 24-88 所示。

图24-88　参数设置

Step21 在 Maps 卷展栏下单击 Environment 右侧的长按钮，在弹出的对话框中选择 VRayHDRI，然后单击 Browse 按钮，添加一个贴图，设置参数，如图 24-89 所示。

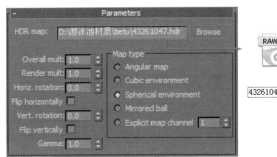

图24-89　设置参数

Step22 在视图中选中所有的"筒灯座"和所有的"扶手"，将调好的材质赋予它们，效果如图 24-90 所示。

图24-90　材制效果

Step23 选择一个未用的材质球，命名为"地面1"，将

其指定为 VRayMtl 材质类型，设置参数，如图 24-91 所示。

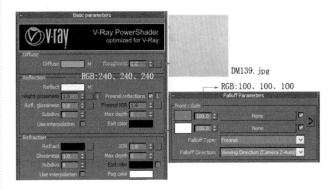

图24-91　设置参数

Step24 在视图中选中"底"和"水池边地面"，将材质赋予选中的模型，为其添加 UVW Map 修改命令，设置参数，赋予材质后的效果如图 24-92 所示。

图24-92　材质效果

Step25 场景中主要的材质已经制作完成，根据前面章节介绍的方法，调制筒灯材质，赋予材质后的效果如图 24-93 所示。

图24-93　材质效果

24.5 调入模型丰富空间

本例主要调入两组树木和椅子模型，调入模型后的场景效果如图24-94所示。

图24-94 调入模型后的效果

(Step01) 继续前面的操作，选择菜单栏左端的 ⑤ /Im-port/Merge 命令，在弹出的 Merge File 对话框中，选择并打开随书光盘中"模型 / 第24章 / 树 .max 文件，如图 24-95 所示。

图24-95 打开文件

(Step02) 在弹出的对话框中取消灯光和摄影机的显示，然后单击 All 按钮，选中所有的模型部分，将它们合并到场景中，调整模型的位置，如图 24-96 所示。

(Step03) 选择菜单栏中 ⑤ /Import/Merge 命令，打开随书光盘中"模型 / 第24章 / 花盆 .max"文件，将模型合并到场景中，如图 24-97 所示。

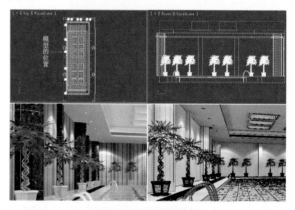

图24-96 模型的位置

图24-97 模型的位置

Step04 选择菜单栏中⑥/Import/Merge 命令，打开随书光盘中"模型/第24章/椅子.max"文件，将模型合并到场景中，如图 24-98 所示。

图24-98 模型的位置

24.6 设置灯光

本例利用灯光命令模拟室内外光照效果，灯光设置分为室外光、室内光和补光，本案例灯光效果如图 24-99 所示。

图24-99 灯光效果

24.6.1 设置渲染参数

在设置灯光前，首先在渲染设置对话框中设置 VRay 的基本渲染参数，初级的渲染参数设置为最小，

能够节省渲染时间，并可看出基本灯光效果。

Step01 按下键盘上的 F10 键，在打开的 Render Setup 对话框中的 Common 选项卡下设置一个较小的渲染尺寸，例如 720×485。

Step02 在 V-Ray 选项卡下设置一个渲染速度较快、画面质量较低的抗锯齿方式，如图 24-100 所示。

图 24-100　参数设置

Step03 在 Indirect illumination 选项卡下打开 GI，并设置光子图的质量，此处的参数设置也以速度为优先考虑的因素，如图 24-101 所示。

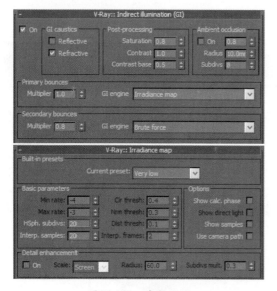

图 24-101　参数设置

Step04 至此，渲染参数设置完成，激活摄影机视图，单击 Render 按钮进行渲染，渲染效果如图 24-102 所示。

图 24-102　渲染效果

24.6.2　设置场景灯光

室内游泳池灯光设置中，利用 VRayLight 灯光来模拟室外射入的光，再用 Target Light 模拟室内筒灯灯光。

Step05 单击 💡（灯光）/ VRay / VRayLight 按钮，在左视图中创建一盏 VRayLight，命名为"顶光"，设置其参数，如图 24-103 所示。

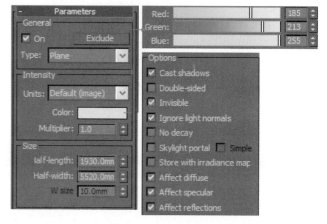

图 24-103　参数设置

Step06 在视图中调整灯光的方向和位置，如图 24-104 所示。

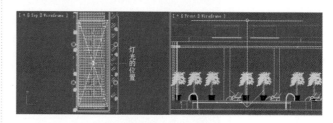

图 24-104　调整灯光的方向和位置

Step07 在左视图中创建一盏 VRayLight，命名为"窗外光"，设置其参数，如图 24-105 所示。

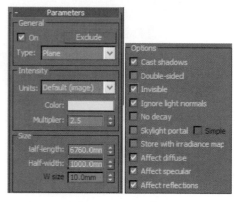

图 24-105　设置参数

Step11 在视图中调整灯光的位置，如图 24-109 所示。

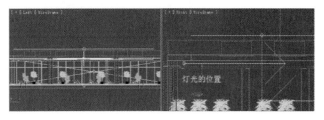

图24-109 灯光的位置

Step12 在顶视图中选中"灯带"，单击工具栏中的 ![img] 按钮，沿 X 轴镜像复制一个，设置参数，如图 24-110 所示。

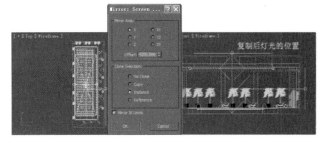

图24-110 参数设置

Step13 右键单击 ![img] 按钮，打开 Grid and Snap Settings 对话框，设置 Angle 为 90，如图 24-111 所示。

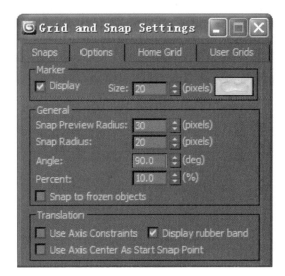

图24-111 参数设置

Step14 在顶视图中选中"灯带"，将其旋转复制一个，调整复制后灯光的位置，并修改其参数，如图 24-112 所示。

提示 此处没有标出颜色的 RGB 值即是与前面的灯光颜色参数相同，在后面的操作亦是如此，不再多做解释。

Step08 在左视图中单击 ![img] 按钮，调整灯光的方向，再调整其位置，如图 24-106 所示。

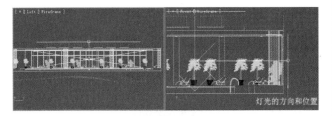

图24-106 调整灯光的方向与位置

Step09 单击 ![img] 按钮进行渲染，查看"顶光"和"窗外光"后的效果，如图 24-107 所示。

图24-107 灯光效果

Step10 在左视图中创建一盏 VRayLight，命名为"灯带"，设置其参数，如图 24-108 所示。

图24-108 参数设置

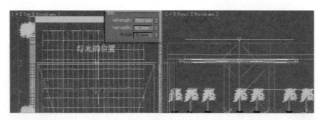

图24-112　灯光的位置

(Step15) 在顶视图中将旋转后的灯带沿 Y 轴镜像复制一个，调整复制后灯光的位置，如图 24-113 所示。

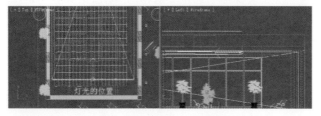

图24-113　镜像复制后灯光的位置

(Step16) 单击 [Render] 按钮进行渲染，查看设置"灯带"后的效果，如图 24-114 所示。

图24-114　灯光效果

(Step17) 单击 🔆（灯光）/ [Photometric] / [Target Light] 按钮，在前视图中创建一盏 Target Light，命名为"筒灯"，设置其参数，如图 24-115 所示。

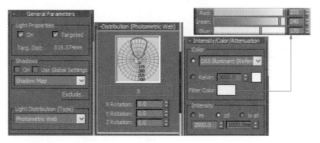

图24-115　参数设置

(Step18) 在视图中调整"筒灯"的位置，如图 24-116 所示。

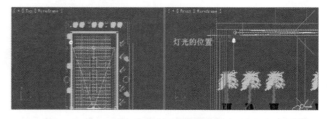

图24-116　灯光的位置

(Step19) 将"筒灯"复制 13 个，调整复制后灯光的位置，如图 24-117 所示。

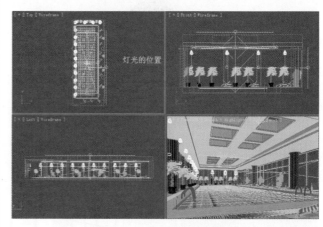

图24-117　复制后灯光的位置

(Step20) 单击 [Render] 按钮进行渲染，查看设置"筒灯"后的效果，如图 24-118 所示。

图24-118　灯光效果

(Step21) 至此，场景中的主要光源已经设置完成，但从渲染效果来看，亮度还不理想，下面在前视图中创建一盏 VRayLight 灯光，作为补光，设置参数，如图 24-119 所示。

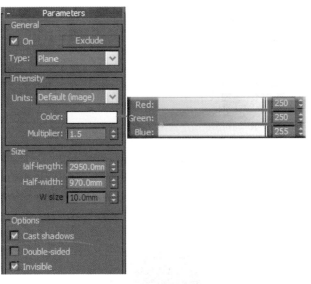

图24-119 参数设置

(Step22) 在视图中调整灯光的位置，如图 24-120 所示。

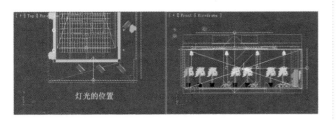

图24-120 调整灯光的位置

(Step23) 单击 Render 按钮进行渲染，查看设置"补光"后的效果，如图 24-121 所示。

图24-121 灯光效果

(Step24) 单击标题工具栏中 🖫（保存）按钮，将文件保存。

24.7 渲染输出

与前面章节中所介绍的方法一样，首先保存场景光子图，然后通过光子图渲染最终的大图，节省工作时间。

(Step01) 打开材质编辑器，选中金属材质，重新调整材质的反射参数，如图 24-122 所示。

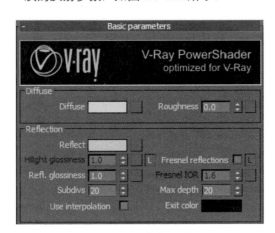

图24-122 参数设置

(Step02) 使用同样的方法处理反射效果较为明显的材质，在此不作赘述。

(Step03) 按下键盘上的 F10 键，在打开的 Render Setup 对话框中 Common 选项卡下设置一个较小的渲染尺寸，例如 640×430。

(Step04) 在 V-Ray 选项卡下设置一个精度较高的抗锯齿方式，如图 24-123 所示。

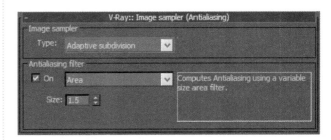

图24-123 参数设置

(Step05) 在 Indirect illumination 选项卡下设置光子图的

质量，此处的参数设置要以质量为优先考虑的因素，如图 24-124 所示。

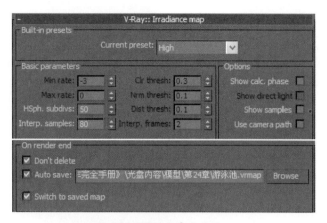

图24-124 保存光子图

(Step06) 单击对话框中的 Render 按钮，渲染摄影机视图，渲染结束后系统自动保存光子图文件，然后调用光子图文件，如图 24-125 所示。

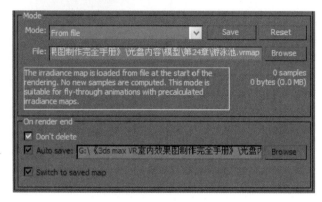

图24-125 调用光子图

(Step07) 在 Render Setup 选项卡下单击 Add ... 按钮，在弹出的对话框中双击选择 VRayMtlID，如图 24-126 所示。

图24-126 参数设置

(Step08) 在 Common 选项卡下设置一个较大的渲染尺寸，例如 3000×2022。单击对话框中的 Render 按钮渲染场景，得到的便是最终效果图。

(Step09) 渲染结束后，单击渲染对话框中 按钮保存文件，选择 TIF 文件格式，如图 24-127 所示。

图24-127 保存效果图

(Step10) 按照同样的方法保存 ID 彩图，如图 24-128 所示。

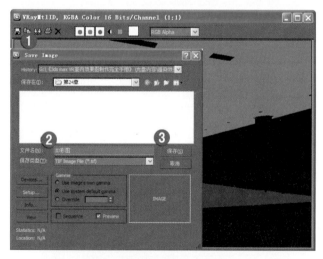

图24-128 保存ID彩图

(Step11) 至此，效果图的前期制作全部完成，最终渲染效果如图 24-129 所示。

图24-129 渲染效果

24.8 后期处理

游泳池效果图的后期主要是在 Photoshop 中利用 ID 彩图调整吊顶、水面的亮度，并制作出水面倒影效果。

Step01 在桌面上双击 Ps 图标，启动 Photoshop CS4。

Step02 打开前面渲染保存的"游泳池 .tif"文件，如图 24-130 所示。

图24-130 打开效果图文件

Step03 单击菜单栏中"图像 > 调整 > 亮度 / 对比度"命令，在弹出的"亮度 / 对比度"对话框中设置参数，如图 24-131 所示。单击 确定 按钮关闭对话框。

图24-131 参数设置

Step04 在"图层"面板中双击"背景"图层，将其转换为"图层 0"，如图 24-132 所示。

图24-132 转换图层

Step05 打开"通道"面板，按住 Ctrl 键，单击 Alpha 1 通道，如图 24-133 所示。

图24-133 单击Alpha 1通道

Step06 选择菜单栏中"选择 > 反向"命令，按 Delete 键，删除被选中的区域，然后按 Ctrl+D 键取消选区，效果如图 24-134 所示。

图24-134　删除所选区域

Step07 选择菜单栏中"文件 > 打开"命令，打开随书光盘中"调用图片 / 背景 B.jpg"文件，将其拖至"游泳池"效果图中，命名为"背景"，在"图层"面板中将"背景"图层拖至"图层 0"的下方，如图 24-135 所示。

图24-135　图层的位置

Step08 打开前面保存的"ID 彩图"文件，将其拖至效果图中，调整至合适的位置，如图 24-136 所示。

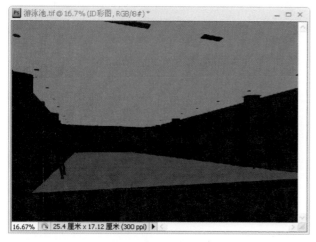

图24-136　彩图的位置

Step09 选择"选择 > 色彩范围"命令，在效果图中点取绿色区域，设置参数，如图 24-137 所示。

图24-137　参数设置

Step10 单击 确定 按钮后，效果图中出现选择区域。单击彩图图层前的 👁 按钮，将其关闭，选中"图层 0"，选择"图像 > 调整 > 亮度 / 对比度"命令，设置参数，如图 24-138 所示。

图24-138　参数设置

Step11 按照同样的方法，选中水面的材质，对其进行"亮度 / 对比度"调整，如图 24-139 所示。

Step12 打开随书光盘中"调用图片 / 水波 .jpg"文件，将其拖至效果图中，调整图片的位置，如图 24-140 所示。

图24-139　参数设置

图24-140　图片的位置

Step13 单击"水波"图层前的 👁 按钮，将其关闭。激活工具箱中的 🔽 按钮，在效果图中勾选如图24-141所示的区域。

图24-141　选择的区域

Step14 打开"水波"图层前的 👁 按钮，删除所选区域内的图片，如图24-142所示。

图24-142　删除所选区域

Step15 在"图层"面板中设置"水波"图层的"不透明度"为30%，单击 ⬜ 按钮，创建蒙版图层，激活工具箱中 ⬜ 按钮，在效果图中拖动鼠标创建蒙版效果，如图24-143所示。

图24-143　创建蒙版

Step16 打开随书光盘中"调用图片 / 绿植 B.psd"文件，将其拖至效果图中，调整图片的位置，如图24-144所示。

Step17 激活工具箱中 ⬚ 按钮，选中如图24-145所示的绿植区域。

Step18 按 Ctrl+C 和 Ctrl+V 键，对所选区域进行复制，按 Ctrl+T 键，单击鼠标右键，选择"旋转90度"命令，如图24-146所示。

图24-144 "绿植"的位置

图24-145 选中的区域

图24-146 自由变换设置

Step19 在视图中调整复制后图片的位置，如图24-147 所示。

图24-147 图片的位置

Step20 按 Ctrl+Shift+E 键，将所有图层合并为一个 图层。

Step21 选择菜单栏中"图像 > 调整 > 曲线"命令，在 弹出的对话框中设置参数，如图24-148 所示。

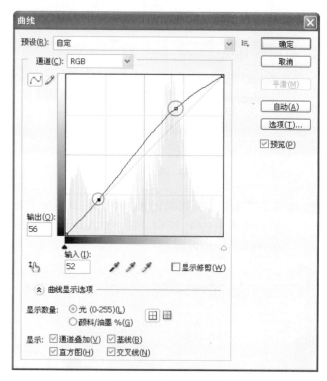

图24-148 参数设置

Step22 选择菜单栏中"滤镜 > 锐化 >USM 锐化"命 令，在弹出的对话框中设置参数，如图24-149 所示。

图24-149　参数设置

Step23 至此，效果图的后期处理已经全部完成，将文件另存为"游泳池最终 .tif"，最终效果如图24-150 所示。

图24-150　最终效果

24.9 本章小结

本章介绍游泳池效果图的制作过程。在 3ds Max 中创建场景模型、材质、灯光，并渲染输出，其中设置了材质 ID 彩图的渲染，有助于在后期对部分材质进行单独的设置。在 Photoshop 中对效果图中的吊顶和水面材质进行调整，使效果图更逼真，视觉效果更好。

第 25 章
制作KTV包间效果图

本章内容

- 设计理念
- 制作流程分析
- 搭建空间模型
- 调制细节材质
- 调入模型丰富空间
- 设置灯光
- 渲染输出
- 后期处理

随着人们生活水平的日益提高，KTV成为人们工作之余休闲娱乐的首要去处。本章介绍KTV包间效果图的表现方法，效果如图25-1所示。

图25-1　KTV包间效果图

25.1 设计理念

KTV包间效果表现的重点在于灯光和舞池的设计。KTV舞池灯光首先要考虑KTV内的基本照明，同时应充分考虑KTV特有的气氛，以达到最理想的效果。KTV舞池可选用的灯光种类很多，一般常用的有以下几种。

1. 彩色转盘灯：即在2000瓦聚光灯前面装上可逆马达带动的转盘，转盘上分别蒙上多种色彩的灯光色纸。使用这种灯具时，场地中光色会不停变化，对渲染舞池气氛有很好的作用。

2. 光束灯：这是一种较新型的照明灯具，特点是体积小、光束强、聚光效果好。使用时可按需要调配好色彩，透过调光台的控制不断变化明灭，达到场地光色对比鲜明的强烈效果。

3. 单飞碟转灯：这种灯具采用不同的方位多电机控制和玻璃涂色胶工艺，其品质和效果俱佳。

4. 声控条状满天星：这种灯具设计新颖、机械结构合理、声控灵敏，且灯光可跟着音乐节奏变化、闪烁、转动。若以玻璃彩色胶代替色纸，可使灯具备色彩鲜艳、透明度好、耐高温、不易老化、成本低等优点。

5. 扫描灯：扫描灯分单头、多头等几种，利用强烈的彩色光束轮番扫描全场，造成一种激动而迷幻的感觉。

6. 宇宙旋转灯：宇宙旋转灯有圆形、多棱形、橄榄形等多种类型，这种灯具利用电机自动控制，将彩色的光点撒向整个包厢，极为绚丽多彩。

另外，还可将声控彩色灯具装饰在KTV内天花板、窗沿等处，以增添舞池气氛。或在舞池的地面装上各种图案的有机玻璃地板，地板下面装上声控彩灯，随着音乐节奏的变化闪烁，效果很好。若空间允许，还可装上霓虹灯、镭射彩灯等。

KTV包厢舞池的设计要能增强娱乐效果，制造气氛，并能吸引客人，同时舞池设计也应当遵循既方便客人娱乐又能让客人饮食的原则。舞池设计要与KTV包厢的大小及接待人数的能力一致，一般小型KTV包厢，如容纳2～4人的包厢，舞池一般为1或1.5平方米的方形台面或池面，能容纳10人以上的大型KTV包厢的舞池应当大一些。因KTV的空间有限，舞池设计采用如下两种方法。

1. 概念性舞池。即在地面装修时，采用特定的方法制成概念性方形或圆形舞池，如用特殊的色彩或在地板下面安装可变化的彩灯。概念性舞池的设计是一个平面，不妨碍房间作其他用途。

2. 采用特殊的材料，设计成专用的舞池，舞池或高于或低于房间平面，地面通常采用铜地板或玻璃地板。

总之，KTV包厢中舞池的设计要达到顾客能相互直接交流，并创造共同娱乐气氛的目的。

KTV舞池灯光风格各异，本章介绍的KTV空间表现出了华丽、热烈的氛围，效果如图25-2所示。

图25-2 KTV包间

25.2 制作流程分析

本章对 KTV 包间进行设计表现，在 3ds Max 中创建的模型包括墙体、吊顶等模型，然后赋予模型材质，并设置场景灯光，渲染输出后，在 Photoshop 中进行整体画面的润色调整，制作流程如图 25-3 所示。

图25-3 制作流程图释

❶ 搭建模型，设置摄影机：在 3ds Max 中创建场景模型，包括墙体、吊顶等模型，并设置相机固定视角。

❷ 调制材质：由于使用 VRay 渲染器渲染，在材质调制时运用了较多的 VRay 材质。此处主要调制整体空间模型的材质。

❸ 合并模型：采用合并的方式将模型库中的家具模型合并到整体空间中，从而得到一个完整的模型空间。此处合并的模型包括"沙发组合"、"电视组合"

等，需要注意的是，合并的模型一般已经调制了相应的材质，但有时为了实现特定的材质效果也需要对材质进行重新调制。

❹ 设置灯光：根据效果图要表现的光照效果设计灯光照明，主要是各种室内光的设置。

❺ 使用 VRay 渲染效果图：计算模型、材质和灯光的设置数据，输出整体空间的效果图。

❻ 后期处理：对效果图进行最终的润色和修改。

25.3 搭建空间模型

空间模型主要分为墙体、吊顶、门、踢脚线、装饰条和画框等 6 部分，最终模型空间效果如图 25-4 所示。

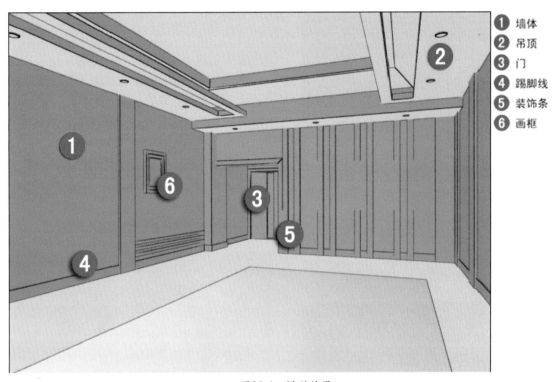

① 墙体
② 吊顶
③ 门
④ 踢脚线
⑤ 装饰条
⑥ 画框

图25-4 模型效果

25.3.1 创建墙体

本章中 KTV 包间墙体的构造比较简单，主要对整体空间进行区域的划分，效果如图 25-5 所示。

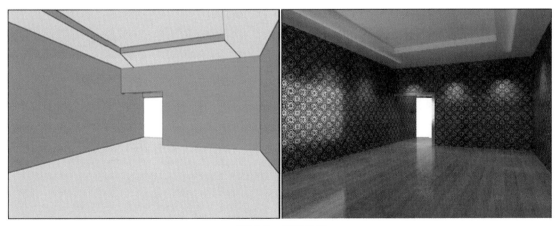

图25-5 模型效果

(Step01) 双击桌面上的 ⑤ 按钮，启动 3ds Max 2010，并将单位设置为毫米。

(Step02) 单击 ✦（创建）/ ○（几何体）/ [Box] 按钮，在顶视图中创建一个长方体，命名为"墙体"，如图 25-6 所示。

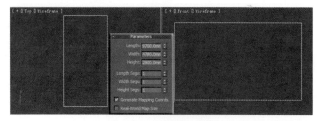

图25-6　参数设置

(Step03) 在修改命令面板 [Modifier List] 下拉列表中选择 Normal（法线）命令，使其渲染时可见面相反。

(Step04) 单击创建命令面板中的 ◎（摄影机）/ [Target] 按钮，在顶视图中创建一架摄影机，调整它在视图中的位置，如图 25-7 所示。

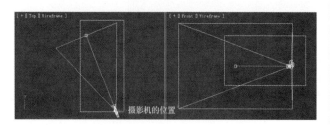

图25-7　摄影机的位置

(Step05) 选中摄影机，在 Parameters 卷展栏下设置参数，如图 25-8 所示。

图25-8　参数设置

(Step06) 激活透视视图，按下键盘上的 C 键，将其转换为相机视图，效果如图 25-9 所示。

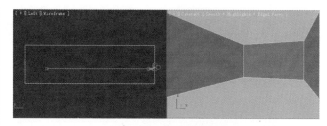

图25-9　转换摄影机视图

(Step07) 在创建命令面板中单击 ▣（显示）按钮，在 Hide by Category 卷展栏下勾选 Cameras 复选框，将相机隐藏。

(Step08) 选中"墙体"，单击鼠标右键，在弹出的右键菜单中选择 Convert To/Convert to Editable Poly 命令，将其转换为可编辑多边形。

(Step09) 在修改器堆栈中激活 Polygon 子对象，在相机视图中选中前、左和顶面的多边形，按下 Delete 键将其删除，如图 25-10 所示。

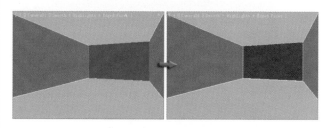

图25-10　删除多边形

(Step10) 在前视图中绘制一个 1900×1000 的参考矩形，调整图形的位置，如图 25-11 所示。

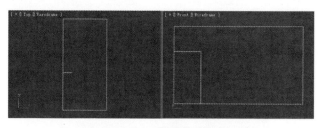

图25-11　图形的位置

(Step11) 激活 [Line] 按钮，在前视图中参照轮廓墙体和矩形的轮廓绘制一条封闭的曲线，命名为"前墙"，如图 25-12 所示。将参考矩形删除。

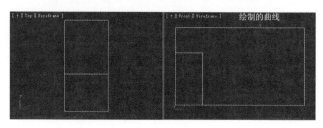

图25-12　绘制的曲线

Step12 为其添加 Extrude 修改命令，设置 Amount 为 200，调整挤出后模型的位置，如图 25-13 所示。

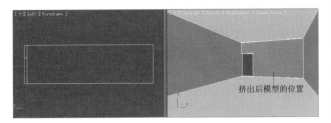

图25-13 挤出后模型的位置

Step13 在前视图中绘制一个 1900×1700 的参考矩形，调整图形的位置，如图 25-14 所示。

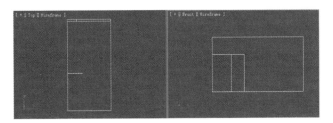

图25-14 图形的位置

Step14 在前视图中参照墙体和参考矩形绘制一条封闭的曲线，命名为"中墙"。将参考矩形删除，按照前面介绍的方法，为其添加 Extrude 修改命令，设置 Amount 为 300，并调整挤出后模型的位置，如图 25-15 所示。

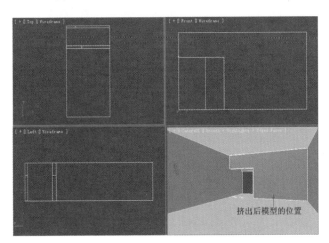

图25-15 挤出后模型的位置

Step15 在顶视图中参照"中墙"绘制一条封闭的曲线，命名为"剖面"，如图 25-16 所示。

Step16 在前视图中参照"中墙"轮廓绘制一条开放的曲线，命名为"路径"，如图 25-17 所示。

图25-16 绘制的曲线

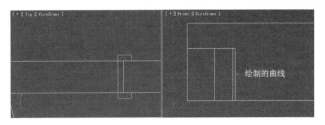

图25-17 绘制的曲线

Step17 选中"路径"，添加 Bevel Profile 修改命令，激活 Pick Profile 按钮，在视图中单击拾取"剖面"，命名为"墙边"，调整模型的位置，如图 25-18 所示。

图25-18 模型的位置

25.3.2 创建吊顶

KTV 包间的吊顶设计采用了复合式，体现了空间的多变性，主要通过编辑多边形和图形挤出的方法创建，模型效果如图 25-19 所示。

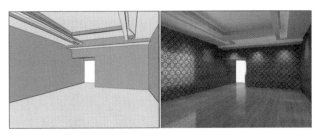

图25-19 模型效果

Step18 在视图中选中"墙体"，在修改器堆栈中激活 Polygon 子对象，在摄影机视图中选中顶面的多边形，在 Edit Polygons 卷展栏下单击 Bevel 后的■按钮，在弹出的对话框中设置参数，如图 25-20 所示。

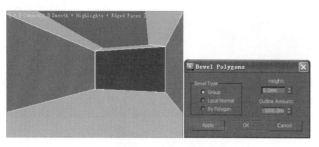

图25-20　参数设置

Step19 激活 Edge 子对象，在顶视图中调整边的位置，如图 25-21 所示。

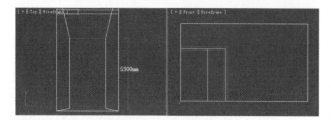

图25-21　调整边的位置

Step20 激活 Polygon 子对象，在相机视图中选中顶面中间的多边形，单击 Extrude 后的 ■ 按钮，在弹出的对话框中设置参数，如图 25-22 所示。

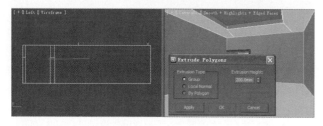

图25-22　参数设置

Step21 在顶视图中绘制一个 5300×2780 的矩形，命名为"吊顶边"，将其转换为可编辑样条线，激活 Spline 子对象，在 Outline 后的数值框中输入 50，轮廓后的图形如图 25-23 所示。

图25-23　轮廓后的图形

Step22 添加 Extrude 修改命令，设置 Amount 为 200，调整挤出后模型的位置，如图 25-24 所示。

Step23 在顶视图中创建一个长方体，命名为"吊顶A"，将其复制一个，调整模型的位置，如图 25-25 所示。

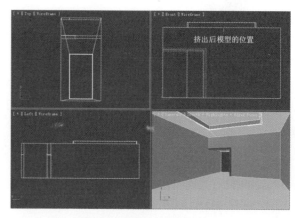

图25-24　挤出后模型的位置

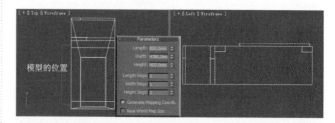

图25-25　模型的参数及位置

Step24 在顶视图中绘制两个矩形，调整图形的位置，如图 25-26 所示。

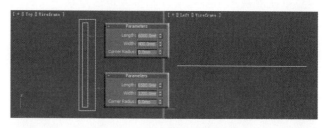

图25-26　图形的参数及位置

Step25 将绘制的两个矩形附加为一体，命名为"吊顶B"，并添加 Extrude 修改命令，设置 Amount 为 100，将其复制一个，调整模型的方向和位置，如图 25-27 所示。

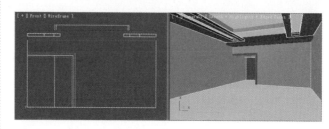

图25-27　模型的位置

25.3.3　创建其他模型

除了墙体和吊顶外，还需要创建门、踢脚线、画框等装饰性细节，这些模型主要是通过挤出截面图形得到的，如图25-28所示。

图25-28 模型效果

(Step26) 在前视图中参照前墙轮廓绘制一条封闭的曲线，命名为"门框"，如图25-29所示。

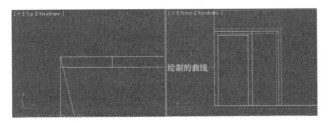

图25-29 绘制的曲线

(Step27) 为其添加Extrude修改命令，设置Amount为200，调整挤出后模型的位置，如图25-30所示。

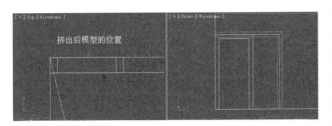

图25-30 挤出后模型的位置

(Step28) 在前视图中绘制两个矩形，调整图形的位置，如图25-31所示。

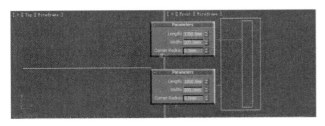

图25-31 图形的参数及位置

(Step29) 将绘制的图形附加为一体，命名为"门"，添加Extrude修改命令，设置Amount为100，调整挤出后模型的位置，如图25-32所示。

(Step30) 单击 ■ （创建）/ ◎ （几何体）/ Plane 按钮，在前视图中创建一个平面，命名为"玻璃"，调整模型的位置，如图25-33所示。

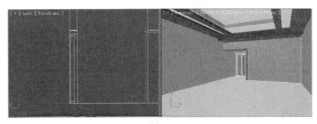

图25-32 挤出后模型的位置

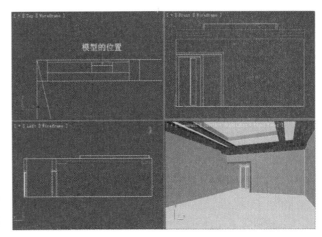

图25-33 模型的位置

(Step31) 在顶视图中创建一个750×190×2800的长方体，命名为"装饰墙"，调整模型的位置，如图25-34所示。

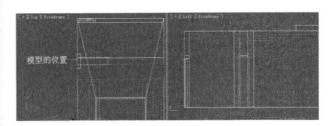

图25-34 模型的位置

(Step32) 在顶视图中参照墙体轮廓绘制一条开放的曲线，命名为"踢脚线"，如图25-35所示。

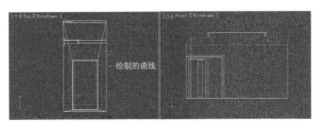

图25-35 绘制的曲线

(Step33) 在修改器堆栈中激活Spline子对象，设置其轮廓值为10，并添加Extrude修改命令，设置Amount为150，调整挤出后模型的位置，如图25-36所示。

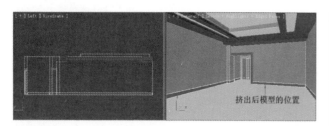

图25-36　挤出后模型的位置

Step34 在顶视图中绘制几条封闭的曲线，如图 25-37 所示。

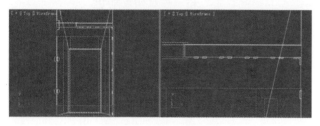

图25-37　绘制的曲线

Step35 将绘制的曲线附加为一体，命名为"装饰条"，为其添加 Extrude 修改命令，设置 Amount 为 2800，调整挤出后模型的位置，如图 25-38 所示。

图25-38　挤出后模型的位置

Step36 在左视图中绘制两个矩形，调整图形的位置，如图 25-39 所示。

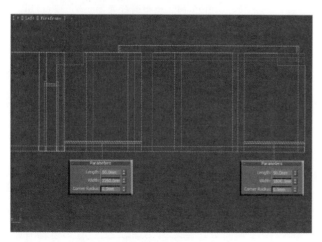

图25-39　图形的参数及位置

Step37 在左视图中选中两个图形，将其沿 Y 轴向上移动复制两组，调整复制后图形的位置，如图

25-40 所示。

图25-40　复制后图形的位置

Step38 将绘制的图形附加为一体，命名为"装饰墙条"，为其添加 Extrude 修改命令，设置 Amount 为 20，调整挤出后模型的位置，如图 25-41 所示。

图25-41　挤出后模型的位置

Step39 在左视图中绘制一个 700×550 的矩形，命名为"画框"，将其转换为可编辑样条线，设置其轮廓为 50，并添加 Extrude 修改命令，设置 Amount 为 50，调整挤出后模型的位置，如图 25-42 所示。

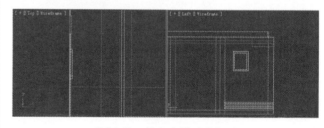

图25-42　挤出后模型的位置

Step40 在左视图中绘制一个 600×450 的矩形，命名为"白画框"，将其转换为可编辑样条线，设置其轮廓为 50，并添加 Extrude 修改命令，设置 Amount 为 30，调整挤出后模型的位置，如图 25-43 所示。

图25-43　模型的位置

(Step41) 在左视图中创建一个 500×350×10 的长方体，命名为"画"，调整模型的位置，如图 25-44 所示。

图25-44 模型的位置

(Step42) 在左视图中同时选中"画框"、"白画框"和"画"，将其复制一组，调整复制后模型的位置，如图 25-45 所示。

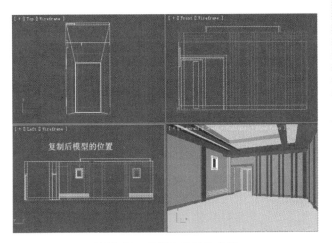

图25-45 复制后模型的位置

(Step43) 在顶视图中创建一个管状体，命名为"筒灯座"，设置参数，如图 25-46 所示。

(Step44) 在顶视图中创建按一个圆柱体，命名为"筒灯"，设置参数，如图 25-47 所示。

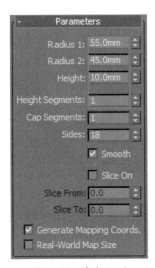

图25-46 参数设置

图25-47 参数设置

(Step45) 在视图中调整模型的位置，如图 25-48 所示。

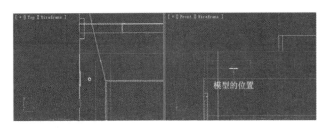

图25-48 模型的位置

(Step46) 将"筒灯座"和"筒灯"复制 23 组，调整复制后模型的位置，如图 25-49 所示。

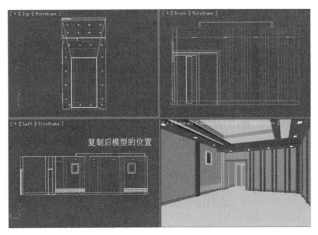

图25-49 复制后模型的位置

(Step47) 单击 ⬚（创建）/ ◎（几何体）/ Extended Primitives ▾ / ChamferBox 按钮，在顶视图中创建一个切角长方体，命名为"地毯"，调整模型的位置，如图 25-50 所示。

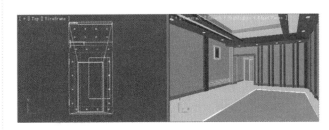

图25-50 模型的位置

(Step48) 单击 🖫 按钮，将文件保存为"KTV 包间 .max"。

25.4 调制细节材质

KTV 包间材质的制作主要包括吊顶、壁纸、地板、地毯等材质，通过材质能够表现出包间的娱乐性和舒适性，材质效果如图 25-51 所示。

❶ 吊顶
❷ 壁纸
❸ 地板
❹ 金边
❺ 装饰画
❻ 木纹
❼ 地毯

图25-51　材质效果

Step01 继续前面的操作，按下键盘上的 F10 键，打开 Render Setup 对话框，然后将 VRay 指定为当前渲染器。

Step02 单击工具栏中 🔲（材质编辑器）按钮，打开 Material Editor 对话框，选择一个空白示例球，将其命名为"吊顶"，设置参数，如图 25-52 所示。

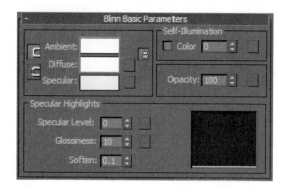

图25-52　参数设置

Step03 在视图中选中"墙体"，激活 Polygon 子对象，在相机视图中选中吊顶的多边形，单击 🔲（将材质指定给选定对象）按钮，将材质赋予选中的模型。将相同的材质赋予"吊顶 A"、"吊顶

B"、"门框"和"白画框"，赋予材质后的效果如图 25-53 所示。

图25-53　赋予材质后的效果

Step04 在材质编辑器中选择第二个材质球，命名为"壁纸"，单击 Diffuse 后的 ■ 按钮，在 Material/Map Browser 对话框中选择 Bitmap，选择随书光盘中"贴图/布纹（133）.jpg"图片文件，如图 25-54 所示。

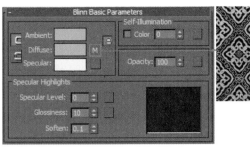

图25-54　调用贴图

Step05 在视图中选中"墙体",激活 Polygon 子对象,在相机视图中选中左右两边的多边形,将材质赋予它们。将相同的材质赋予"中墙"和"前墙",并添加 UVW Map 修改命令,设置参数,如图 25-55 所示。

图25-55　参数设置

Step06 选中第三个材质球,命名为"地板",将其指定为 VRayMtl 材质类型,设置其参数,如图 25-56 所示。

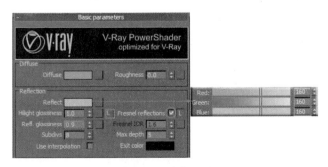

图25-56　参数设置

Step07 单击 Reflect 后 的 ■ 按钮,在 Material/Map Browser 对话框中选择 Falloff,设置参数,如图 25-57 所示。

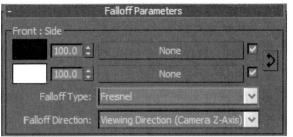

图25-57　参数设置

Step08 单击 ⊗ 按钮,返回上一级,单击 Diffuse 后的 ■ 按钮,在 Material/Map Browser 对话框中选择 Bitmap,选择随书光盘中"贴图 / 地板(75).jpg"图片文件,如图 25-58 所示。

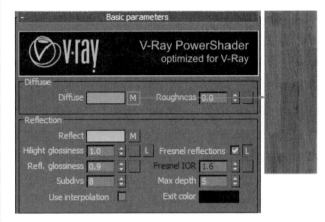

图25-58　调用贴图

Step09 在视图中选中"墙体",激活 Polygon 子对象,在相机视图中选中地面的多边形,将材质赋予它,并添加 UVW Map 修改命令,设置参数,如图 25-59 所示。

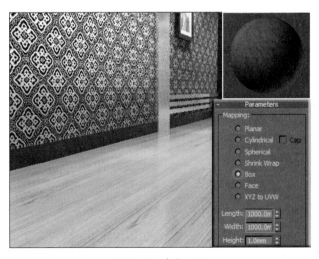

图25-59　参数设置

Step10 选择第四个材质球，命名为"金边"，将其指定为 VRayMtl 材质类型，设置参数，如图 25-60 所示。

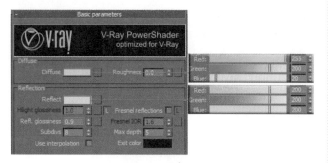

图25-60　参数设置

Step11 在视图中选中"吊顶边"、"装饰条"、"装饰墙边"和"墙边"，单击 按钮，将材质赋予选中的模型，效果如图 25-61 所示。

图25-61　材质效果

Step12 选择第五个材质球，命名为"木纹"，将其指定为 VRaMtl 材质类型，设置参数，如图 25-62 所示。

木纹74.jpg

图25-62　参数设置

Step13 在视图中选中"门"，将材质赋予它，赋予材质后的效果如图 25-63 所示。

图25-63　材质效果

Step14 选择第六个材质球，命名为"玻璃"，将其指定为 VRayMtl 材质类型，设置参数，如图 25-64 所示。

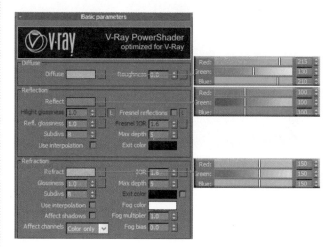

图25-64　参数设置

Step15 在视图中选中"玻璃"，单击 按钮，将材质赋予选中的模型。

Step16 选择一个未用的材质球，命名为"画框"，将其指定为 VRayMtl 材质类型，设置参数，如图 25-65 所示。

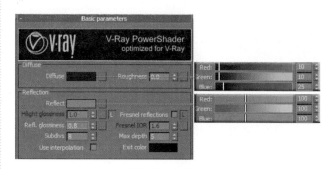

图25-65　参数设置

Step17 在视图中选中"画框"、"装饰墙"和"踢脚线",单击█按钮,将材质赋予选中的模型,效果如图 25-66 所示。

图25-66 材质效果

Step18 选择一个未用的材质球,命名为"装饰画",使用默认材质即可,设置参数,如图 25-67 所示。

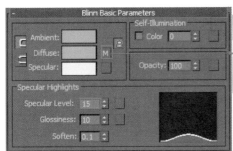

字画_103.jpg

图25-67 参数设置

Step19 在视图中选中所有的"画",将材质赋予它们。

Step20 选择一个未用的材质球,命名为"地毯",将其指定为 VRayMtl 材质类型,设置参数,如图 25-68 所示。

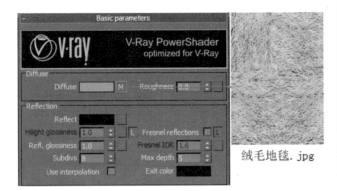

绒毛地毯.jpg

图25-68 参数设置

Step21 在视图中选中"地毯",将材质赋予它。添加 VRay DisplacementMod 修改命令,设置参数,如图 25-69 所示。

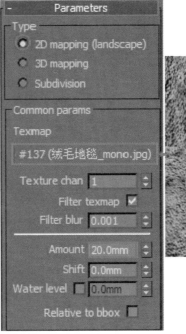

图25-69 参数设置

Step22 为其添加 UVW Map 修改命令,设置参数,如图 25-70 所示。

图25-70 参数设置

Step23 按照前面章节介绍的方法,调制其他基本材质。在此不作赘述。

25.5 调入模型丰富空间

本例主要调入沙发组合和电视组合模型，调入模型后的场景效果如图25-71所示。

图25-71　调入模型后的效果

Step01 继续前面的操作，选择菜单栏左端的 /Import/ Merge 命令，在弹出的 Merge File 对话框中，选择并打开随书光盘中"模型 / 第25章 / 沙发组合 .max"文件，将其合并至场景中并调整模型的大小和位置，如图 25-72 所示。

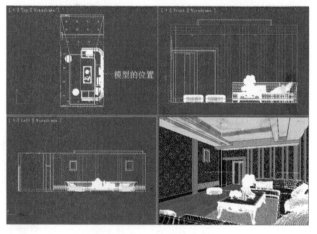

图25-72　模型的位置

Step02 调入"沙发组合"后的场景效果如图25-73所示。

图25-73　调入模型后的效果

Step03 选择菜单栏中 /Import/Merge 命令，打开随书光盘中"模型 / 第25章 / 电视组合 .max"文件，将模型合并到场景中，调整其大小和位置，如图 25-74 所示。

图25-74　调入模型后的效果

25.6　设置灯光

本例利用灯光命令模拟室内光照效果，烘托出KTV的娱乐氛围，灯光效果如图25-75所示。

图25-75　灯光效果

25.6.1　设置渲染参数

在设置灯光前，首先在渲染设置对话框中设置VRay的基本渲染参数，初级的渲染参数设置为最小，能够节省渲染时间，并可看出基本灯光效果。

Step01 按下键盘上的 F10 键，在打开的 Render Setup 对话框中 Common 选项卡下设置一个较小的渲染尺寸，例如 640×480。

Step02 在 V-Ray 选项卡下设置一个渲染速度较快、画面质量较低的抗锯齿方式，如图 25-76 所示。

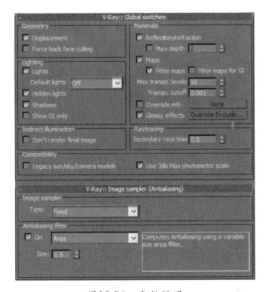

图25-76　参数设置

Step03 在 Indirect illumination 选项卡下打开 GI，并设置光子图的质量，此处的参数设置以速度为优先考虑的因素，如图 25-77 所示。

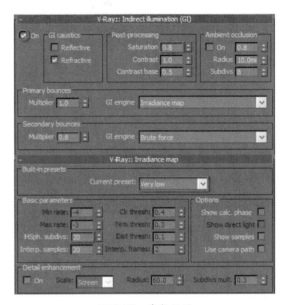

图25-77　参数设置

Step04 至此，渲染参数设置完成，激活摄影机视图，单击 Render 按钮进行渲染，此时关闭了默认灯光，但是打开了环境光，渲染效果如图 25-78 所示。

图25-78　渲染效果

25.6.2　设置场景灯光

本例中灯光的设置主要是室内各种光源的模拟，包括筒灯、灯带、电视光等。

(Step05) 单击 🔦（灯光）/ `Photometric` / `Target Light` 按钮，在前视图中创建一盏 Target Light，命名为"筒灯"，设置其参数，如图 25-79 所示。

图25-79　参数设置

(Step06) 在视图中调整灯光的位置，如图 25-80 所示。

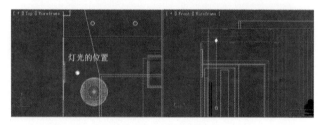

图25-80　灯光的位置

(Step07) 将灯光复制 23 个，调整灯光的位置，如图 25-81 所示。

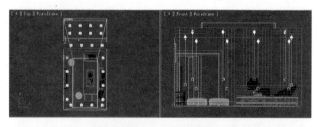

图25-81　灯光的位置

(Step08) 单击工具栏中 🖼（渲染）按钮，渲染并观察设置"筒灯"后的效果，如图 25-82 所示。

(Step09) 单击 🔦（灯光）/ `VRay` / `VRayLight` 按钮，在左视图中创建一盏 VRay-Light，命名为"灯带"，设置其参数，如图 25-83 所示。

图25-82　灯光效果

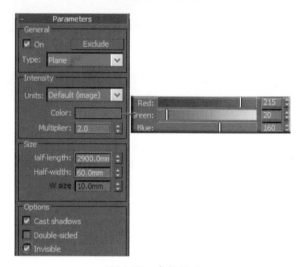

图25-83　参数设置

(Step10) 在视图中调整灯光的位置，如图 25-84 所示。

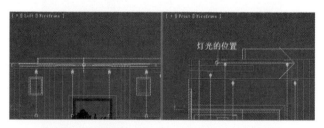

图25-84　灯光的位置

(Step11) 在前视图中选中"灯带"，单击工具栏中的 🔳（镜像）按钮，在弹出的对话框中设置参数，如图 25-85 所示。

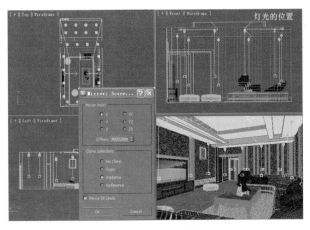

图25-85 镜像复制后灯光的位置

Step12 单击工具栏中 （渲染）按钮，渲染并观察设置"灯带"后的效果，如图 25-86 所示。

图25-86 灯光效果

Step13 在顶视图中创建一盏 VRayLight，命名为"灯带 A"，设置其参数，如图 25-87 所示。

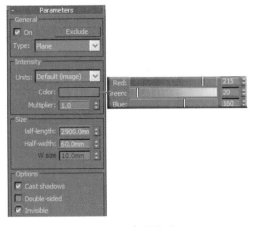

图25-87 参数设置

Step14 在视图中将"灯带 A"复制一个，调整它们的位置，如图 25-88 所示。

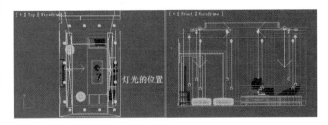

图25-88 灯光的位置

Step15 单击工具栏中 （渲染）按钮，渲染并观察设置"灯带 A"后的效果，如图 25-89 所示。

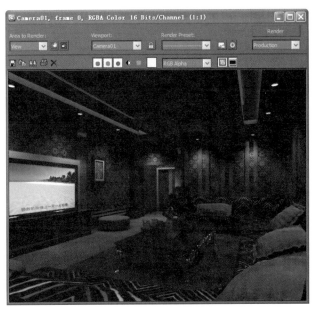

图25-89 灯光效果

Step16 在左视图中创建一盏 VRayLight，命名为"电视墙光"，设置其参数，如图 25-90 所示。

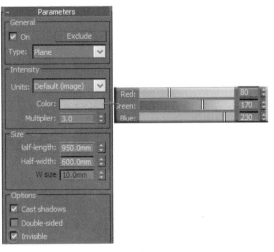

图25-90 参数设置

Step17 在顶视图中选中"电视墙光",单击 ▶◀（镜像）按钮,调整灯光的方向,如图 25-91 所示。

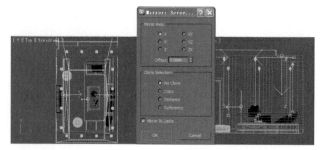

图25-91　参数设置

Step18 在视图中调整灯光的位置,如图 25-92 所示。

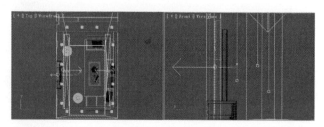

图25-92　灯光的位置

Step19 单击工具栏中 ▣（渲染）按钮,渲染并观察设置"电视墙光"后的效果,如图 25-93 所示。

图25-93　灯光效果

Step20 在左视图中创建一盏 VRayLight,命名为"电视光",设置其参数,如图 25-94 所示。

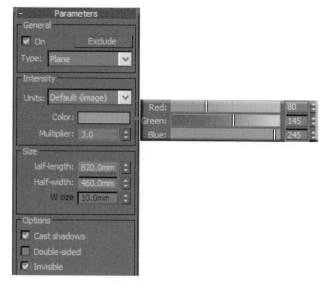

图25-94　参数设置

Step21 在视图中调整灯光的位置,如图 25-95 所示。

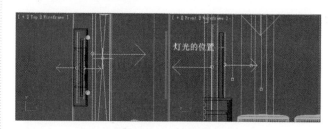

图25-95　灯光的位置

Step22 单击工具栏中 ▣（渲染）按钮,渲染并观察设置"电视光"后的效果,如图 25-96 所示。

图25-96　灯光效果

Step23 至此，场景中的主要光源已经设置完成，从渲染效果来看整体还有些暗，为了补足室内的光线，下面再创建一盏泛光灯，为整体空间增强亮度，设置灯光参数，如图 25-97 所示。

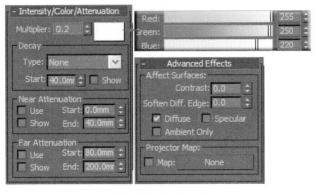

图25-97 参数设置

Step24 在视图中调整灯光的位置，如图 25-98 所示。

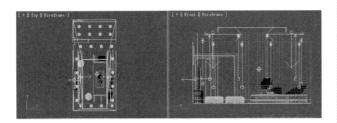

图25-98 灯光的位置

Step25 单击工具栏中 （渲染）按钮，渲染并观察设置泛光灯后的效果，如图 25-99 所示。

图25-99 灯光效果

Step26 单击标题工具栏中 （保存）按钮，将文件保存。

23.7 渲染输出

与前面章节所介绍的方法一样，首先保存场景光子图，然后通过光子图渲染最终的大图，节省工作时间。

Step01 打开材质编辑器，选中地板材质，重新调整材质的反射参数，如图 25-100 所示。

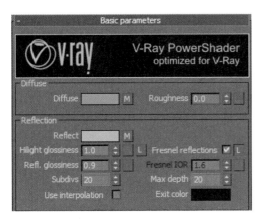

图25-100 参数设置

Step02 使用同样的方法处理金属材质、木纹材质等反射效果较为明显的材质，在此不作赘述。

Step03 在 V-Ray 选项卡下设置一个精度较高的抗锯齿方式，如图 25-101 所示。

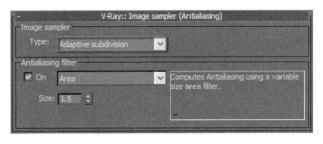

图25-101 参数设置

Step04 在 Indirect illumination 选项卡下设置光子图的质量，此处的参数设置要以质量为优先考虑的因素，如图 25-102 所示。

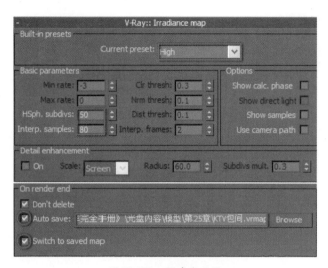

图25-102　保存光子图

(Step05) 单击对话框中的 [Render] 按钮渲染相机视图，渲染结束后系统自动保存光子图文件，然后调用光子图文件，如图 25-103 所示。

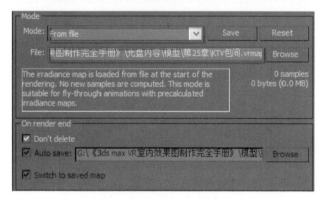

图25-103　导入光子图

(Step06) 在 Common 选项卡下设置一个较大的渲染尺寸，例如 3000×2250。单击对话框中的 [Render] 按钮渲染场景，得到的便是最终效果，如图 25-104 所示。

(Step07) 渲染结束后，单击渲染对话框中 [保存] 按钮保存文件，选择 TIF 文件格式，如图 25-105 所示。

(Step08) 至此，效果图的前期制作全部完成，最终渲染效果如图 25-106 所示。

图25-104　渲染效果

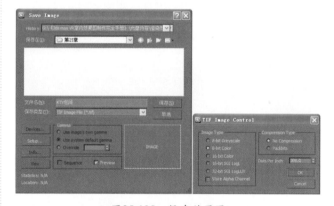

图25-105　保存效果图

图25-106　最终渲染效果

25.8 后期处理

　　KTV 包间效果图的后期主要是在 Photoshop 中对画面亮度、饱和度进行调整，并添加绿植作为装饰。

Step01 在桌面上双击 **Ps** 图标，启动 Photoshop CS4。

Step02 单击菜单栏中"文件 > 打开"命令，打开前面渲染保存的"KTV 包间 .tif"文件，如图 25-107 所示。

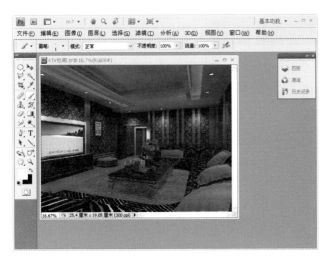

图25-107　打开文件

Step03 单击菜单栏中"图像 > 调整 > 亮度 / 对比度"命令，在弹出的"亮度 / 对比度"对话框中设置参数，如图 25-108 所示。单击 **确定** 按钮关闭对话框。

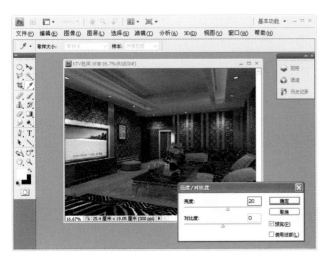

图25-108　参数设置

Step04 选择菜单栏中"文件 > 打开"命令，打开随书光盘中"调用图片 / 绿植 A.psd"文件，将其拖至"KTV 包间"效果图中，命名为"绿植"，调整图片的位置，如图 25-109 所示。

图25-109　调整图片的位置

Step05 按 Ctrl+Shift+E 键，将所有图层合并为一个图层，如图 25-110 所示。

图25-110　合并图层

Step06 选择菜单栏中"滤镜 > 锐化 >USM 锐化"命令，在弹出的对话框中设置参数，如图 25-111 所示。

Step07 至此，效果图的后期处理已经全部完成，将文件另存为"KTV 包间最终 .tif"，效果如图 25-112 所示。

图25-111　参数设置

图25-112　最终效果图

25.9　本章小结

　　本章介绍 KTV 包间效果图的制作。娱乐空间的表现主要通过材质和灯光来渲染氛围。本例中色彩鲜艳，对比强烈，体现了 KTV 环境的娱乐性和舒适性。在后期处理中主要对效果图的整体色彩亮度作调整。

第26章
制作会议室效果图

本章内容

- 设计理念
- 制作流程分析
- 搭建空间模型
- 调制细节材质
- 调入模型丰富空间
- 设置灯光
- 渲染输出
- 后期处理

会议室是洽谈商务、讨论事宜的商务性场所。一般的公司和企业都设有会议室，根据公司的规模来设定会议室的大小。虽然在空间上有所不同，但装饰要求大致相同。会议室要宁静而私密，并要合理地运用空间，达到实用、宽敞、明亮的效果，在装饰材质的选用上要尽量用隔音效果好的材料。本章介绍会议室效果图表现方法，效果如图26-1所示。

图26-1　室议室效果图

26.1 设计理念

　　会议室不同于其他空间，它在装饰和设计上都有一定的要求。会议室要有合理的照明布局，包括自然光和人工采光的巧妙结合。在家具的选择上要以实用为主，选择适合办公、洽谈的办公家具。空间的分配要以实际情况来划分，各个部位要合理运用。在装饰设计上不要太过花哨，选择适合办公空间的装饰材料。

　　会议室是一种正式的工作空间，因此在设计的时候以木纹墙及明快的白色为主，尽显稳重大方，同时在局部点缀上装饰画，使整个空间的色调既有丰富的一面，又不失统一性。

　　在吊顶的设计上，本实例设计了一个较有个性的吊顶，此吊顶增加了空间的大气、华贵感。

　　这个会议室的一侧是通透的玻璃，充足的自然光能够很好地照亮整个空间，在当今的设计领域也是比较超前的。会议室效果如图26-2所示。

图26-2　会议室一角

26.2 制作流程分析

　　本章对会议室空间进行设计表现，先在 3ds Max 中创建空间的主要模型，包括墙体、吊顶、吊灯等模型，然后赋予模型材质，并设置场景灯光，渲染输出后，在 Photoshop 中进行整体画面的润色调整，制作流程如图26-3所示。

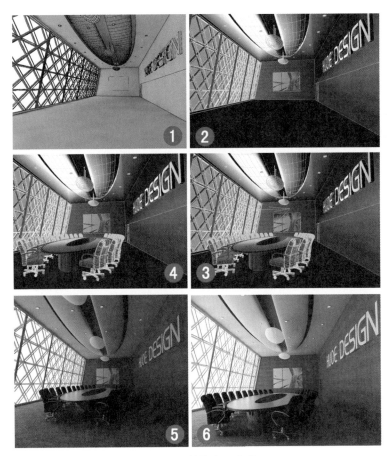

图26-3　制作流程图释

① 搭建模型，设置摄影机：在 3ds Max 中创建场景模型，包括墙体、吊顶、吊灯等模型，并设置摄影机固定视角。

② 调制材质：由于使用 VRay 渲染器渲染，在材质调制时运用了较多的 VRay 材质。此处主要调制整体空间模型的材质。

③ 合并模型：采用合并的方式将模型库中的家具模型合并到整体空间中，从而得到一个完整的模型空间。本章合并的模型只有"会议桌组合"，需要注意的是，合并的模型一般已经调制了相应的材质，但有时为了实现特定的材质效果需要对材质进行重新调制。

④ 设置灯光：根据效果图要表现的光照效果设置灯光照明，本例中设置了一侧的主光。

⑤ 使用 VRay 渲染效果图：计算模型、材质和灯光的设置数据，输出整体空间的效果图。

⑥ 后期处理：对效果图进行最终的润色和修改。

26.3　搭建空间模型

本例的空间模型主要分为墙体、吊顶、个性吊顶、吊灯、格框、公司名等多个部分，最终模型效果如图26-4 所示。

① 墙体
② 吊顶
③ 个性吊顶
④ 吊灯
⑤ 格框
⑥ 公司名

图26-4 模型效果

26.3.1 创建墙体

本章中会议室空间模型的结构较为复杂，主要表现在墙体的制作上，因房型不是规整的方形，所以需要制作不规则墙体，在制作时要注意将墙体的位置，效果如图 26-5 所示。

图26-5 模型效果

(Step01) 双击桌面上的 🅖 按钮，启动 3ds Max 2010，并将单位设置为毫米。

(Step02) 单击 ❋（创建）/ 🖵（图形）/ Rectangle 按钮，在顶视图中绘制矩形，单击 Ellipse 按钮，在顶视图中绘制椭圆，并调整图形的位置，如图 26-6 所示。

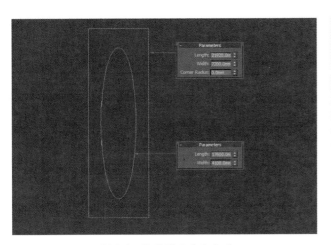

图26-6 图形的尺寸和位置

Step03 在视图中将矩形转换为可编辑样条线,将矩形和椭圆附加到一起,命名为"吊顶"。

Step04 选中"吊顶",在 Modifier List 下拉列表中选择 Extrude 修改命令,设置 Amount 为 2000,挤出后的模型如图 26-7 所示。

图26-7 挤出后的模型

Step05 单击 🔆(创建)/ ⭕(几何体)/ Box 按钮,在顶视图中创建一个长方体,命名为"吊顶玻璃",如图 26-8 所示。

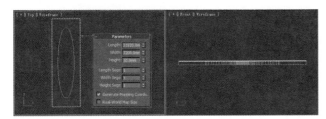

图26-8 模型的尺寸和位置

Step06 单击 🔆(创建)/ ⭕(几何体)/ Box 按钮,在顶视图中创建一个长方体,命名为"墙体",如图 26-9 所示。

图26-9 参数设置

Step07 选中"墙体",将其转换为可编辑多边形,在修改器堆栈中激活 Vertex 子对象,在前视图中调整顶点的位置,如图 26-10 所示。

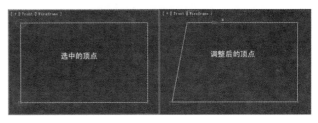

图26-10 调整顶点位置

Step08 在修改器堆栈中激活 Edge 子对象,在透视图中选中如图 26-11 所示的边。

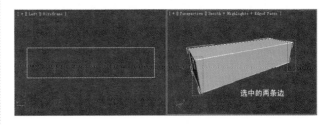

图26-11 选中的两条边

Step09 在 Edit Edges 卷展栏下单击 Connect 按钮,添加一条线,如图 26-12 所示。

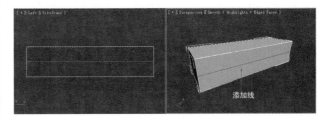

图26-12 添加线

Step10 在修改器堆栈中再次激活 Edge 子对象,在透视视图中选中如图 26-13 所示的边。

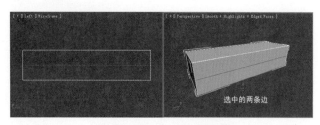

图26-13　选中的两条边

(Step11) 在 Edit Edges 卷展栏下单击 Connect 按钮后的 □，在弹出的 Connect Edges 对话框中设置参数，如图 26-14 所示。单击 OK 按钮，关闭对话框。

图26-14　设置参数

(Step12) 对添加的 4 条线段进行调整，调整后的线如图 26-15 所示。

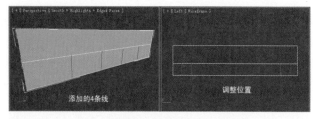

图26-15　调整线

(Step13) 在修改器堆栈中激活 Polygon 子对象，在透视视图中选中如图 26-16 所示的多边形，将其挤出 100mm。

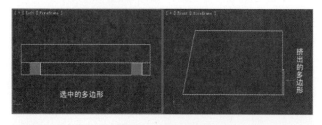

图26-16　调整多边形

(Step14) 按下 Delete 键将选中的多边形删除，再将上面和左面的多边形删除，并在视图中调整墙体的位置，如图 26-17 所示。

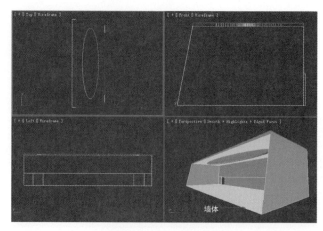

图26-17　调整后的墙体

(Step15) 单击 ✳（创建）/ ◎（几何体）/ Plane 按钮，在左视图中创建一个平面，命名为"格框"，如图 26-18 所示。

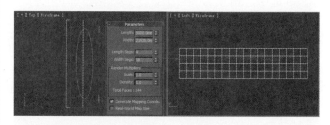

图26-18　参数设置

(Step16) 将"格框"转换为可编辑多边形，激活 Edge 子对象，在视图中选中所有的边，如图 26-19 所示。

图26-19　选中边

(Step17) 在 Edit Edges 卷展栏下单击 Connect 按钮后的 □，在弹出的 Connect Edges 对话框中设置参数，单击 OK 按钮，关闭对话框。此时添加的线如图 26-20 所示。

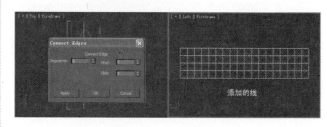

图26-20　添加的线

(Step18) 激活 Edge 子对象，按住键盘上的 Ctrl 键选中左视图中如图 26-21 所示的边。

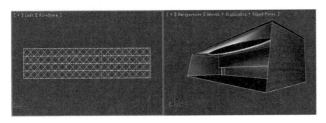

图26-21　选中的边

(Step19) 按下键盘上的空格键，移除所选边。为其添加 Lattice 修改命令，并设置参数，如图 26-22 所示。

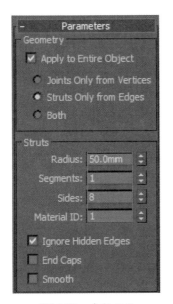

图26-22　参数设置

(Step20) 为"格框"添加 FFD2×2×2 修改命令，在视图中调整模型的位置，如图 26-23 所示。

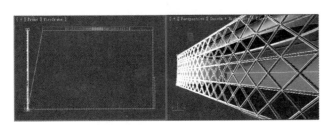

图26-23　添加修改命令

(Step21) 激活 Control Points 子对象，在前视图中选中上排的控制点，将其沿 X 轴向右移动，使其与"墙体"相吻合，如图 26-24 所示。

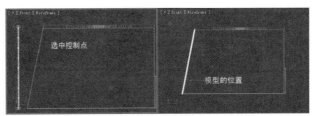

图26-24　模型的位置

(Step22) 在前视图中将"格框"沿 X 轴复制一个，修改结构框的粗细，命名为"内框"，并在视图中调整复制后模型的位置，如图 26-25 所示。

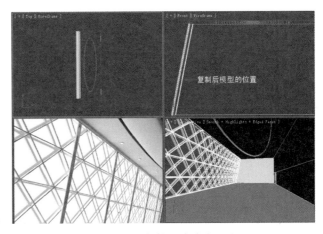

图26-25　复制后模型的位置

(Step23) 单击 ❖（创建）/ ⚐（图形）/ Rectangle 按钮，在左视图中绘制一个矩形，将其转换为可编辑样条线，并创建轮廓线，如图 26-26 所示。

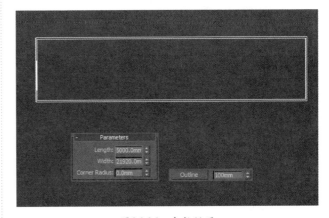

图26-26　参数设置

(Step24) 为调整后的矩形添加 Bevel Values 修改命令，设置倒角参数，将倒角后的模型命名为"内框"，如图 26-27 所示。

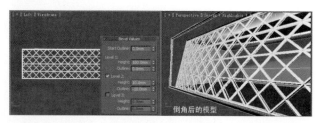

图26-27　参数设置

Step25 单击 ✦（创建）/ ◎（几何体）/ Cylinder 按钮，在顶视图中创建一个圆柱体，命名为"支柱"，如图 26-28 所示。

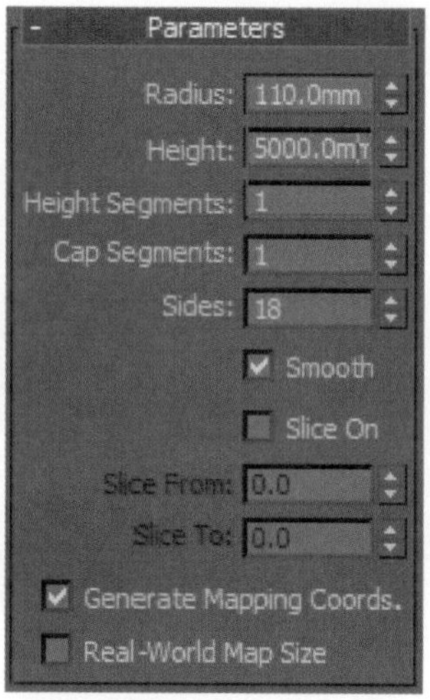

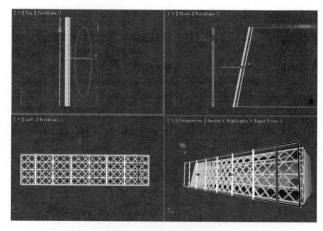

图26-30　复制后模型的位置

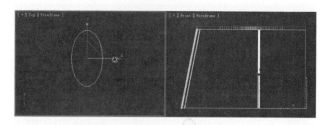

图26-28　参数设置

Step26 在工具栏中激活 按钮，在顶视图中锁定 X 轴进行缩放，如图 26-29 所示。

图26-31　群组

Step29 为"框架"添加 FFD2×2×2 修改命令，在视图中调整模型的位置，如图 26-32 所示。

图26-29　调整模型

Step27 在顶视图中选中"支柱"，将其沿 Y 轴复制 6 个，并在视图中调整复制后模型的位置，如图 26-30 所示。

Step28 在视图中同时选中"内框"和"支柱"。单击菜单栏中的 Croup/Croup 命令，在弹出的 Croup 对话框中将群组名设置为"框架"，如图 26-31 所示。

图26-32　模型的位置

Step30 单击创建命令面板中的 （摄影机）/ Target 按钮，在顶视图中创建一架摄影机，调整它在视图中的位置，如图 26-33 所示。

图26-33 摄影机的位置

Step31 选中摄影机,在 Parameters 卷展栏下设置参数,如图 26-34 所示。

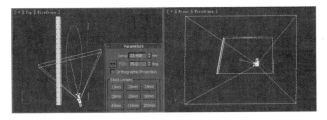

图26-34 参数设置

Step32 激活透视视图,按下键盘上的 C 键,将其转换为相机视图,效果如图 26-35 所示。

图26-35 转换摄影机视图

Step33 在创建命令面板中单击 ⬜（显示）按钮,在 Hide by Category 卷展栏下勾选 Cameras 复选框,将摄影机隐藏,如图 26-36 所示。

图26-36 隐藏摄影机

26.3.2 创建个性吊顶

本例中会议室吊顶是比较个性化的设计,充分显示出空间的大气、华贵,效果如图 26-37 所示。

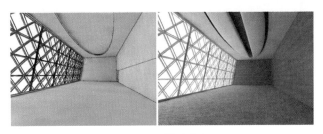

图26-37 模型效果

Step34 单击 ⬥（创建）/ ⬤（几何体）/ Sphere 按钮,在前视图中创建一个球体,命名为"个性吊顶",如图 26-38 所示。

图26-38 创建的球体

Step35 在工具栏中激活 ⬜ 按钮,在前视图中锁定 X 轴进行缩放,如图 26-39 所示。

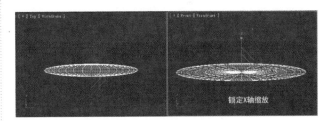

图26-39 锁定 X 轴缩放

Step36 在顶视图中锁定 Y 轴再次进行缩放,缩放后的模型如图 26-40 所示。

图26-40 锁定 Y 轴缩放

Step37 单击 ⬥（创建）/ ⬜（图形）/ Line 按钮,在前视图中绘制一条封闭的曲线,并调整位置,如图 26-41 所示。

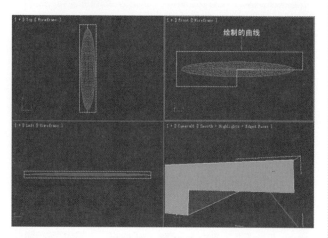

图26-41 绘制的曲线

(Step38) 在视图中选中"个性吊顶"，单击 / ⬤ （几何体）/ Standard Primitives 下的 / Compound Objects / Boolean 按钮，在 Pick Boolean 卷展栏下单击 Pick Operand B 按钮，在视图中拾取绘制的曲线进行布尔运算，运算后的模型如图 26-42 所示。

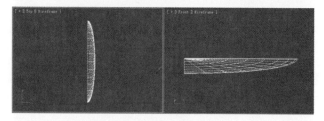

图26-42 运算后的模型

(Step39) 为运算后的模型添加 Mesh Smooth 修改命令，设置迭代参数为 2，并在视图中调整模型的位置，如图 26-43 所示。

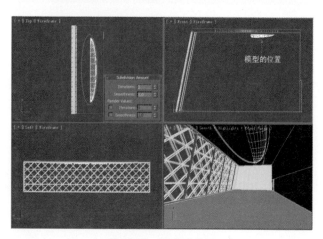

图26-43 模型的位置

(Step40) 在视图中将"个性吊顶"再复制一个，并在视图中调整复制后模型的位置，如图 26-44 所示。

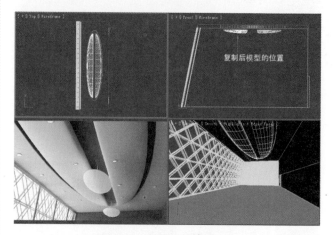

图26-44 复制后模型的位置

26.3.3 创建吊灯

会议室吊灯的制作是比较简单的，主要由灯架和灯两部分组成，制作的吊灯模型效果如图 26-45 所示。

图26-45 模型效果

(Step41) 单击 ⬛ （创建）/ ⬤ （几何体）/ Cylinder 按钮，在顶视图中创建一个圆柱体，命名为"灯架"，如图 26-46 所示。

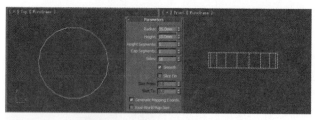

图26-46 创建的模型

(Step42) 将"灯架"转换为可编辑多边形。激活 Vertex 子对象，在前视图中选中下面的所有顶点，此时被选中的顶点呈红色显示，如图 26-47 所示。

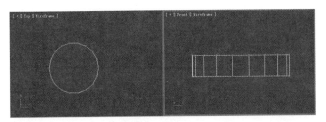

图26-47　选中顶点

Step43 在工具栏中激活■按钮，在前视图中锁定 X、Y、Z 轴进行缩放，如图 26-48 所示。

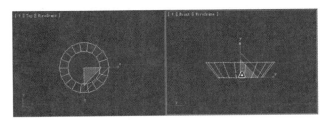

图26-48　进行缩放

Step44 激活 Polygon 子对象，在顶视图中选中底面的多边形，此时被选中的多边形呈红色显示，如图 26-49 所示。

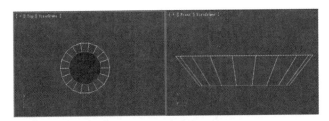

图26-49　选中的多边形

Step45 在 Edit Polygons 卷展栏下单击 Bevel 后的■按钮，在对话框中设置参数，如图 26-50 所示。

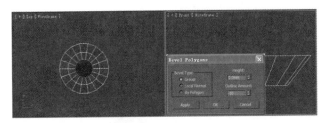

图26-50　设置参数

Step46 在 Edit Polygons 卷展栏下单击 Extrude 后的■按钮，在对话框中设置参数，如图 26-51 所示。

图26-51　设置参数

Step47 在顶视图中将"灯架"再复制一个，并在视图中调整模型的位置，如图 26-52 所示。

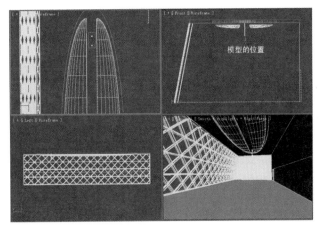

图26-52　模型的位置

Step48 单击■（创建）/■（几何体）/ Sphere 按钮，在顶视图中创建一个球体，命名为"吊灯"，如图 26-53 所示。

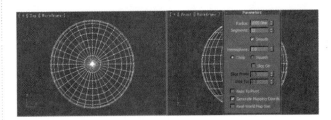

图26-53　参数设置

Step49 在工具栏中激活■按钮，在顶视图中沿 X 轴进行缩放，如图 26-54 所示。

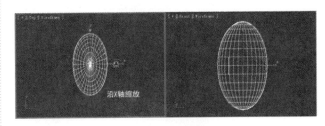

图26-54　沿X轴缩放

(Step50) 在顶视图中沿 Y 轴进行缩放，如图 26-55 所示。

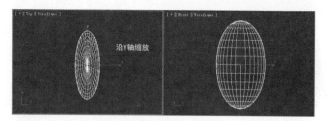

图26-55　沿Y轴缩放

(Step51) 在前视图中沿 Y 轴进行缩放，如图 26-56 所示。

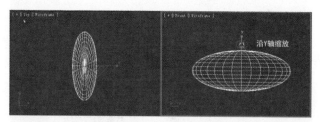

图26-56　沿Y轴缩放

(Step52) 将缩放好的"吊灯"转换为可编辑多边形，激活 Polygon 子对象，在前视图中选中如图 26-57 所示的多边形。

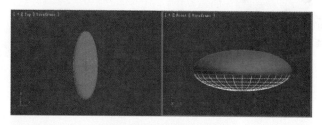

图26-57　选中的多边形

(Step53) 按下 Delete 键将选中的多边形删除，在视图中调整"吊灯"的位置，如图 26-58 所示。

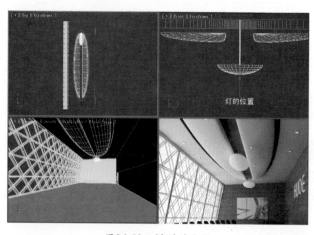

图26-58　模型的位置

(Step54) 在顶视图中同时选中"灯架"和"吊灯"，将其移动复制两组，并在视图中调整复制后模型的位置，如图 26-59 所示。

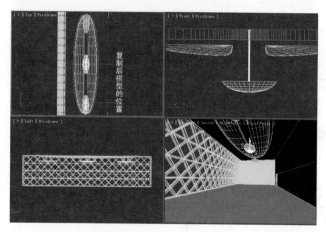

图26-59　复制后模型的位置

(Step55) 单击 （创建）/ （几何体）/ Tube 按钮，在顶视图中创建一个管状体，命名为"筒灯座"。单击 Cylinder 按钮，在顶视图中创建一个圆柱体，命名为"筒灯"，如图 26-60 所示。

图26-60　创建圆柱体和管状体

(Step56) 在视图中调整"筒灯座"和"筒灯"的位置，如图 26-61 所示。

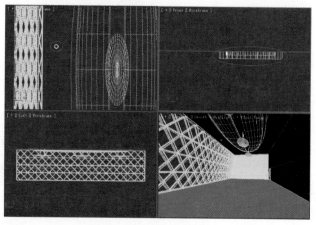

图26-61　模型的位置

Step57 在顶视图中同时选中"筒灯座"和"筒灯"，将其复制若干组，并在视图中调整复制后模型的位置，如图 26-62 所示。

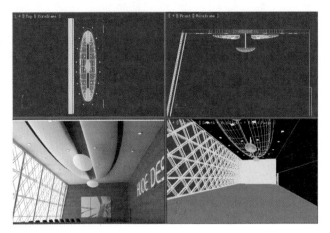

图26-62　复制后模型的位置

26.3.4　创建装饰物和门

添加装饰画可以给空间增添一分生机，给人一种积极向上的感觉。另外，还制作了公司名，将其放置于一侧的墙上。会议室的门在此效果图中不作为重点介绍，所以采用了较为简单的切角长方体制作完成，效果如图 26-63 所示。

图26-63　模型效果

Step58 单击 ⚙ （创建）/ ⬤ （几何体）/ Box 按钮，在顶视图中创建一个长方体，命名为"装饰画"，如图 26-64 所示。

Step59 单击 ⚙ （创建）/ ▣ （图形）/ Text 按钮，在 Parameters 卷展栏下设置参数，如图 26-65 所示。

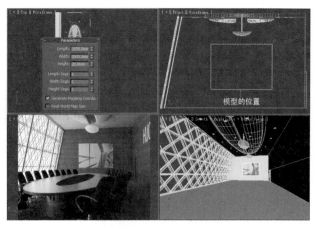

图26-64　模型的位置

图26-65　参数设置

Step60 在左视图中单击鼠标左键创建文本，并命名为"公司名"，为其施加 Extrude 修改命令，设置 Amount 为 100，挤出后的模型位置如图 26-66 所示。

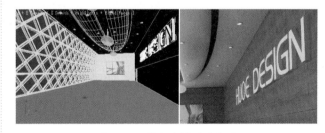

图26-66　挤出后模型的位置

Step61 单击 ⚙ （创建）/ ⬤ （几何体）/ Standard Primitives / Extended Primitives / ChamferBox 按钮，在左视图中创建一个切角长方体，命名为"门"，设置参数，如图 26-67 所示。

图26-67　参数设置

Step62 在视图中调整模型的位置，然后将其再复制3

个，并在视图中调整复制后模型的位置，如图 26-68 所示。

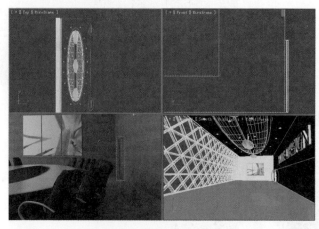

图26-68　复制后模型的位置

26.4　调制细节材质

会议室材质的制作主要包括木纹墙体、地毯、吊顶玻璃、不锈钢等，通过材质的表现来体现会议室的宽敞、明亮，效果如图 26-69 所示。

❶ 木纹墙体　　　　❷ 地毯　　　　❸ 白色材质

❹ 吊顶玻璃　　　　❺ 不锈钢　　　　❻ 装饰画

图26-69　材质效果

Step01 继续前面的操作，按下键盘上的 F10 键，打开 Render Setup 对话框，然后指定 VRay 为当前渲染器。

Step02 单击工具栏中 ❖（材质编辑器）按钮，打开 Material Editor 对话框，在材质编辑器中选择一个示例球，命名为"木纹墙体"，将其指定为 VRayMtl 材质类型，然后在 Basic parameters 卷展栏下设置 Diffuse 区域中的参数，如图 26-70 所示。

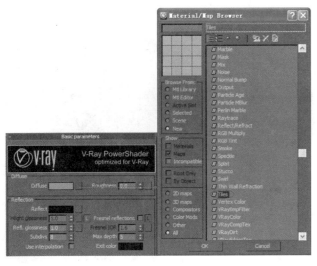

图26-70　参数设置

Step03 在 Advanced Controls 卷展栏下调用贴图并设置相关参数，如图 26-71 所示。

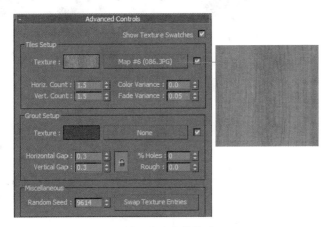

图26-71　参数设置

Step04 单击 按钮，返回父级，设置 Reflection 区域中的参数，如图 26-72 所示。

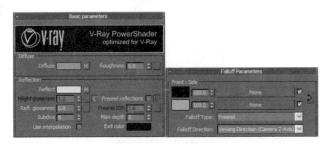

图26-72　参数设置

Step05 在视图中选中"墙体"，激活 Polygon 子对象，选中如图 26-73 所示的多边形。

图26-73　选中多边形

Step06 单击 按钮，将材质赋予选中的模型，为其添加 UVW Map 修改命令，设置参数，如图 26-74 所示。

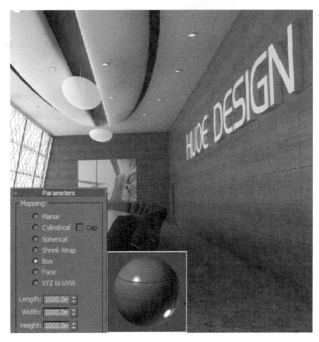

图26-74　材质效果

Step07 在材质编辑器中选择一个新示例球，命名为"地毯"，将其指定为 VRayMtl 材质类型，然后在 Basic parameters 卷展栏下设置 Diffuse 区域中的参数，如图 26-75 所示。

图26-75　调用贴图

Step08 单击 按钮，返回父级，在 Maps 卷展栏下将 "绒毛地毯 2.jpg" 文件复制到 Bump 的贴图通道上，并设置 Bump 数量为 40，如图 26-76 所示。

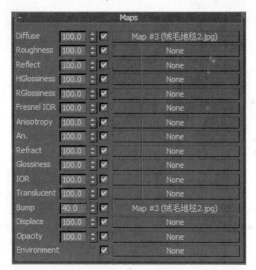

图26-76 设置参数

Step09 在视图中选中"墙体"，激活 Polygon 子对象，选中如图 26-77 所示的多边形。

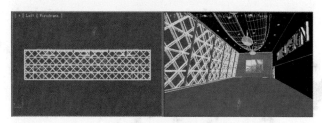

图26-77 选中多边形

Step10 单击 按钮，将材质赋予选中的模型，为其添加 UVW Map 修改命令，设置参数，如图 26-78 所示。

图26-78 材质效果

Step11 选择一个新的示例球，命名为"白色"，将其指定为 VRayMtl 材质类型，然后在 Basic parameters 卷展栏下设置 Diffuse 区域中的参

数，如图 26-79 所示。

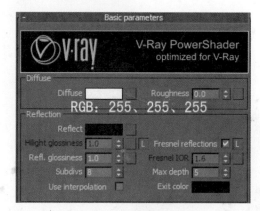

图26-79 参数设置

Step12 单击 按钮，将材质赋予"公司名"、"吊顶"、"个性吊顶"和"格框"，如图 26-80 所示。

图26-80 材质效果

Step13 选择一个新的示例球，命名为"吊顶玻璃"，将其指定为 VRayMtl 材质类型，然后在 Basic parameters 卷展栏下设置各项参数，如图 26-81 所示。

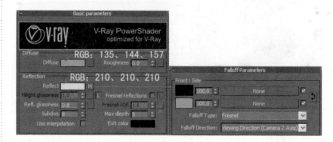

图26-81 参数设置

请注意：本书第 477~512 页 PDF 文件放在本书所附带 DVD 光盘的根目录下，读者可打开光盘进行阅读。